应用型本科院校"十三五"规划教材/计算机类

主　编　唐　友　郭　鑫

副主编　宋元甫　陈艳秋　舒　杰　郑　萍

　　　　田崇瑞　耿　姝　杨　迎

主　审　张　珑

Java语言程序设计

（第3版）

The Java Programming Language

哈爾濱工業大學出版社

内 容 简 介

本书主要介绍了 Java 概述、Java 基础、基本控制结构、方法、数组、类和对象、类的继承和多态机制、接口、异常处理、输入与输出、图形用户界面设计、Swing 组件、集合类、Applet 程序、多线程、数据库编程和网络编程等内容。

本书可以作为高等学校大学软件开发相关专业的教材，也可以作为软件开发人员的实用参考书。

图书在版编目(CIP)数据

Java 语言程序设计/唐友,郭鑫主编. —3 版. —哈尔滨:哈尔滨工业大学出版社,2016.7

应用型本科院校"十三五"规划教材

ISBN 978 - 7 - 5603 - 6125 - 3

Ⅰ.①J…　Ⅱ.①唐…②郭…　Ⅲ.①JAVA 语言-程序设计-高等学校-教材　Ⅳ.①TP312

中国版本图书馆 CIP 数据核字(2016)第 164415 号

策划编辑	赵文斌　杜 燕
责任编辑	李广鑫
出版发行	哈尔滨工业大学出版社
社　　址	哈尔滨市南岗区复华四道街 10 号　邮编 150006
传　　真	0451 - 86414749
网　　址	http://hitpress.hit.edu.cn
印　　刷	黑龙江艺德印刷有限责任公司
开　　本	787mm×1092mm　1/16　印张 24.5　字数 626 千字
版　　次	2013 年 1 月第 1 版　2016 年 7 月第 3 版
	2016 年 7 月第 1 次印刷
书　　号	ISBN 978 - 7 - 5603 - 6125 - 3
定　　价	43.80 元

序

哈尔滨工业大学出版社策划的《应用型本科院校"十三五"规划教材》即将付梓,诚可贺也。

该系列教材卷帙浩繁,凡百余种,涉及众多学科门类,定位准确,内容新颖,体系完整,实用性强,突出实践能力培养。不仅便于教师教学和学生学习,而且满足就业市场对应用型人才的迫切需求。

应用型本科院校的人才培养目标是面对现代社会生产、建设、管理、服务等一线岗位,培养能直接从事实际工作、解决具体问题、维持工作有效运行的高等应用型人才。应用型本科与研究型本科和高职高专院校在人才培养上有着明显的区别,其培养的人才特征是:①就业导向与社会需求高度吻合;②扎实的理论基础和过硬的实践能力紧密结合;③具备良好的人文素质和科学技术素质;④富于面对职业应用的创新精神。因此,应用型本科院校只有着力培养"进入角色快、业务水平高、动手能力强、综合素质好"的人才,才能在激烈的就业市场竞争中站稳脚跟。

目前国内应用型本科院校所采用的教材往往只是对理论性较强的本科院校教材的简单删减,针对性、应用性不够突出,因材施教的目的难以达到。因此亟须既有一定的理论深度又注重实践能力培养的系列教材,以满足应用型本科院校教学目标、培养方向和办学特色的需要。

哈尔滨工业大学出版社出版的《应用型本科院校"十三五"规划教材》,在选题设计思路上认真贯彻教育部关于培养适应地方、区域经济和社会发展需要的"本科应用型高级专门人才"精神,根据黑龙江省委书记吉炳轩同志提出的关于加强应用型本科院校建设的意见,在应用型本科试点院校成功经验总结的基础上,特邀请黑龙江省9所知名的应用型本科院校的专家、学者联合编写。

本系列教材突出与办学定位、教学目标的一致性和适应性,既严格遵照学科体系的知识构成和教材编写的一般规律,又针对应用型本科人才培养目标及与之相适应的教学特点，精心设计写作体例，科学安排知识内容，围绕应用讲授理论，做到"基础知识够用、实践技能实用、专业理论管用"。同时注意适当融入新理论、新技术、新工艺、新成果，并且制作了与本书配套的PPT多媒体教学课件，形成立体化教材，供教师参考使用。

《应用型本科院校"十三五"规划教材》的编辑出版，是适应"科教兴国"战略对复合型、应用型人才的需求，是推动相对滞后的应用型本科院校教材建设的一种有益尝试，在应用型创新人才培养方面是一件具有开创意义的工作，为应用型人才的培养提供了及时、可靠、坚实的保证。

希望本系列教材在使用过程中，通过编者、作者和读者的共同努力，厚积薄发、推陈出新、细上加细、精益求精，不断丰富、不断完善、不断创新，力争成为同类教材中的精品。

第 3 版前言

Java 语言是一门完全面向对象的语言,有着得天独厚的优势,现在已是世界上使用最多的编程语言。它被广泛地应用于各行各业,小到手机,大到巨型服务器。Java 的广泛应用也促进了其自身的发展,如今的 Java 已经成为成熟的编程语言。

面对 Java 的强势地位,很多人想掌握这门语言,但是学习时总是不得要领,编者工作的时候,经常遇到 Java 爱好者的提问,很多问题非常简单,只要提示一句就够了,可就是这句话,不知道难倒了多少入门者。正是鉴于此,编者萌生了写一本书的想法,结合自己多年的开发经验,让初学者能够快速掌握 Java。

本书将动手实验室的内容进一步整理和系统化,形式上更加贴近实际的教学要求,并融入作者多年工程实践的经验和对 Java 语言编程思想的理解,让读者以一种生动有趣的方式掌握 Java 的最新技术和相关有效的开发方法和资源。本书力求做到如下几点:

(1)内容新。基于最新的 Java SE 进行介绍,知识点的讲解简明扼要,汇集了 Sun 公司技术讲师多年的讲课积累。

(2)实践性强。书中以动手实验室的方式,详尽地讲解大量实例。实例分为两种形式,一种是规模适中的贯穿全书的综合开发实例,其开发过程将以项目的形式进行,穿插实际工程中常见问题的解决方法;另一种是短小精悍的例程,形成对知识点讲解的补充。

(3)密切结合集成开发工具。语言的学习和实例的讲解都将结合 Eclipse 开发工具完成,方便学生上机实习。

(4)遵循教学的特点和规律。在内容安排上将紧扣教学中的多个场景进行设计,充分考虑教师的教学需求和学生的学习需要。

本书基于 Eclipse 集成开发环境介绍 Java 语言的最新技术和应用方法,除了对基本技术点进行介绍外,还利用大量生动的实例进行阐述。因此,本书适合所有 Java 初学者及对 Java 有一定研究的开发人员。

本书共分 16 章,第 1 章主要介绍 Java 程序的调试过程,Java 语言的特点。第 2 章介绍 Java 数据类型与表达式,基本的输入/输出操作。第 3 章介绍条件语句和循环语句的使用。第 4 章介绍数组的应用、方法的定义与调用,方法参数传递问题。第 5 章介绍类与对象的概念,类成员和实例成员的访问差异,以及变量的有效范围。第 6 章介绍继承与多态的概念,访问控制修饰符、final 修饰符,以及 super 的使用,this 的运用并介绍 Object 和 Class 类的使用。第 7 章介绍接口与抽象类的使用,内嵌类的应用。第 8 章介绍 Java 异常处理机制及编程特点。第 9 章介绍集合类的使用。第 10 章介绍 Java 多线程的编程处理特点,共享资源的访问控制。第 11 章介绍图形用户界面编程基础,主要涉及图形界面布局、事件处理特点、简单的图形部件和容器的使用,还介绍鼠标和键盘事件处理。第 12 章介绍 Swing 组件和 AWT 中其他图形部件的使用,主要涉及对话框、菜单和各类选择部件。第 13 章介绍 JavaApplet 与 Java 绘图,涉及 Applet 的方法、HTML 参数传递等。第 14 章介绍组流式输入/输出与文件处理,主要涉及字节流和字符流的读写、对象序列化,以及文件信息的获取与文件的管理,文件的随机访问等。第15 章讨论 Java 数据库访问编程技术。第 16 章介绍 Java 的网络编程,主要涉及 Socket 通信和数据报传输编程、URL 资源访问。

　　本教材由唐友、郭鑫担任主编;宋元甫、陈艳秋、舒杰、郑萍、田崇瑞、耿姝、杨迎担任副主编;陈瑶、季连伟、张继成、张爱军、张鑫、丁龙、贾仁山、赵丹、赵鑫参编。作者编写分工如下:第 1、4 章由陈艳秋编写;第 2 章由田崇瑞、杨迎编写;第 3 章由耿姝编写;第 5 章由陈瑶编写;第 7、10 章由宋元甫编写;第 8 章由郑萍、季连伟编写;第 9、12、14 章由唐友编写;第 6、16 章由郭鑫编写;第 11、13 章由舒杰编写;第 15 章由张继成、张爱军、张鑫、丁龙、贾仁山、赵丹、赵鑫编写。本教材编写还得到了各编者单位有关领导的大力支持,在此深表谢意。全书在教授张珑博士的主审下完成。

　　由于编者水平,虽经努力,教材一定仍存有各种问题,恩请广大读者提出宝贵意见和建议,以便修订时加以完善。

编　者

2016 年 6 月

目 录

第 1 章

Java 语言概述

面向对象的软件开发和利用面向对象技术进行问题求解是当今计算机技术发展的重要成果和趋势,而 Java 语言的产生与流行则是 Internet 发展的客观要求。本章将简要介绍软件开发方法的变革和面向对象程序设计中的基本概念,介绍 Java 语言的特点及开发 Java 程序的基本步骤等,使读者对面向对象软件开发方法的基本思想和特点有一定的了解,熟悉 Java 语言特点、Java 与 C/C++的主要差异、Java 程序执行过程、Java 运行环境及开发工具等基本知识。

1.1 程序设计语言

程序设计语言(programming language),用于书写计算机程序的语言。语言的基础是一组记号和一组规则。根据规则由记号构成的记号串的总体就是语言。在程序设计语言中,这些记号串就是程序。程序设计语言有三方面的因素,即语法、语义和语用。语法表示程序的结构或形式,亦即表示构成语言的各个记号之间的组合规律,但不涉及这些记号的特定含义,也不涉及使用者;语义表示程序的含义,亦即表示按照各种方法所表示的各个记号的特定含义,但不涉及使用者;语用表示程序与使用者的关系。

1.1.1 机器语言

机器语言是直接用二进制代码指令表达的计算机语言,指令是用 0 和 1 组成的一串代码,它们有一定的位数,并分成若干段,各段的编码表示不同的含义,例如,某台计算机字长为 16 位,即由 16 个二进制数组成一条指令或其他信息。16 个 0 或 1 可组成各种排列组合,通过线路变成电信号,让计算机执行各种不同的操作。它是计算机的设计者通过计算机的硬件结构赋予计算机的操作功能。机器语言具有灵活、直接执行和速度快等特点。

用机器语言编写程序,编程人员要首先熟记所用计算机的全部指令代码和代码的含义。编写程序时,程序员要自己处理每条指令和每一数据的存储分配和输入输出,还得记住编程过程中每步所使用的工作单元处于何种状态。这是一件十分繁琐的工作,编写程序花费的时间往往是实际运行时间的几十倍或几百倍。而且,编出的程序全是些 0 和 1 的指令代码,直观性差,还容易出错。现在,除了计算机生产厂家的专业人员外,绝大多数程序员已经不再去学习机器语言了。

如某种计算机的指令为 1011011000000000,它表示让计算机进行一次加法操作;而指令 1011010100000000 则表示进行一次减法操作。

1.1.2 汇编语言

为了克服机器语言难读、难编、难记和易出错的缺点,人们就用与代码指令实际含义相近的英文缩写词、字母和数字等符号来取代指令代码(如用 ADD 表示运算符号"+"的机器代码),于是就产生了汇编语言。所以说,汇编语言是一种用助记符表示的仍然面向机器的计算机语言。汇编语言亦称符号语言。汇编语言由于采用了助记符号来编写程序,比用机器语言的二进制代码编程要方便些,在一定程度上简化了编程过程。汇编语言的特点是用符号代替了机器指令代码,而且助记符与指令代码一一对应,基本保留了机器语言的灵活性。使用汇编语言能面向机器并较好地发挥机器的特性,得到质量较高的程序。

汇编语言中由于使用了助记符号,用汇编语言编制的程序送入计算机,计算机不能像用机器语言编写的程序一样直接识别和执行,必须通过预先放入计算机的"汇编程序"的加工和翻译,才能变成能够被计算机识别和处理的二进制代码程序。用汇编语言等非机器语言书写好的符号程序称源程序,运行时汇编程序要将源程序翻译成目标程序。目标程序是机器语言程序,它一经被安置在内存的预定位置上,就能被计算机的 CPU 处理和执行。

汇编语言像机器指令一样,是硬件操作的控制信息,因而仍然是面向机器的语言,使用起来还是比较繁琐费时,通用性也差。汇编语言是低级语言。但是,汇编语言用来编制系统软件和过程控制软件,其目标程序占用内存空间少,运行速度快,有着高级语言不可替代的用途。如想实现加法操作,可以用指令 add 来代替上面的机器语言,这样有助于记忆。

1.1.3 高级语言

不论是机器语言还是汇编语言,都是面向硬件具体操作的,语言对机器的过分依赖,要求使用者必须对硬件结构及其工作原理都十分熟悉,这对非计算机专业人员来讲是难以做到的,对于计算机的推广应用是不利的。计算机事业的发展,促使人们去寻求一些与人类自然语言相接近且能为计算机所接受的语意确定、规则明确、自然直观和通用易学的计算机语言,这种与自然语言相近并为计算机所接受和执行的计算机语言称高级语言。高级语言是面向用户的语言。无论何种机型的计算机,只要配备上相应的高级语言的编译或解释程序,则用该高级语言编写的程序就可以通用,Java 语言就是一种高级语言。

1.2　面向对象的软件开发概述

面向对象的软件开发方法按问题论域来设计模块,以对象代表问题解的中心环节,力求符合人们日常的思维习惯,采用"对象+消息"的程序设计模式,降低或分解问题的难度和复杂性,从而以较小的代价和较高的收益获得较满意的效果,满足软件工程发展需要。面向对象开发方法的出现和广泛应用是计算机软件技术发展的一个重要变革和飞跃。面向对象技术能够更好地适应当今软件开发在规模、复杂性、可靠性和质量、效率上的种种要求,因而被越来越多地推广和使用,其方法本身也在诸多实践的检验和磨炼中日趋成熟化、标准化和体系化,逐渐成为目前公认的主流软件开发方法。下面介绍一下面向对象的相关概念。

1.2.1 对象、类和消息

面向对象技术中的对象就是现实世界中某个具体的物理实体在计算机中的映射和体现。

它既包括属性(描述对象的特征,可以是数据或对象,在 Java 语言中称之为变量),也包括作用于属性的操作(是对象执行的动作,可以是对象作出的或施加给对象的,在 Java 语言中称之为方法)。对象是由属性和操作所构成的一个封闭整体。例如,小汽车是现实世界中的一个具体的物理实体,它拥有颜色、车形以及行驶速度等外部特性,具有刹车、加速和减速等内在功能。这样的实体,在面向对象的程序中,就可视为一个"基本程序模块",可以表达成一个计算机可理解的、可操作的具有一定属性和操作的对象,通过数据结构和提供相应操作来实现。如:

属性用 int color;int door;int speed 等变量来表示。

操作用void brake{……};

　　　　void speedUp{……};

　　　　void speedDown{……}

等方法表示。

对象在计算机内存中的映像称为实例。对象之间可能存在包含、关联和继承三种关系。包含关系是指整体与部分之间的关系,当对象 X 是对象 Y 的属性时,称对象 Y 包含对象 X。如汽车与轮胎的关系就是一个包含关系。我们知道每辆汽车都对应一个生产厂商,如果把生产厂商抽象成对象,则汽车对象可以或应该记录自己的生产厂商是哪个。这种通过一个对象可以找到另一个对象的关系称为关联关系。在面向对象的 Java 语言中,把可以找到另一个对象的线索称为引用。因此当对象 X 引用的是对象 Y 的属性时,称对象 X 和对象 Y 之间是关联关系。继承关系我们将在下面作详细介绍。

类是面向对象技术中一个非常重要的概念,它是描述对象的"基本原型",是描述性的类别或模板,即对一组对象的抽象。它定义一组对象所能拥有的共同特征(属性和能完成的操作),用以说明该组对象的能力与性质。在面向对象的程序设计中,类是程序的基本单元,对象是类的实例。如定义 Car 是一个小汽车类,它描述了所有小汽车的性质(包括小汽车的颜色、车门数、速度等)及基于属性的各种操作(刹车、加速以及减速等操作功能)。

对象的动作取决于外界给对象的刺激,这就是消息,即消息是对象之间进行通信的一种数据结构。消息告诉对象要求它完成的功能,程序的执行是靠对象间传递消息来连接的,即所谓的消息驱动。消息一般由三部分组成,即消息的接收对象名、消息操作名和必要的参数。消息传送与传统的函数调用的主要差别有以下几点:

(1)函数调用可带或不带参数,但消息至少带一个参数(即接收该消息的对象)。

(2)消息操作名类似于函数名,但它们有本质的不同。函数名代表一段可执行的代码,而消息名的具体功能选定还取决于接收消息的对象本身。

(3)函数调用是过程式的,而消息传送是说明式的,具体如何做由对象根据收到的消息自行确定。

1.2.2　封装性、继承性和多态性

1.封装性

所谓封装又称为信息隐蔽,是面向对象的基本特征。封装的目的在于将使用者与设计者分离,使用者不必知道操作实现的细节,只需用设计者提供的消息来访问对象。比如,汽车作

为一个对象,则汽车的设计者与制造者通过提供一组操作面板让用户使用这辆汽车,用户不必知道这些面板操作是如何实现的,这样就实现了对象的设计者与使用者的分离。在面向对象中封装可按下面三个内涵的方式定义:

(1)一个清楚的界面。所有对象的内部软件的范围被限定在这个边界内。

(2)一个接口。这个接口描述了该对象与其他对象之间的相互作用。

(3)受保护的内部实现。这个实现提供对象的相应的软件功能,实现细节不能在定义这个对象的类的外面访问。

由于封装使得对象访问局限于被良好定义的并受控制的界面,这样就防止了由于程序相互依赖而带来的不良影响,这对软件的可靠性设计是很重要的。封装本身即模块性,把定义模块和实现模块分开就使得用面向对象技术所开发的软件的维护性、修改性大为改善,这是软件技术追求的目标之一。

2. 继承性

由于类是具体对象的抽象,所以就可以有不同级别的抽象(形成不同级别抽象的过程称为分类),这样就形成像一棵倒立的树一样的类层次关系。图 1.1 是运输工具的不同级别抽象的分类树。分类是我们组织知识的常用方式,当我们以这种分层方式对对象进行分类时,位于分类树顶的对象包括下面的所有对象范畴。当一个对象范畴出现在分类树中时,它满足在分类树中位于它之上的所有对象范畴的属性,如在图 1.1 中位于客运工具之下的所有范畴都共享四轮的、自驱动的和设计成运送乘客的公共特性。

由此可见,继承是面向对象语言中的一种重要机制,该机制自动地为一个类提供来自另一个类的操作和属性,这样程序员只需在新类中定义已有类中没有的属性与(或)操作来建立新类。假定用结点表示类对象,用连接两结点的无向边表示它们之间的关系,则可用数据结构中的树形图来表示类层次结构。在树形图中,称子女结点(设为 X 类)是其父结点(设为 Y 类)的子类或派生类,而父结点 Y 类称为子类 X 的超类或父类或基类。如在图 1.1 中,航天工具类、航空工具类、陆地工具类和水上工具类均是运输工具类的子类,而运输工具类则是另外几类的父类。子类 X 由两部分组成:继承部分和增加部分。继承部分是从父类 Y 中继承下来的,而增加部分是专门为子类 X 编写的新的属性和操作,增加部分可有也可无。如在四轮工具类中没有载客量这个属性,而四轮工具类的子类客运工具类就增加了载客量这个属性。

继承是面向对象程序设计的基本要素。在面向对象软件开发中利用继承性有助于开发快速原型。继承性是实现软件重用性的最有效机制,促进了系统的可扩充性。

当一个类派生出另一个类时,子类继承了父类的属性和操作,这称为单一继承(简称单继承)。当一个类处在类层次树中的多个直接父类时,称这种继承为多重继承(简称多继承)。

图 1.2 是一个继承的示意图。其中类 F 从类 C 和类 D 中继承属性和操作,属于多重继承,而类 B、类 C、类 D、类 E 和类 G 为单重继承。Java 语言只提供单一继承。

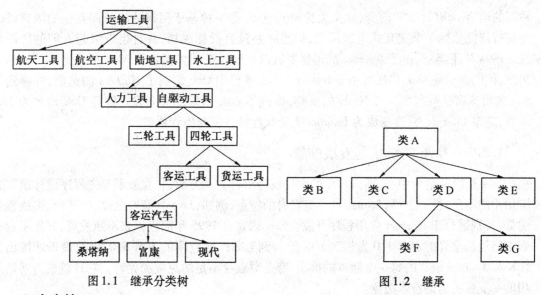

图 1.1　继承分类树　　　　　　　　　图 1.2　继承

3. 多态性

多态性是指一个名字具有多种语义,即指同一消息为不同对象所接受时,可以导致不同的操作。在面向对象编程语言中,它是指对象拥有同名,但不同的参数格式。如同一个方法名为 abs 的三个方法:abs(int x),abs(float x)和 abs(double x),分别对应不同类型的参数(整型、单精度实型和双精度实型),则编译器会根据用户所给定的参数类型,选择对应的方法进行响应。程序设计的多态性有两种基本形式:编译时多态性和运行时多态性。编译时多态性是指在程序编译阶段就可确定选择哪个方法的多态性。而运行时的多态性则必须等到程序动态运行时才可确定的多态性。例如,假定一个程序担负通过通信链接发送对象的责任,该程序可能直到发送对象时也不知道对象所属的类,这种把决定对象所属的类和访问对象的操作推迟到运行时,就是动态多态性。这种能力称为动态联编。

多态性具有使顶层代码只写一次,而底层代码可多次重复使用,实现"同一接口,多种方法"的功能。多态性使程序的表达方式更加灵活,使程序的表示形式尽可能地与所表示的内容无关。

1.3　Java 语言概述

随着 Internet 与 WWW 的兴起和不断发展,需要开发许多大型软件系统,如何简化这些大型系统的开发、设计和维护,使系统具有灵活性、可移植性和互操作性,成为软件开发必须考虑的问题。Java 语言的诞生正是满足了这个要求。Java 是一个学习起来很有趣但又有点复杂的语言,它有着很好的网上移植性、安全性,并且在编程难度上比 C/C++语言简单。

1.3.1　Java 产生的历史

Java 于 1995 年 5 月公布。1991 年,Sun 公司的 Bill Joy,Patick Naughton,Mike Sheridan 和 James Gosling 等人开始从事一个叫 Green 分布式代码系统项目开发,研制该项目的目的是:通过 E-mail 给电冰箱、电视机等家用电器发送信息,对它们进行控制,和它们进行信息交流。开始,这些开发人员准备采用 C++,但觉得 C++太复杂,安全性差,最后他们基于 C++开发出一种新的语言 Oak(Java 的前身,含义为橡树)。Oak 是一种基于网络的精巧而安全的语言,Sun 公司曾依此投标一个交互式电视项目,但当时并没有投标成功,并且也未引起人们的广泛重视。1994 年下半年,由于 Internet 的迅猛发展以及 WWW 的快速增长,Oak 项目组成员受到了启发,他们意识到 Oak 非常适用于 Internet,于是他们用 Oak 编制了 HotJava 浏览器,并得到了 Sun 公司首席执行官 ScottMcNealy 的支持,促进了 Oak 的研究和开发。随后 Oak 改名为 Java 语言,进军 Internet,并逐渐成为 Internet 上受欢迎的开发与编程语言。

1.3.2 Java 的现状与发展前景

Java 是以网络为中心、面向对象的程序设计语言。一方面,它克服了早先程序设计语言在应用中的不足;另一方面,Java 语言具有自身的特点,例如,Java 具有安全性、跨平台、多线程等优势,特别适合于 Internet 应用程序开发。Java 语言自 1995 年问世以来不断发展,开发平台的版本已经从早先的 JDK 1.0 发展到 JDK 2.0,到当前广泛应用的 JDK 5.0,以及最近才推出的 JDK 6.0。Java 语言的每一个版本的推出,都是对自身不足的克服和完善。它日益成为网络应用的一支强有力的技术力量。

由于 Internet 和 WWW 的进一步普及,目前几乎所有的软件公司都在学习、研究并使用 Java。当前,Java 语言已经被广泛地应用在各种领域,如网络远程教学、安全的金融应用平台、无线应用平台、太空探索等。Sun,IBM,Oracle 以及 Netscape 等公司都在大力推进 Java 的应用。Sun 公司的高层人士称 Java 的潜力远远超过作为编程语言带来的好处。从来没有任何一种计算机语言在这么短的时间内就得到这么广泛的响应,取得这么大的成功,由此可见 Java 确实是网络上的"世界语"。

1.3.3 Java 语言的特点

1. 什么是 Java

按照 Sun 公司的说法:Java 是一种简单的(simple)、面向对象的(object oriented)、分布式的(distributed)、解释的(interpreted)、健壮的(robust)、安全的(secure)、结构中立的(architecture neutral)、可移植的(portable)、性能优异的(high performance)、多线程的(multithreaded)、动态的(dynamic)语言。

计算机程序必须被翻译成计算机处理器能够识别的机器代码后才能够被执行。在 C++、Pascal 等编程语言中,这个工作是由编译器来完成的,编译后形成的机器代码称为可执行的二进制映像文件。不同的处理器能够识别的机器代码是不同的。所以,为了使程序可以在计算机网络环境下所有的机器上运行,其他语言必须分别在每一台机器上都重新编译一次程序。为了解决这个问题,Java 语言为每个计算机系统都提供一个叫作 Java 虚拟机(JVM)的环境,它包括一个编译器和一套软件系统。Java 编译器把 Java 源程序翻译成被称为字节码的中间代码。与 Java 源程序一样,字节码也是与计算机系统无关的,同一个字节码文件可以被任何计算机所使用。Java 与传统语言工作模型的差别如图 1.3 所示。

Java 程序的执行过程如图 1.4 所示,在图 1.4 中,载入器用于调入包含、继承所用到的所有类,确定内存分配,变成真正可执行的机器码。由于网络的不安全因素较多,因此 Java 虚拟机在执行 .class 文件前,首先要对其进行验证。校验器就是用于检验是否有伪造的指针、是否有违反访问权限、非法访问对象和导致操作栈溢出。不同的操作系统有不同的虚拟机(JVM),虚拟机是一个软件系统,它可以翻译并运行 Java 字节码。虚拟机首先翻译 Java 源程序为字节

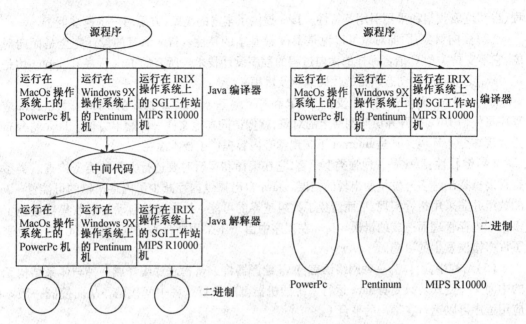

图 1.3　Java 与传统语言工作模型的差别

码,然后再执行翻译所生成的字节代码,属于先解释后执行方式,它类似一个小巧而高效的 CPU。字节码(byte-code)是与平台无关的,是虚拟机的机器指令。

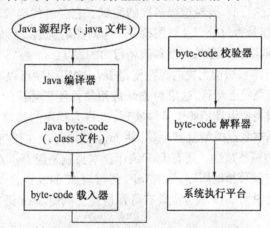

图 1.4　Java 程序的执行过程

　　Java 字节代码运行有两种方式:解释方式和即时编译(just-in-time)。对于有些程序,采用解释方式执行程序,运行速度会很慢。为了提高速度,Java 为每个系统都提供了可以直接把字节码文件编译成可执行的映像文件的编译器,Java 把这类编译器称为即时编译器(JIT),它们被捆绑在一些 Web 浏览器中。

　　Java 除了具有平台独立性之外,与其他一些语言如 C++,smarttalk 和 Visualbasic 相比,也很容易使用,而且很容易学。此外,Java 加强了 C++的功能,除去了一些过于复杂的部分。

2. Java 语言的特点

　　(1)简单性:Java 是个精简的系统,无需强大的硬件环境便可以很好地运行。Java 的风格和语法类似于 C++,因此,C++程序员可以很快就掌握 Java 编程技术。Java 摒弃了 C++中容易引发程序错误的地方,如多重继承、运算符重载、指针和内存管理等,Java 语言具有支持多线程、自动垃圾收集和采用引用等特性。Java 提供了丰富的类库,方便用户迅速掌握 Java。

(2)面向对象:面向对象可以说是 Java 最基本的特性。Java 语言的设计完全是面向对象的,它不支持类似 C 语言那样的面向过程的程序设计技术。所有的 Java 程序和 applet 均是对象,Java 支持静态和动态风格的代码继承及重用。

(3)分布式:Java 包括一个支持 HTTP 和 FTP 等基于 TCP/IP 协议的子库。因此,Java 应用程序可凭借 URL 打开并访问网络上的对象,就像访问本地文件一样简单方便。Java 的分布性为实现在分布环境尤其是 Internet 下实现动态内容提供了技术途径。

(4)健壮性:Java 是一种强类型语言,它在编译和运行时要进行大量的类型检查。类型检查帮助检查出许多开发早期出现的错误。Java 自己操纵内存减少了内存出错的可能性。Java 的数组并非采用指针实现,从而避免了数组越界的可能。Java 通过自动垃圾收集器避免了许多由于内存管理而造成的错误。Java 在程序中由于不采用指针来访问内存单元,从而也避免了许多错误发生的可能。

(5)结构中立:作为一种网络语言,Java 编译器将 Java 源程序编译成一种与体系结构无关的中间文件格式。只要有 Java 运行系统的机器都能执行这种中间代码。从而使同一版本的应用程序可以运行在不同的平台上。

(6)安全性:作为网络语言,安全是非常重要的。Java 的安全性可从两个方面得到保证。一方面,在 Java 语言里,像指针和释放内存等 C++ 功能被删除,避免了非法内存操作。另一方面,当 Java 用来创建浏览器时,语言功能和一类浏览器本身提供的功能结合起来,使它更安全。Java 语言在机器上执行前,要经过很多次的测试。它经过代码校验,检查代码段的格式,检测指针操作,对象操作是否过分以及试图改变一个对象的类型。另外,Java 拥有多个层次的互锁保护措施,能有效地防止病毒的入侵和破坏行为的发生。

(7)可移植:Java 与体系结构无关的特性使得 Java 应用程序可以在配备了 Java 解释器和运行环境的任何计算机系统上运行,这成为 Java 应用软件便于移植的良好基础。但仅仅如此还不够。如果基本数据类型设计依赖于具体实现,也将为程序的移植带来很大不便。Java 通过定义独立于平台的基本数据类型及其运算,使 Java 数据得以在任何硬件平台上保持一致,这也体现了 Java 语言的可移植性。还有 Java 编译器本身就是用 Java 语言编写的,Java 运算系统的编制依据 POSIX 方便移植的限制,用 ANSIC 语言写成,Java 语言规范中也没有任何"同具体实现相关"的内容,这说明 Java 本身也具有可移植性。同时 Java 语言的类库也具有可移植性。

(8)解释器:Java 解释器(运行系统)能直接对 Java 字节码进行解释执行。链接程序通常比编译程序所需资源少。

(9)高性能:虽然 Java 是解释执行程序,但它具有非常高的性能。另外,Java 可以在运行时直接将目标代码翻译成机器指令。

(10)多线程:线程有时也称小进程,是一个大进程里分出来的小的独立运行的基本单位。Java 提供的多线程功能使得在一个程序里可同时执行多个小任务,即同时进行不同的操作或处理不同的事件。多线程带来的更大的好处是具有更好的网上交互性能和实时控制性能,尤其是实现多媒体功能。

(11)动态性:Java 的动态特性是其面向对象设计方法的扩展。它允许程序动态地装入运行过程中所需要的类,而不影响使用这一类库的应用程序的执行,这是采用 C++语言进行面向对象程序设计时所无法实现的。

1.3.4　应用程序类型和相关技术名词

1. Java 的应用程序类型

用 Java 可以开发几乎所有的应用程序类型，主要有以下几种：

（1）多平台应用程序：Java 是跨平台的应用开发工具，用 Java 开发的网络应用系统可以在各种平台上运行，大大增加了开发效率，减少了重复劳动。

（2）Web 应用程序：开发 Web 应用程序是 Java 的基本功能。Web 浏览是现在国际网甚至局域网的主要使用方式。文档能很容易地显示文本和各种图片，并提供超文本链接。

（3）基于 GUI 的应用程序：用 Java 语言可以开发出一般 Windows 下的标准图形用户界面。

（4）面向对象的应用程序：由于 Java 是一种纯面向对象的编程语言，因此常用 Java 语言开发面向对象的应用程序。

（5）多线程应用程序：利用 Java 语言提供的多线程机制可以方便开发各种动画应用等程序。

（6）关键任务的应用程序：如电子商务和数据库方面的应用程序。

（7）分布式网络应用程序：Java 是网络编程语言，常利用 Java 进行分布式网络应用程序的开发，如 Sun 公司的 hotJava 浏览器就是用 Java 开发的。

（8）安全性应用程序：Java 设计为在其编译器、运行系统及相应的浏览器中嵌入多层安全机制。

2. Java 相关技术名词介绍

自 1995 年以来，Java 的应用范围越来越广，也因此派生出许多专用名词。

（1）JVM（Java Virtual Machine），即 Java 虚拟机。它是一个软件系统，它可以翻译并运行 Java 字节码。它是 Java 的核心，保证了在任何异构的环境下都可运行 Java 程序，解决了 Java 的跨平台的问题。

（2）JRE（Java Runtime Environment），即 Java 运行环境。JRE 只是 Java 的运行环境，提供了 Java 程序运行所需的基本类库，它包含 JVM。

（3）JDK（Java Development Kit），即 Java 开发环境。Sun 公司开发的一个免费的 Java 开发工具集，提供了 Java 开发、运行和测试一体的环境，它包含完整的 JRE。

（4）Servlet，它是指利用 Java 技术设计的、运行在服务器端的一种程序。它的功能类似于传统的 CGI，可以接收来自浏览器的请求，动态地生成响应。

（5）JSP（Java Server Pages），是一种以 Java 为主的跨平台 Web 开发语言。

（6）AWT（Abstract Window Toolkit），即抽象窗口工具包，用于支持图形用户界面编程，是 Java 基础类库 JFC 的一部分。它提供了用于设计用户界面的组件以及事件处理模型，它还包括一系列图形与图像工具、布局管理器以及用于本地平台的剪贴板交换数据的传送类。

（7）JFC（Java Function Class），即 Java 基础类库，是一系列预先写好的 100% 纯 Java 的 GUI 组件和 API，可用于快速开发多功能的 Java 程序。

（8）J2EE（Java 2 Platform Enterprice Edition），即 Java 2 企业级平台，是 Sun 公司推出的为解决分布式企业级运算的一套开发与运行平台。J2EE 由 EJB 和八种企业级 API 组成。八种企业级 API 对应于八种服务，分别是 Java 命名和目录接口（JNDI，Java Naming and Directory Interface）、Java 数据库互联（JDBC，Java Database Connectivity）、Java 远程调用（RMI，Remote Method Invocation）、Java 管理 API（JMAPI，Java Management API）、Java 事务 API（JTA，Java

Transaction API)、Java 事务服务(JTS, Java Transaction Service)、Java 消息服务(JMS, Java Messaging Service)和 Java 安全 API(Java Security API)。它对开发基于 Web 的多层应用提供了功能支持。如今,J2EE 已广泛成为开发企业级服务端解决方案的首选平台。

(9)JavaBean,它是一种专门为 Java 软件开发者设计的全新的组件技术。

(10)EJB(Enterprise Java Bean),即企业级 Java 组件。它提供了一个框架来开发和实施分布式商务逻辑,是"只需编写一次,可以四处运行"的中间层组件,它由实现业务规则的方法组成,由此显著地简化了具有可伸缩性和高度复杂的企业级应用的开发。

(11)RMI(Remote Method Invocation),即远程方法调用。它的功能是让分布式应用程序中间层内的远程对象可以互相通信。RMI 是一种 EJB 使用的更下层的协议,它能够实现分布式的企业计算模式,实现了在运行于不同虚拟机的对象之间的方法调用。

(12)JINI,JINI 技术规范提供了构成电子设备、服务和应用程序网络所使用的机制。可使范围广泛的多种硬件和软件(即可与网络相连的任何实体)能够自主联网。JINI 的目标是最大限度地简化与网络的交互性。

(13)JDBC,即 Java 数据库连接。它是由 Sun 公司提出的一系列对数据库进行操作的规范,它以一种统一的方式来对各种各样的数据库进行存取。它可以向数据库提交 SQL 查询和检索以及处理 SQL 查询的结果。

(14)JNDI,即 Java 命名和目录接口。命名服务为定位分布式对象提供了机制。目录服务在层次结构中组织分布式对象和其他资源(如文件)。JNDI 提供访问各种各样关于用户、机器、网络、服务和应用程序的信息,使开发人员以标准方式开发无缝连接企业命名和目录接口,使用者就可以通过这些统一的界面去访问低层的各种服务。

(15)JMS,即 Java 通信服务。JMS 用于编写业务应用程序,它们可以异步发送和接收数据。

(16)JPDA(Java Platform Debugger Architecture),即 Java 平台调试架构,提供一套组成构建调试应用程序基础设施。

(17)Java 2D API,它是一种高级图形和成像处理的应用接口。方便用户进行图形和成像处理。

(18)JAI(Java Platform Debugger Architecture),是一种 Java 高级应用接口。为 Java 的应用程序和 Applet 小程序提供高性能图像处理功能。

(19)JCE(Java Cryptography Extension),即 Java 密码术扩展,实际上是一个提供了加密、密钥生成和协议以及 MAC(Message Authentication Code)算法的框架和实现的包集合。

(20)JDO(Java Data Objects),是持久性的基于标准接口的 Java 模型抽象,它允许编程人员直接将 Java 域模型实例存储到持久存储(数据库)中,可能替代直接文件输入输出、序列化、JDBC 和 EJB BMP(Bean Managed Persistence)或 CMP(Container Managed Persistence)Entity Bean 等。

(21)JMX(Java Management Extensions),Java 管理扩展。提供有用的工具以服务构建分布式、基于 Web 的、模块化和动态应用程序,以便管理和监视设备、应用程序和服务驱动的网络。

(22)JMF(Java Media Framework),Java 媒体架构。为 Java 应用程序和 applet 小程序提供音频、视频和其他基于时间的媒体的支持。

(23)JSSE(Java Secure Socket Extensions),即 Java 安全套接字扩展,可以启动 Internet 安全通信。

(24) JSAPI(Java Speech API)，即 Java 语音应用接口。允许 Java 应用程序将语音技术合并到用户接口中。JSAPI 定义了跨平台的 API，以支持命令和控制识别程序、听写系统和语音合成器。

(25) Java 3D，它是一种 API，通过提供支持简单高级编程模型的一组面向对象的接口，开发人员可以使用它容易地将可伸缩的平台独立的 3D 图形合并到 Java 应用程序中。

1.4　Java 的工作原理

1.4.1　Java 虚拟机

Java 虚拟机其实是软件模拟的计算机，它可以在任何处理器上(无论是在计算机中还是在其他电子设备中)解释并执行 Java 的字节码文件。Java 的字节码被称为 Java 虚拟机的机器码，它被保存在扩展名为.class 的文件中。

一个 Java 程序的编译和执行过程如图 1.5 所示。首先 Java 源程序需要通过 Java 编译器编译成扩展名为.class 的字节码文件，然后由 Java 虚拟机中的 Java 解释器负责将字节码文件解释成为特定的机器码并执行。

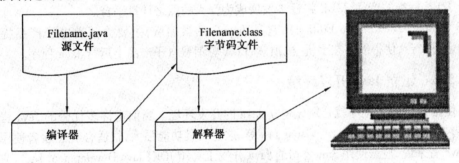

图 1.5　Java 程序的编译和执行过程

1.4.2　内存自动回收机制

在程序的执行过程中，系统会给创建的对象分配内存，当这些对象不再被引用时，它们所占用的内存就处于废弃状态，如果不及时对这些废弃的内存进行回收，就会带来程序运行效率下降等问题。

在 Java 运行环境中，始终存在着一个系统级的线程，专门跟踪对象的使用情况，定期检测出不再使用的对象，自动回收它们占用的内存空间，并重新分配这些内存空间让它们为程序所用。Java 的这种废弃内存自动回收机制，极大地方便了程序设计人员，使他们在编写程序时不需要考虑对象的内存分配问题。

1.4.3　代码安全性检查机制

Java 是网络编程语言，在网络上运行的程序必须保证其安全性。如何保证从网络上下载的 Java 程序不携带病毒而安全地执行呢？Java 提供了代码安全性检查机制。

Java 在将一个扩展名为.class 的字节码文件装载到虚拟机执行之前，先要检验该字节码文件是否符合字节码文件规范，代码中是否存在着某些非法操作。检验工作由字节码检验器

(bytecode verifier)或安全管理器(security manager)进行。检验通过之后,将字节码文件加载到 Java 虚拟机中,由 Java 解释器解释为机器码并执行。Java 虚拟机把程序的代码和数据都限制在一定内存空间里执行,不允许程序访问超出该范围,保证了程序的安全运行。

1.5 Java 的运行环境 JDK

1.5.1 Java 平台

Java 不仅仅是一种网络编程语言,还是一个不断扩展的开发平台。Sun 公司针对不同的市场目标和设备进行定位,把 Java 划分为如下三个平台:

(1)J2SE(Java 2 Standard Edition),它是 Java 2 的标准版,主要用于桌面应用软件的编程。它包含了构成 Java 语言基础和核心的类。我们在学习 Java 的过程中,主要是在该平台上进行的。

(2)J2EE(Java 2 Enterprise Edition),它是 Java 2 的企业版,主要是为企业应用提供一个服务器的运行和开发平台。J2EE 不仅包含 J2SE 中的类,还包含了诸如 EJB,servlet,JSP,XML 等许多用于开发企业级应用的类包。J2EE 本身是一个开放的标准,任何软件厂商都可以推出自己符合 J2EE 标准的产品,J2EE 将逐步发展成为强大的网络计算平台。

(3)J2ME(Java 2 Micro Edition),它是 Java 2 的微缩版,主要为消费电子产品提供一个 Java 的运行平台,使得能够在手机、机顶盒、PDA 等消费电子产品上运行 Java 程序。

1.5.2 建立 Java 开发环境

要使用 Java 开发程序就必须先建立 Java 的开发环境。当前有许多优秀的 Java 程序开发环境,诸如 JBuilder,Visual Age,Visual J++等,这些工具功能强大,很适合有经验者使用。对于学习 Java 者来说,应该使用 Sun 公司的 Java 开发工具箱 JDK(Java Development Kit),它拥有最新的 Java 程序库,功能逐渐增加且版本在不断更新,尽管它不是最容易使用的产品,但它是免费的,可到 Java.sun.com 站点上免费下载。

下边我们在 Microsoft Windows 操作系统平台上安装 JDK,建立 Java 的开发环境。

1. 下载并安装 JDK 文件

当前 JDK 版本已经更新到 1.6.0,我们就以 JDK1.6.0 版本为例,从 Java.sun.com 站点上下载安装文件 jdk-6-windows-i586。

双击安装文件 jdk-6-windows-i586,按照安装文件的提示一步步执行即可安装。

如果将 JDK 安装到 c:\JDK1.6.0 目录下,安装成功后,将有图 1.6 所示的目录结构。

2. 下载并安装 Java 帮助文档

Java 帮助文档对程序设计人员来说是很重要的,由于 JDK 的安装文件中不包括帮助文档,因此也需要从网站上下载而后安装。帮助文档下载与安装的过程和步骤与 JDK 类似,不再重述。

帮助文档一般被安装在.docs 目录下,使用浏览器打开该目录下的 index.html 文件即可查阅所有的帮助文档。

3. 设置运行路径

在运行 Java 程序或进行一些相关处理时,用到了工具箱中的工具和资源,这就需要设置

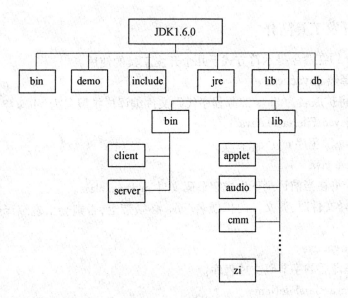

图 1.6 目录结构

两个环境变量 PATH 和 CLASSPATH,以获取运行工具和资源的路径。

在不同的操作系统下设置环境变量的方式有所不同,下边我们以 Windows XP 系统为例说明设置环境变量的操作方法和步骤:

(1)右击"我的电脑"图标。

(2)在出现的快捷菜单中单击"属性"选项。

(3)在出现的"系统属性"对话框窗口上单击"高级"选项。

(4)单击对话框上的"环境变量"按钮。

(5)在出现的"环境变量"对话框上,单击用户变量框内的"新建"按钮。

(6)出现如图 1.7 所示的"新建用户变量"对话框窗口。在"变量名"文本框中输入:CLASSPATH;在"变量值"文本框中输入:.;c:\jdk1.6.0\lib\dt.jar;c:\jdk1.6.0\lib\tools.jar。

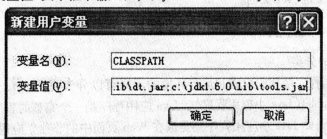

图 1.7 新建用户变量

然后,单击"确定"按钮。这就设置了环境变量 CLASSPATH。

重复(5)~(6)再设置 PATH,输入变量值为:.;c:\jdk1.6.0\bin。

完成之后,要使环境变量生效,最好重新启动计算机。

1.5.3 开发工具简介

下边简要介绍在命令提示符方式下几个开发工具的使用。

1. Java 编译器 Javac. exe

Javac 用于将扩展名为. java 的源程序代码文件编译成扩展名为. class 字节码文件。

使用格式：javac FileName. java

例：编译 java 源程序 myProg. java

Javac myProg. java

执行该命令将在当前目录下生成字节码文件 myProg. class。

注意：在编译文件时，源文件的扩展名. java 必须带上，否则会出现编译错误，不能生成字节码文件。

2. 解释器 Java. exe

解释执行编译后的字节码文件程序。

使用格式：java classFileName

例：解释执行字节码文件 myProg. class

Java myProg

注意：运行的类文件名不需要带. class 扩展名。

3. Applet 浏览器 Appletviewer. exe

Applet 是用 Java 语言编写的小应用程序。Applet 不能够直接用 Java 解释器解释执行，只能被嵌入到 HTML 文档中，由浏览器装入执行。

使用格式：appletviewer htmlFileName. html

有关执行 Applet 的例子，我们将在后边介绍。

此外，工具箱中还提供了其他大量相关的工具，诸如 Java 档案文件管理器 jar. exe，Java 文档生成器 javadoc. exe 等，它们都被存放在 c:\\Jdk1.6.0\\bin 目录下。要了解它们的具体使用方法，请参阅相关的 API 文档。

1.5.4 Java 程序实例

1. Java 程序的分类

Java 程序根据程序结构的组成和运行环境的不同可以分为两类：Java Application（Java 应用程序）和 Java Applet（Java 小应用程序）。Java 应用程序是一个完整的程序，需要独立的 Java 解释器来解释执行；而 Java 小应用程序则是嵌在 Web 页面中的非独立应用程序，由 Web 浏览器内部所包含的 Java 解释器来解释执行，为 Web 页面增加交互性和动态性。

2. Java 程序的例子

下面分别就两种程序举例说明它们的一般开发过程。

（1）Java Application。

① 编写源程序。

【例 1.1】 建立一个名为 WelcomeApp. java 的文件：

```java
import java.io. * ;
public class WelcomeApp{
    public static void main(String[ ] args) {
```

```
        System. out. println("Welcome to JAVA!");
    }
}
```

　　所有的 Java 程序都是由类或者是类的定义组成的。在例 1.1 中，import 是一个关键字，其作用是用来引入系统定义的类，import 语句相当于 C 语言中的 include 语句。例 1.1 中，通过 import 语句引入了 java. io 包，这个包主要用于输入输出工作。Java 中用 class 来标记一个类的定义的开始，class 的前面可以有若干标志该类属性的限定性关键字，在例 1.1 中的 public 表示这个类可以在所有场合使用。class 后面跟着这个类的类名，例 1.1 中类名为 WelcomeApp。类名后面的大括号括起的是语句组，Java 源程序中的每个语句都必须用分号结束。大括号定义了类的各种组成成分，在例 1.1 中，类 WelcomeApp 定义了一个 main 方法。方法的标记是方法名后紧跟一个小括号，小括号里面可以定义方法的参数(如 args)，参数也可以不定义。方法名前面可以添加该方法属性的限定性关键字和方法的返回类型。

　　Java 源程序的编写可以在任何文件编辑器中进行，如记事本、写字板等。无论拿什么环境编写，所要保存的文件名一定要按上面讲的格式取名，否则编译时会导致错误发生。

　　② 编译 Java 程序。本章中介绍如何在命令行的方式下直接用 JDK 中提供的程序来编译。在这里我们主要介绍如何在命令行方式下编译 Java 程序，当然还可以选择用集成的开发环境来编译。

　　用 Java JDK 编译器编译(在命令行下) 的格式为

　　　　　　　　　　[path1]javac [option]　　[path2]SourceFilename

其中可选项 path1 为编译器 Javac 所在的路径，可选项 path2 为 Java 源程序所在的路径；option 是选项表，在大部分情况下可以省略，若设置了 Java 的 PATH 和 CLASSPATH 环境变量，则 path1 和 path2 可以省略。

　　如对本例编译格式为"javac WelcomeApp. java"，一旦编译成功，便会产生一个扩展名为 ". class"的文件，这个. class 文件就是已经编译好的程序，即 Java 字节码。

　　③ 运行程序。我们通过解释器运行这个程序。在 JDK 平台上运行这个独立应用程序，在命令行方式下可以使用命令"java WelcomeApp"，执行后就会看到如图 1.8 所示的结果：
Welcome to JAVA!

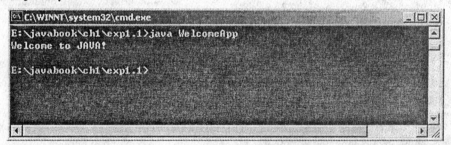

图 1.8　在命令行下运行 Java 程序效果

　　(2)建立和使用一个 Java Applet 应用程序，下面我们再设计一个 Java Applet。

　　① 编写和编译源程序。编写和编译 Java Applet 源程序与编写和编译 Java Application 应用程序相似。

　　【例 1.2】　建立名为 Applet1. java 的程序：

```
import java. awt. * ;
```

```
import java. applet. * ;
public class Applet1 extends Applet{
    public void paint( Graphics g) {
        g. drawString ("Welcome to Java", 50, 25);
    }
}
```

每一个 Java 小应用程序都是 java. applet. Applet 的子类,所以要用 extends 继承。extends 是一个关键字,表示新定义的类中的方法、属性是从另一个类中继承而来。在 Java 小应用程序中没有 main 方法,这一点是与 Java 独立应用程序的根本区别。

当 Java 小应用程序被浏览器运行时,程序中的 paint 语句自动执行。在 Java 小应用程序中与屏幕输出有关的操作是通过 Graphics 对象来实现的。同 Java 程序一样,一个 Java 小应用程序的源文件内最多只能有一个 public 类,称为主类,且必须和文件名同名。

用 javac Applet1. java 编译 Java 源程序。

经编译后生成名为 Applet1. class 字节码程序。

② 运行 Java Applet。为了看见程序运行结果,必须在使用嵌入 Applet 的网页(假设有个名为 Applet1. html 的网页)里加入如下几行 Applet 标记:

```
<applet
code = Applet1. class     //所要显示的 Applet 文件名写在"code ="后面
    name = Applet1        //将 Applet 的类名称写在"name ="的后面,注意大小写。
    width = 320           //指定 Applet 在网页中的宽度
    height = 200          //指定 Applet 在网页中的高度
>

</applet>
```

在浏览器中执行网页(Applet1. html),将会看到图 1.9 所示结果。

在 Java Applet 中也可以使用 JDK 中的 appletviewer. exe 来查看 Java Applet,在本书中主要使用这种方式。使用命令 appletviewer Applet1. htm,显示结果如图 1.10 所示。

图 1.9　嵌入 Java Applet 的网页

图 1.10　使用 Appletviewer 查看 Java Applet

1.6　Java 语言与 C/C++语言的不同

　　Java 语言的变量声明、操作符形式、参数传递、流程控制等方面和 C/C++语言完全相同。尽管如此,Java 和 C/C++语言又有许多差别,主要表现在如下几个方面:

　　(1) Java 中对内存的分配是动态的,它采用面向对象的机制,采用运算符 new 为每个对象分配内存空间,而且,实际内存还会随程序运行情况而改变。程序运行中,每个 Java 系统自动对内存进行扫描,对长期不用的空间作为"垃圾"进行收集,使得系统资源得到更充分地利用。按照这种机制,程序员不必关注内存管理问题,这使 Java 程序的编写变得简单明了,并且避免了由于内存管理方面的差错而导致系统出问题。而 C 语言通过 malloc( )和 free( )这两个库函数来分别实现分配内存和释放内存空间,C++语言中则通过运算符 new 和 delete 来分配和释放内存。在 C 和 C++这种机制中,程序员必须非常仔细地处理内存的使用问题。一方面,如果对已释放的内存再作释放或者对未曾分配的内存作释放,都会造成死机;而另一方面,如果对长期不用的或不再使用的内存不释放,则会浪费系统资源,甚至因此造成资源枯竭。

　　(2) Java 不在所有类之外定义全局变量,而是在某个类中定义一种公用静态的变量来完成全局变量的功能。

　　(3) Java 不用 goto 语句,而是用 try…catch…finally 异常处理语句来代替 goto 语句处理出错的功能。

　　(4) Java 不支持头文件,而 C/C++语言中都用头文件来定义类的原型、全局变量、库函数等,这种采用头文件的结构使得系统的运行维护相当繁杂。

　　(5) Java 不支持宏定义,而是使用关键字 final 来定义常量,在 C++中则采用宏定义来实现常量定义。

　　(6) Java 对每种数据类型都分配固定长度。比如,在 Java 中,int 类型总是 32 位的,而在 C/C++中,对于不同的平台,同一个数据类型分配不同的字节数,同样是 int 类型,在 PC 机中为二字节即 16 位,而在 VAX-11 中,则为 32 位。这使得 C 语言造成不可移植性,而 Java 则具有跨平台性(平台无关性)。

　　(7)类型转换不同。在 C/C++中,可通过指针进行任意的类型转换,常常带来不安全性,而在 Java 中,运行时系统对对象的处理要进行类型相容性检查,以防止不安全的转换。

　　(8)结构和联合的处理。在 C/C++中,结构和联合的所有成员均为公有,这就带来了安全性问题,而在 Java 中根本就不包含结构和联合,所有的内容都封装在类里面。

　　(9) Java 不再使用指针。指针是 C/C++中最灵活,也最容易产生错误的数据类型。由指针所进行的内存地址操作常会造成不可预知的错误,同时通过指针对某个内存地址进行显式类型转换后,可以访问一个 C++中的私有成员,从而破坏安全性。而 Java 对指针进行完全地控制,程序员不能直接进行任何指针操作。

本 章 小 结

　　本章主要介绍了面向对象的基本概念、JDK 的安装和 Java 程序的编写、编译、运行的方法,Eclipse 开发环境的安装方法,同时介绍了 Java 语言与 C/C++语言的不同。

　　面向对象的基本概念主要介绍对象、消息、类、封装、继承和多态。

　　对象是面向对象系统运行过程中的基本实体,它包括对象的属性和作用于属性的操作,对象之间存在关联、包含和继承关系;类是一组对象的抽象,描述了该组对象所具有的共同特征;消息是对象之间通信和请求任务的操作,消息一般由接受对象名、调用操作名和必要参数三部分组成。

继承是面向对象语言中的一种重要机制,该机制自动地为一个类提供来自另一个类的操作和属性,这样程序员只需在新类中定义已有类中没有的属性与(或)操作来建立新类。继承关系可分为单继承和多继承,单继承只有一个直接父类,而多继承可以有多个父类。面向对象编程的优点主要在于代码的可重用性。继承性是实现从可重用成分构造软件系统的最有效的特性,它不仅支持系统的可重用性,还促进了系统的可扩充性。

封装是一种信息隐蔽技术,是面向对象的基本特征。封装的目的在于将使用者与设计者分离,使用者不必知道操作实现的细节,只需用设计者提供的消息来访问对象。封装本身就是模块化,通过封装使得软件的维护性、修改性得到大大改善。

多态性是指一个名字具有多种语义。多态性具有可表示对象的多个类行为的能力,实现"同一接口,多种方法"功能。程序设计的多态性有两种基本形式:编译时多态性和运行时多态性。

Java 的产生与流行是当今 Internet 发展的客观要求。用 Java 可以开发几乎所有的应用程序类型。Java 程序根据程序结构的组成和运行环境的不同可以分为两类:Java Application(Java 独立应用程序)和 Java Applet(Java 小应用程序)。Java 程序的开发环境有利于 Java 开发工具(JDK)和基于集成软件的开发环境。

习　题

1. 简述面向对象软件开发方法的重要意义。
2. 解释下面几个概念:
(1)对象　(2)实例　(3)类　(4)消息　(5)封装　(6)继承　(7)多态
3. 对象"狗"与对象"小黑狗"是什么关系? 对象"狗"与"狗尾巴"又是什么关系?
4. 简述 Java 语言的主要特点。
5. 简述 Java 语言与 C/C++语言的主要差异。
6. 什么叫 Java 虚拟机? 什么叫 Java 的字节码?
7. 简述 Java 程序的运行过程。
8. Java 程序分哪两类? 各有什么特点?
9. 根据自己的上机环境,简述 Java 程序的开发步骤。

第 2 章

Java 语言基础

任何一种计算机语言都有其语法规则，Java 语言也不例外。掌握 Java 语言的基础知识，是正确编写 Java 程序的前提，也是进一步深入学习 Java 语言的基础。本章主要介绍编写 Java 程序必须熟悉的语言基础知识，包括 Java 语言标识符、保留字、数据类型、运算符、表达式、标准输入输出、流程控制语句以及数组。

2.1 标识符、保留字和注释

2.1.1 标识符

标识符（identifier）用于标识变量、函数、类和对象的名称，一来说明它们的存在，二来方便使用它们。程序员根据需要自行指定标识符，但在 Java 语言里需要遵循一定的语法规则。

Java 语言中，标识符是以字母、下划线（_）、美元符（＄）开头的一个字符序列，后面可以跟字母、下划线、美元符、数字。

Java 对于标识符的命名规则如下：

● 第一字符必须为"A"~"Z"，"a"~"z"，"_"，"＄"其中之一。
● 其他字符可以是"A"~"Z"，"a"~"z"，"_"，"＄"以及 0~9。
● 字母有大小写之分，没有最大长度限制。
● 不能使用保留字（关键字）。

标识符大小写敏感，如 My _ name 和 my _ name 是不同的标识符。

有效的标识符如：myname，ict _ HELLO，Hello，_ sys _ path ＄ bill，no1，My _ name，_ a0 ＄，＄ Mon，而 2m，-My _ n，class 为非法的标识符。

用户自定义的标识符可以包含保留字，但不能与保留字重名。例如，inta _ number，char _ onechar，float ＄ bill。

2.1.2 保留字

在 Java 语言中，保留字或关键字是指那些具有专门的意义和用途的、由系统定义的标识符。表 2.1 中就是有关 Java 语言的一系列保留字。

表 2.1　Java 语言的保留字

数据类型	流程控制	修饰符	动作	保留字
boolean	if	public	package	true
int	else	protected	import	false
long	do	private	throw	null
short	while	final	throws	goto
byte	for	void	extends	const
float	switch	static	implements	
double	case	strictfp	this	
char	default	abstract	super	
class	break	transient	instanceof	
interface	continue	synchronized	new	
	return	volatile		
	try	native		
	catch			
	finally			

注意:在 Java 中常量 true,false,null 都是小写的,而在 C++中是大写的。

2.1.3　注释

程序中的注释是程序设计者与程序阅读者之间通信的重要手段。应用注释规范对于软件本身和软件开发人员而言尤为重要,并且在流行的敏捷开发思想中已经提出了将注释转为代码的概念。好的注释规范可以尽可能地减少一个软件的维护成本,并且几乎没有任何一个软件,在其整个生命周期中,均由最初的开发人员来维护。好的注释规范可以改善软件的可读性,可以让开发人员尽快而彻底地理解新的代码。好的注释规范可以最大限度地提高团队开发的合作效率。长期的规范性编码还可以让开发人员养成良好的编码习惯,甚至锻炼出更加严谨的思维能力。

1. 注释的原则

(1)注释形式统一。在整个应用程序中,使用具有一致的标点和结构的样式来构造注释。如果在其他项目组发现他们的注释规范与这份文档不同,按照他们的规范写代码,不要试图在既成的规范系统中引入新的规范。

(2)注释的简洁。内容要简单、明了、含义准确,防止注释的多义性,错误的注释不但无益反而有害。

(3)注释的一致性。在写代码之前或者边写代码边写注释,因为以后很可能没有时间来这样做。另外,如果有机会复查已编写的代码,在今天看来很明显的东西几周以后或许就不明显了。通常描述性注释先于代码创建,解释性注释在开发过程中创建,提示性注释在代码完成之后创建。修改代码的同时修改相应的注释,以保证代码与注释同步。

(4)注释的位置。保证注释与其描述的代码相邻,即注释的就近原则。对代码的注释应放在其上方相邻或右方的位置,不可放在下方。避免在代码行的末尾添加注释;行尾注释使代码更难阅读。不过在批注变量声明时,行尾注释是合适的;在这种情况下,要将所有行尾注释对齐。

(5) 注释的数量。注释必不可少,但也不应过多,在实际的代码规范中,要求注释占程序代码的比例达到 20% 左右。注释是对代码的"提示",而不是文档,程序中的注释不可喧宾夺主,注释太多了会让人眼花缭乱,注释的花样要少。不要被动地为写注释而写注释。

(6) 删除无用注释。在代码交付或部署发布之前,必须删掉临时的或无关的注释,以避免在日后的维护工作中产生混乱。

(7) 复杂的注释。如果需要用注释来解释复杂的代码,请检查此代码以确定是否应该重写它。尽一切可能不注释难以理解的代码,而应该重写它。尽管一般不应该为了使代码更简单便于使用而牺牲性能,但必须保持性能和可维护性之间的平衡。

(8) 多余的注释。描述程序功能和程序各组成部分相互关系的高级注释是最有用的,而逐行解释程序如何工作的低级注释则不利于读、写和修改,是不必要的,也是难以维护的。避免每行代码都使用注释。如果代码本来就是清楚、一目了然的则不加注释,避免多余的或不适当的注释出现。

(9) 必加的注释。典型算法必须有注释。在代码不明晰或不可移植处必须有注释。在代码修改处加上修改标识的注释。在循环和逻辑分支组成的代码中添加注释。为了防止问题反复出现,对错误修复和解决方法的代码使用注释,尤其是在团队环境中。

(10)注释在编译代码时会被忽略,不编译到最后的可执行文件中,所以注释不会增加可执行文件的大小。

2. Java 注释技巧

(1)空行和空白字符也是一种特殊注释。利用缩进和空行,使代码与注释容易区别,并协调美观。

(2)当代码比较长,特别是有多重嵌套时,为了使层次清晰,应当在一些段落的结束处加注释(在闭合的右花括号后注释该闭合所对应的起点),注释不能写得很长,只要能表示是哪个控制语句控制范围的结束即可,这样便于阅读。

(3)将注释与注释分隔符用一个空格分开,在没有颜色提示的情况下查看注释时,这样做会使注释很明显且容易被找到。

(4)不允许给块注释的周围加上外框。这样看起来可能很漂亮,但是难以维护。

(5)每行注释(连同代码)不要超过 120 个字(1024×768),最好不要超过 80 字(800×600)。

(6)Java 编辑器(IDE)注释快捷方式。Ctrl+/ 注释当前行,再按则取消注释。

(7)对于多行代码的注释,尽量不采用"/ * …… * /",而采用多行"//"注释,这样虽然麻烦,但是在做屏蔽调试时不用查找配对的"/ * …… * /"。

(8)注释作为代码切换开关,用于临时测试屏蔽某些代码。

3. Java 注释方法及格式

(1)单行(Single-line)短注释://……

单独行注释:在代码中单起一行注释,注释前最好有一行空行,并与其后的代码具有一样的缩进层级。如果单行无法完成,则应采用块注释。

注释格式:/ * 注释内容 * /。

行头注释:在代码行的开头进行注释。主要为了使该行代码失去意义。

注释格式:// 注释内容。

行尾注释:尾端(trailing)——极短的注释,在代码行的行尾进行注释。一般与代码行后空8(至少4)个格,所有注释必须对齐。

注释格式:代码 + 8(至少4)个空格 + // 注释内容。

(2)块(block)注释:/*……*/

注释若干行,通常用于提供文件、方法、数据结构等的意义与用途的说明,或者算法的描述。一般位于一个文件或者一个方法的前面,起到引导的作用,也可以根据需要放在合适的位置。这种域注释不会出现在 HTML 报告中。注释格式通常写成:

```
/*
 * 注释内容
 */
```

(3)文档注释:/**……*/

注释若干行,并写入 javadoc 文档。每个文档注释都会被置于注释定界符/**……*/之中,注释文档将用来生成 HTML 格式的代码报告,所以注释文档必须书写在类、域、构造函数、方法以及字段(field)定义之前。注释文档由两部分组成——描述块标记。注释文档的格式如下:

```
/**
 * The doGet method of the servlet.
 * This method is called when a form has its tag value method
 * equals to get.
 * @ param request
 * the request send by the client to the server
 * @ param response
 * the response send by the server to the client
 * @ throws ServletException
 * if an error occurred
 * @ throws IOException
 * if an error occurred
 */
public void doGet (HttpServletRequest request, HttpServletResponse response)
throws ServletException, IOException {
doPost(request, response);
}
```

前两行为描述,描述完毕后,由@ 符号起头为块标记注释。

(4) javadoc 注释标签语法。

@ author:对类的说明,标明开发该类模块的作者。

@ version:对类的说明,标明该类模块的版本。

@ see:对类、属性、方法的说明,参考转向,也就是相关主题。

@ param:对方法的说明,对方法中某参数的说明。

@ return:对方法的说明,对方法返回值的说明。

@ exception：对方法的说明，对方法可能抛出的异常进行说明。

2.2 数 据 类 型

Java 的数据类型与 C++相似，但有两点不同：①在 Java 语言中所有的数据类型是确定的，与平台无关，所以在 Java 中无 sizeof 操作符；②Java 中每种数据类型都对应一个默认值。这两点体现了 Java 语言的跨平台性和完全稳定性。

Java 的数据类型可分为基本数据类型（或叫作简单数据类型）和引用数据类型（或叫作复合数据类型）。基本数据类型是指由 Java 语言本身定义的数据类型。引用数据类型是由用户根据需要自己定义并实现其运算的数据类型。图 2.1 列出了数据类型的分类，表 2.2 列出了 Java 定义的所有基本数据类型。

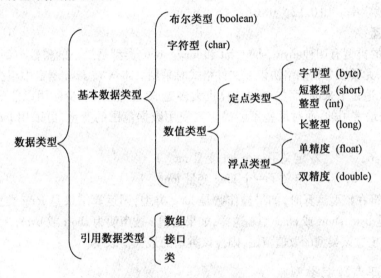

图 2.1 Java 数据类型

表 2.2 Java 定义的所有基本数据类型

类	型	范围/格式	说明	数值范围	默认值
整数类型	byte	8 位二进制补码	字节整型	$-2^7 \sim 2^7-1$	0
	short	16 位二进制补码	短整型	$-2^{15} \sim 2^{15}-1$	0
	int	32 位二进制补码	整型	$-2^{31} \sim 2^{31}-1$	0
	long	64 位二进制补码	长整型	$-2^{63} \sim 2^{63}-1$	0L
实数	float	32 位 IEEE754 规范	单精度		0.0f
	double	64 位 IEEE754 规范	双精度		0
字符	char	16 位 Unicode 字符集	单字符	$0 \sim 2^{16}-1$	'/u0000'
布尔	boolean	true 或 false	布尔值	true/false	

引用数据类型有类、接口和数组等。

Java 语言没有 C++中的指针类型、结构类型、联合类型和枚举类型。

2.2.1 整数类型

整数类型包括整型常量和整型变量。

1. 整型常量

整型常量有 int 和 long 两种类型,其中 long 型整型常量要在数字后面加大写的字母 L 或小写的字母 l。具体的整型常量有三种表示形式:

(1)十进制整型常量,它是由 0~9,+,–字符组成,并以+,–号开头的数字串。如 987,–654。

(2)八进制整型常量,它是由 0~7,+,–字符组成,并以+,–号加 0 开头的数字串。如 023(相当于十进制的 19),–043(相当于十进制的 – 35)。

(3)十六进制整型常量,它是由 0~9,+,–,A~F,a~f,x 或 X 字符组成,并以+,–号加 0x 或 0X 开头的数字串。如 0x12,–0X6A。

2. 整型变量

整型变量的类型有四种:byte,short,int 和 long。byte 类型是最小的整数类型,常用在小型程序的开发上,尤其在分析网络协议或文件格式时采用。short 在 Java 语言中很少使用。它是早期 16 位时代遗留下来的,而如今的计算机大多是 32 位,所以很少使用以前的 16 位数据。int 数据类型是最常用的,而对那些不能确定其使用数据范围的变量,可采用 long 数据类型。举例如下:

```
int int _ I = 6 ;       //定义了一个 int 变量 int _ I
long long _ I = 6 ;     //定义了一个 long 变量 long _ I
```

整型运算符在整型运算时,如果操作数是 long 类型,则运算结果是 long 类型,否则为 int 类型,绝不会是 byte,short 或 char 型。这样,如果变量 i 被声明为 short 或 byte,i+1 的结果会是 int。如果结果超过该类型的取值范围,则按该类型的最大值取模。

2.2.2 浮点数据类型

Java 技术规范的浮点数的格式是由电气电子工程师学会(IEEE)754 定义的,是独立于平台的。可以通过 Float. MAX _ VALUE 和 Float. MIN _ VALUE 取得 Float 的最大最小值;可以通过 Double. MAX _ VALUE 和 Double. MIN _ VALUE 来取得 Double 的最大最小值。浮点数据类型就是常说的实型数据,也包括实型常量和实型变量。

1. 实型常量

实型常量有 float 和 double 两种数据类型,其中要表示 float 类型常量必须在数字后加上字母 F 或 f。具体有两种表示形式:

(1)十进制数表示:由数字、小数点和正负号组成,且必须有小数点,如–0.11,33.67。

(2)科学计数法表示:由数字、小数点、正负号和字母 E/e 组成,且在 E/e 之前必须有数字,如 1.1e2,–11E5。

2. 实型变量

实型变量的数据类型有 double 和 float 两种。double 称为双精度类型,float 称为单精度类型。双精度类型比单精度类型的数据具有更高的精度和更大的表示范围。但单精度数据比双精度数据所占内存空间少且在处理器进行处理的速度也比双精度数据类型快一些。举例如下:

```
float f=3.141F;        //定义了一个 float 变量 f
double d=3.141;        //定义了一个 double 变量 d
```

2.2.3　字符型数据

字符型数据也包括字符型常量和字符型变量。

字符型常量是用单引号括起来的一个字符,如:'A'、'9'。Java 语言中的字符型数据是使用 16 位 Unicode(全球文字共享编码)方式,用 16 位来表示东西方字符。由于采用 Unicode 编码 方案,使得 Java 在处理多语种的能力方面得到大大提高,从而为 Java 程序在基于不同语种之 间实现平滑移植铺平了道路。

与 C/C++相同,Java 语言也提供转义符号,以"\"开头,将其后面的符号转变为其他的含 义。如,\ddd 表示 1 到 3 位八进制表示的数据;\uxxxx 表示 1 到 4 位十六进制表示的数据; \'表示单引号。

另外,Java 中字符型数据虽然不能用作整型,但可以把它当作整型数据来操作。如:

```
int one=4;
char two='3';
charsix=(char)(four+two);
```

字符型变量 two 被转化为整型后进行相加,最后把结果又转化为字符型数据。

2.2.4　字符串型 String

字符型只能表示一个字符,那么多个字符怎么表示呢?

Java 中使用 String 这个类来表示多个字符,表示方式是用双引号把要表示的字符串引起 来,字符串里面的字符数量是任意多个。字符本身符合 Unicode 标准,char 类型的反斜线符号 (转义字符)适用于 String。与 C/C++不同,String 不能用/0 作为结束。String 的文字应用双引 号封闭,如下所示:

"The quick brown fox jumped over the lazy dog. "

char 和 String 类型变量的声明和初始化如下所示:

```
char ch='A';  //声明并初始化一个字符变量
char ch1,ch2 ;  //声明两个字符变量
//声明两个字符串变量并初始化它们
String greeting="Good Morning !! /n" ;
String err _ msg="Record Not Found !" ;
String str1,str2 ;  //声明两个字符串变量
str1 ="12abc"; //基本的字符串型
str2 =""; //表示空串
```

注意:

(1)String 不是原始的数据类型,而是一个类(class)。

(2)String 包含的字符数量是任意多个,而字符类型只能是一个。

要特别注意:"a"表示的是字符串,而'a'表示的是字符类型,它们的意义和功能都不同。

(3)String 的默认值是 null。

2.2.5　布尔型数据

布尔型数据只有 true 和 false 两个数据值,并且它们不对应任何整型值。

2.3　运算符与表达式

2.3.1　运算符

运算符按照参与运算的操作数的个数可分为:单目运算符、双目运算符和三目运算符。除进行运算外,运算符也有返回值。这个值和类型取决于运算符和操作数的类型。

Java 运算符主要包括以下几类:算术运算符、关系运算符、逻辑运算符、位运算符、赋值运算符以及条件运算符。

1. 算术运算符

算术运算符用于完成算术运算,包括一元算术运算符(+ , − , ++ , −−)和二元算术运算符(+ , − , * , / , %),如表 2.3 所示。

表 2.3　算术运算符

运　算　符		使用方式	说　　明
一元运算符	++	op++	op 值递增 1,表达式取递增前的值
	++	++op	op 值递增 1,表达式取递增后的值
	−−	op−−	op 值递减 1,表达式取递减前的值
	−−	−−op	op 值递减 1,表达式取递减后的值
	+	+op	取正
	−	−op	取负
二元运算符	+	op1+op2	求 op1 与 op2 相加的和
	−	op1−op2	求 op1 与 op2 相减的差
	*	op1 * op2	求 op1 与 op2 相乘的积
	/	op1/op2	求 op1 除以 op2 的商
	%	op1 % op2	求 op1 除以 op2 所得的余数

注意:①进行取余运算的操作数可以是浮点数,a%b 和 a−((int)(a/b) * b)的语义相同。这表示 a%b 的结果是除完后剩下的浮点数部分,如 12.5%3,结果为 0.5;②两个整型相除,结果是商的整型部分,如 2/3 结果为 0,而 12/5 结果为 2。

只有单精度操作数的浮点表达式按照单精度运算求值,产生单精度结果。如果浮点表达式中含有一个或一个以上的双精度操作数,则按双精度运算,结果是双精度浮点数。

自增(++)和自减(−−)运算符只允许用于数值类型的变量,不允许用于表达式中。该运算符既可放在变量之前(如++i),也可放在变量之后(如 i++),两者的差别是:如果放在变量之前(如++i),则变量值先加 1 或减 1,然后进行其他相应的操作(主要是赋值操作);如果放在变量之后(如 i++),则先进行其他相应的操作,然后再进行变量值加 1 或减 1。

【例 2.1】 算术运算程序示例(运行结果如图 2.2 所示)。

```java
import java.applet. * ;
import java.awt. * ;
public class ArithmeticOperation extends Applet{
    int i _ x=1;
    int i _ y=2;
    double d _ x=3.1415926;
    double d _ y=2.41;
    public void paint(Graphics g){
    g.drawString(i _ x+"+"+i _ y+"="+(i _ x+i _ y),10,20);
    g.drawString(i _ x+"-"+i _ y+"="+(i _ x-i _ y),10,40);
    g.drawString(i _ x+" * "+i _ y+"="+(i _ x * i _ y),10,60);
    g.drawString(i _ x+"/"+i _ y+"="+(i _ x/i _ y),10,80);
    g.drawString(i _ x+"%"+i _ y+"="+(i _ x%i _ y),10,100);
    g.drawString(d _ x+"+"+d _ y+"="+(d _ x+d _ y),10,140);
    g.drawString(d _ x+"-"+d _ y+"="+(d _ x-d _ y),10,160);
    g.drawString(d _ x+" * "+d _ y+"="+(d _ x * d _ y),10,180);
    g.drawString(d _ x+"/"+d _ y+"="+(d _ x/d _ y),10,200);
    g.drawString(d _ x+"%"+d _ y+"="+(d _ x%d _ y),10,220);
    }
}
```

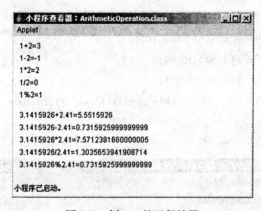

图 2.2 例 2.1 的运行结果

【例 2.2】 自增/自减运算符示例。

```java
int i=6,j,k,m,n;
j=+i;     //取原值,即 j=6
k=-i;     //取负值,即 k=-6
m=i++;  //先 m=i,再 i=i+1,即 m=6,i=7
m=++i;  //先 i=i+1,再 m=i,即 i=7,m=7
n=j--;   //先 n=j,再 j=j-1,即 n=6,j=5
n=--j;   //先 j=j-1,再 n=j,即 j=5,n=5
```

2. 关系运算符和逻辑运算符

关系运算符是比较两个数据大小关系的运算,常用的关系运算符是:>,>=,<,<=,= =,

！=。如果一个关系运算表达式，其运算结果是"真"，则表明该表达式所设定的大小关系成立；否则若运算结果为"假"，则说明了该表达式所设定的大小关系不成立。逻辑运算和关系运算的关系十分密切，关系运算是运算结果为布尔型量的运算，而逻辑运算是操作数和运算结果都是布尔型量的运算，逻辑运算符如表 2.4 所示。

表 2.4　逻辑运算符

运　算　符	使　用　方　式	返回 true 的条件
&&	op1&&op2	op1 与 op2 均为 true
‖	op1 ‖ op2	op1 或 op2 为真
!	! op	op 为假

【**例 2.3**】　关系和逻辑运算示例程序（运行结果如图 2.3 所示）。

```
import java. applet. * ;
import java. awt. * ;
public class LogicalOperation extends Applet{
    boolean b1 = true;
    boolean b2 = false;
    int x1 = 3, y1 = 5;
    boolean b3 = x1>y1&&x1++ = =y1--;
    public void paint( Graphics g) {
    g. drawString(b1+"&&"+b2+"="+(b1&&b2),10,20);
    g. drawString(b1+" ‖ "+b2+"="+(b1 ‖ b2),10,40);
    g. drawString("!"+b2+"="+(! b2),10,60);
    g. drawString("x="+x1+",y="+y1,10,80);
    g. drawString("(x>y&&x++ = =y--)="+b3+";x="+x1+",y="+y1,10,100);
    }
}
```

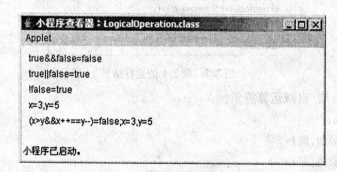

图 2.3　例 2.3 的运行结果

3. 位运算符

位运算符是对操作数以二进制位进行运算，运算的结果为整型数据（表 2.5）。

表 2.5 位运算符

运 算 符	使 用 方 式	操 作
>>	op1>>op2	op1 中各位都向右移 op2 位(最高位补符号位)
<<	op1<<op2	op1 中各位都向左移 op2 位
>>>	op1>>>op2	op1 中各位都向右移 op2 位(无符号,补 0)
&	op1&op2	按位与
|	op1|op2	按位或
^	op1^op2	按位异或
~	~ op	按位取反

Java 语言中使用补码来表示二进制数,见表 2.6 和表 2.7。

表 2.6 移位运算示例

X(十进制数)	二进制补码表示	x<<2	x>>2	x>>>2
25	00011001	01100100	00000110	00000110
−17	11101111	10111100	11111011	00111011

表 2.7 其他位运算示例

x,y(十进制数)	二进制补码表示	x&y	x|y	x^y	~ x
x=25	x=00011001	00001001	11111111	11110110	11100110
y=−17	y=11101111				

(1)右移运算符(>>)。将一个数的各二进制位全部右移若干位,正数左补 0,负数左补 1,右边丢弃。操作数每右移一位,相当于该数除以 2。

例如,a=a >> 2 将 a 的二进制位右移 2 位,左补 0 或补 1 得看被移数是正还是负。

">>"运算符把 expression1 的所有位向右移 expression2 指定的位数。expression1 的符号位被用来填充右移后左边空出来的位。向右移出的位被丢弃。

例如,下面的代码被求值后,temp 的值是−4:

−14(即二进制的 11110010)右移两位等于−4(即二进制的 11111100)。

var temp = −14 >>2

(2)左移运算符(<<)。将一个运算对象的各二进制位全部左移若干位(左边的二进制位丢弃,右边补 0)。

例如,a=a << 2 将 a 的二进制位左移 2 位,右补 0,左移 1 位后 a=a*2;若左移时舍弃的高位不包含 1,则每左移一位,相当于该数乘以 2。

(3)无符号右移运算符(>>>)。>>>运算符把 expression1 的各个位向右移 expression2 指定的位数。右移后左边空出的位用零来填充,移出右边的位被丢弃。

例如,var temp =−14 >>> 2

变量 temp 的值为 −14(即二进制的 11111111 11111111 11111111 11110010),向右移两位后等于 1073741820(即二进制的 00111111 11111111 11111111 11111100)。

(4)按位与运算符(&)。参加运算的两个数据,按二进制位进行"与"运算。

运算规则:0&0=0;0&1=0;1&0=0;1&1=1。

即两位同时为"1",结果才为"1",否则为 0。

例如,3&5,即 0000 0011 & 0000 0101＝0000 0001。因此,3&5 的值得 1。另外,负数按补码形式参加按位与运算。

"与运算"的特殊用途:

①清零。如果想将一个单元清零,即使其全部二进制位为 0,只要与一个各位都为零的数值相与,结果为零。

②取一个数中指定位方法:找一个数,对应 X 要取的位,该数的对应位为 1,其余位为零,此数与 X 进行"与运算"可以得到 X 中的指定位。

例如,设 X＝10101110,取 X 的低 4 位,用 X & 0000 1111＝0000 1110 即可得到;

还可用来取 X 的 2,4,6 位。

(5)按位或运算符(|)。参加运算的两个对象,按二进制位进行"或"运算。

运算规则:0|0＝0;0|1＝1;1|0＝1;1|1＝1。

即参加运算的两个对象只要有一个为 1,其值为 1。

例如,3|5 即 0000 0011 | 0000 0101＝0000 0111。

因此,3|5 的值得 7。

另外,负数按补码形式参加按位或运算。

"或运算"特殊作用:常用来对一个数据的某些位置 1。

方法:找到一个数,对应 X 要置 1 的位,该数的对应位为 1,其余位为零。此数与 X 相或可使 X 中的某些位置 1。例如,将 X＝10100000 的低 4 位置 1 ,用 X | 0000 1。

(6)异或运算符(^)。参加运算的两个数据,按二进制位进行"异或"运算。

运算规则:0^0＝0;0^1＝1;1^0＝1;1^1＝0。

即参加运算的两个对象,如果两个相应位为"异"(值不同),则该位结果为 1,否则为 0。

"异或运算"的特殊作用:

(1)使特定位翻转找一个数,对应 X 要翻转的各位,该数的对应位为 1,其余位为零,此数与 X 对应位异或即可。例如,X＝10101110,使 X 低 4 位翻转,用 X^0000 1111＝1010 0001 即可得到。

(2)与 0 相异或,保留原值 ,X^0000 0000＝1010 1110。从上面的例题可以清楚地看到这一点。

(7)取反运算符(~)。参加运算的一个数据,按二进制位进行"取反"运算。

运算规则:~1＝0; ~0＝1。

即对一个二进制数按位取反,即将 0 变 1,1 变 0。

使一个数的最低位为零,可以表示为 a& ~ 1。 ~1 的值为 1111111111111110,再按"与"运算,最低位一定为 0。因为" ~ "运算符的优先级比算术运算符、关系运算符、逻辑运算符和其他运算符都高。

4.赋值运算符

赋值运算符有" =" 和复合赋值运算符两种形式,复合赋值运算符是先对某表达式进行某种运算后,把运算结果赋给一个变量,如表 2.8 所示。

表 2.8 赋值运算符

复合赋值运算符	使用方式	等价形式
+=	op1+=op2	op1=op1+op2
-=	op1-=op2	op1=op1-op2
*=	op1*=op2	op1=op1*op2
/=	op1/=op2	op1=op1/op2
%=	op1%=op2	op1=op1%op2
&=	op1&=op2	op1=op1&op2
|=	op1|=op2	op1=op1|op2
^=	op1^=op2	op1=op1^op2
<<=	op1<<=op2	op1=op1<<op2
>>=	op1>>=op2	op1=op1>>op2
>>>=	op1>>>=op2	op1=op1>>>op2

注意：当变量的数据类型与表达式计算结果的数据类型不一致时，如果变量数据类型级别高，则结果数据类型被自动转化为变量数据类型，然后赋给变量。否则，需要使用强制类型转换运算符将结果转化为变量数据类型。例如：

```
byte b=20;        int I=b;           //自动转化
int a=20;         byte b=(char)a;    //强制类型转化
```

5. 条件运算符

条件运算符为三元运算符，其格式为：expression? statement1 : statement2。其功能是：若 expression 为真，则执行语句 statement1，否则执行语句 ststement2。例如，c=a>b? a:b。

注意：statement1 与 statement2 要有相同返回结果，且不能是 void 返回类型。

2.3.2 表达式

Java 语言的表达式和 C 语言非常类似。表达式是由运算符、操作数和方法调用，按照语言的语法规则构造而成的符号序列。最简单的表达式是一个常量或一个变量。表达式的任务有两项：执行指定的运算和返回运算结果。例如，num1+num2 就是一个有效的表达式。

2.3.3 运算符的优先级和结合性

使用表达式要注意：运算符的功能；运算符的优先级；运算符的结合性；对操作数的要求，包括个数要求、类型要求和值要求（如，/或%都要求右边的操作数不为零）；表达式值的类型。

对表达式的运算是按运算符的优先顺序从高到低进行的。同级的运算符按照运算符的结合性进行运算。表 2.9 列出了 Java 运算符的优先级（优先级从高到低排列）和结合性的情况。

表 2.9　Java 运算符的优先级和结合性

操　作	运　算　符	结　合　性
后级运算符	[ ] . ( )	→
单目运算符	! ~ ++-- +-	←
创建	new	→
乘除	* / %	→
加减	+-	→
移位	<< >> >>>	→
关系	< > <=>= instanceof	→
相等	==! =	→
按位与	&	→
按位异或	^	→
按位或	|	→
逻辑与	&&	→
逻辑或	||	→
条件	?:	←
赋值	= +=-= * = /= % = &= ^= |= <<= >>= >>>=	←

说明:

(1)所有单目运算符处于同一级,它们比双目运算符的优先级高。

(2)在双目运算符中,算术运算符高于关系运算符,关系运算符高于位操作和逻辑运算符。

(3)条件运算符高于赋值运算符,它们优先级别最低。

(4)除了单目运算符、条件运算符和赋值运算符的结合性为从右到左外,其他均为从左到右。

Java 语言和解释器限制使用强制和转换,以防止出错导致系统崩溃。整型和浮点数之间可以来回强制转换,但整型不能强制转换成数组或对象,对象不能被强制为基本类型。

2.4　Java 的常用输入输出

2.4.1　Java 的标准输入输出

输入输出是程序的基本功能,与 C/C++相似,Java 语言中的输入输出涉及流的概念,借助流类实现输入输出。所谓流就是指通信通道,这里先简单介绍标准的输入输出流的用法,更多的内容将在第 10 章中作详细介绍。

在 Java 程序中有一大部分是采用标准输入输出。标准输入是键盘的输入,标准输出是终端屏幕。标准错误输出也指向屏幕,如果有必要,它也可以指向另一个文件以便和正常输出区分。

通过系统类 System 达到访问标准输入输出的功能。System 类管理标准输入输出流和错误流,有以下三个对象:

(1)System. out:把输出送到默认的显示(通常是显示器)。

(2)System. in:从标准输入获取输入(通常是键盘)。

(3)System. err:把错误信息送到默认的显示。

这三个对象在 main 方法被执行时就自动生成。其中 System. in 作为 InputStream 类的一个实例来实现 stdin(标准输入设备),可以使用 read( )和 skip(long n)两个成员函数;read( )让用户从输入中读一个字节,skip(long n)让用户在输入中跳过 n 个字节。System. out 作为 PrintStream 类的一个实例实现 stdout(标准输出设备),可以使用 print( ),println( )和 printf( )三个成员函数;其中前两个函数支持 Java 的任意基本类型作为参数;println 是系统的一个方法名,它完成打印工作后自动换行,而用 print 则不自动换行;至于 printf( )函数是 JDK5.0 新增的格式输出函数,它有两个参数,形如 System. out. printf(格式,数据),一个参数是要输出的数据,另外一个参数是限定输出数据输出的格式,具体输出格式标识的说明如表 2.10 所示。System. err 同 stdout 一样实现 stderr(标准错误输出)。

表 2.10　System. out. printf( )函数的格式标识

格式标识	说明	例子
%b	输出布尔值	true 或 false
%c	输出一个字符值	'a'
%d	输出以带符号的十进制形式输出整数	200
%f	输出小数形式的浮点数	43.454350
%e	输出科学记数法形式的数	3.344000+03
%s	输出字符串	"Java 世界"

【例2.4】　一个简单字符输入输出程序 SimpleCharInOut. java(运行结果如图 2.4 所示)。

```
import java. io. * ;
public class SimpleCharIntOut{
  public static void main(String args[ ]){
    char c=' ';
    //定义一个字符型变量初始化为空格;
    System. out. print("Enter a character please:");//在屏幕上显示提示信息
    try{
      c=(char)System. in. read( );//接受用户的键盘输入
    } catch(IOException e){
        System. err. println(e. toString( ));//可能抛出异常
    }
    System. out. println("You have entered character "+c);//向用户屏幕输出字符
  }
}
```

在 Java 中有关流的操作使用 java. io. * ,出于安全的考虑,在 Java Applet 中不能实现文件 I/O 流。

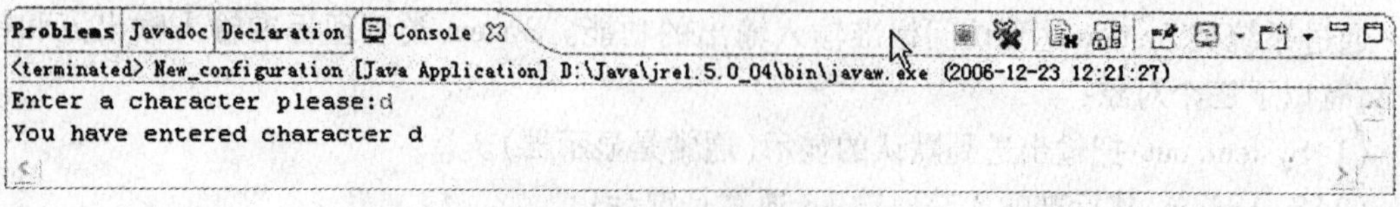
Problems | Javadoc | Declaration | Console
<terminated> New_configuration [Java Application] D:\Java\jre1.5.0_04\bin\javaw.exe (2006-12-23 12:21:27)
Enter a character please:d
You have entered character d

图 2.4　例 2.4 的运行结果

2.4.2　Java 图形界面的输入输出

Java 语言可以实现图形界面效果,Java 语言中提供了一个类 javax. swing. JOptionPane,该类提供了弹出一个标准对话框的功能,通过标准对话框来提示用户。往往可以利用它这个性质来实现具有对话框显示效果的数据输入和输出。JOptionPane 类实现输入和输出对话框的常用方法有:

(1)lshowInputDialog():用于数据输入。

(2)lshowMessageDialog():提示用户某些信息,可以由用户定义;该方法的常用的形式如下:

JOptionPane. showMessageDialog(parentComponent,message,title,messageIcon)。

①parentComponent:对话框的父组件:对话框所在的窗口,对话框的大小由内容决定。用 null 表示一个默认的窗口作为父组件,并且会放置在屏幕中央。

②message:在对话框显示的信息。

③title:对话框的标题。

④messageIcon:对话框的显示的图标的名称。

【例 2.5】　将例 2.4 用 JOptionPane 类进行改写,实现一个简单字符串输入输出程序 SimpleStringIntOut. java(运行结果如图 2.5 和图 2.6 所示)。

```
import javax. swing. JOptionPane;//导入 JOptionPane 类
public class SimpleStringIntOut{
    public static void main(String[ ] args) {
        String str;//定义一个字符串
        str=JOptionPane. showInputDialog("Input a String:");
        //从键盘输入一个字符串
        JOptionPane. showMessageDialog(null,"The String is:"+str,"Result is",
        JOptionPane. INFORMATION _ MESSAGE);//将字符串输出
        System. exit(0);//退出程序
    }
}
```

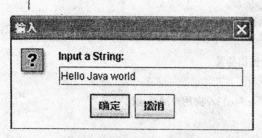

输入
Input a String:
Hello Java world
确定
撤消

图 2.5　例 2.5 的数据输入

Result is
The String is:Hello Java world
确定

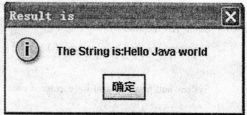

图 2.6　例 2.5 的数据输出

当然 Java 语言提供了大量的实现图形界面的类,在后面的章节中会针对实现图形界面的类进行深入介绍。

本 章 小 结

标识符用于标识变量、函数、类和对象的名称,它是以字母或下划线或美元符号开头的字母数字串。Java 中的标识符区分大小写。

注释是 Java 软件开发不可或缺的部分,注释一般分为单行注释、块注释和文档注释。

Java 的数据类型可分为基本数据类型(或简单数据类型)和复合数据类型。基本数据类型是指由 Java 语言中定义的数据类型,有八种基本数据类型。复合数据类型是由用户根据需要自己定义并实现其运算的数据类型,有三种复合数据类型。

运算符按照参与运算的操作数的个数可分为:单目运算符、双目运算符和三目运算符。Java 运算符主要包括以下几类:算术运算符、关系运算符、逻辑运算符、位运算符、赋值运算符以及条件运算符。

表达式由运算符、操作数和方法调用,是按照语言的语法规则构造而成的符号序列。最简单的表达式是一个常量或一个变量。表达式的任务有两项:执行指定的运算和返回运算结果。

Java 通过系统类 System 达到访问标准输入输出的功能。System 类管理标准输入输出流和错误流,有以下三个对象:System.out,System.in,System.err,这三个对象在 main 方法被执行时就自动生成。

习 题

1. Java 语言对标识符命名有何规定? 下面这些标识符哪些是合法的? 哪些是不合法的?

(1) Myname1　(2) Java-Language　(3) 2Person1　(4) _is_Has　(5) $12345

2. Java 有哪些基本数据类型? 与 C/C++相比有何特点? 复合数据类型是哪几种?

3. Java 的注释方法有哪些? 在实际开发中如何使用?

4. Java 的字符类型采用何种编码方案? 有何特点?

5. Java 有哪些运算符和表达式? 请写出下面这些表达式的运算结果(设 a=2,b=-3,f=true)。

(1) (--a)%b++　(2) (a>=1)&&a<=12? a:b　(3) f^(a>b)　(4) (--a)<<a

6. 阅读下列程序,写出运行结果。

```java
public class Example2_1 {
    public static void main(String[] args) {
        int i=0;
        double x=2.3;
        System.out.println("Result 1:"+(--i+i+i++));
        System.out.println("Result 2:"+(i+++i));
        i+=i+(i=4);
        System.out.println("Result 3:"+i);
        i=3+3*2%i--;
        System.out.println("Result 4:"+i);
        x+=1.2*3+x++;
        System.out.println("Result 5:"+x);
        x=x%3+4*2+x--;
        System.out.println("Result 6:"+x);
    }
}
```

第**3**章

基本控制结构

流程控制语句是程序中基本且关键的部分,它用来控制程序中语句执行顺序。在传统的结构化程序设计中最主要的控制结构有顺序、分支和循环三种基本结构。虽然 Java 语言是面向对象的语言,但是在语句块内部,仍然需要借助基本流程结构来组织语句完成相应的逻辑功能。Java 中的控制结构是从 C 语言借鉴的。

3.1 顺 序 结 构

顺序结构是一种按照从上到下逐步执行程序的结构,中间没有判断和跳转语句,是最简单的程序结构,为了加深对顺序结构程序的认识,下面我们演示一个程序。

【例 3.1】 输入一个数,求其平方根。

完成这个任务需要以下三个操作步骤:输入数据;计算其平方根;显示结果。

```
import java. io. * ;
public class j301
{
public static void main( String arg[ ] ) throws IOException
    {
        int x;
        double y;
        String str;                        //声明字符串类
        BufferedReader buf;                //声明缓冲数据流类
        System. out. print("请输入一个数:");
        buf = new BufferedReader( new InputStreamReader( System. in) );
        str = buf. readLine( );
        x = Integer. parseInt( str) ;
        y = Math. sqrt( x) ;               //求平方根
        System. out. println( x+"的平方根为:"+y) ;  //显示计算结果
    }
}
```

运行结果如图 3.1 所示。

程序的第 1 行是 import 语句,引入 java. io 包中的所有类,Java 语言中处理输入输出的类都是在该包中。由于程序中是使用缓冲字符输入流类(BufferedReader) 和字符输入流类

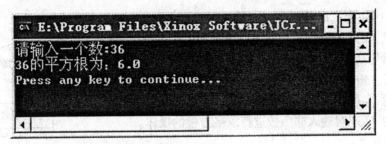

图 3.1　例 3.1 程序的运行结果

(InputStreamReader),因此必须使用 import 语句引入它们。

　　程序中声明和创建缓冲字符输入流类的具体对象 buf。创建类对象实例化通过以下方式实现:

　　类名 对象名=new 构造函数(参数);

　　BufferedReader buf=new BufferedReader(new InputStreamReader(System.in));

　　缓冲字符输入流类的构造函数的参数是定义字符输入流类的一个具体对象 System.in,System.in 表示从键盘输入。通过这种方式把键盘输入的字符串读入到缓冲区。

　　程序中调用 BufferedReader 类中的方法 readLine( )读取缓冲区中的一行字符串,读取的字符串赋给字符串变量 str。

　　由于 readLine( )会抛出异常处理(IOException),因此在程序 main( )方法的方法头部加入了 throws IOException,表示 main( )方法把 IOException 异常抛出,交给 JVM 处理。这些详细内容将在本书后面进行详细说明。

　　程序中 Integer.parseInt(str)的作用是把数字字符串转换成整型数据,因为 Java 从命令行输入的数据都当作字符串,必须把它转换成整型数据后才能赋值给整型变量。

　　程序中 Math.sqrt(x)用的是数学类的求平方根方法 sqrt,其返回的类型为 double,所以 y 定义为 double 类型。

3.2　选 择 结 构

　　程序设计时,经常需要根据条件表达式或变量的不同状态选择不同的路径,解决这一类问题,通常使用选择结构。常见的选择结构有三种:单分支选择结构、双分支选择结构和多分支选择结构。

3.2.1　单分支选择结构

　　单分支选择结构可以根据指定表达式的当前值,选择是否执行指定的操作。单分支语句由简单的 if 语句组成,该语句的一般形式为如图 3.2 所示。

　　if(表达式)

　　　　子句;

　　语句说明:

　　(1)if 是 Java 语言的关键字,表示 if 语句的开始。

　　(2)if 后边表达式必须为合法的逻辑表达式,即表达式的值必须是一个布尔值,不能用数值代替。

（3）在表达式为真时执行子句的操作。子句可由一条或多条语句组成，如果子句由一条以上的语句组成，必须用花括号把这一组语句括起来。

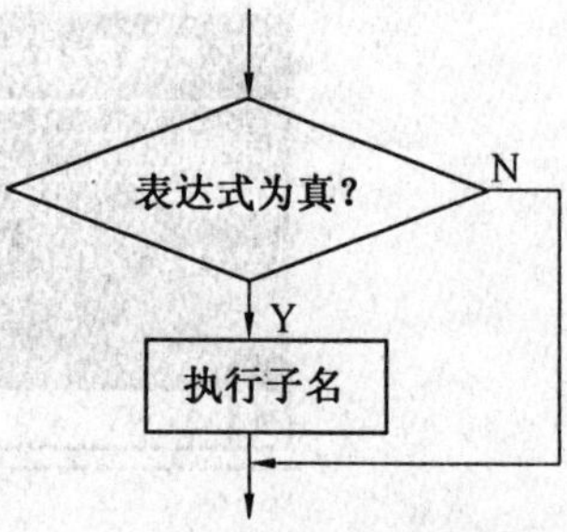

【例 3.2】 输入一个数，求其平方根。例 3.1 已经初步解决了这个问题，本题只需在例 3.1 算法的基础上，增加一个简单的分支结构，实现对输入非负数进行求平方根的操作。

```java
import java.io. * ;
public class j302
{
    public static void main( String arg[ ] ) throws IOException
    {
        int x;
        double y;
        String str;
        BufferedReader buf;
        System. out. print("请输入一个数:");
        buf = new BufferedReader( new InputStreamReader( System. in) );
        str = buf. readLine( );
        x = Integer. parseInt( str);
        if ( x>=0)
        {
            y = Math. sqrt( x);
            System. out. println( x+"的平方根为:"+y);
        }
    }
}
```

图 3.2　简单 if 语句流程

运行结果如图 3.3 所示。

图 3.3　例 3.2 程序的运行结果

在程序中 if 后面的花括号不能省，如果没有花括号，系统默认 if 后面的第一条语句是 if 的内部语句。例如，在有花括号时如输入负数则没有结果显示，去掉 if 语句中的花括号程序也能运行并有结果输出，但输出的结果不正确。

3.2.2　双分支选择结构

双分支选择结构可以根据指定表达式的当前值选择执行两个程序分支中的一个分支。包含 else 的 if 语句可以组成双分支选择结构，该语句的一般形式如图 3.4 所示。

if(表达式)

　　子句 1;

else

　　子句2；

语句说明：

（1）表达式的值为真时，执行子句1；表达式值为假时，执行子句2。

（2）如果 if 与 else 之间的子句1包含多于一条语句的内部语句，必须用花括号把内部语句括起来，失去了花括号，编译程序时系统将报错；如果 else 后面的子句2包含多于一条的内部语句，也必须用花括号把这些内部语句括起来，丢了花括号，系统默认 else 后面的第一条语句是 else 的内部语句，运行程序时也将出现错误。

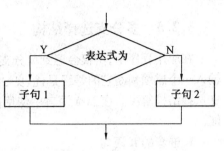

图3.4　if else 语句

【例3.3】 输入一个数，求其平方根。

本题在例3.2的基础上将单分支选择结构换成双分支选择结构，对输入非负数的情况，求其平方根；对负数的情况，给出一个错误信息。

```java
import java.io. * ;
public class j303
{
    public static void main(String arg[ ]) throws IOException
    {
        int    x;
        double y;
        String str;
        BufferedReader buf;
        System. out. print("请输入一个数:");
        buf = new BufferedReader( new InputStreamReader(System. in)) ;
        str = buf. readLine( );
        x = Integer. parseInt( str) ;
        if (x >= 0)
        {
            y = Math. sqrt(x) ;
            System. out. println(x+"的平方根为:"+y);
        }
        else
            System. out. println("输入错误!");
    }
}
```

程序运行结果如图3.5所示。

图3.5　程序显示结果

3.2.3　多分支选择结构

在应用程序中,不仅会遇到单分支或双分支选择的问题,还会遇到多分支的问题。例如,输入一个成绩判断它的等级是优、良、中、及格,还是不及格。对于像这样的问题就可以用多分支选择结构解决。在 Java 语言中使用嵌套的 if 语句或 switch 语句实现多分支选择结构的功能。

1. 嵌套的 if 语句

在 if 或 else 语句中有包含一个或多个 if 语句称为 if 语句的嵌套。形式如下:

(1)在 if 子句、else 子句中嵌套 if 语句:

```
if(表达式1)
    if(表达式2)子句1;
    else 子句2;
else
    if(表达式3)子句3;
    else 子句4;
```

执行过程为:如果表达式 1 为真,则判断表达式 2,如果表达式 2 为真,执行子句 1,否则执行语句 2;如果表达式 1 为假,接着判断表达式 3,如果表达式 3 为真,执行语句 3,否则执行语句 4。

(2)if...else if 形式。if...else if 是一种特殊的 if 嵌套形式,它使程序层次清晰,易于理解,在多分支结构的程序中经常使用这种形式。形式如下:

```
if(表达式1)
    子句1;
else if(表达式2)
    子句2;
……
else
    子句n;
```

执行过程:语句从上向下执行,当 if 语句表达式 1 为真时,只执行子句 1,如果表达式 1 为假,则跳过子句 1,再判断表达式 2 的值,并根据表达式 2 的值选择是否执行子句 2。即从上到下逐一判断 if 后面表达式的值,当某一表达式值为真时,就执行与该语句相关的子句,其他子句就不执行;如果所有表达式值都为假,则执行最后 else 后面的子句,如没有 else,则直接执行 if 嵌套后面的语句。

【例 3.4】　编写程序,输入一个成绩,输出成绩的等级。等级划分标准:85 分以上为优,75~84 为良,60~74 为中,60 分以下为不及格。

首先需要输入学生的成绩,其次根据学生的成绩判断等级。由于等级的分界点是 85,75,60,我们先用 if 处理 85 分以上的和 85 分以下的两种情况;当程序流入 85 分以下分支时,再用 if 语句处理 75 分以上和 75 分以下的两种情况;以此类推直到小于 60 分以下。

```
import java. io. * ;
public class j304
{
```

```
public static void main(String arg[]) throws IOException
{
    int x;
    String str;
    BufferedReader buf;
    System.out.print("请输入学生成绩(0~100)之间:");
    buf=new BufferedReader(new InputStreamReader(System.in));
    str=buf.readLine();
    x=Integer.parseInt(str);
    if(x>=85)
        System.out.println("成绩优秀!");
    else if(x>=75)
        System.out.println("成绩良好!");
    else if(x>60)
        System.out.println("成绩及格!");
    else
        System.out.println("成绩不及格!");
}
}
```

程序中应用多层嵌套 if…else if 语句,该语句可以根据输入的成绩,选择执行四种等级之一。运行结果如输入 75,运行结果如图 3.6 所示。

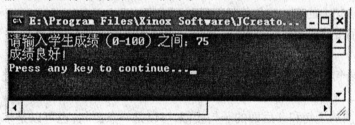

图 3.6 例 3.4 运行结果

2. If 与 else 的匹配

在使用嵌套的 if 语句时,要特别注意 if 与 else 的匹配问题。如果程序中有多个 if 和 else,当没有花括号指定匹配关系时,系统默认 else 与它前面最近的且没有与其他 else 配对的 if 配对。例如,下面这种有嵌套的 if 语句中,else 是与第二个 if 配对。

```
if(表达式1)
    if(表达式2)
子句1;
    else
子句2;
```

如果在有嵌套的 if 语句中加了花括号,由于花括号限定了嵌套的 if 语句是处于外层 if 语句的内部语句,所以 else 与第一个 if 配对,如下:

```
if(表达式1)
{
    if(表达式2)
```

```
        子句 1
    }
    else
        子句 2
```

3. switch 语句

上面介绍的 if 语句是判定语句,是从两个语句块中选择一块语句执行,只能出现两个分支,对于多分支情况,其只能用嵌套的 if 语句的处理。而 switch 语句是多分支选择语句,在某些情况下,用 switch 语句代替嵌套的 if 语句处理多分支问题,可以简化程序,使程序结构更加清晰明了。switch 语句的一般形式如下:

```
switch(表达式)
    {
        case 值 1:子句 1;break;
        case 值 2:子句 2;break;
    ……
        case 值 n:子句 n;break;
        default:子句 m;
    }
```

语句说明:

(1)switch 是关键字,表示 switch 语句的开始。

(2)switch 语句中的表达式的值只能是整型或字符型。

(3)case 后面的值 1,值 2,…,值 n 必须是整型或字符型常量,各个 case 后面的常量值不能相同。

(4)switch 语句的功能是把表达式返回的值与每个 case 子句中的值比较,如果匹配成功,则执行该 case 后面的子句。

(5)case 后面的子句和 if 后面的子句相似,可以是一条语句,也可以是多条语句。不同的是当子句为多条语句时,不用花括号。

(6)break 语句的作用是执行完一个 case 分支后,使程序跳出 switch 语句,即终止 switch 语句的执行。如果某个子句后不使用 break 语句,则继续执行下一个 case 语句,直到遇到 break 语句,或遇到标志 switch 语句结束的花括号。

(7)最后的 default 语句的作用是当表达式的值与任何一个 case 语句中的值都不匹配时执行 default;如省略 default,则直接退出 switch 语句。

【例 3.5】 输入成绩的英文等级:A,B,C,D,输出对应的中文等级:优秀、良好、及格、不及格。

首先需要输入学生成绩的英文等级,其次根据输入的字符,选择显示不同的中文等级。根据题意,程序分支应该有 5 个,分别显示优秀、良好、及格、不及格和输入错误。根据以上程序分析,代码如下:

```
import java. io. * ;
public class j305 {
    public static void main(String[ ] args) throws IOException {
        char ch;
```

```
System. out. print("请输入英文等级(A,B,C,D.:");
ch = (char) System. in. read();
switch(ch)
  {
    case'A':
    case'a':System. out. println("成绩优秀!");break;
    case'B':
    case'b':System. out. println("成绩良好!");break;
    case'C':
    case'c':System. out. println("成绩及格!");break;
    case'D':
    case'd':System. out. println("成绩不及格!");break;
    default:System. out. println("输入错误!");
  }
 }
}
```

运行结果如图 3.7 所示。

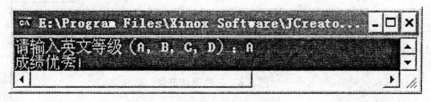

图 3.7　运行的结果

程序中 System. in. read(.作用是从系统标准输入即键盘读入一个整型数据,经强制类型转换成字符型赋给字符变量 ch。由于方法 read 会抛出输入输出异常(IOException),因此在程序 main()方法的方法头增加了 throws IOException。

程序中应用 switch 分支语句,在分支语句中都是两个 case 标号对应一个子句,意味着输入小写 a,b,c,d 与大写 A,B,C,D 运行结果等效。

1. if 语句与 switch 语句

if 语句与 switch 语句都可以用于处理选择结构的程序,但它们的使用环境不同:单分支结构选择结构一般使用 if 语句,双分支结构一般使用 if...else 语句,多分支结构一般使用嵌套的 if 语句和 switch 语句,对于需要计算多个表达式值,并根据计算结果执行某个操作,一般用 if...else if 语句;对于只需要计算一个表达式值,并根据这个表达式的结果选择执行某个操作,一般用 switch 语句。

注意:if 语句的表达式必须是逻辑表达式,其值是布尔类型;switch 语句的表达式必须是整型或字符型,其值是整型或字符型。

3.3　循环结构

循环结构是指在满足一定条件下,反复执行某一段语句。Java 中有三种循环语句:while 语句,do...while 语句和 for 语句。其中 while 语句和 for 语句属于"当型"循环,即先判断循环条件,若条件为真则执行循环。而 do...while 语句属于"直型"循环,即先执行循环体,然后再判断循环条件是否成立来决定是否继续执行循环语句。for 语句主要用于"计数"循环。循环语句的使用与 C/C++是完全一样的。

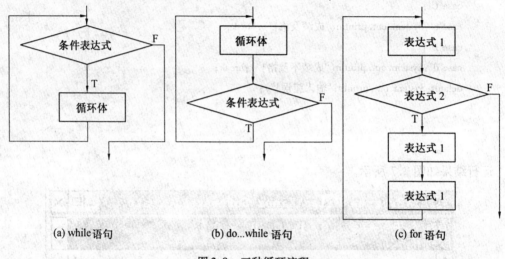

图 3.8　三种循环流程

3.3.1　while 语句

while 语句的一般格式如下:
while(条件表达式)

　循环体;

语句说明:

(1)while 是 Java 语言的关键字,表示 while 语句的开始。

(2)while 语句的执行:每次先判断条件表达式的值为真或为假,如为真则执行循环体,如为假则退出循环。

(3)条件表达式指定循环的条件,所以表达式的值必须是布尔类型。

(4)循环体可以是一条语句,也可以是多条语句。多条语句时需用花括号括起。

(5)while 语句是先判定条件,再执行循环体。

【例 3.6】　用户从键盘输入字符,直到输入'#'程序结束。要求:输入字符后显示输入字符的 ASCII 值并最终统计出输入字符的个数。

对于这个例题,要求输入多个字符,很显然要用到循环,在循环体内需要解决三个问题:一是如何输入字符;二是如何将输入的字符转换成对应的 ASCII;三是如何统计字符的个数。对于第一个问题,我们在例 3.5 中介绍过如何接收从键盘上输入数据的语句,即系统提供的 in 对象的 read 方法;对于第二个问题只需把输入的字符转换成整型,并把转换后的值输出;对于第三个问题,我们需要设置一个整型变量 count,使 count 的初值是 0,每循环一次 count 加 1,当循环结束时，count 就可以统计出字符的个数。

```java
import java. io. * ;
import java. io. IOException;
public class j306 {
    public static void main( String[ ] args) throws IOException {
        char ch;
        int count = 0;
        System. out. println("请输入一个字符,以'#'结束输入:");
        ch = ( char)System. in. read( );
        while( ch! = '#')
        {
            System. out. println("字符"+ch+"的 ASCII 值为:"+( int)ch);
            System. in. skip(2);
            count = count+1;
            ch = ( char)System. in. read( );
        }
        System. out. println("输入的字符共"+count);
    }
}
```

运行结果如图 3.9 所示。

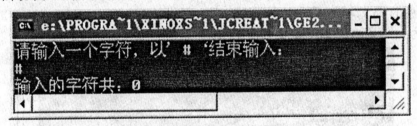

图 3.9 运行结果

3.3.2 do... while 语句

do... while 语句的一般格式如下:
```
do
    循环体
    while(条件表达式);
```
语句说明:

(1) do... while 语句的执行:先执行循环体,再判断循环条件,如为真则重复执行循环体,如为假退出循环。

(2) do... while 语句的循环体如果包含一条语句以上,必须用花括号括起来。

(3) do... while 循环的循环体至少执行一次。

【例 3.7】 对例 3.6 进行改编,用 do... while 语句实现。

本题的解决方法在例 3.6 中进行了说明。注意两个程序的区别。

```
import java. io. * ;
public class j307
{
    public static void main(String arg[ ]) throws IOException
    {
        char ch;
        int count=0;
        System. out. println("请输入字符,以'#'结束输入:");
        do
        {
            ch=(char)System. in. read();
            System. out. println("字符"+ch+"的 ASCII 值为:"+(int)ch);
            System. in. skip(2);
            count=count+1;
        } while(ch! ='#');
        System. out. println("输入的字符共:"+count);
    }
}
```

例3.6与例3.7程序的区别是:当输入'#'时,例3.6中的 while 语句是先判断条件,再执行循环体,所以字符'#'输入的时候,循环体内的语句不再执行,计数器不累加。结果如图3.9所示;例3.7中的 do...while 语句是先执行循环体,再判定条件,所以能显示#的 ASCII 并计数器的值累加为1。运行结果如图3.10所示。

图3.10　例3.7运行结果

3.3.3　for 语句

1. for 语句的一般格式

for(表达式1;表达式2;表达式3)
　　循环体;

语句说明:

(1)表达式1:for 循环的初始化部分,它用来设置循环变量的初值,在整个循环过程中只执行一次;表达式2:其值类型必须为布尔类型,作为判断循环执行的条件;表达式3:控制循环变量的变化。

(2)执行过程:

①计算表达式1的值;

②再判断表达式2的值是否为真,为真执行③,为假执行⑤;

③执行循环体;

④计算表达式 3 的值,并转去执行步骤②;

⑤结束循环。

(3)表达式之间用分号分隔。

(4)循环体可以是一条语句,也可以是多条语句,当多条语句时用花括号括起来。

(5)上述三个表达式中的每个都允许并列多个表达式,之间用逗号隔开。也允许省略上述三个表达式,但分号不能省略。

【例3.8】 计算 1+2+3+…+100 的值。

完成这个任务需要解决两个问题:一是如何提供所需的加数,二是如何累加求和。加数从 1 到 100,所以只需在循环结构中定义一个整型变量 i,初值为 1,每循环一次使 i 加 1,当 i 到 100 时结束循环。求和需要定义一个整型变量,且初值为 0。循环每执行一次 sum 的值加 i 直到 i 的值到 100 结束。代码如下:

```java
public class j308
{
    public static void main(String arg[ ])
    {
        int i,sum;                              //定义变量
        /* * 方法1 * /
        sum=0;                                  //给存放累加和的变量赋初值0
        for (i=1;i<=100;i++)                    //求累加和的循环开始
            sum=sum+i;                          //求累加和
        System.out.println("1+2+...+100="+sum);
        /* * 方法2 * /
        for (sum=0,i=1;i<=100;sum=sum+i,i++);   //循环语句
        System.out.println("1+2+...+100="+sum);
        /* * 方法3 * /
        i=1;sum=0;                              //赋初值
        for ( ;;)
        {
            sum=sum+i;                          //求累加和
            if (i>=100)    break;               //退出循环条件
            i++;                                //加数自加
        }
        System.out.println("1+2+...+100="+sum);
    }
}
```

在方法 2 中 for 语句中的表达式 1、表达式 3 都是由两个简单表达式组合起来的逗号表达式。逗号表达式按从左到右的顺序对每个简单表达式求解,其中最右边的表达式的值是整个表达式的值。例如,对逗号表达式 a=3,b=3*a,则系统先计算 i=5,再计算 b=3*a,并且 b=18 就是逗号表达式的值。另外程序第 12 行 for 括号外紧跟一个分号,表示 for 语句的循环体是一个空语句,如果遗漏了这个分号,系统默认下一行语句为 for 语句的循环体。

方法 3 是对 for 语句中表达式进行省略的例子,但在编程中一般不省略表达式。运行结果如图 3.11 所示。

```
E:\Program Files\Xinox Software\JCr...
1+2+...+100=5050
1+2+...+100=5050
1+2+...+100=5050
```

图 3.11　例 3.8 运行结果

2. 循环嵌套

如果要完成一件工作,有时需要进行重复的操作,并且某些操作本身又需要进行重复的操作,这些问题常常需要在循环语句中嵌套循环语句来解决。

【例 3.9】　求 1~1 000 之间的所有完全数。

完全数是等于其所有因子和的数。因子包括 1 但不包括其本身,如 6=1*2*3,则 1,2,3 都为 6 的因子,并且 6=1+2+3,所以 6 就是完全数。

首先设定数据 i 是给定数据区间内的任意数即 i 从 1 取到 1 000;其次让 i 被 1 到小于 i 中的所有数除,若 i 能被 j(设变量 j 为从 1 取到 i−1)整除,则让变量 sum(因子和,设定初值为 0)加 j,并让 j=j+1;若不能让 j=j+1,直到判定 j 等于 i 时,i 不再被 j 除,表示此时的 sum 是变量 i 的所有因子的和。然后判定 sum 的值是否等于 i 的值,如相等则 i 是完全数。所以例 3.9 需要两层循环,外层循环判定一个数 i 是不是完全数,内层循环用来求出数 i 的因子和。代码如下:

```java
public class j309
{
public static void main(String arg[ ])
  {
    int i,j,sum;                    //定义变量
    for(i=1;i<1000;i++)
    {
      sum=0;
      for(j=1;j<i;j++)
      {
        if(i%j==0) sum=sum+j;       //因子累加
      }
      if(sum==i)                    //判定是否为完全数
      System. out. print(i+"\t");
    }
    System. out. println( );
  }
}
```

运行结果如图 3.12 所示。

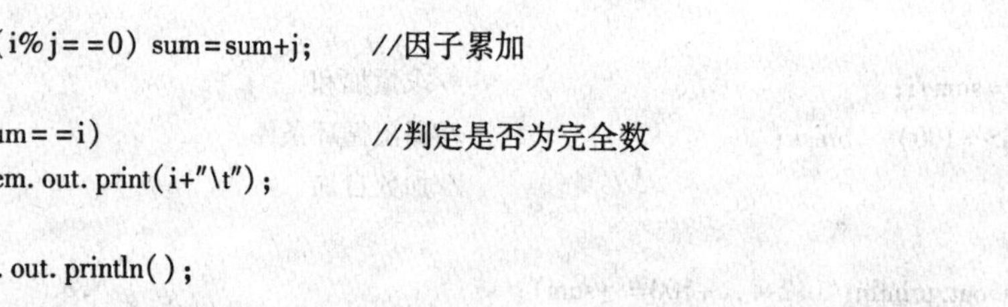

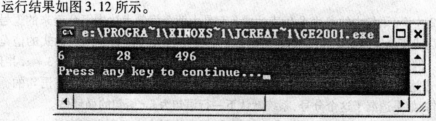

```
e:\PROGRA~1\XINOXS~1\JCREAT~1\GE2001.exe
6        28       496
Press any key to continue...
```

图 3.12　程序运行结果

3.3.4　循环跳转语句

Java 中可以使用 break 和 continue 两个循环跳转语句进一步控制循环。这两个语句的一般格式如下：

break [label]：用来从 switch 语句、循环语句中跳出。

countinue [lable]：跳过循环体的剩余语句，开始执行下一次循环。

这两个语句都可以带标签也可以不带标签，标签是出现在一条语句之前的标识符，标签后面要跟上一个冒号(:)，定义格式如下：

label：statement；

下面对这两种语句进行分别介绍。

1. break 语句

break 语句有两种形式：不带标签和带标签。在 switch 语句中，我们使用的是不带标签的 break 语句，那时它的作用是跳出 switch 语句。在循环语句中不带标号的 break 语句的作用是最从本层的循环语句，而带标号的 break 语句的作用是从标签指定的语句块中跳出。

【例3.10】　在一维数组中找出指定的数。

首先设置一个数组如 array 和要查找指定数据 search，并设置数组中的元素和指定数据的值；然后用循环访问数组中的元素，如数组中的元素与指定的数据相同则结束循环。

```
public class j310
{
public static void main(String arg[])
{
    int[] array={10,78,57,89,37,64,5,23,45,76};//定义一维数组
    int find=5;                              //指定数据初始化
    int i=0;                                 //数组下标初始化
    boolean flag=false;                      //搜索标记初始化
    for(;i<array.length;i++)                 //查找数组中的所有元素
    {
      if(array[i]==find)                     //如果找到数据
      {
        flag=true;
        break;                               //终止循环
      }
    }
    if(flag==true)
        System.out.println("Found "+find+" at index:"+i);
    else
        System.out.println("not found!");
}
}
```

运行结果如图3.13所示。

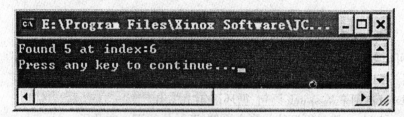

图 3.13　例 3.10 运行结果

【例 3.11】　在二维数组中找出指定的数。

设计步骤与例 3.10 相同,但二维数组的下标分为行标和列标,所以在对二维数组进行访问时,应使用循环嵌套,外层访问行标,内层访问列标。

当找到指定数据时,结束的是整个循环嵌套,而不是内层循环。

```java
public class j311
{
public static void main(String arg[ ])
{
  int[ ][ ] array={{10,78,57,89,37},{64,5,23,45,76}};//二维数组初始化
  int find=5;                            //指定数据初始化
  int i=0,j=0;                           //二维数组行标、列标初始化
  boolean flag=false;
  found:
  for( ;i<array.length;i++)              //对二维数据每个元素访问的开始
  {
    for(j=0;j<array.length;j++)
      if (array[i][j]==find)
      {
        flag=true;
        break    found;                  //终止外层循环
      }
  }
  if (flag==true)
    System.out.println("Found "+find+" at index:"+i+","+j);
  else
    System.out.println("not found!");
}
}
```

运行结果如图 3.14 所示。

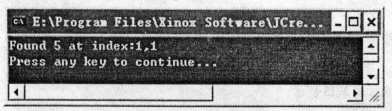

图 3.14　例 3.11 运行结果

2. continue 语句

continue 语句必须用于循环结构中,它也有两种形式,即不带标签和带标签。不带标签的 continue 语句的作用是结束最内层所执行的当前循环,并开始执行最内层的下一次循环;带标签的 continue 语句的作用是结束当前循环,并去执行标签所处的循环。

【例 3.12】 找出 2 ~ 100 之间的所有素数。

首先设置一个变量 i(从 2 到 100 内的任意数据),再让 i 被 j(j 从 2 到 i-1 的任意值)除,若 i 能被 j 之中的任何一个数整除,则提前改变 i 的值进入下一次循环。

```java
public class j312 {
public static void main(String[ ] args) {
int i,j;
loop:
  for(i=2;i<=100;i++)
  {
    for(j=2;j<i;j++)
      if(i%j==0) continue loop;
    if(j>=i)
      System. out. print(i+"\t");
  }
}
}
```

运行结果如图 3.15 所示。

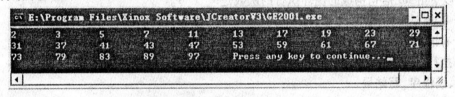

图 3.15 例 3.12 显示结果

本 章 小 结

本章主要介绍 Java 语言的三种程序结构:顺序结构、选择结构和循环结构。在三种结构中,顺序结构比较简单,而选择结构和循环结构是由 Java 语言的控制语句实现的。Java 语言的控制语句分为选择语句、循环语句和跳转语句。同时要求学习者能熟练掌握 Java 语言三种程序控制结构,能灵活运用控制语句编写程序。

习 题

一、选择题

1. 下列语句序列执行后,i 的值是( )。

```java
int i=8, j=16;
if( i-1 > j) i--; else j--;
```

A. 15   B. 16   C. 7   D. 8

2. 下列语句序列执行后,k 的值是(　　)。

```
int i = 10, j = 18, k = 30;
switch( j - i )
{
    case 8: k++;
    case 9: k+=2;
    case 10: k+=3;
    default : k/=j;
}
```

A. 31　　　　　B. 32　　　　　C. 2　　　　　D. 33

3. 下面语句执行后,i 的值是(　　)。

```
for( int i = 0, j = 1; j < 5; j+=3) i = i+j;
```

A. 4　　　　　B. 5　　　　　C. 6　　　　　D. 7

4. 设有定义 float x = 3.5f, y = 4.6f, z = 5.7f;则以下的表达式中,值为 true 的是(　　)。

A. x > y || x > z　　　　　　B. x != y

C. z > (y + x.　　　　　　D. x < y & !(x < z.

5. 下列语句序列执行后,i 的值是(　　)。

```
int i = 16;
do { i/=2; } while( i > 3);
```

A. 16　　　　　B. 8　　　　　C. 4　　　　　D. 2

6. 以下由 for 语句构成的循环执行的次数是(　　)。

```
for ( int i = 0; true ; i++);
```

A. 有语法错,不能执行　　　　B. 无限次

C. 执行 1 次　　　　　　　　D. 一次也不执行

二、读程序,写结果

```
1. import java.io.*;
public class Test
{
    public static void main(String[] args) throws IOException
    {
        char sex = 'f';
        switch (sex)
        {
            case 'm':    System.out.println("男性");
                         break;
            case 'f':    System.out.println("女性");
            case 'u':    System.out.println("未知");
        }
    }
}
```

```
2. public class Test
{    public static void main(String[] args)
```

```
        {
        int i ,s=0;
        for(i=1;i<=100;i++)
        {
          if(i%3==0)
            continue;
          s+=i;
        }
        System. out. println("s="+s);
      }
}
```

3. public class Test
{public static void main(String[ ] args)
```
{
        int i ,s=0;
        for(i=1;i<=100;i++)
        {
          s+=i;
          if(s>100)
            break;
        }
        System. out. println("s="+s);
      }
}
```

三、编程题

1. 古典问题:有一对兔子,从出生后第 3 个月起每个月都生一对兔子,小兔子长到第 3 个月后每个月又生一对兔子,假如兔子都不死,问每个月的兔子总数为多少?

2. 判断 101~200 之间有多少个素数,并输出所有素数。

3. 打印出所有的"水仙花数",所谓"水仙花数"是指一个三位数,其各位数字立方和等于该数本身。例如,153 是一个"水仙花数",因为 $153=1^3+3^3+5^3$。

4. 将一个正整数分解质因数。例如,输入 90,打印出 $90=2*3*3*5$。

5. 利用条件运算符的嵌套来完成此题:学习成绩>=90 分的同学用 A 表示,60~89 分之间的用 B 表示,60 分以下的用 C 表示。

6. 输入两个正整数 m 和 n,求其最大公约数和最小公倍数。

7. 输入一行字符,分别统计出其中英文字母、空格、数字和其他字符的个数。

8. 求 s=a+aa+aaa+aaaa+aa...a 的值,其中 a 是一个数字。例如,2+22+222+2 222+22 222(此时共有 5 个数相加),几个数相加由键盘控制。

9. 一个数如果恰好等于它的因子之和,这个数就称为"完数"。例如,6=1+2+3,编程找出 1 000 以内的所有完数。

10. 一球从 100 m 高度自由落下,每次落地后反跳回原高度的一半;再落下,求它在第 10 次落地时,共经过多少米? 第 10 次反弹多高?

第 **4** 章

数组、方法与字符串

数组是数据类型相同、数目一定的变量有序集合,组成数组的变量称为该数组的元素。通过数组的使用我们可以一次定义多个变量,并且通过数组的下标可以方便地使用数组元素。为此,我们引入了数组。本章主要介绍数组的声明、使用、多维数组、字符串的定义与使用。

4.1 数 组

Java 语言中,数组是一个对象。使用前需要声明和创建。

4.1.1 一维数组

用一个下标确定并区分数组中的不同元素,称为一维数组。

1. 一维数组的声明

一维数组的声明格式如下:

数据类型标识符 数组名[ ]

或

数据类型标识符 [ ] 数组名

Java 语言中,数组是一个对象。声明数组只是声明了一个用来操作相应数组的引用,并不会为数组元素实际分配内存空间。因此,声明数组时,不能指定数组元素的个数。

例如:

int a[3];　　　　　　　　//错误

说明:

(1)数据类型标识符可以是任意的基本数据类型,如 int,long,char,也可以是类或接口类型。

(2)数组名的命名是任意的合法标识符,名字最好符合"见名知意"的原则。例如,声明一个保存人的年龄的数组,数据类型为 int 的数组 age,其声明如下:

int age[ ];　　　或　　　int [ ]age;

2. 一维数组的初始化

声明数组后,只指定了数组的名称与数据的类型,没有给出数组元素的个数,系统无法为数组元素分配存储空间。因此在数组声明后,要对其进行初始化确定数组元素的个数。数组的初始化可以通过 new 运算符实现,也可以通过为数组元素赋初值完成。

(1)用 new 初始化数组。用 new 运算符初始化数组,只完成数组元素个数的确定,为数组分配存储空间,并不给数组元素赋初值。可以通过先声明数组元素的个数再赋初值,也可以通过声明与元素赋值同时完成这两种方法完成数组的初始化。

①先声明数组再初始化。此方法是通过两条语句完成的,第一条语句完成数组的声明,第二条语句完成数组的赋值。用 new 运算符初始化数组的格式如下:

数组名=new 数据类型标识符[元素个数];

例如,声明、初始化一个年龄数组,可以先声明元素的类型为 int 的数组 age,再用 new 运算符初始化该数组。

int age[ ];

age= new int[100];

创建数组后,就可以通过下述表达式访问其中的数组元素。

数组名[下标表达式]

其中,下标表达式的值必须是除 long 型外的整数类型。下标的最小值为0,最大值为元素个数减1。例如,age 数组的元素分别为 age[0],age[1],age[2],…,age[99]。系统为该数组分配的存储空间,形式如表4.1所示。

表4.1 一维数组元素分布表

age[0]	age[1]	age[2]	age[3]	……	……	age[96]	age[97]	age[98]	age[99]

数组元素分配的存储空间是连续的,通过变换下标可以访问数组中的每一个元素。数组元素下标可以使用变量,因此数组与循环语句结合,可以方便地使用数组的每一个元素,在使用循环语句时要注意数组的下标越界问题。

②声明的同时初始化。可以用一条语句在声明的同时进行初始化,即把上面两条语句合并为一条语句,格式如下:

数据类型标识符 数组名[ ]=new 数据类型标识符[元素个数];

或

数据类型标识符 [ ]数组名=new 数据类型标识符[元素个数];

例如,要表示 10 个人的年龄,可以按以下方式声明并初始化数组:

int age[ ]=new int[10];

或

int [ ]age=new int[10];

数组初始化后,可以通过属性 length 获得数组元素的个数。其格式为:数组名.length。

例如,age.length 的值为10。

(2)赋初值初始化数组。可以在声明数组的同时为数组赋初值,所赋的值的个数即为数组元素的个数。其格式如下:

数组类型标识符 数组名[ ]={初值表};初值表中的值用逗号隔开。

例如,int age[ ]={23,22,24,23,22,23};

该语句声明了一个数组 age,有 6 个元素,age[0]=23, age[1]=22, age[2]=24, age[3]=23, age[4]=22, age[5]=23。

使用数组初始化语法时,必须将声明、创建和初始化数组都放在一条语句中。将它们分开会产生语法错误。

例如,double mylist[ ];

mylist={1.9,2.9,3.4,3.5};//错误

4.1.2 多维数组

行列式、矩阵、二维表格这样的数据是由多行多列构成的,在 Java 中可以使用多维数组,即每个元素由多个下标来表示。下面以二维数组为例,说明多维数组的使用方法。三维或三维以上的数组用法类似。

1. 二维数组的声明

二维数组声明形式如下:

数据类型标识符 数组名[　][　]

或

数据类型标识符 [　][　] 数组名

其中数据类型标识符是每个元素的数据类型。

说明:

(1)数据类型标识符可以是任意的基本数据类型,如 int,long,char,也可以是类或接口类型。

(2)数组名的命名是任意的合法标识符,名字最好符合"见名知意"的原则。

例如,声明一个二维数组:

int a[ ][ ];

2. 二维数组的初始化

(1)用 new 初始化二维数组。与一维数组相同,用 new 声明数组也有两种方法:先声明数组再初始化和声明的同时初始化。

①先声明数组再初始化。用 new 运算符初始化数组的格式如下:

数组名=new 数据类型标识符[行数][列数]

例如,int a[ ][ ];

a=new int[2][3];

数组中各元素通过两个下标来区分,每个下标的最小值为 0,最大值为数组的行数或列数减 1。数组 a 的元素分别为 a[0][0],a[0][1],a[0][2],a[1][0],a[1][1],a[1][2]系统为该数组分配的存储空间,形式如表 4.2 所示。

表 4.2　二维数组

a[0][0]	a[0][1]	a[0][2]
a[1][0]	a[1][1]	a[1][2]

二维数组元素的个数等于行数与列数的乘积。

②声明的同时初始化。用一条语句来完成数组的声明与初始化。其格式如下:

数据类型标识符 数组名[ ][ ]=new 数据类型标识符[行数][列数]

或

数据类型标识符 [ ][ ]数组名=new 数据类型标识符[行数][列数]

例如,声明并初始化数组 person。

int person[ ][ ]=new int [3][4];

(2)赋初值初始化数组。在声明二维数组的同时,给数组元素赋初值。通过给数组元素所赋的初值的个数决定了二维数组元素的数目。其格式如下:

数据类型标识符 数组名[　][　]={{初值表},{初值表},…,{初值表}}

每个初值表之间用逗号隔开,每个初值表中的元素也同样用逗号隔开。

例如,int grade[ ][ ]={{90,65,78},{80,76,89},{93,72,88},{90,63,88}};

该语句声明了一个二维数组 grade,元素数据类型为 int。因为初始值分为四组,所以这个二维数组有 4 行元素。每组的初值个数也为 3,即每行有 3 个元素。所以数组 grade 的行数为4,列数也为 3,即 grade[4][3]。

二维数组各元素的存储空间也同样是连续的。数组初始化后,行数与列数确定后,可以通过属性 length 得到。

获得数组行数的格式为:

数组名. length

获得二维数组列数的格式为:

数组名[行标]. length

例如,二维数组 grade[4][3],grade. length 的值为行数 4,而 grade[0]. length 的值为列数3。

二维数组的下标也同样可以使用变量,所以也可以与循环语句相结合,方便使用到每个元素。

在 Java 中,二维数组是作为一维数组来处理的,只是其每个元素本身又是一维数组。例如 grade 可以看作一个一维数组,共有 4 个元素 grade[0],grade[1],grade[2],grade[3],只不过每个元素又是一个一维数组。grade[0] 的三个元素为 grade[0][0],grade[0][1],grade[0][2],grade[1]的三个元素分别为 grade[1][0],grade[1][1],grade[1][2];grade[2]的三个元素为 grade[2][0],grade[2][1],grade[2][2];grade[3] 的三个元素为grade[3][0],grade[3][1],grade[3][2]。

由于 Java 将二维数组当作一维数组来处理,所以在进行初始化的时候,可以各行单独进行,也允许各行的元素个数不同。

例如,要表示浮点数的 2 行、3 列行列式 fl,可以按照以下的方式进行声明和初始化。

```
float fl[ ][ ];
fl=new int[3][ ];            /*fl为三行二维数组*/
fl[0]=new int[4];           /*fl[0]具有 4 个元素*/
fl[1]=new int[4];           /*fl[1]具有 4 个元素*/
fl[2]=new int[4];           /*fl[2]具有 4 个元素*/
```

例如,可以定义各行元素的个数不同的数组,要使用具有三行元素的二维数组 dos,其第一行具有 1 个元素,第二行具有 3 个元素,第三行具有 5 个元素。

```
int dos[ ][ ];
dos=new[3][ ];              /*fl为三行二维数组*/
dos[0]=new int[1];          /*dos[0]具有 1 个元素*/
dos[1]=new int[3];          /*dos[1]具有 3 个元素*/
dos[2]=new int[5];          /*dos[2]具有 5 个元素*/
```

对 dos 的声明和初始化可以按照以下方式进行:

```
int dos[ ][ ];
```

```
dos=new int [3][];
for( int i=0;i<3;i++)
dos[i]=new int[2*i+1];
```

4.1.3 数组的基本操作

1. 数组的引用

数组的引用就是对数组元素的引用。引用方法是通过下标来指定数组元素。数组元素几乎能出现在简单变量可以出现的任何情况下。

例如，
```
int person[];
person=new int[3];
person[0]=15;
person[2]=person[0]+16;
```

2. 数组的复制

将一个数组诸元素的值复制到另一个数组中，可以通过循环语句，逐个元素进行赋值，也可以直接将一个数组赋给另一个数组。

【例4.1】 数组复制
```
int fir[][],sec[][],thr[][],i,j;
fir[][]=new int[3][4];
sec[][]=new int[3][4];
thr[][]=new int[3][4];
for(i=0;i<3;i++){
  for(j=0;j<4;j++)
  {
    fir[i][j]=i*j;
    sec[i][j]=fir[i][j];
  }
}
thr=sec;  /*可以通过数组名完成数组元素的赋值*/
```

程序解析:本例中通过循环语句给数组 fir 的各元素赋值，接着将 fir 各元素的值赋给 sec 的对应元素。最后的赋值语句直接将数组 sec 赋给数组 thr，也实现了数组之间的复制。

本例中进行复制的两个数组具有相同的维数和行数、列数，事实上，通过逐个元素赋值的方法可以在不同维数、不同大小的数组之间实现复制，直接使用数组名赋值只能在维数相等的两个数组之间进行。

thr=sec;这条语句并不能将 sec 的数组内容复制给 thr，而只是将 sec 的引用值复制给了 thr。在这条语句之后，sec 和 thr 都指向同一个数组，如图 4.1 所示。thr 原先引用的数组不能再引用，它变成了垃圾，会被 Java 虚拟机自动收回。

图 4.1 赋值语句执行前，sec 和 thr 指向各自的内存地址。在赋值之后，数组 sec 的引用被传递给 thr。

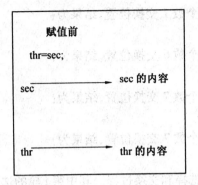 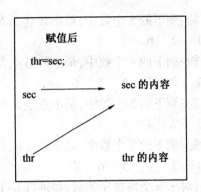

图4.1 数组赋值

3. 数组的输出

数组的输出通过循环语句将元素逐个输出。

例如，

```
Int fir[],i;
fir=new int[3];
for(i=0;i<fir.length;i++)
{
    fir[i]=i;
    System.out.println(a[i]);
}
```

功能是通过循环语句先将数组赋值,然后分别输出各元素的值。

4.1.4 数组应用举例

数组是 Java 语言中重要的部分,对于数组的使用也是十分重要的部分,本节通过几个例子说明数组的具体应用。

【例4.2】 排序

排序是将一组数按照递增或递减的顺序排列。排序的方法很多,其中最基本的是选择法,本例介绍选择法排序。其基本思想如下:

(1)对于给定的 n 个数,从中选出最小(大)的数,与第一个数交换位置,便将最小(大)的数置于第一位置。

(2)对于除第一个数外的剩下的 n-1 个数,重复步骤(1),将次小(大)的数置于第二位置。

(3)对于剩下的 n-2,n-3,…,n-n+2 个数用同样的方法,分别将第三个最小(大)数置于第三位置,第四个最小(大)数置于第四位置,…,第 n-1 个最小(大)数置于第 n-1 位置。

假定有 7 个数,7,4,0,6,2,5,1,根据该思想,对其按照递增顺序排列,需要进行 6 轮选择和交换过程。

第一轮:7 个数中,最小数是 0,与第一个数 7 交换位置,结果为:

0 4 7 6 2 5 1

第二轮:剩下的 6 个数中,最小数是 1,与第二个数 4 交换位置,结果为:

0 1 7 6 2 5 4

第三轮:剩下的 5 个数中,最小数是 2,与第三个数 7 交换位置,结果为:

0　1　2　6　7　5　4

第四轮:剩下的 4 个数中,最小数是 4,与第四个数 6 交换位置,结果为:

0　1　2　4　7　5　6

第五轮:剩下的 3 个数中,最小数是 5,与第五个数 7 交换位置,结果为:

0　1　2　4　5　7　6

第六轮:剩下的 2 个数中,最小数是 6,与第六个数 7 交换位置,结果为:

0　1　2　4　5　6　7

可见,对于 n 个待排序的数,要进行 n-1 轮的选择和交换过程。其中第 i 轮的选择和交换过程中,要进行 n-i 次的比较,方能选择出该轮中最小(大)的数。

根据前面的分析,可以编写对 N 个整数进行升序排列的程序。

```java
import java.io. * ;
class ArraySort
{
    public static void main(String [ ]args)throws IOException
    {
        BufferedReader keyin = new BufferedReader( new InputStreamReader( System. in));
        int a[ ],i,j,k,temp;
        String c;
        System. out. println("Input the number of array elements!");
        c = keyin. readLine();
        temp = Integer. parseInt( c);
        a = new int[temp];
        System. out. println("Input"+temp+"numbers. One per line!");
        for(i = 0;i<a. length;i++){
            c = keyin. readLine();
            a[i] = Integer. parseInt( c);
        }
        System. out. println("After sorting!");
        for(i = 0;i<a. length-1;i++)
        {
            k = i;
            for(j = i+1;j<a. length;j++){

                if(a[j]<a[k]){
                    temp = a[i];
                    a[i] = a[k];
                    a[k] = temp;}

            }}
            for(i = 0;i<a. length;i++)
            System. out. println(a[i]);
        }
```

　　}

程序解析:定义变量 keyin 的目的是想在程序运行过程中通过键盘输入数据。c = keyin. readLine( )是将通过键盘输入的一行字符串保存到变量 c 中。语句 temp = Integer. parseInt(c)的功能是将变量 c 中保存的字符串转换成整型数。

第一个循环语句给数组 a 的各元素输入值,第二个循环语句是个二重循环,对数组 a 进行排序,第三个循环语句输出排序后数组各元素的值。

在排序过程的第 i 轮循环中,用变量 k 记录该轮中最小数的下标。等该轮循环结束后,将第 i 个元素和第 k 个元素的值交换,从而实现将第 i 个最小数置于第 i 位置的目的。

运行该程序,根据提示,首先输入数组元素个数 6,接着输入 6 个元素值(从 a[0] ~ a[5]):4,90,56,3,48,23。

运行结果如下所示:

Input the number of array elements!

6

Input 6 number. One per line!

4

90

56

3

48

23

After sorting!

3

4

23

48

56

90

【例4.3】 矩阵运算

数学中的矩阵在 Java 中用二维数组实现,本例中要进行矩阵的加、乘运算。

```java
class Arrayc3 {
    public static void main(String[ ] args) {
        int c[ ][ ] = {{1,2,3},{4,5,6},{7,8,9}};
        int d[ ][ ] = {{2,2,2},{1,1,1},{3,3,3}};
        int i,j,k;
        int e[ ][ ] = new int[3][3];
        System. out. println("Array c");
        for(i=0;i<c. length;i++) {
            for(j=0;j<c[i]. length;j++)
                System. out. print(c[i][j]+" ");
            System. out. println( );
        }
        System. out. println("Array d");
        for(i=0;i<d. length;i++) {
```

```
          for(j=0;j<d[i].length;j++)
            System.out.print(d[i][j]+" ");
          System.out.println();
        }
      System.out.println("Array c+d");
      for(i=0;i<e.length;i++){
        for(j=0;j<e[i].length;j++){
          e[i][j]=c[i][j]+d[i][j];
          System.out.print(e[i][j]+" ");
        }
        System.out.println();
      }
      System.out.println("Array c * d");
      for(i=0;i<3;i++){
        for(j=0;j<3;j++){
          e[i][j]=0;
          for(k=0;k<3;k++)
            e[i][j]=e[i][j]+c[i][k] * d[k][j];
          System.out.print(e[i][j]+" ");
        }
        System.out.println();
      }
    }
  }
}
```

程序运行结果如下：

```
Array c
1    2    3
4    5    6
7    8    9
Array d
2    2    2
1    1    1
3    3    3
Array c+d
3    4    5
5    6    7
10   11   12
Array c * d
12   12   12
21   21   21
30   30   30
```

4.1.5 数组参数

在 Java 中,允许方法的参数是数组,在使用数组参数时,应该注意以下内容:

（1）在形式参数中，数组名后的括号不能省略，括号个数和数组的维数相等。不需给出数组元素的个数。

（2）在实际参数中，数组名后不需要括号。

（3）数组名作实际参数时，传递的是地址，而不是值，即形式参数和实际参数具有相同的存储单元。

例如，定义以下方法 f：

```
void f( int a[ ] )
{
......
}
```

方法 f 有一个一维数组参数 a，在形式参数中，只需列出数组参数 a 的名字以及后面的方括号。

如果已经定义了数组 b，可以通过以下的语句调用该过程：f(b)。

在调用该过程时，就将数组 b 传递给数组 a。由于是传地址方式，所以将数组 b 的地址传递给数组 a，因而数组 a 和数组 b 共享同一存储单元。所以在过程 f 中，对数组 a 的某一元素值进行了更改，也是对数组 b 的元素进行了修改。当过程结束后，数组 b 将修改的结果带回到调用过程。

【例4.4】　数组元素排序

```
public class PassArray {
public static void main( String[ ] args) {
    int[ ] arr={10,4,2,8,5,20,16,1};
    System. out. print("排序前:");
    for( int i=0;i<arr. length;i++) {
      System. out. print(" "+arr[i]);
    }
    System. out. println( );
    selectionSort( arr);
    System. out. print("排序后:");
    for( int i=0;i<arr. length;i++) {
    System. out. print(" "+arr[i]);
    }
    System. out. println( );
  }
public static void selectionSort( int[ ] la) {
  int temp,k;
  for( int i=0;i<la. length;i++) {
    k=i;
    for( int j=i+1;j<la. length;j++) {
      if(la[j]<la[k])
        k=j;
    }
    temp=la[i];
```

```
        la[i] = la[k];
        la[k] = temp;
      }
   }
}
```

例 4.4 的运行结果如下：

排序前:10　4　2　8　5　20　16　1

排序后:1　2　4　5　8　10　16　20

方法 selectionSort 的形参就是一个数组。该方法内数组形参中元素值的任何改变,都会影响到作为参数传递的原数组。

4.2　方　　法

Java 语言中的方法与其他语言中的函数或过程类似,它用于实现类的行为,只能作为类(或接口、枚举)的成员存在。

4.2.1　方法声明

Java 语言中,方法声明的一般语法形式如下:

［修饰符］返回值类型 方法名(［形式参数表］){

声明部分

语句部分

}

说明:

(1)方法声明包括方法头和方法体两部分。其中,方法头确定方法的名字、形式参数的名字和类型、返回值的类型和访问限制;方法体由括在花括号内的声明部分和语句部分组成,描述方法的功能。

(2)修饰符可以是公共访问控制符 public、私有访问控制符 privat、保护访问控制符 protected 等。

(3)类型标识符反映方法完成其功能后返回的运算结果的数据类型。如果方法没有返回值,用 void 关键字指明。

(4)方法名要符合标识符的命名规则,不要与 Java 中的关键字重名。

(5)参数表指定在调用该方法时,应该传递的参数的个数和数据类型。参数表中可以包含多个参数,相邻的两个参数项之间用逗号隔开。每个参数项的形式如下:

数据类型标识符 参数名

这里的参数名是一个合法的变量名,如果是数组参数,在其名的后面应该加一对方括号。

数据类型标识符指定参数的数据类型。这里的参数在定义时并没有分配存储单元,只有在运行该方法时才分配,所以也称为形式参数。

方法也可以没有参数,称为无参方法。无参方法名后面的一对圆括号不能省略。

(6)对于有返回值的方法,其方法体中至少有一条 return 语句,形式为:

return（表达式）

当调用该方法时,方法的返回值即此表达式的值。

(7)方法不能嵌套,即不能在方法中再声明其他的方法。

【例4.5】 定义求最大值的方法

```java
static int maxt(int x,int y)
{
    int max;
    if(x>=y)
        max=x;
    else
        max=y;
    return max;
}
```

程序解析:方法maxt()的返回值类型是int,有两个int类型参数x,y。方法体的声明部分只声明了一个int类型变量max,语句部分包含求最大值的语句和返回结果的语句。

4.2.2 方法调用

Java语言中,除主方法可以由系统自动调用外,要使用其他方法必须明确调用。方法调用的一般语法形式如下:

方法名([实际参数表])

其中,实际参数表中的实际参数又称为实参,它可以是一个变量、常量和表达式,用来初始化被调用方法的形参,因此,应与该方法定义的形参表中的形参一一对应,即个数相等且实参的数据类型必须与对应形参相同,或者可以自动转换成对应形参的数据类型。

方法调用是一个表达式,其中的圆括号是方法调用运算符。表达式的值是被调用方法的返回值,它的数据类型就是方法定义中指定的方法返回值的数据类型。

如果方法的返回值类型是void,说明该方法没有返回值,这时,只能在该方法的调用表达式后加分号用作表达式语句(或用在for语句的初始化表达式和更新表达式部分)。否则,该方法的调用表达式还可作为一个子表达式用作其他表达式的操作数(包括方法的实参)。

方法调用时,首先从左到右计算出每个实参表达式的值,然后使用该值去初始化对应的形参,即用第1个实参初始化第1个形参,第2个实参初始化第2个形参,……,依次类推。

【例4.6】 调用方法

```java
public class ComputerArea{
    public static void main(String [ ] args){
        int length=10;
        int width=5;
        int area=area(length,width);        //调用方法area
        System. out. println("length="+length+"width="+width+"area="+area);
    }
    static int area(int a,int b)
    {
        return a * b;
    }
}
```

例 4.6 的运行结果如下所示：

length=10   width=5   area=50

例子中，定义了两个方法：其中一个是 main 方法，它由系统自动调用；另一个是 area 方法，用于计算矩形的面积，它由 main 方法中的语句调用。调用 area 方法时，实参 length 的值传递给 area 方法中的形参 a，width 的值传递给 b，然后开始执行 area 方法中的语句。在遇到 return 语句后，首先将返回值赋给方法调用表达式，然后结束 area 方法的执行，继续执行方法调用表达式后面的操作。

4.2.3　参数传递

调用方法时，如果被调用方法带有形参，系统需要用调用表达式中的实参初始化形参，这就存在着一个实参与形参的结合问题。调用方法时的参数传递指的就是实参与形参的结合过程。Java 语言中，实参与形参只有一种结合方式：值传递。

值传递是指调用带形参的方法时，系统首先为被调用方法的形参分配内存空间，并将实参的值按位置一一对应复制给形参，此后，被调用方法中形参值的任何改变都不会影响到相应的实参。

【例 4.7】 值传递

```java
public class TestSwap {
    public static void main(String[] args) {
        int i=2,j=5;
        System.out.println("main 方法中,调用方法 swap(int a,int b)前:");
        System.out.println("i="+i+"\tj="+j);
        swap(i,j);
        System.out.println("main 方法中,调用方法 swap(int a,int b)后:");
        System.out.println("i="+i+"\tj="+j);
    }
    static void swap(int a,int b) {
        int temp;
        System.out.println("swap 方法中,变量 a 和 b 的值交换前:");
        System.out.println("a="+a+"\tb="+b);
        temp=a;
        a=b;
        b=temp;
        System.out.println("swap 方法中,变量 a 和 b 的值交换后:");
        System.out.println("a="+a+"\tb="+b);
    }
}
```

例 4.7 的运行机制结果如下：

main 方法中,调用方法 swap(int a,int b)前:

i=2   j=5

swap 方法中,变量 a 和 b 的值交换前:

a=2   b=5

swap 方法中,变量 a 和 b 的值交换后:

a＝5　　　　　　　　b＝2

main 方法中,调用方法 swap(int a,int b)后:

i＝2　　　　　　　　j＝5

4.2.4　递归

一个方法的方法体中的语句可以调用另一个方法,如果被调用方法就是调用者自身所在的方法,或者被调用方法的方法体中的语句最终又反过来调用这个方法,就形成了一个方法直接或间接地调用自身的现象。这一现象就是方法的递归调用。其中,方法直接调用自身就是直接递归,方法间接调用自身就是间接递归。Java 语言支持方法的递归调用。

实际编程过程中,有时可以将一个复杂的问题分解成相对简单的问题,而对简单问题的处理方法又和问题相同。按照这一原则,可以把问题逐步化简,最终得到的问题有已知解。当然,也有可能会一直分解下去,没有结果。没有结果的无限递归在现实中没有意义,如果在编程时出现这种情况就会导致程序不可终止。因此,这里讨论的递归是指有限递归。

有些问题用递归很容易解决。下面通过一个被普遍使用的求阶乘的例子,来看一下递归的具体过程,递归过程分两个阶段:

第 1 阶段为“递推”。在这个阶段中,将原有问题逐步分解为与原有问题处理方法相同的更简单的问题,直至分解出来的问题结果已知(即到达了终止条件)。

比如,求 4!,递推的过程如下:

4! ＝4 * 3! ->3! ＝3 * 2! ->2! ＝2 * 1! ->1! ＝1 * 0! ->0! ＝1(已知)

第 2 阶段为“回归”。这个阶段与递推的过程相反,它从已知条件出发,逐步求值,最终得出原有问题的结果。

还是求 4!,它的回归过程如下:

0! ＝1(已知)->1! ＝1 * 0! ->2! ＝2 * 1! ->3! ＝3 * 2! ->4! ＝4 * 3! ＝24

最终得出原有问题的结果。

【例 4.8】　用递归方法求 Fibonacci 数列的第 n 项。

Fibonacci 数列的定义为:

$$F(n)= \begin{cases} 1 & \text{当 } n=1 \text{ 时} \\ 1 & \text{当 } n=2 \text{ 时} \\ F(n-1)+F(n-2) & \text{当 } n>2 \text{ 时} \end{cases}$$

程序如下:

```java
import java.util.Scanner;
public class Fibonacci{
    public static void main(String[] args){
        int n;
        Scanner scanner=new Scanner(System.in);
        System.out.print("请问您想知道第几项:")
        n=scanner.nextInt();
        System.out.println("Fibonacci 数列的第"+n+"项是:"+fib(n));
    }
    static long fib(int n){
        if(n<=2){
```

```
        return 1;
    } else
    { return(fib(n-1)+fib(n-2)); //递归
    }
  }
}
```

例 4.8 的运行结果如下：

请问您想知道第几项：4

Fibonacci 数列的第 4 项是：3

程序分析：用户输入 4 时，main 方法调用 fib(4)，由于 4 大于 2，所以它的返回值是 fib(3)+fib(2)；继续调用 fib(3)，返回值 fib(2)+fib(1)；分别调用 fib(2) 和 fib(1)，返回值都是 1；所以 fib(3)= fib(2)+fib(1)=2；再调用 fib(2)，返回 1；最后得 fib(4)= fib(3)+fib(2)=2+1=3。

有些问题用其他方法难以解决，但如果使用递归调用来编写程序，则简洁清晰，容易理解。不过，每次调用方法时，系统都需要分配内存来保存该方法的所有参数和局部变量等（这些内存在相应方法结束运行，返回调用者时释放），直至满足终止条件，时间和空间的开销比较大，有时甚至会引起栈溢出。因此，如果关心程序的执行效率，就要避免使用递归。任何用递归方法解决的问题都可以用循环解决。

终止条件是指使程序最终停止递归调用的条件，比如例 4.5 中的 n<=2。

【例 4.9】 汉诺塔问题的求解

有 3 根针，设为 A，B，C。A 针上从大到小套着大小互不相等的 n 个金片，大的在下，小的在上。要求把这 n 个金片从 A 针移到 C 针，在移动过程中只能借助 B 针，每次只允许移动一个金片，同时要求无论在哪根针上都只允许小的金片压在大的上面。

分析：如果 n==1，可以直接将金片从 A 针移到 C 针；如果 n>1，可以将原问题分解成下述 3 个需要依次解决的子问题：

(1)借助 C 针，把 A 针上的 n-1 个金片移到 B 针上。

(2)把 A 针上余下的一个金片移到 C 针上。

(3)借助 A 针，将 B 针上的 n-1 个金片移到 C 针上。

上述子问题中，(1)、(3)的处理方法和原问题相同，因此可以用递归方法加以解决。下面是求解程序：

```java
import java.util.Scanner;
public class HanoiTower{
    public static void main(String[ ] args){
        int num;
        Scanner scanner=new Scanner(System.in);
        System.out.print("请输入金片的个数:");
        num=scanner.nextInt();
        hanoi('A','B','C',num);
    }
    static voidHanoi(char from,char to ,char temp, int n){
        if(n==1){
            System.out.println(from+"move to"+to);
        }else
```

```
    {
        hanoi(from,temp,to,n-1);
        System. out. println(from+"move to"+ to );
        hanoi(temp,to,from,n-1);
    }
  }
}
```

4.3　字　符　串

字符串是计算机程序设计中最常见的数据。Java 语言中,通常使用类 java. lang. String 表示字符串。不过,类 String 表示的是不可变字符串,如果需要表示可变字符串则应使用类 java. lang. StringBuilder 或 java. lang. StringBuffer。随着 JavaSE5/6 的推出,Java 语言对字符串操作的支持已相当完善。

4.3.1　字符数组与字符串

所谓字符数组指数组的每个元素是字符类型的数据。对于标题、名称等由字符组成的序列可以使用字符数组来描述。例如,要表示字符串"Java language",可以使用如下的字符数组:

char[ ] language = {'J','a','v','a',' ','l','a','n','g','u','a','g','e'};字符串中所包含的字符个数称为字符串的长度,如"Java language"的长度为 13。

要表示长度为 100 的字符串,虽然可以使用如下的字符数组:

char[ ] title = new char[100];

但由于字符个数太多,致使数组元素太多,使用起来极其不方便。为此,Java 提供了 String 类,通过建立 String 类的对象使用字符串就很方便。

4.3.2　字符串

像整数类型等基本数据类型的数据有常量和变量之分,字符串也分为常量与变量。字符串常量指其值保持不变的量,是位于一对双引号之间的字符序列,如"Study hard"。

1. 字符串变量的声明和初始化

要使用字符串变量,可以通过 String 类来实现。首先声明并初始化 String 类对象,其做法和建立其他类对象的做法类似,格式如下:

String 字符串变量;

字符串变量 = new String( );

也可以将两条语句合并为一条语句,格式如下:

String 字符串变量 = new String( );

例如,声明并初始化字符串变量 str 的方式为:

String str;

str = new String( );

String str = new String( );

2. 字符串赋值

声明并初始化了字符串变量之后,便可以为其赋值。既可以为其赋一个字符串常量,也可以将一个字符串变量或表达式的值赋给字符串变量。

例如,以下的语句序列分别为字符串变量 str1,str2 和 str3 赋值:

str1 = "Chinese people";

str2 = str1;

str3 = "a lot of"+str2;

结果 str2 的值为"Cinese people",str3 的值为"a lot ofChinese people"。其中运算符"+"的作用是将前后两个字符串连接起来。

3. 字符串的输出

字符串可以通过 println( )或 print( )语句输出。

例如,以下的语句序列为字符串变量 s 赋值并输出其值。

s = "All the world";

System. out. println(s);

输出的结果为:

All the world

【例 4.10】 字符串应用

```
public class StringUse
{
    public static void main(String[ ] args){
        String s1,s2;
        s1 = new String("Students should");
        s2 = new String();
        s2 = "study hard. ";
        System. out. print(s1);
        System. out. println(s2);
        s2 = "learn english,too";
        System. out. print(s1);
        System. out. println(s2);
        s2 = s1+s2;
        System. out. println(s2);
    }
}
```

运行结果:

Students should study hard.

Students should learnenglish,too

Students should learnenglish,too

4.3.3　字符串操作

类 String 中定义了大量的方法用于操作字符串。其中,常用操作有:

1. 求字符串长度

调用方法 length( ),可以获取字符串中字符的个数(即字符串的长度)。例如,

String str＝"Hello,Java world";
int index＝str. length( )；　　　　　　　　//index＝16

必须注意,字符串中第 1 个字符的位置(即下标,也称索引)为 0,最后一个为 length( )-1。

2. 比较字符串

类 String 中,提供了多个用于比较字符串内容的方法,其中常用的有:
publicboolean equals(Object obj)　　　　//对两个字符串进行相等性比较,区别大小写
public boolean equalsIgnoreCase(String anotherString)　　//对两个字符串进行相等性比较,忽略大小写

例如,
boolean b1＝"Java". equals("java")；　　　　　//b1＝false
boolean b2＝"Java". equalsIgnoreCase("java")；　　//b2＝true

字符在计算机中是按照 Unicode 编码存储的。存储字符串实际上是存储其中每个字符的 Unicode 编码。两个字符串的比较实际上是字符串中对应字符编码的比较。

两个字符串比较时,从首字符开始逐个向后比较对应字符。如果发现了一对不同的字符,比较过程结束。该对字符的大小关系便是两个字符串的大小关系。只有当两个字符串包含相同个数的字符,且对应位置的字符也相等(包括大小写),两个字符串才相等。

public boolean compareTo(String anotherString)方法:该方法的作用是比较两个字符串的大小,比较的原理是依次比较每个字符的字符编码。首先比较两个字符串的第一个字符,如果第一个字符串的字符编码大于第二个字符串的字符编码,则返回大于 0 的值,如果小于则返回小于 0 的值,如果相等则比较后续的字符,如果两个字符串中的字符编码完全相同则返回 0。

例如,
String s＝"abc"；
String s1＝"abd"；
int value＝s. compareTo(s1)；

则 value 的值是小于 0 的值,即-1。

在 String 类中还存在一个类似的方法:
compareToIgnoreCase,这个方法是忽略字符的大小写进行比较,比较的规则和 compareTo 一样。例如,
String s＝"aBc"；
String s1＝"ABC"；
int value＝s. compareToIgnoreCase (s1)；

则 value 的值是 0,即两个字符串相等。

3. 连接字符串

调用方法 concat(String str),可以连接两个字符串。例如,
String str1＝"Hello!"；
String str2＝str1. concat("World")；

结果:str2 为"Hello! World"。

注意:方法 concat 并不会改变当前字符串(如 str1)的内容,它会自动创建一个新的 String 对象,内含当前字符串和新增字符串的内容,并返回。

程序中经常用到字符串连接操作,因此,Java 语言提供了一种连接字符串的简便方法,即可以使用运算符"+"连接字符串。上述第 2 条语句等价于:
String str2＝str1+"World"；

4. 查找单个字符

调用下列方法可以查找某个字符在当前字符串中的位置:

(1)public int indexOf(int ch):在当前字符串中从头开始向后查找参数所指定的字符 ch,如果当前字符串中没有该字符,返回-1;否则,返回字符 ch 在当前字符串中第 1 次出现的位置。

(2)public int IndexOf(int ch,int fromIndex):在当前字符串中从位置 fromIndex 开始向后查找参数指定的字符 ch,如果当前字符串没有该字符,返回-1;否则,返回字符 ch 在当前字符串中第 1 次出现的位置。

(3)public int lastIndexOf(int ch):在当前字符串中从结尾开始向前查找参数所指定的字符 ch,如果当前字符串中没有该字符,返回-1;否则,返回字符 ch 第 1 次出现的位置。

(4)public int lastIndexOf(int ch,int fromIndex):在当前字符串中从位置 fromIndex 开始向前查找参数所指定的字符 ch,如果当前字符串没有该字符,返回-1;否则,返回字符 ch 第 1 次出现的位置。

例如,

```
String str="She is a student";
int index1 = str. indexOf('s');          //结果:index1 = 9
int index2 = str. indexOf('s',7);        //结果:index2 = 9
int index3 = str. lastIndexOf('s');      //结果:index3 = 9
int index4 = str. lastIndexOf('s',7);    //结果:index4 = 9
```

5. 查找字符串

调用下列方法可以查找某个字符串是否被当前字符串所包含:

```
publicint indexOf(String str)
```

在当前字符串中从头开始向后查找参数所指定的字符串 str,如果当前字符串中没有包含该字符串,返回-1;否则,返回字符串 str 第 1 次出现的起始位置。

6. 字符串的常见操作

(1)charAt()方法。该方法的作用是按照索引值(规定字符串中第一个字符的索引值是 0,第二个字符的索引值是 1,依此类推),获得字符串中的指定字符。例如,

```
String s="abc";
char c=s. chatAt(1);
```

则变量 c 的值是'b'。

(2)endsWith()方法。该方法的作用是判断字符串是否以某个字符串结尾,如果以对应的字符串结尾,则返回 true。例如,

```
String s="student. doc";
boolean b=s. endsWith("doc");
```

则变量 b 的值是 true。

(3)getBytes()方法。该方法的作用是将字符串转换为对应的 byte 数组,从而便于数据的存储和传输。例如,

```
String s ="计算机";
byte[ ] b=s. getBytes(); //使用本机默认的字符串转换为 byte 数组
byte[ ] b=s. getBytes("gb2312"); //使用 gb2312 字符集转换为 byte 数组
```

在实际转换时,一定要注意字符集的问题,否则中文在转换时将会出现问题。

（4）replace（）方法。该方法的作用是替换字符串中所有指定的字符,然后生成一个新的字符串。经过该方法调用以后,原来的字符串不发生改变。例如,

String s=″abcat″;

String s1=s.replace（′a′,′1′）;

该代码的作用是将字符串 s 中所有的字符 a 替换成字符 1,生成的新字符串 s1 的值是″1bc1t″,而字符串 s 的内容不发生改变。

如果需要将字符串中某个指定的字符串替换为其他字符串,则可以使用 replaceAll 方法,例如,

String s=″abatbac″;

String s1=s.replaceAll（″ba″,″12″）;

该代码的作用是将字符串 s 中所有的字符串″ba″替换为″12″,生成新的字符串″a12t12c″,而字符串 s 的内容也不发生改变。

如果只需要替换第一个出现的指定字符串时,可以使用 replaceFirst 方法,例如,

String s=″abatbac″;

String s1=s.replaceFirst（″ba″,″12″）;

该代码的作用是只将字符串 s 中第一次出现的字符串″ba″替换为字符串″12″,则字符串 s1的值是″a12tbac″,字符串 s 的内容也不发生改变。

（5）split（）方法。该方法的作用是以特定的字符串作为间隔,拆分当前字符串的内容,一般拆分以后会获得一个字符串数组。例如,

String s=″ab,12,df″;

String s1[ ]=s.split（″,″）;

该代码的作用是以字符串″,″作为间隔,拆分字符串 s,从而得到拆分以后的字符串数字s1,其内容为{″ab″,″12″,″df″}。

该方法是解析字符串的基础方法。

如果字符串中在内部存在和间隔字符串相同的内容时将拆除空字符串,尾部的空字符串会被忽略掉。例如,

String s=″abbcbtbb″;

String s1[ ]=s.split（″b″）;

则拆分出的结果字符串数组 s1 的内容为{″a″,″″,″c″,″t″}。拆分出的中间的空字符串的数量等于中间间隔字符串的数量减少一个。例如,

String s=″abbbcbtbbb″;

String s1[ ]=s.split（″b″）;

则拆分出的结果是{″a″,″2,″2,″c″,″t″}。最后的空字符串不论有多少个,都会被忽略。如果需要限定拆分以后的字符串数量,则可以使用另外一个 split 方法,例如,

String s=″abcbtb1″;

String s1[ ]=s.split（″b″,2）;

该代码的作用是将字符串 s 最多拆分成包含 2 个字符串数组,则结果为{″a″,″cbtb1″}。如果第二个参数为负数,则拆分出尽可能多的字符串,包括尾部的空字符串也将被保留。

（6）startsWith（）方法。该方法的作用和 endsWith 方法类似,只是该方法是判断字符串是否以某个字符串作为开始。例如,

String s=″TestGame″;

```
boolean b = s. startsWith("Test");
```

则变量 b 的值是 true。

(7) toCharArray( )方法。该方法的作用和 getBytes 方法类似,即将字符串转换为对应的 char 数组。例如,

```
String s = "abc";
char[ ] c = s. toCharArray( );
```

则字符数组 c 的值为{'a','b',"c"}。

(8) toLowerCase( )方法。该方法的作用是将字符串中所有大写字符都转换为小写。例如,

```
String s = "AbC123";
String s1 = s. toLowerCase( );
```

则字符串 s1 的值为"abc123",而字符串 s 的值不变。

类似的方法是 toUpperCase,该方法的作用是将字符串中的小写字符转换为对应的大写字符。例如,

```
String s = "AbC123";
String s1 = s. toUpperCase ( );
```

则字符串 s1 的值为"ABC123",而字符串 s 的值也不变。

(9) trim( )方法。该方法的作用是去掉字符串开始和结尾的所有空格,然后形成一个新的字符串。该方法不去掉字符串中间的空格。例如,

```
String s = "abc abc 123";
String s1 = s. trim( );
```

则字符串 s1 的值为"abc abc 123"。字符串 s 的值不变。

(10) valueOf( ) 方法。该方法的作用是将其他类型的数据转换为字符串类型。需要注意的是,基本数据和字符串对象之间不能使用以前的强制类型转换的语法进行转换。

另外,由于该方法是 static 方法,所以不用创建 String 类型的对象即可。例如,

```
int n = 10;
String s = String. valueOf(n);
```

则字符串 s 的值是"10"。虽然对于程序员来说,没有发生什么变化,但是对于程序来说,数据的类型却发生了变化。

介绍一个简单的应用,判断一个自然数是几位数字的逻辑代码如下:

```
int n = 12345;
String s = String. valueOf(n);
int len = s. length( );
```

则这里字符串的长度 len,就代表该自然数的位数。这种判断比数学判断方法在逻辑上要简单一些。

关于 String 类的使用就介绍这么多,其他的方法以及这里提到的方法的详细声明可以参看对应的 API 文档。

4.3.4 字符串数组

如果要表示一组字符串,可以通过字符串数组来实现。例如,要表示中国的 4 个直辖市的英文名称可以采用如下的字符串数组:

```
String[ ] str=new String[4];
str[0]="Beijing";
str[1]="Shanghai";
str[2]="Tianjin";
str[3]="Chongqing";
```

大家可能已经注意到 main( )方法有一个形式参数 args[ ],其类型是字符串数组。该参数的功能是接收运行程序时通过命令行输入的诸参数。下面的实例用来展示命令行参数的输入和接收方法。

【例 4.11】　字符串数组

```
public class StringArray{
    public static void main(String[ ] args){
        int i;
        for(i=0;i<args. length;i++)
            System. out. println(args[i]);
    }
}
```

程序解析:该程序的功能是通过循环语句逐个输出数组 args 各元素的值,即通过命令行输入的各参数。

4.3.5　String,StringBuffer,StringBuilder 区别

String 对象是不可变的。因此类 String 中的任何一个方法,如果需要修改 String 对象的值,实际上都创建一个包含修改后结果的新的 String 对象并返回,即如果需要修改 String 对象的值,就必须创建新的 String 对象,而原有的 String 对象不可改变。所以类 String 的引入可以确保其对象内容不被错误地修改,但是,某些情况下,这种方式显然效率不高,例如,

```
String str1 ="Hello!";
String str2 = str1+"Java"+" "+"World";
```

如果采用类 String 的方式处理上述第 2 条语句,那么,运算时就需要创建多个中间 String 对象,如连接 str1 和"Java"时,就需要创建一个包含字符串"Hello! Java"的 String 对象,这个新对象参加运算时又需要创建新对象。运算结束后,这些中间对象还需要由垃圾回收器回收。

为此,Java 语言提供了类 StringBuilder 和 StringBuffer,它们代表的都是可变字符串,可以对其对象本身进行追加、插入、删除、替换等操作,而不需要创建新的对象。这个类的作用大致相同,只是类 StringBuffer 可以安全地用于多线程编程;而类 StringBuilder 是 Java SE5 新增加的,将它用于多线程编程是不安全的。现在,除非需要进行多线程编程,一般应使用类 StringBuilder,因为它的速度更快。

本 章 小 结

本章主要简述了一维数组的创建、初始化、使用的方法,同时针对多维数组进行了简单介绍。并且,对于字符串这个类从创建到使用进行了详细的讲解,并通过例子帮助学生更好地掌握本章的内容。

习　题

一、填空题

1.用于指出数组中某个元素的数字被叫作_____;数组元素之所以相关,是因为它们具

有相同的_____和_____。

2. 数组 int results[ ] = new int[6] 所占存储空间是_____字节。

3. 使用两个下标的数组被称为_____数组,假定有如下语句:

float scores[ ][ ] = { {1,2,3}, {4,5}, {6,7,8,9} };

则 scores. length 的值为:_____,scores[1]. length 的值为:_____,scores[1][1] 的值为:_____。

二、编程题

1. 编程对 10 个整数进行排序。

2. 下面哪些语句是合法的数组声明:

```
int i = new int(30);
double d[ ] = new double[30];
int i[ ] = (3,4,3,2);
float f[ ] = {2.3,4.5,5.6};
char[ ] c = new char( );
```

3. 求一个 10 行、10 列整型方阵对角线上元素之积。

4. 实现矩阵转置,即将矩阵的行、列互换,一个 m 行 n 列的矩阵将转换为 n 行 m 列。

5. 编写程序,计算一维数组中的最大值与其所在的位置。

6. 从键盘上输入 10 个双精度浮点数后,求出这 10 个数的和以及它们的平均值。要求分别编写相应求和及求平均值的方法。

7. 编写一个方法,实现将字符数组倒序排列,即进行反序存放。

三、简答题

1. Java 语言为什么要引入"方法"这种编程结构?

2. 为什么要引入数组结构,数组有哪些特点? Java 语言创建数组的方式有哪些?

四、写出程序的运行结果

1. 有如下四个字符串 s1,s2,s3 和 s4:

```
String s1 = "Hello World! ";
String s2 = new String("Hello World! ");
s3 = s1;
s4 = s2;
```

求下列表达式的结果是什么?

```
s1 == s3
s3 == s4
s1 == s2
s1. equals(s2)
s1. compareTo(s2)
```

2. 下面程序输出的结果是什么?

```
public class Test {
    public static void main(String[] args) {
        String s1 = "I like cat";
        StringBuffer sb1 = new StringBuffer ("It is Java");
        String s2;
        StringBuffer sb2;
```

```
    s2 = s1. replaceAll("cat","dog");
    sb2 = sb1. delete(2,4);
    System. out. println("s1 为:"+s1);
    System. out. println("s2 为:"+s2);
    System. out. println("sb1 为:"+s1);
    System. out. println("sb2 为:"+s2);
  }
}
```

五、改错题

设 s1 和 s2 为 String 类型的字符串,s3 和 s4 为 StringBuffer 类型的字符串,下列哪个语句或表达式不正确?

```
s1 = "Hello World! ";
s3 = "Hello World! ";
String s5 = s1+s2;
StringBuffer s6 = s3+s4;
String s5 =  s1-s2;
s1 < = s2
char c = s1. charAt(s2. length());
s4. setCharAt(s4. length(),'y');
```

第 5 章

类和对象

在前几章里,大部分的例子都是没有过多地涉及面向对象方面的内容,这是为读者提供一个过渡空间,就是从 Java 的基本语法与程序的基本结构入手,逐渐适应 Java 的编程理念。从本章开始介绍如何编写一个体现面向对象编程(OOP)风格的 Java 程序。

5.1 面向对象的基本概念

Java 是完全面向对象的编程语言。面向对象编程(object oriented programming,OOP)是一种全新的编程理念,面向对象程序设计的精髓是:抽象性、封装性、继承性与多态性。这些核心思想就是通过一些基本的概念体现出来,它主要围绕着对象、类、消息、继承、接口等概念和机制展开。

5.1.1 对象和类

现实世界中,对象(Object)是状态(属性)和行为的结合体。在现实世界中,对象随处可见,例如,一辆汽车、一只小狗、一台计算机,它们都可以视为对象。

对象普遍具有的特征、状态和行为。

例如,

汽车有状态:品牌、颜色、车型等;

汽车有行为:加速、刹车、换挡等。

在开发软件的信息世界中,讨论信息世界中的对象,它是现实世界对象的抽象模型,它使用数据和方法描述对象在现实世界中的状态和行为的特征,Java 程序中用变量描述对象的状态,用方法描述其行为。

如果给定了一个汽车的具体的型号、颜色和移动的速度、移动的方法,就有了一个具体的对象汽车,称为实例对象。相应地,用来描述一个实例对象相关的变量称为实例变量,相关的方法称为实例方法。

现实世界中有很多同类的对象。例如,你的汽车是千千万万辆汽车中的一个,用 OOP 术语来说,是汽车类的一个实例。而汽车有很多共同的特征、状态和行为,但你的汽车和其他的汽车是有区别的,汽车制造商不会为每一辆汽车都设计一张图纸,然后按照这张图纸造出这辆汽车。他们通常是只设计一份图纸,然后造出一批汽车,这是工业效率的基本要求。

基于同样的道理,OOP 总结出一类对象的共有特征,将这些对象设计成类(class)。类就是对具有相同或相似属性和行为的一组对象的共同描述。它定义了同类对象共有的变量和方法。类就好比是对象的模型、图纸。它定义了同类对象共有的变量和方法。例如,汽车类定义了汽车必须有的状态和行为:车轮、发动机、刹车器、变速挡等。所有的汽车对象都具备类中所定义的状态和形状,至于生产具体品牌的汽车就是对类的实例化对象。

Java 编程是设计类而不是对象,在编程中可以采用自定义方法或继承方法去设计一个类。对象就是类的具体化,是类的一个实例,这个实例对象完成程序要实现的具体功能。

5.1.2 面向对象的基本特征

面向对象程序设计的精髓是:抽象性、封装性、继承性与多态性。不仅包含对象和类,还围绕着消息、继承、接口等概念和机制展开。下面主要介绍封装、消息、继承、接口等基本概念,对象与类的关系,对象间如何通过消息和外部进行通信以及封装、继承、接口的作用。

1. 封装

封装就是将相关数据和方法放在一个包里,其作用是把类设计成一个黑箱,使用户只能看见类具有的公共方法,看不到方法实现的细节,也不能直接对类的数据进行操作,迫使用户只能通过接口去访问数据。封装是 OOP 设计者追求的理想境界,可为开发员带来两个好处:模块化和数据隐藏。

模块化意味着对象源代码的编写和维护可独立进行,不会影响到其他模块,而且具有很好的重用性。

数据隐藏则使对象有能力保护自己,提供接口与其他对象联系,自行维护自身的数据和方法而不影响依赖于它的对象。

Java 的封装性有效提高了程序的安全性与维护性。

2. 消息

单独一个对象的功能是有限的,多个对象联系在一起才会有更多、更强、更完整的功能。怎样才能将对象联系在一起呢? OOP 使用消息传递机制来联系对象,消息传递是对象之间进行交互的主要方式。例如,失火单位(对象 1)需要灭火部门(对象 2)来救援,可以打 119 电话(灭火部门的监听对象)报告获取,119 接收到电话后,将根据火情派出消防队员与消防车火速赶到失火单位灭火(事件处理方法)。

由此看出,消息传递机制包含 3 个要素:事件源(失火单位),事件监听器(119 电话及灭火部门),事件对象(火情)。其中事件监听器是连接对象的关键,它在对象之间传递消息(火情),调用事件处理对象(灭火部门)的方法。

Java 具有特定的事件处理机制来传递消息,使不同的对象联系在一起,完成不同的、复杂的功能。

3. 多态

一个对象可以接收不同形式的消息,同一个消息也可以发送给不同的对象,不同的对象对相同的消息可以有不同的解释(这就形成多态性)。简单地说,多态性表示同一种事物的多种形态。

4. 继承

OOP 允许由一个类定义另外一个类,由已有类派出新的类,派生出的新类称为子类,原来的类称为父类,从而构成了类的层次关系,也就是类的继承。例如,山地车、赛车都属于自行车,它们是自行车的子类,换句话说,自行车是它们的父类或称为超类。子类继承了父类的状态和行为,但并不局限于此。子类还可以添加新的变量和方法,有自己的新特点。子类还可以覆盖已继承的方法,实现特殊要求。例如,你可以为山地车增加一个减速装置,并覆盖变速方法以便使用减速装置。

继承(inheritance)不但可以发生在同一个层次上,也可以发生在不同的层次上,这种继承形成了一棵倒置的树,在 Java 系统中这棵树的根就是 Object 类。所有层次的类都是从 Object 类那里衍生下来。Object 仅提供了所有的类在 Java 虚拟机上运行所需要的基本状态和方法。一般来说,层次越高,类就越抽象,反之就越具体。

继承使父类的代码得到重用,在继承父类提供的共同特性的基础上添加新的代码,使编程不必一切都从头开始,Java 的继承性有效地提高了编程效率。

5. 接口

接口(interface)可以看成是为两个不相关的实体提供交流途径的设备。例如,语言就是两个人进行交流的接口。在 Java 中,接口就是为两个不相关的类提供交流的设备。接口是为了解决 Java 不支持多重继承问题而产生的。因为 Java 的类不支持多重继承,子类只能有一个父类。Java 不支持多重继承是为了使语言本身结构简单,层次清楚,易于管理,安全可靠,避免冲突。为了使 Java 具有多重继承的功能,Java 使用了接口技术。

5.1.3 面向对象的 Java 程序

下面通过一个例子来说明 Java 程序是如何体现面向对象的思想的。通过这个例子还可以了解 Applet 应用程序和创建一个 Applet 应用程序的步骤。

【例 5.1】 设计一个 Applet 小程序,使其具有进行简单加法运算的功能。

开发 Applet 小程序的操作步骤如下:

①编写 Addition. java 源程序。

```
//源程序名:Additon.java
import java. awt. * ;
import java. awt. event. * ;
import java. applet. Applet;
public class Additon extends Applet implements ActionListener{
Label label1 = new Label("+");
Label label2 = new Label("=");
TextField field1 = new TextField(6);
TextField field2 = new TextField(6);
TextField field3 = new TextField(6);
Button button1 = new Button("相加");
public void init( ){
    add(field1);    add(label1);
    add(field2);    add(label2);
    add(field3);    add(button1);
button1. addActionListener(this);
}
public void actionPerformed(ActionEvent e){
int x = Integer. parseInt(field1. getText( ))+Integer. parseInt(field2. getText( ));
        field3. setText(Integer. toString(x));
```

```
    }
}
```

②编写 HTML 页面文件。为了浏览 Applet 应用程序,还需建立一个 HTML 页面文件。

在 Eclipse 主窗口菜单栏单击"文件"→"新建"→"HTML 页面"菜单命令,将出现文件编辑区,输入如下代码:

```
<html>
<applet code="Additon. class" height=200 width=400>
</applet>
</html>
```

将代码存为名称 Addition. HTML 的文本文件。

③编译 Addition. java 源程序生成 Addition. class 字节码文件。

④运行并查看结果。在 eclipse 主窗口菜单下执行运行命令,或是在"命令提示符"窗口下输入:appletviewer Additon. HTML,即可出现如下运行结果,如图 5.1 所示。

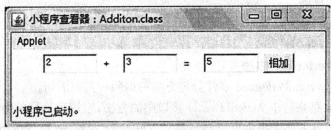

图 5.1 运行结果

程序说明:下面用面向对象的思想来分析 Addition. java 源程序的结构。

1. 前面 3 行是说明性语句,用来引入 Java 系统包

通过语句 import java. applet. Applet 引入 applet 中的 Applet 类;

通过语句 import java. awt. * 引入 awt 包中的所有类;

通过语句 import java. awt. event. * 引入 awt 包中的 event 包中的所有类。

Java 系统包提供了很多预定义的类,如 Applet 类。在程序的开头引入它们,可以为程序中使用这些类中的方法打下基础。例如,在上面的例子中编写的程序是一个 Applet 应用程序,所以一定要引入 Applet 类,以便使用其定义好的各种数据和方法。又因为程序中需要使用图形界面,包含文本框和按钮,所以还需要加载 Java 系统包 awt,awt 中包含了所有处理图形界面的类。在执行加法运算时要单击"相加"按钮,这会产生一个鼠标事件或键盘事件,因此还要引入专门处理各种事件的 event 包的所有类。

2. 声明类,指定父类,引入接口

第 4 行是类声明语句 public class Additon extends Applet implements ActionListener,它是程序的主体,声明了 Addition 类是继承自 Applet 类的子类。作为 Applet 的一个子类,它具有 Applet 的共性。但仅靠继承的属性和方法子类往往不足以实现程序设计提出的功能要求,因此,必须根据功能需要,在继承的子类中添加各种对象和方法,将子类修改设计成满足要求的程序。Java 编程就是基于这样的思想,在继承上再完善类。

第 4 行语句中通过 implements 关键字实现了一个单击事件监听器 ActionListener 接口,这个接口包含 actionPerformed 方法,它是一个空方法,在实现接口的程序中需要为 actionPerformed 方法编写单击按钮后具体执行的操作处理内容。

第 4 行通过类声明语句构建了 Addition 类的基础框架,剩下的任务就是设计类的成员变量和成员方法了。

3. 定义变量

第 5~10 行声明了 Addition 类的 6 个对象变量。2 个标签对象用于显示运算符号,3 个文本域对象用于接收用户的输入,1 个按钮对象用于执行加法运算。

成员变量用来定义类的基本属性,Addition 类的 6 个对象变量描述了图形界面的初始状态。

4. 完善 init 方法

第 11~19 行是 Addition 类包含方法 init 的声明和实现语句。

init 称为初始化方法,用来确定 Applet 界面的初始状态,是没有返回值的方法。init 方法是继承 Applet 的,因此不用从零设计,只要在 Addition 类中对它进行完善,令它能执行添加 6 个对象变量到 Addition 界面显示区的任务,完成给按钮对象 button1 注册一个事件监听器 addActionListener 的任务。

addActionListener 是事件源组建对象 button1 的方法,它的任务是监视对象接收消息,在收到消息后调用事件处理方法。

5. 实现 actionPerformed 方法

第 20~23 行是 actionPerformed 事件处理方法的声明和实现语句。

actionPerformed 是来自于 ActionListener 接口中的方法,它用来执行单击按钮对象的任务。具体执行什么任务,在不同的类中可以自己定义。Addition 类给 actionPerformed 方法设计了两个具体任务:

(1) 将界面上输入的两个数通过 Integer. parseInt( )方法换成整数后相加并将其值赋给变量 x。

int x = Integer. parseInt(field1. getText( ))+Integer. parseInt(field2. getText( ));

(2) 将 x 整数值通过 Integer. toString(x)方法转换为字符串(即两数的和)在结果文本框中显示出来。

field3. setText(Integer. toString(x));

以上是从面向对象编程的角度对本例的程序设计作的具体说明,以理解面向对象的基本概念,程序语句中的具体含义及各种方法我们后续将会学习到。

6. 消息的传递

事件监听器 addActionListener 负责监视按钮对象 button1,当按钮被单击时,这个事件消息就会传递给监听器,监听器收到事件消息后,负责调用事件处理方法 actionPerformed 执行方法中定义的任务。

以上是从面向对象编程的角度对本例的程序设计作的具体说明,以理解面向对象的基本概念,程序中出现的各种方法语句的具体含义在后续的章节中将会学习到。

5.2 类

Java 是一种完全面向对象的程序设计语言,Java 语言就是建立在类这个逻辑结构之上的。类是 Java 的核心,任何 Java 程序都由类组成,一个 Java 程序至少要包含一个类,也可以包含很多类。

在 Java 中,类的来源分为系统类和用户类两部分。Java 提供了一个庞大的类库让开发人员使用,对用户来说,只需直接使用即可。而设计的这些类是出于公用的,因此,很少有某个类恰恰满足用户的需要,这就需要用户自己创建所需的类,这就是用户类。

本节主要介绍创建 Java 用户类及其相关的知识。

5.2.1 类的创建

类通过关键字 class 创建,定义类的最简单的形式是:

[修饰符]class <类名>
{
<类体>
}

其中"修饰符"可以是类的访问特性说明符,用于控制类的被访问权限与类的类别;class 为定义类的关键字,"类名"为类的名称,它要符合 Java 语言的标识符命名规则。"类体"是类的具体描述内容,其中最主要包含成员变量、成员方法等。成员变量用来描述实体的属性,成员方法用来描述实体所应该具备的行为能力。

例如,任何一个矩形应该包含的属性有长、宽,应该具备的行为能力有设置长、宽的当前值,获取长、宽的当前值,计算矩形的面积与计算矩形的周长等。下面就是矩形实体的类定义:

```java
//file name:Rectangle.java
public class Rectangle{
    private int length;
    private int width;
    public void setLength(int l){ length=l;}
    public void setWidth(int w){ width=w;}
    public int getLength(){ return length;}
    public int getWidth(){ return width;}
    public int getArea(){ return length * width;}
    public int getPerimeter(){ return 2 * (length+width);}
}
```

从上面的类的定义中可以看出,Rectangle 类中定义了 2 个成员变量 length 和 width,分别用来表示矩形的长、宽属性。另外还定义了 6 个成员方法,前 2 个名称类似 set_ 的成员方法用来表示设置长、宽的当前值的操作能力,又称为更改器;中间两个名称类似 get_ 的成员方法用来获取长、宽的当前值的操作能力,又称为获取器;最后 2 个成员方法分别表示计算矩形面积和计算矩形周长的操作能力。

在软件设计阶段,希望用一种简单、易懂且无二义性的方式描述类的状况。目前广为流行的统一建模语言就是为此目的而设计的,通常被简称为 UML,是 Unified Modeling Language 的缩写,是一种面向对象建模的图形表示法。由于 UML 的内容已经超出了本课程的教学范围,因此,本书不详细地介绍它的全部内容,只选用其中的"类图"作为对类及类关系的描述,这里只介绍 UML 中"类图"的描述符号。

"类图"是 UML 中用来描述类及类之间静态关系的图。图 5.2 展示了描述类的基本结构。

每个类用一个矩形表示,其中由三部分组成:上方部分是所描述的类名,中间部分是类包含的成员变量,下方部分是类包含的成员方法。在成员变量与成员方法的描述中,用"+"表示public(公有)访问特性,用"#"表示 protected(保护)访问特性,用"-"表示 private(私有)访问特性。图 5.3 是 Rectangle 类的 UML 类图描述。

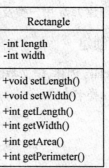

图 5.2　描述类的基本结构　　　　图 5.3　Rectangle 类的 UML 类图描述

5.2.2　成员变量

成员变量是用于描述实体的状态属性的,在面向对象的程序设计中,对于对象的状态属性的设置与获取也就是对相应的成员变量的值的设置与获取。Java 语言的成员变量有两种形式:一种是静态(static)的,被称为静态变量;另一种是非静态的,被称为实例变量。本节出现的成员变量都属于实例变量。成员变量的声明必须放在类体中,通常放在成员方法前。

成员变量的声明语句格式:

［修饰符］数据类型　成员变量名

其中,修饰符是控制成员变量的被访问权限和类别的说明符;数据类型是成员变量所属的数据类型,它既可以是 Java 语言提供的 8 种基本数据类型,也可以是数组或类的引用类型,成员变量名是成员变量的名称,其命名要符合 Java 标识符的命名规范。

与其他数据类型一样,一旦创建对象后,对象中的每个实例变量就会面临着初始化问题。在 Java 语言中,提供了 5 个初始化实例变量的途径。

(1)Java 系统为每种数据类型的实例变量提供了默认的初始值。各种数据类型的默认值如表 5.1 所示。

表 5.1　各种数据类型作为实例变量时的默认值

类型	boolean	byte	char	short	int	long	float	double	类
默认值	false	0	\u0000	0	0	0	0.0f	0.0	null

(2)如果希望将实例变量初始化为其他值,可以在定义的同时赋予相应的初始值。例如,

```
public class Circle{
private Point centre=new Point(50,50);
private float radius=10.0f;

public void setCentre(Point p){ centre=p;}
public void setRadius (float r){ radius=r;}
publicPoint getCentre (){ return centre;}
publicfloat getRadius (){ return radius;}
publicfloat getArea(){ return radius * radius *3.14159f;}
```

```
//其他的成员方法
……
}
```

　　在 Circle 类中,radius 在定义的同时被初始化为 10.0f,centre 是 Point 类对象的引用,在定义的同时利用 new 运算符创建了一个 Point 对象。这里使用的 Point 类是 Java 类库中提供的一个标准类,对于这类标准类库中已存在的类,应该尽量使用,这是面向对象程序设计方法所倡导的。

　　(3)在某个成员方法中,为实例变量赋值。但是由这种方式赋初值,需要在程序中显式地调用赋初值的成员方法,一旦遗忘就有可能出现问题。

　　(4)在类的构造方法中实现初始化实例变量的操作,这是提倡使用的初始化方式。有关构造方法的详细内容将在后面介绍。

　　(5)利用初始化块对成员变量进行初始化。Java 规定在类定义中可以包含多个初始化块。只要创建了这个类的对象,就会在调用构造方法之前执行这些初始化块,因此,可以利用这些初始化块对成员变量进行初始化。初始化块是位于类定义中且用一对花括号括起来的语句组。

　　下面是一个含有初始化块的 Circle 类定义:

```
public class Circle{//圆形类
private Point centre;//表示圆心坐标
private float radius;//表示圆的半径
{ //初始化块
centre=new Point(50,50);
radius=10.0f;
}
public void setCentre(Point p){ centre=p;}
public void setRadius (float r){ radius=r;}
public Point getCentre (){ return centre;}
public float getRadius (){ return radius;}
public float getArea(){ return radius * radius *3.14159f;}
//其他的成员方法
……
}
```

　　一旦创建这个类对象,系统首先自动地执行初始化块中的语句来完成实例变量初始化的任务,即将实例变量 centre 初始化为引用所创建的 Point 对象;将实例变量 radius 初始化为 10.0f。

5.2.3　成员方法

　　成员方法相当于其他语言中所说的函数或过程,它是一组执行语句序列。一个成员方法一般完成一个相应的功能,在一个类中,至少应该包含对类中的每个成员变量设置状态值,获取成员变量的当前状态值等功能的一系列成员方法。在设计类时,应该将描述对象属性的成员变量隐藏起来,用实现操作行为的成员方法作为对象之间相互操作的外部接口。因此,设计一套合理的成员方法,对该类对象的可操作性至关重要。与成员变量一样,成员方法也分为静态和非静态两种形式,分别被称为静态方法与实例方法。这里只介绍实例方法,有关静态方法的相关内容将在后面介绍。

成员方法的定义：Java 语言规定，实例方法的定义格式为

［修饰符］＜返回值类型＞＜成员方法名＞（参数表）［throws 异常类型］｛

成员方法体

｝

说明：

［修饰符］：修饰符决定了成员方法的访问权限；

＜返回值类型＞：返回值类型是成员方法的返回结果类型；

＜成员方法名＞：成员方法的名称，其命名要符合 Java 标识符的命名规则；

（参数表）：参数列表列出了调用这个成员方法时需要提供的参数格式；

［throws 异常类型］：在 Java 中具有抛出异常的能力，在这里列出可能抛出异常的种类。

下面定义 Date 类：

```
//file name:Date. java
public class Date {
    private int year;
    private int month;
    private int day;
    public void setYear(int y){year=y;}
    public void setMonth(int m){month=m;}
    public void setDay(int d){day=d;}
    public void setDate(int y,int m,int d){
        year=y;
        month=m;
        day=d;
    }
    public int getYear(){return year;}
    public int getMonth(){return month;}
    publicint getDate(){return day;}
}
```

在类中定义 3 个成员变量，分别是 year,month,day,4 个用于设置日期的成员方法和 3 个用于获取日期的成员方法。利用这些实例方法可以设置和读取当前时间。

1. 成员方法的重载

所谓成员方法的重载是指在同一个类中，可同时定义名称相同的多个成员方法，但成员方法的参数类型、个数、顺序至少有一个不同，或返回类型、修饰符不同，当调用名称相同的成员方法时，系统就是通过参数的不同来区分的，根据调用者所传来的实参消息的类型、个数和次序来区别，匹配者被调用。

```
//file name：Point. java
public class Point{
    int x,y;
    int getX(){ return x; }
    int getY(){ return y; }
    void setXY(int dx,int dy){ x=dx; y=dy;}
```

```
void setXY( Point p ) {
 x = p. getX( );
 y = p. getY( );
}
}
```

若在某个类中,实例化了 Point 类的两个对象 p1,p2,若执行 p1. setXY(5,7),则执行 Point 类中的 setXY(int dx,int dy)方法;执行 p1. setXY(p2),则执行 Point 类中的 setXY(Point p)方法。

成员方法的重载在面向对象程序设计中相当重要,也非常有用,在后面将会大量用到。

2. 局部变量

在方法体内部也可定义变量,称为局部变量,作用范围在方法体内部。

成员变量与局部变量的区别:成员变量有默认值初值,局部变量没有默认值,当对未赋初值的局部变量作引用时,编译不能通过。

```
//file name: MainClass1
public class MainClass1 {
    public static void main( String args[ ] ) {
      PartVariable pv = new PartVariable( );
      int max = pv. max(9,5) ;
      System. out. println("The max is:"+max) ;
    }
}
class PartVariable {
    int x;
    int max( int a,int b) {
      int z;
      System. out. println("x = "+x) ;
      System. out. println("a = "+a+"\\tb = "+b) ;
      System. out. println("z = "+z) ;
      if( a>b) z = a;
      else   z = b;
      return z;
    }
}
```

运行结果如图 5.4 所示。

图 5.4　运行结果

成员变量可以先定义后引用,也可先引用后定义;而局部变量必须先定义后引用。

```
// file name：MainClass2
public class MainClass2{
    public static void main(String args[]){
        PartVariable pv=new PartVariable();
        int max=pv.max(9,5);
        System.out.println("The max is:"+max);
    }
}
class PartVariable{
    int x;                         // 成员变量
    int max(int a,int b){
        System.out.println("m="+m);    // 引用局部变量 m
        System.out.println("k="+k);    // 引用成员变量 k
        int m=0;                       // 声明局部变量 m
        if(a>b) z=a;
        else z=b;
        return z;
    }
    int k;                         // 声明成员变量 k
}
```

运行结果如图5.5所示。

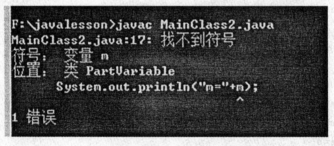

图5.5　运行结果

5.2.4 构造方法

在类的定义中,有一种非常特殊的方法称为构造方法(构造器),顾名思义,它是一类在构造类对象时使用的方法,主要作用是初始化成员变量。它有如下特征:

(1)形式上,方法名与类名完全一致。

(2)没有返回值类型说明符,即使是 void 也没有(对成员方法来说返回值说明符不能省略,成员方法和构造方法是两个不同类型的方法)。

(3)在构造类对象时使用,主要作用是用于初始化实例变量赋初值。

定义构造方法的完整形式:

［修饰符］　<构造方法名>(参数列表)

{

构造方法的方法体

}
其中,修饰符是用于控制被访问权限的说明符;构造方法名是类的名称;参数列表是调用构造方法时需要提供的参数格式。

下面就是矩形 Rectangle 类的定义,其中包含构造方法。

```java
//file name:Rectangle. java
public class Rectangle{
    private int length;
    private int width;
    public Rectangle( int l , int w ){
        length=l;
        width=w;
    }
    public void setLength(int l){ length=l;}
    public void setWidth(int w){ width=w;}
    public int getLength(){ return length;}
    public int getWidth(){ return width;}
    public int getArea(){ return length * width;}
    public int getPerimeter(){ return 2 * (length+width);}
}
```

可以看出,在上面的构造方法中,为两个成员变量赋予了初值。当利用 new 运算符创建Rectangle 类对象时,系统会自动地调用这个构造方法,实现对实例变量初始化的任务。与利用默认值或初始化块对实例变量进行初始化相比较,利用构造方法可以在创建对象时带入不同的参数值,进而达到为每个对象赋予不同初始值的目的。

构造方法同成员方法一样也可以重载,即有多个参数列表不同的构造方法。这样可以在创建对象时,给予用户更大的灵活性与便捷性。例如,下面的 Point 类就包含多个构造方法:

```java
public class Point{
    int x,y;
    public Point(){ x=0; y=0;}
    public Point(int dx,int dy){ x=dx; y=dy;}
    public Point(Point p){
        x=p. getX();
        y=p. getY();
    }
    int getX(){ return x;}
    int getY(){ return y;}
    void setXY(int dx,int dy){
        x=dx;
        y=dy;
    }
    void setXY( Point p ){
    x=p. getX();
    y=p. getY();
    }
```

}

在这个类中,有 3 个构造方法,它们的参数均不同。当实例化 Point 类的对象时,就可以有 3 种不同格式的参数创建并初始化对象。

5.2.5　设计类的原则

在面向对象的程序设计中,最主要的问题是根据实际需求设计尽可能合理的类,并整理出类与类之间的关系。这些类可以直接源于 Java 类库提供的标准类,也可以将标准类作为基类,进一步构造更加能够表示特定问题的子类。在设计类时应该掌握以下基本原则:

(1)封装:将描述一个实体特征的所有内容封装在一起,包括表示实体属性的成员变量与表示实体行为能力的成员方法。

(2)信息隐藏:将描述实体属性的成员变量设定为 private 访问特性,使其对外屏蔽起来,外界只能通过类提供的公共接口进行操作。

(3)接口清晰:接口是外界与类对象沟通的渠道。接口设计既要清楚简捷又要符合大众的使用习惯。

(4)通用性:可重用性是面向对象程序设计希望达到的主要目标之一,而通用性是保证可重用性的关键要素。

(5)可扩展性:任何事物都是不断发展的,软件产品也应该能够随着用户需求的变化而加以扩展,这是软件设计必须要考虑的问题。

另外,在确定了设计哪些类以及类中应该包含哪些成员变量之后,就应该着眼考虑如何设计与外界沟通的成员方法了。通常,在一个类中,应该包含以下成员方法:

①构造方法:至少应该包含一个不带参数的构造方法与一个带完整参数的构造方法。要求定义一个不带参数的构造方法的原因是:在很多情况下,将会默认地调用不带参数的构造方法,如果没有定义这个构造方法,在有些情况下就会出现错误。要求定义一个带完整参数的构造方法的原因是:这样可以保证在创建对象时,为所有成员变量提供初始值。

②更改器:可以保证在对象创建之后,更改对象的状态。

③获取器:可以保证随时获得对象的状态值。

④toString:可以将对象的状态值转换为字符串。

⑤equals:可以实现判断两个对象是否相等的操作。

5.3　对　　象

在介绍类的概念时已经认识到,对象是类的具体化,是类的一个实例,类就像一个能"生产"的机器,通过它可以产生同类对象的实例。因此,通常将由类产生实例的过程称为对象的实例化,现在就来介绍如何创建对象、使用对象和清除对象。

5.3.1　对象的创建

创建一个对象,可细分为三个步骤:声明对象、实例化和初始化。

创建对象和定义变量及其相似。

定义对象的语法格式:

[修饰符] 类名 对象名1[，对象名 2 ，对象名 3 ，……]

例如，

Point p;

TextField tf1,tf2,tf3;

此时仅定义了对象的应用，需要用运算符 new 创建对象。

创建对象的语法格式为：

new 构造方法名([参数列表])

例如，

p1 = new Point();

p2 = new Point(10,10);

如果将定义与创建对象合并在一起，声明与实例化的格式：

类名　对象名 = new 构造方法名([参数列表])

例如，

Point p1 = new Point();

Point p2 = new Point(10,10);

Label k1 = new Label("标签 1");

new 运算符主要完成下面两项工作：

(1)为对象分配存储空间。

(2)根据提供的参数格式调用与之匹配的构造方法，实现初始化成员变量的操作，然后返回本对象的引用。

为了能够正确地创建对象，必须清楚对象所属类提供的构造方法的参数格式。

5.3.2　对象的使用

对象被创建后，就可在程序中使用对象。

前面介绍了对象的概念时说明了对象是一组信息及其上操作的描述，所以，在对对象进行操作时，可能会引用其间的"信息"和"操作"，其实，这里所谓的"信息"和"操作"在程序中的体现就是成员变量和成员方法，下面引用成员变量和调用成员方法的格式：

<对象名>.<变量名>　　//很少使用，受变量的访问控制属性控制

<对象名>.<方法名>

对象可以作为数组的元素、类的成员，也可出现在成员方法的参数表与方法体中。看下面的例子，说明他们的使用方法。

【例 5.2】　设计 Java 程序，功能：随机产生某个班级、某门课程的考试成绩，然后按照考试分数从高到低的顺序重新排列。

为了解决这个问题，需要设计两个类：一个是考试成绩类 ScoreClass，鉴于简化问题的考虑，将每个学生的成绩用学号(No)与成绩(score)两个成员变量表示，除此之外，还包含必要的成员方法；另一个是测试类 TestScoreClass。在这个类中，除了一个 main 成员方法外，还包含 3 个成员方法。成员方法 enterScore 负责随机产生一个班的学生考试成绩；成员方法 printScore 负责显示全部的考试成绩；成员方法 sore 负责按照考试成绩从高到低的顺序重新排列。在几个成员方法中用存放全部学生成绩的一维数组作为参数，因此这是一个数组元素的类型属于某个类的典型实例。

下面是定义考试成绩类 ScoreClass 的程序代码。

```java
//file name:ScoreClass. java
public class ScoreClass {
    private int No;              //学号
    private int score;          //成绩
    public ScoreClass() { No=1000; score =0; }
    public ScoreClass(int n,int s) { No=n; score=s; }
    public int getNo() { return No; }          //获取学号
    public int getScore() { return score; }      //获取成绩
    public String toString() { return No+"\t"+ score +";"; }     //覆盖 Object 中的成员方法
}
//file name:TestScoreClass. java
public classTestScoreClass {
    public static final int NUM=30;      //学生人数
public static void main(String[] args) {
        ScoreClass score[] = new ScoreClass[NUM];
        enterScore(score);              //随机产生考试成绩
        printScore(score);              //显示结果
        sort(score);                    //按照考试分数从高到低的顺序重新排列
        printScore(score);              //显示结果
    }
    public static void enterScore(ScoreClass score[]) {   //随机产生考试成绩
        for(int i=0 ; i<score.length ; i++) {
            score[i]=new ScoreClass(1000+i , (int)( Math.random() * 100 ));
        }
    }
    public static void printScore(ScoreClass score[]) {   //显示数组内容
        for(int i=0 ; i<score.length ; i++) {
            System. out. print(score[i]);
        }
    }
    public static voidsort(ScoreClass score[]) { //按照考试分数从高到低的顺序重新排列
    int max;
    for(int i=0 ; i<score.length-1 ; i++) {
    max=i;
    for( int j=i+1 ; j < score. length ; j++) {
    if(score[j].getScore()>score[max].getScore()) {
        max=j;
    }
            if(max! =i) {
                ScoreClass s=score[i];
                score[i] = score[max];
                score[max]=s;
            }
    }
```

```
        }
      }
    }
```

之所以将其称为测试类,主要原因在于:这个类并不是用于描述一组实体特征的,而是一个用于运行程序的类,其中包括的成员方法 main 是 Java 程序运行的启动点。在这个成员方法中,定义了一个用于存储全部学生考试成绩的一维数组。从这个实例可以看出,如果数组元素为对象,需要经过以下几个步骤:

(1)首先,利用运算符 new 创建数组。此时,每个数组元素为 null 引用。

(2)再利用循环结构,为每个数组元素创建对象。这部分内容写在成员方法 enterScore 中。

(3)通过引用成员变量或调用成员方法对数组中每个对象进行操作,其引用格式为:

数组型变量[下表表达式].成员变量名

数组型变量[下表表达式].成员方法名(参数列表)

5.3.3　对象的回收

创建对象的主要任务是为对象分配存储空间,而清除对象的主要任务是回收对象占用的所有资源,其中最主要的是空间资源。为了提高系统资源的利用率,Java 语言提供了“自动回收垃圾”的机制。

“自动回收垃圾”具体操作的过程是:在 Java 程序的运行过程中,有一个用软件实现的“垃圾回收器”。但一个对象正在处于被引用状态时,Java 运行系统会对其对象的存储空间做一个标记;当结束对象引用时,自动地取消这个标记。Java“垃圾回收器”周期性地扫描程序中所有对象的引用标记,没有标记的对象就被列入清除队伍中。待系统空闲或需要存储空间时将其资源回收。

5.4　访问特性控制

面向对象程序设计方法主张将描述实体特征的属性隐藏起来,对象与外界仅通过公共接口进行交流,这样做的好处是:可以提高程序的可靠性,改善程序的可维护性,有利于程序的调试,真正做到将实体的属性与操作行为封装在一起,形成一个完整的整体。Java 语言通过访问特性控制符来隐藏数据,开放对外接口。

在 Java 语言中,提供了 4 种访问控制符:默认访问特性、public(公共)访问特性、private(私有)访问特性与 protected(保护)访问特性。在定义类、接口、成员变量与成员方法时只需要将 public,private,protected 关键字写在最前面就可以达到指定访问特性的目的。也正因如此,又将它们称为访问特性修饰符。下面分别讨论几种访问特性的具体访问规则。

1. 默认访问特性

如果在定义类、接口、成员变量与成员方法时没有指定访问特性修饰符,它们的访问特性就为默认访问特性。具体默认访问特性类、接口、成员变量与成员方法,只能被本类和同一个包中的其他类、接口及成员方法引用。因此,有人又将默认访问特性称为包访问特性,它可以阻止其他包的任何类、接口或成员方法的引用。

2. public 访问特性

带有 public 访问特性的类、接口、成员变量和成员方法可以被本类和其他任何类及成员方法引用。它们既可以位于同一个包中,也可以位于不同的包。public 是访问权限最宽的,具有开放性。通常,应该将公共类或者作为公共接口的成员方法指定为这种访问特性,建议不要将成员变量指定为 public 访问特性,否则会破坏数据的隐藏性。

3. private 访问特性

数据隐藏是面向对象程序设计倡导的设计思想。将数据与其操作封装在一起,并将数据的组织隐藏起来,利用成员方法作为对外的接口操作,这样不但可以提高程序的安全性和可靠性,还有益于日后的维护、扩展和重用。将类中的数据成员指定为 private 访问特性是实现数据隐藏机制的最佳方式。

用 private 访问特性修饰的,其访问权限最小,只能被该类的内部访问,其子类都不能访问,更不能跨包访问。

4. protected 访问特性

具有 protected 访问特性的类成员可以被该类的对象与子类访问,即使子类在不同包中也可以。它的可访问性介于默认与 public 之间。如果希望只对本包及其他包中的子类开发,就应该选择 protected 访问特性。

归纳上述 4 种不同的访问特性,可以将各种访问特性的可访问权限总结于表 5.2 中。

表 5.2　Java 语言提供的访问特性修饰符

本类	本包	不同包中的子类	不同包中的所有类	
默认	√	√		
public	√	√	√	√
private	√			
protected	√	√	√	

5.5　类的静态成员

到目前为止,我们学习的类成员中包括成员变量和成员方法,这种类成员是非静态的,在前面已经讲授过。还有一组静态的类成员:静态成员变量和静态成员方法。本节主要讨论静态变量与静态方法的定义与使用。

5.5.1　静态成员变量

在介绍成员变量的定义形式时已经说明:类变量也称为静态变量,类变量独立于类的对象的,无论创建了类的多少个对象,类变量都只有一个实例,一个类变量被同一个类所实例化的所有对象共享,当改变了其中一个对象的类变量值时,其余对象的类变量值也相应被改变,因为他们共享的是同一个量。所以,它是类所属的,与具体对象无关,这也是称为类变量的原因。

定义一个类变量,只需在实例变量的定义形式的访问属性控制符后、数据类型说明符前加上 static 关键字。例如,

public static int staticMember

实际上,将常量定义为静态成员的情况更加普通,例如,在 Java 类库中提供的 Math 类中,将 π 与 e 两个常量用下列语句定义为静态成员:

public static final double E=2.7182818284590452354;

public static final double PI=3.14159265358979323846;

这样定义的好处是:不需要创建 Math 对象就可以直接引用它们。例如,Math.PI、Math.E。将成员变量定义为静态成员的情况比较少。下面是一个应用静态成员变量的典型实例。

设计一个 StuScore(学生成绩)类。鉴于篇幅的原因,其中只包含 2 个成员变量,name 和 score 是实例变量,对于这 3 个成员变量,每个对象独享一个副本;NUM,SUM,MAX,MIN 是静态成员变量,无论创建多少个同类的对象都只有一个副本。利用这个特性可以实现在每次创建对象时获得一个新编号的目的。

下面是 StuScore 类的程序代码:

```java
// file name:StuScore.java
class StuScore{
private String name;
private float score;
private static short NUM=0;
private static float SUM=0,MAX=0,MIN=100;
StuScore(String n,float s) {
if(s>=0&&s<=100){
    name=n;
    score=s;
    NUM++;
    SUM+=s;
    if(score>MAX) MAX=score;
    if(score<MIN) MIN=score;
        System.out.println(name+""+score+""+NUM+""+SUM+""+MAX+""+MIN);
    }
}
public String getName(){return name;}
public float getScore(){return score;}
public float getMax(){return MAX;}
public float getMin(){return MIN;}
public float getAverageScore() {
if(NUM==0)    return 0;
    else    return SUM/NUM;
}
}
public class StuScoreTest{
public static void main(String args[]){
    StuScore s[]=new StuScore[5];
    s[0]=new StuScore("张明",80);
    s[1]=new StuScore("李月",69);
    s[2]=new StuScore("王兰",92);
    s[3]=new StuScore("陈东",95);
    s[4]=new StuScore("尚龙",56);
    System.out.println("姓名"+"成绩"+"最大值"+"最小值"+"平均值");
```

```
System. out. println("-----------------------------------------");
for( int i=0;i<s. length;i++) System. out. println(s[i]. getName()+""+s[i]. getScore()+
    ""+s[i]. getMax()+""+s[i]. getMin()+""+s[i]. getAverageScore());
}
}
```

针对 StuScore 类的定义,执行下列语句将会产生如图 5.6 所示的对象状态。

```
StuScore s[] = new StuScore[5];
s[0] = new StuScore("张明",80);
s[1] = new StuScore("李月",69);
s[2] = new StuScore("王兰",92);
s[3] = new StuScore("陈东",95);
s[4] = new StuScore("尚龙",56);
```

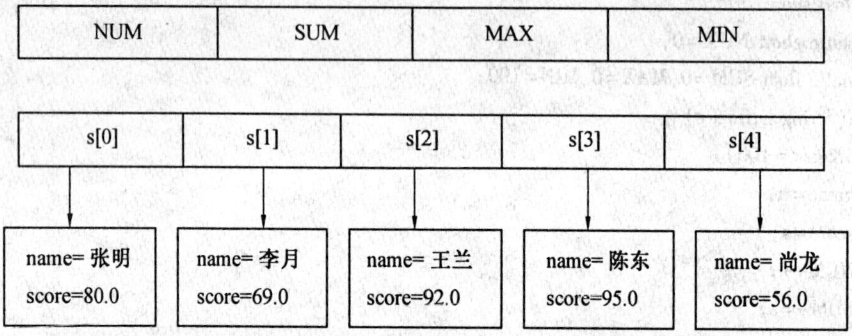

NUM	SUM	MAX	MIN

s[0]	s[1]	s[2]	s[3]	s[4]

name= 张明	name= 李月	name= 王兰	name= 陈东	name= 尚龙
score=80.0	score=69.0	score=92.0	score=95.0	score=56.0

图 5.6　创建含有静态成员变量的对象状态

执行上面 5 条语句的基本过程可以描述为:首先,加载 StuScore 类,并为静态成员变量 NUM,SUM,MAX 和 MIN 分配空间,然后创建 s 数组并为数组中每个元素创建对象 StuScore。可以从图 5.6 中看到,只有一个 NUM,SUM,MAX 和 MIN 副本,有 5 个 StuScore 类对象的副本,每个副本中包含独自的实例成员变量的副本。

由于静态成员变量伴随类的加载而创建,所以,在没有创建类对象之前静态成员变量就已经存在了,因此,无需创建类对象就可直接引用静态成员变量,类变量的引用格式为:类名. 类变量名。例如,StuScore. NUM,StuScore. SUM 和 s[1].SUM 都是合法的。

5.5.2　静态成员方法

静态成员方法的定义形式同成员方法定义形式相似,只是在访问控制修饰符后,方法的返回值前加关键字 static 即可。可将上例的成员方法 getMax(),getMin(),getAverageScore() 分别定义成静态成员方法,代码如下:

```
public static float getMax(){return MAX;}
public static float getMin(){return MIN;}
public static float getAverageScore() {
if(NUM==0)    return 0 ;
    else    return SUM/NUM ;
}
```

静态成员方法的引用:
类名. 方法名(参数)

如果定义为静态成员方法,就可以直接通过类名来引用它们了,例如,用 StuScore. getMax( ),StuScore. getMin( )和 StuScore. getAverageScore( )分别代替 main 方法中的 s[i]. getMax( ),s[i]. getMin( ),s[i]. getAverageScore( ),输出结果是一样的,大家可以试一试。

说明:静态成员方法在没有创建对象的情况下就可以被调用。

本 章 小 结

本章介绍了 Java 语言中面向对象程序设计的基本内容。了解了类和对象的基本概念。类的声明包括类头和类体。在类头中要注意类的修饰符分成可访问的修饰符和非访问的修饰符两大类别,不同的修饰符赋予类不同的意义。类体分成类的成员数据和成员方法,类的成员也由不同修饰符定义,产生了不同类型的信息。

习 题

一、选择题

1. 若一个域能被这个类中的所有代码访问,能被与这个类在同一个包中的所有类所访问,能被任何一个包中的所有类访问,则这个域属于( )。

A. 公有的域 B. 受保护的域 C. 私有的域 D. 包访问的域

2. JVM 用( )来记住方法调用的返回点。

A. 引用 B. 队列 C. 栈 D. 上面的方法都不是

3. 方法默认为( )类型。

A. 实例 B. 类方法 C. 公有方法 D. 抽象方法

4. 域默认为( )类型。

A. final 域 B. transient 域 C. class 域 D. 包访问域

5. this 的作用是( )

A. 方法调用链 B. 访问被同名局部变量或者参数遮蔽的实例域

C. 调用一个类中的构造方法 D. 上面的选项都是

6. 面向对象的特点主要概括为( )

A. 可分解性、可组合性、可分类性 B. 继承性、封装性、多态性

C. 抽象性、继承性、封装性、多态性 D. 封装性、易维护性、可扩展性、可重用性

7. Java 不支持( )机制。

A. 在构造函数中获得而在非构造函数中释放

B. 在一个方法中获得而在不同的方法中释放

C. 在同一个方法中获得和释放

D. 在构造函数中获得而在析构函数中释放

8. 若需要定义一个类域或类方法,应使用( )修饰符。

A. static B. package C. private D. public

9. 以下叙述不正确的是( )。

A. 对象变量是对象的一个引用

B. 对象是类的一个实例

C. 一个对象可以作为另一个对象的数据成员

D. 对象不可以作为函数的参数传递

10. 在 Java 中最基本的类是(　　　)。

A. Window　　　　　B. Compoent　　　　C. Object　　　　D. Class

11. UML 是一种(　　　)。

A. 数据库语言　　　B. 程序设计语言　　C. 建模语言　　　D. 面向对象语言

12. 以下关于类的说法不正确的是(　　　)。

A. 类是对具有共同实现的一些对象或一系列对象的描述

B. 在 Java 中每个类都必须有方法,这是类与记录类型不同的地方

C. 在 Java 中类被当作一个数据类型来定义

D. 在 Java 中所有新创建的类都是从其他的类派生而来的

13. 能将程序补充完整的选项是(　　　)。

```java
class Person
{
    private int a;
    public int change( int m) { return m; }
}
public class Teacher extends Person
{
    public int b;
    public static void main( String[ ] args) //主函数
    {
        person p = new person( );
        Teacher t = new   Teacher( );
        int i;
        _____;
    }
}
```

A. i=m　　　　　　B. i=b　　　　　　C. i=p.a　　　　　D. i=p.change(50)

二、填空题

1. 关键字_____引入类的定义。

2. _____是一个特殊的方法,用于初始化一个类的对象。

3. 一个声明为 static 的方法不能访问_____成员。

4. 对于带参数的成员方法来说,实参的个数、顺序以及它们的数据类型必须与_____的个数、顺序以及它们的数据类型保持一致。

5. 实参变量对形参变量的数据传递是_____。

6. 在方法体内可以定义本方法所使用的变量,这种变量是_____,它的生存期与作用域是在_____内。

7. 方法体内定义变量时,变量前不能加_____。

8. 局部变量在使用前必须_____,否则编译时会出错。

9. 构造方法的方法名与_____相同。

10. 类的修饰符是 public,说明这个类可供_____包使用。

三、程序填空

1. 关于类的知识点

```
class Point
{
    int x;
    int y;
    int getX() {
            ①
    }
    int getY() {
            ②
    }
    void setXY(int x, int y)
    {
        this.x = x;
        this.y = y;
    }
}
class Rectangle
{
    float length = 0.0f;
    float width = 0.0f;
    Point position = new Point();
    float getLength() { return length; }
    float getWidth() { return width; }
    Point getPosition() { return position; }
    void setLength(float length) { this.length = length; }
    void setWidth(float width) { this.width = width; }
    void setPosition(Point p) { position.setXY(p.getX(), p.getY()); }
}
public class TestPointRectangle
{
    public static void main(String[] args) //主函数
    {
        Point p = new Point();
            ③          //调用 p 的 setXY 方法,为 p 的横纵坐标赋值
        System.out.println("p's x is "+p.getX()+"    p's y is "+p.getY() );
//调用 p 的 get 方法得到 p 的横纵坐标并输出
            ④          //生成矩形类的一个实例对象 r
        r.setLength(3.5f);
        r.setWidth(4.6f);
        r.setPosition(p);
            ⑤          //调用 r 的个体方法,得到 r 的长、宽、点,并输出
    }
```

}

四、简答题

1. 如何对对象进行初始化?

2. 静态数据成员与非静态数据成员有何不同?

3. 静态成员方法与非静态成员方法有何不同?

4. final 数据成员和成员方法有什么特点?

5. 类的修饰符有什么作用?

五、读程序写结果

1. public class 函数重载

```
{
    /*定义4个重载的加法函数,调用重载函数时根据参数的个数、顺序、类型调用不同的重载函数*/
    int add(int x,int y){return x+y;}
    int add(int x,int y,int z){return x+y+z;}
    double add(double x,double y){return x+y;}
    double add(double x,double y,double z){return x+y+z;}
    public static void main(String[] args) //主函数
    {
        //生成重载函数的一个实例对象
        函数重载 ex1=new 函数重载();
        System.out.println("3+5="+ex1.add(3,5));
        System.out.println("4+7+8="+ex1.add(4,7,8));
        System.out.println("3.4+2.2="+ex1.add(3.4,2.2));
        System.out.println("1.1+2.2+3.3="+ex1.add(1.1,2.2,3.3));
    }
}
```

该程序的运行结果是:_____

2. 定义"点"类

```
classPoint
{
    //成员变量
    int x;
    int y;
    //重载的三个构造方法
    public Point(){x=0; y=0;}
    public Point(int x,int y){ this.x=x; this.y=y;}
    public Point(Point p){x=p.getX(); y=p.getY();}
    //成员方法
    int getX(){return x;}
    int getY(){return y;}
    void setXY(int x,int y){this.x=x; this.y=y;}
    void setXY(Point p){x=p.getX(); y=p.getY();}
}
classTestPoint{
```

```
public static void main(String[ ] args) //主函数
{
    Point p1 = new Point( );//相当于调用没有参数的构造函数
    Point p2 = new Point(1,1);//相当于调用有两个参数的构造函数
    Point p3 = new Point(p1);//相当于调用有一个参数的构造函数
    System. out. println( "p1's x is "+p1. getX( )+" p1's y is "+p1. getY( ));
    //调用 p1 的 get 方法得到 p 的横纵坐标并输出
    System. out. println( "p2's x is "+p2. getX( )+" p2's y is "+p2. getY( ));
    //调用 p2 的 get 方法得到 p 的横纵坐标并输出
    System. out. println( "p3's x is "+p3. getX( )+" p3's y is "+p3. getY( ));
    //调用 p3 的 get 方法得到 p 的横纵坐标并输出
}
}
```

该程序的运行结果是:_____

3. 关于静态变量的知识点

```
class Chinese {
    static String country="中国";//定义静态变量
    int age;
    String name;
    public void singOurCountry( ) {
        System. out. println( country );//同一个类中的成员方法可直接访问同类中静态变量
    }
}

public class TestChinese {
    public static void main(String[ ] args)    //主函数
    {
        System. out. println( Chinese. country );//类名. 静态变量名
        Chinese ch1 = new Chinese( );            //生成 Chinese 类的一个实例对象
        System. out. println( ch1. country );    //对象名. 静态变量名
        ch1. singOurCountry( );
    }
}
```

该程序的运行结果是:_____

4. 关于静态方法

```
classChinese {
    static void sing( )//定义静态方法,静态方法里不能直接访问非静态方法
    {
        System. out. println( "啊!" );
    }
    public void singOurCountry( )//定义非静态方法
    {
        sing( );     //同类非静态方法里可以直接访问静态方法
        System. out. println("中国" );
```

```
        }
    }
public class TestChinese 静态方法
{
    public static void main(String[ ] args) {
        Chinese. sing( );                //类名.静态方法名的引用方式
        Chinese ch1 = new Chinese( );//生成 Chinese 类实例对象
        ch1. sing( );              //对象名.静态方法名的引用方式
        ch1. singOurCountry( );//对象名.非静态方法名的引用方式
    }
}
```

该程序的运行结果是：_____

六、程序设计

1. 程序功能:编写一个学校类,其中包括成员变量 scoreLine(录取分数线)和对该变量进行设置和获取的方法;编写一个学生类,它的成员变量有考生的 name(姓名),id(考号),intgretResult(综合成绩),sports(体育成绩)。还有获取和设置学生的综合成绩和体育成绩的方法;编写一个录取类,它的一个方法用于判断学生是否符合录取条件。其中录取条件为:综合成绩在录取分数线上,或体育成绩在 96 分以上并且综合成绩大于 300 分。该类中的 main方法建立若干个学生对象,对符合录取条件的学生,输入其信息"被录取",运行程序并查看结果。

2. 定义一个名为 MyRectangle 的矩形类,类中有 4 个私有的整型域,分别是矩形的左上角坐标(xUp,yUp)和右下角坐标(xDown,yDown);类中定义没有参数的构造方法和有 4 个 int 参数的构造方法,用来初始化类对象。类中还有以下方法:getW( )——计算矩形的宽度;getH( )——计算矩形的高度;area( )——计算矩形的面积;toString( )——把矩形的宽、高和面积等信息作为字符串返回。编写应用程序使用 MyRectangle 类。

第**6**章

类的继承和多态

继承和多态性是面向对象程序设计的重要内容。继承机制是实现软件构件复用的一种强有力的手段。多态性是面向对象编程的重要特性,是继承产生的结果。Java 语言很好地体现了继承和多态性两大特性。本章将讨论用 Java 语言实现继承和多态性,具体将介绍继承的概念、继承的实现、抽象类的作用、方法的覆盖以及用接口实现多继承。

6.1 继 承

继承是面向对象程序设计的三大概念之一,是面向对象程序的重要概念,它使程序代码复用成为可能。假设已经定义和实现类 DigitalProduction (代表数码产品),需要定义一个新的应用类 MobilePhone(代表手机)。由于手机是数码产品的一种,所以没有必要对类 DigitalProduction 中属于数码产品特征重新书写代码,只需要继承类 DigitalProduction 的属性特征即可。这样,类 MobilePhone 通过继承获得了类 DigitalProduction 的数据和方法。由于类 MobilePhone 也具有自身的特征,如"进网许可号",可以为这些异于其他数码产品的特征定义成员数据和成员方法。这样,MobilePhone 继承于 DigitalProduction,又具有新的属性特征。图 6.1 可以表示两个类之间的继承关系。

图 6.1 MobilePhone 继承 DigitalProduction

从这个意义上来说,继承是指一个新的类继承原有类的基本特性,并增加新的特性。通俗地说,新的类与原有类之间体现了一种"is-a"关系。只要类和类之间存在继承关系,这种扩展可以一直延续下去,它体现出类的层次结构。例如,类 MobilePhone 继承于类 DigitalProduction,而类 IntelligentMobile(代表智能手机)继承于类 MobilePhone。

继承可以分为两大类型:单继承和多继承。单继承是一个类只能从一个类派生而来,即只有一个父类。多继承是一个类可以从多个类派生而来,可以有多个父类。Java 语言只支持单继承,不支持多继承。

6.1.1 父类和子类

Java 语言中,继承实际上是一个类扩展一个已有的类。被扩展的类是父类,而扩展类是子类。子类继承了父类的类成员,并可以定义自己独特的属性成员。通常体现了子类和父类之间是派生与被派生的关系。所以,有时称父类为基类,而称子类为派生类。

Java 语言也体现出类的层次结构。Java 语言中定义类 java. lang. Object,它是所有类的父类。其他类无论是直接还是间接都是继承了 Object 类,具有 Object 类的属性,如在第 4 章中说明的 finalize( )方法。比如,Java 语言提供的类 java. lang. String 直接继承于类 java. lang. Object,而 javax. swing. JOptionPane 则 是 间 接 继 承 于 java. lang. Object,JOptionPane 类具体继承情况如图 6.2 所示。同样,用户自定义类也是直接或间接继承于 java. lang. Object 类,具体实现见 6.1.2。

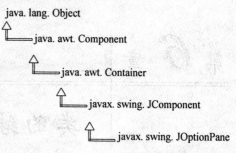

图 6.2　javax. swing. JOptionPane 的继承示意

6.1.2　继承的实现

Java 语言中是通过关键字 extends 来实现单继承的。简单的实现格式如下:

```
class 子类名 extends 父类名{
    类体
}
```

有一点要注意,如果在格式中没有通过 extends 关键字来标明父类名,这并不是意味着该类无父类,相反,它表示该类是 java. lang. Object 的子类。

1. 问题的提出

在介绍类继承的实现之前,我们先看一下两个类:Citizen(公民)类和 ResultRegister(成绩登记)类,分析一下它们之间的关系。Citizen 类的完整代码如下:

```java
import java. util. *;
public class Citizen
{
//以下声明成员变量(属性)
String name;
String alias;
String sex;
Date brithday;   //这是一个日期类的成员变量
String homeland;
String ID;
//以下定义成员方法(行为)
public String getName()   //获取名字方法
{        //getName()方法体开始
  return   name;
}        //getName()方法体结束
/* * *下边是设置名字方法* * */
public void setName(String name)
{        //setName()方法体开始
  this. name = name;
```

```
}    //setName( )方法体结束
/ * * *下边是列出所有属性方法 * * */
public void displayAll( )
{    //displayAll( )方法体开始
  System. out. println("姓名:"+name);
  System. out. println("别名:"+alias);
  System. out. println("性别:"+sex);
  if(brithday = = null) brithday = new Date(0);
  System. out. println("出生:"+brithday. toString( ));
  System. out. println("出生地:"+homeland);
  System. out. println("身份标识:"+ID);
}displayAll( )方法体结束
public void display(String str1,String str2,String str3) //重载方法 1
{
  System. out. println(str1+"  "+str2+"  "+str3);
}
public void display(String str1,String str2,Date d1)   //重载方法 2
{
  System. out. println(str1+"  "+str2+"  "+d1. toString( ));
}
public void display(String str1,String str2,Date d1,String str3)//重载方法 3
{
  System. out. println(str1+"  "+str2+"  "+d1. toString( )+"  "+str3);
}
public Citizen(String name,String alias,String sex,Date brithday,String homeland,String ID)    //带参数构
                                                                      造方法
{
  this. name = name;
  this. alias = alias;
  this. sex = sex;
  this. brithday = brithday;
  this. homeland = homeland;
  this. ID = ID;
}
public Citizen( )   //无参构造方法
{
  name = "无名";
  alias = "匿名";
  sex = "  ";
  brithday = new Date( );
  homeland = "  ";
  ID = "  ";
}
}
```

ResultRegister 类的代码如下：

```
/*
* 这是一个学生入学成绩登记的简单程序
* 程序的名字是：ResultRegister. java
*/
import javax. swing. * ;
public class ResultRegister
{
    public static final int    MAX=700；    //分数上限
    public static final int    MIN=596；    //分数下限
    String    student _ No；  //学号
    int    result；          //入学成绩
    public ResultRegister(String no，int res) //构造方法
    {
        String str；
        student _ No=no；
        if( res>MAX ‖ res<MIN)//如果传递过来的成绩高于上限或低于下限则核对
        {
            str=JOptionPane. showInputDialog("请核对成绩：",String. valueOf( res) )；
            result=Integer. parseInt( str)；
        }
        else result=res；
    }  //构造方法结束
    public void display( )  //显示对象属性方法
    {
        System. out. println( this. student _ No+"   "+this. result)；
    }  //显示对象属性方法结束
}
```

通过上述两类的介绍和示例演示，我们可以分析一下，在 Citizen 类中，定义了每个公民所具有的最基本的属性，而在 ResultRegister 类中，只定义了与学生入学成绩相关的属性，并没有定义诸如姓名、性别、年龄等这些基本属性。在登录成绩时，我们只需要知道学生号码和成绩就可以了，因为学生号码对每一个学生来说是唯一的。但在有些时候，诸如公布成绩、推荐选举学生干部、选拔学生参加某些活动等，就需要了解学生更多的信息。

如果学校有些部门需要学生的详细情况，即涉及 Citizen 类中的所有属性又包含 ResultRegister 中的属性，那么我们是定义一个包括所有属性的新类还是修改原有类进行处理呢？

针对这种情况，如果建立新类，相当于从头再来，那么就和前边建立的 Citizen 和 ResultRegister 类没有什么关系了。这样做有违于面向对象程序设计的基本思想，也是我们不愿意看到的，因此我们应采用修改原有类的方法，这就是下边所要介绍的类继承的实现。

2. 类继承的实现

根据上边提出的问题，要处理学生的详细信息，已建立的两个类 Citizen 和 ResultRegister 已经含有这些信息，接下来的问题是在它们之间建立一种继承关系就可以了。从类别的划分

上,学生属于公民,因此 Citizen 应该是父类,ResultRegister 应该是子类。下面修改 ResultRegister 类就可以了。

定义类的格式在上一章已经介绍过,不再重述。将 ResultRegister 类修改为 Citizen 类的子类的参考代码如下:

```java
/*
 *这是一个学生入学成绩登记的简单程序
 *程序的名字是:ResultRegister. java
 */
import java. util. * ;
import javax. swing. * ;
public class ResultRegister extends Citizen
{
    public static final int   MAX=700;   //分数上限
    public static final int   MIN=596;   //分数下限
    String   student _ No;   //学号
    int   result;           //入学成绩
    public ResultRegister( )
    {
        student _ No="00000000000";
        result=0;
    }
    public ResultRegister( String name, String alias, String sex, Date brithday, String homeland, String ID, String
no, int res) //构造方法
    {
        this. name=name;
        this. alias=alias;
        this. sex=sex;
        this. brithday=brithday;
        this. homeland=homeland;
        this. ID=ID;
        String str;
        student _ No=no;
        if( res>MAX ‖ res<MIN)//如果传递过来的成绩高于上限或低于下限则核对
        {
            str=JOptionPane. showInputDialog("请核对成绩:",String. valueOf( res) );
            result=Integer. parseInt( str);
        }
        else result=res;
    }  //构造方法结束
    public void display( )   //显示对象属性方法
    {
        displayAll( );
        System. out. println("学号="+student _ No+" 入学成绩="+result);
```

```
    }   //显示对象属性方法结束
  }
```

在上边的类定义程序中,着重显示部分是修改添加部分。可以看出,由于它继承了 Citizen 类,所以它就具有 Citizen 类所有的可继承的成员变量和成员方法。

下面我们写一个测试程序,验证修改后的 ResultRegister 的功能。

【例 6.1】 测试 ResultRegister 类的功能。程序参考代码如下:

```
/* 这是一个测试 ResultRegister 类的程序
 * 程序的名字是: TestExam5 _ 1. java
 */
import java. util. * ;
public class TestExam5 _ 1
{
  public static void main(String [ ] args)
  {
    ResultRegister s1,s2,s3;  //声明对象 s1,s2,s3
    s1 = new ResultRegister("丽柔","一刀","女", new Date("12/30/88"),"上海","421010198812302740","200608010201",724); //创建对象 s1
    s2 = new ResultRegister("李明","","男",null,"南京","50110119850624273x","200608010202",657); //创建对象 s2
    s3 = new ResultRegister( );
    s3. display( );   //显示对象 s1 的属性
    System. out. println("=============================");
    s2. display( );   //显示对象 s2 的属性
    System. out. println("=============================");
    s1. display( );   //显示对象 s3 的属性
    System. exit(0); //结束程序运行,返回到开发环境
  }
}
```

编译、运行程序,在程序执行过程中,由于生成对象 s1 时传递的成绩 724 超出了上限 700,所以就出现了如图 6.3 所示的超限处理对话框,修正成绩后,按"确定"按钮确认,之后输出如图 6.4 所示的执行结果。

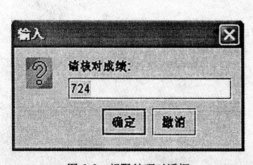

图 6.3 超限处理对话框   图 6.4 测试结果屏幕

不过,尽管子类可以继承父类的成员数据和成员方法,但并不意味着子类可以完全继承父

类的全部属性。如果将例 6.1 中类父类的公有(public)成员数据 intValue 改成私有(private)成员数据,再编译类子类,会发现程序出现编译错误。这是由于类成员的访问控制限制了类成员的可见性。父类的私有成员是不能被子类所继承的。就好比孩子继承了父亲的部分特征,而不是全部特征。

6.1.3 super 和 this 引用

1. super 关键字

super 关键字表示对类的父类的引用。在子类中有时会使用父类的数据和方法,这时就可以利用 super 关键字来实现对父类的引用。super 关键字不是一个对象的引用,而是调用父类的成员特有的关键字。super 关键字主要应用在两个方面:①应用于引用父类的构造方法;②应用于引用父类中被子类覆盖的成员方法和隐藏数据成员。

【例 6.2】 super 关键字的示例。

```java
public class SuperClass{                        //SuperClass.java
    private String string;
    private int intValue;
    public SuperClass(){                        //构造方法
        string="Super Class";
        intValue=1;
    }
    public void setIntValue(int x){
        intValue=x;
    }
    public void setStringValue(String string){
        this.string=string;
    }
    public int getIntValue(){
        return intValue;
    }
    public String getStringValue(){
        return string;
    }
    public void showMessage(){
        System.out.println("父类的信息有:"+string+","+intValue);
    }
}

public class SubClass extends SuperClass{       //SubClass.java
    public String string;
    public int intValue;
    public char subChar;
    public SubClass(){
        super();                                //引用父类的构造方法
        subChar='C';
```

```
    }
    public void setChar( char c) {
        subChar=c;
    }
    public char getChar( ) {
        return subChar;
    }
    public void showMessage( ) {
        super. showMessage( );              //引用父类的被覆盖的方法 showMessage( )
System. out. println("子类增加信息:"+subChar);
    }
}
        public class SuperTest {                        //SuperTest. java
        public static void main( String args[ ] ) {
        SubClass sc=new SubClass( );         //创建对象 sc
        sc. showMessage( );                  //调用方法 showMessage( )
        System. exit(0);
        }
}
```

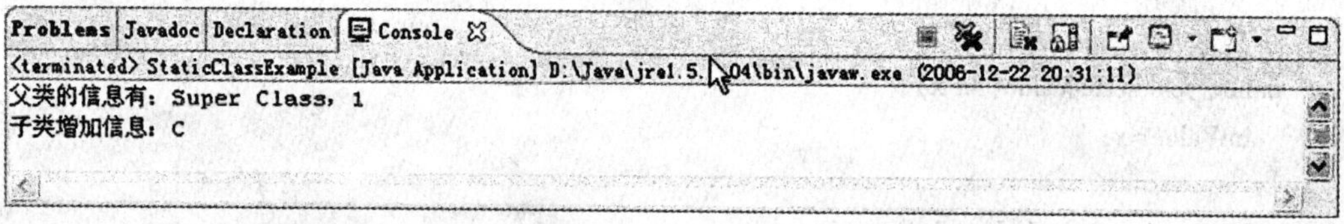

```
Problems  Javadoc  Declaration  📃 Console ☒
<terminated> StaticClassExample [Java Application] D:\Java\jre1.5.04\bin\javaw.exe (2006-12-22 20:31:11)
父类的信息有: Super Class, 1
子类增加信息: C
```

图 6.5   运行结果

值得注意的是,父类的私有数据成员不能通过 super 关键字来访问。因为父类的私有数据成员的作用域只在定义类中有效。所以,在 SubClass. java 中试图通过 super. string 来访问父类定义的数据 string,会产生编译错误。

另外,不能通过 super 关键字在子类对象中引用父类静态成员。因为,类定义的静态成员方法和静态数据成员被加载后会占据固定的存储空间,对所有类的对象有效。子类静态成员占据的空间与父类静态成员占据的空间没有关系。如果在子类引用父类的静态类方法和静态数据成员会产生编译错误。把例 6.2 改写成如下形式后 SubClass. java 会出现编译错误。

```
public class SuperClass {
    private static String string;           //定义静态数据 string
    private static int intValue;            //定义静态数据 int
    public SuperClass( ) {
        string="Super Class";
        intValue=1;
    }
    public void setIntValue( int x) {
        intValue=x;
    }
    public void setStringValue( String string) {
```

```
      this. string = string;
    }
    public int getIntValue( ) {
    return intValue;
    }
    public String getStringValue( ) {
      return string;
    }
    public static void showMessage( ) {      //定义静态成员方法
      System. out. println("父类的信息有:"+string+","+intValue);
    }
}


public class SubClass extends SuperClass {
    public static String string;
    public static int intValue;
    public char subChar;
    public SubClass( ) {
      super( );
      subChar = 'C';
    }
    public void setChar( char c) {
      subChar = c;
    }
    public char getChar( ) {
      return subChar;
    }
    public static void showMessage( ) {
      super. showMessage( );              //编译错误
      System. out. println("子类增加信息:"+subChar);
    }
}
```

2. this 关键字

this 指自己这个对象,它的一个主要作用是要将自己这个对象当作参数,传送给别的对象中的方法。

```
class ThisClass
{
  public static void main( )
  {
      Bank bank = new Bank( );
      bank. someMethod(this);
  }
}
```

我们已经知道,实例方法可以操作类的成员变量。实际上,当成员变量在实例方法中出现

时,默认的格式是:

this. 成员变量

例如,

```
class A
{ int x;
  void f( )
  { this. x = 100;
  }
}
```

在上述 A 类中的实例方法 f 中出现了 this,this 就代表使用 f 的当前对象。所以,"this. x"就表示当前对象的变量 x,当对象调用方法 f 时,将 100 赋给该对象的变量 x. 因此,当一个对象调用方法时,方法中的成员变量就是指分配给该对象的成员变量。因此,通常情况下,可以省略成员变量名字前面的"this."。

例如,

```
class A
{ int x;
  void f( )
  { x = 100; //省略 x 前面的 this
  }
}
```

但是,当成员变量的名字和局部变量的名字相同时。成员变量前面的"this."就不可以省略。

```
class Circle
{
int   r;
Circle( int r)
  {
    this. r = r;
  }
public   area( )
  {
  return r * r * 3. 14;
  }
}
```

6.2 多 态 性

多态性是面向对象程序设计的重要特性,它是继承机制产生的结果。所以,继承是多态的前提。面向对象程序设计中,严格来说多态性是运行绑定机制。这种机制是实现将方法名绑定到方法具体实现代码。通俗地理解就是"一个名字,多种形式"。实际上,最常见的多态是符号"+",有如下的表示式:

6+5   //实现整数相加

3+5.0f   //将3隐性转化为float类型,实现单精度数字的相加

"IAMCHINESE"+4   //实现字符串连接操作

同一个"+"有多种含义:整数相加、单精度数字相加、双精度数字相加、字符串连接等操作。当然,上述的表达式3+5.0f中数据类型的隐性的转换也是一种多态的体现。又如,在第三章讨论的对象的finalize()方法也是多态。因为,不同类型的对象都有finalize()方法,但根据要求的不同,可以赋予finalize()方法不同的代码内容,产生不同的功能。另外,类的构造方法也是多态的一种形式。在创建对象时,根据参数的性质来选择构造方法初始化对象。

根据消息选择响应方法的角度来看,多态分成两种形式:编译多态(compile-time polymorphism)和运行多态(run-time polymorphism)。在编译时期根据信息选择响应的方法称为编译多态。Java语言中,实现编译多态性主要有方法的重载。运行的多态是在程序运行时才可以确认响应的方法。通常运行的多态是通过继承机制引起的。

从实际编程的角度来看,Java语言实现多态性有三种形式:①方法的重载;②通过继承机制而产生的方法覆盖;③通过接口实现的方法覆盖。在本节中对方法的重载和方法的覆盖作一个详细的介绍。

6.2.1 方法重载

重载(overloading)实质上就是在一个类内用一个标识符定义不同的方法或符号运算的方法名或符号名。Java语言中支持符号的重载,如前面提及的运算符"+"。不过Java语言中不支持用户自定义的符号重载,可以支持用户定义方法的重载。

方法的重载具体可以理解为,同一个方法名对应不同的方法定义。这些方法的格式说明中的参数不同,即具体涉及参数的类型、个数有所不同。值得注意的是,在Java语言中,方法的返回值和方法的访问控制不作为区分方法的一个因素。请看下列的方法定义格式:

①public void showMessage()

②public void showMessage(int x)//与①不同的参数

③public void showMessage(int y)// 与②不同的参数名

④private void showMessage()   //与①不同的访问控制

⑤public int showMessage()   //与①不同的返回值类型

在这些表达式中方法定义①和方法定义②是可以视为方法的重载。方法定义①、方法定义④和方法定义⑤不是方法的重载。在编译时会将方法定义①、方法定义④和方法定义⑤作为同一种方法,如果这三种形式的showMessage()方法放在同一个类中,会产生编译错误。尽管方法定义②和方法定义③具有不同的参数名,但二者是同一个方法定义,不能视之为重载,因为参数个数和参数类型相同。

【例6.3】 Java中方法重载的示例。

```
public class OverloadingExample{
  public OverloadingExample(){            //无参构造方法
    System. out. println("方法重载示例:无参构造方法");
  }
  public OverloadingExample(String string){//有参构造方法
    System. out. println("方法重载示例:有参构造方法,参数:"+string);
  }
  public void showMessage(){
```

```
    System. out. println("方法重载的信息显示");
  }
  public void showMessage(String string){
    System. out. println("显示字符串:"+string);
  }
  public void showMessage(int intValue){
    System. out. println("显示整数:"+intValue);
  }
public void showMessage(String string,int intValue){
    System. out. println("显示字符串:"+string);
      System. out. println("显示整数:"+intValue);
  }
  public static void main(String args[]){
  OverloadingExample ole1=new OverloadingExample();
  OverloadingExample ole2=new OverloadingExample("对象2");
  ole1. showMessage(1);
  ole1. showMessage("对象1");
  ole2. showMessage();
  ole2. showMessage("对象2");
  System. exit(0);
  }
}
```

例 6.3 中,构造方法 OverloadingExample()是重载,因为它有两种形式:有参和无参。在主方法 main()中,根据实参情况不同,由编译器分别调用无参的构造方法和有参的构造方法,创建的对象 ole1 和 ole2。对象 ole1 和对象 ole2 调用成员方法 showMessage()是重载的,根据调用的实际参数的类型,编译器自动加载不同的 showMessage()方法形式。例如,运行 ole1 对象的 showMessage(1),编译器将 showMessage 名绑定到方法 showMessage(int)定义的代码中,具体的运行结果如图 6.6 所示。下面通过一个实际问题来讨论重载。

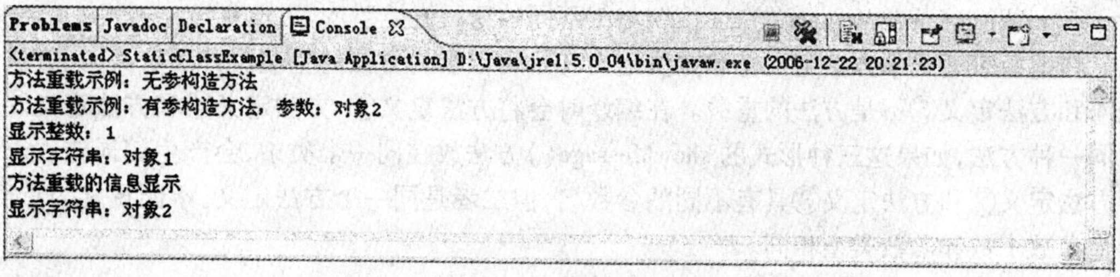

图 6.6 运行结果

【例 6.4】 定义一个类 Counter,具有实现求绝对值运算的功能。

```
public class Counter{
  public Counter(){
    System. out. println("求绝对值");
  }
  public int abs(int x){                    //整数求绝对值
    return x>=0? x:-x;
```

```
    }
    public long abs(long x){                    //长整数求绝对值
        return x>=0? x:-x;
    }
    public float abs(float x){                   //单精度求绝对值
        return x>=0? x:-x;
    }
    public double abs(double x){                 //双精度求绝对值
        return x>=0? x:-x;
    }
    public static void main(String args[]){
        Counter c=new Counter();
        System. out. println("-30. 445 的绝对值="+c. abs(-30. 445));
        System. out. println("-30 的绝对值="+c. abs(-30));
        System. exit(0);
    }
}
```

运行结果如图6.7所示。

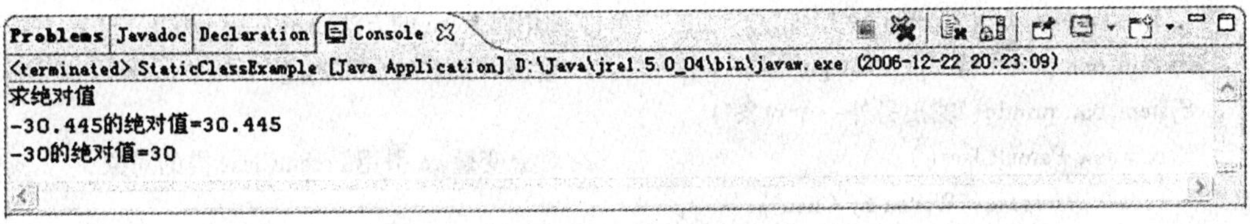

```
Problems  Javadoc  Declaration  Console ⊠              ■ ✖ | ｜⊡ ▾ ▫ ▾
<terminated> StaticClassExample [Java Application] D:\Java\jre1.5.0_04\bin\javaw.exe (2006-12-22 20:23:09)
求绝对值
-30.445的绝对值=30.445
-30的绝对值=30
```

图6.7　运行结果

6.2.2　方法覆盖和隐藏

方法的覆盖(overriding)实质是指子类具有重新定义父类成员方法的能力。这种重新定义表示子类定义的方法具有和父类的方法相同的名称、参数类型、参数个数,以及返回值。方法格式定义尽管相同,但具有不同的方法体,实现的内容根据程序员的要求而有所不同。子类的方法覆盖父类的同名方法。这意味着,子类对象的实例方法调用只会调用子类中定义的方法,而不是父类中同格式说明的方法。

类的静态方法是一种类方法,对该类的所有对象是共享的。有一种特殊的情况,就是子类覆盖了父类内定义的静态方法。这时,父类的静态方法被隐藏起来了,在子类中失去作用。要求子类定义的方法必须和父类的静态方法具有相同性质和相同的方法格式说明,即同为静态类型、同方法名、同方法参数类型、同方法参数个数、同返回值。如果子类定义的方法在重新定义父类的静态方法时,没有用关键字 static 定义,则会产生错误。因为,用一句话可以概括成:如果子类的方法覆盖父类的静态方法,则父类的方法在子类中隐藏起来了。为了说明覆盖的定义,请看例6.5。

【例6.5】　方法覆盖和隐藏的示例。

```
public class ParentClass{                         //ParentClass. java
    public static String getMessage(){             //ParentClass 类方法 getMessage()
    return "获取 ParentClass 类的对象的信息";
```

```
        }
    public void showMessage(String message){          //被 ChildClass 的 showMessage()方法隐藏
        System. out. println("输出 ParentClass 类的对象的信息:"+message);
        }
    }

public class ChildClass extends ParentClass{           //ChildClass. java
    public static String getMessage(){                 //定义 ChildClass 类方法 getMessage()
        return "获取 ChildClass 类的对象的信息";
    }
    public void showMessage(String message){           //覆盖了 ParentClass 的 showMessage()方法
        System. out. println("输出 ChildClass 类的对象的信息:"+message);
        }
    }


public class OverridingTest{                           //定义测试类 OverridingTest
    public static void main(String args[ ]){
        ParentClass cc=new ChildClass();              //对象变量 cc 引用 ChildClass 的对象
        System. out. println("输出一个对象");
        cc. showMessage("Writen by Chen");            //调用对象 cc 的方法 showMessage()
        System. out. println(cc. getMessage());       //输出对象 cc 的获取信息
        System. out. println("输出另外一个对象");
        cc=new ParentClass();                         //对象变量 cc 引用 ParentClass 类的对象
        cc. showMessage("Writen by Chen");
        System. out. println(cc. getMessage());
            System. out. println("再输出一个 ChildClass 的对象");
        ChildClass cc2=new ChildClass();         //创建对象 cc2
        cc2. showMessage("Writen by Chen");
        System. out. println(cc2. getMessage());
        System. exit(0);
    }
}
```

　　从图 6.8 中显示的运行结果可以观察到两方面的内容。首先,子类 ChildClass 的 showMessage()方法覆盖了父类 ParentClass 的同名方法。在子类 ChildClass 中定义 getMessage()覆盖了父类的类方法 getMessage(),而父类的类方法 getMessage()在子类中隐藏,没有发挥作用。如果在子类定义方法 getMesssage()中没有用关键字 static 修饰,会产生编译错误。其次,在上例中,对象变量 cc 声明为 ParentClass 的对象,但是该对象变量既可引用 ParentClass 的对象,也可以引用 ChildClass 对象。具体引用对象的类型,取决于在运行期间该对象变量引用的对象的类型,这就是运行时的多态。

　　子类覆盖父类的方法,访问控制可以不同。但是,子类的访问控制的访问权限不能低于父类的同名方法访问权限。否则,会产生编译错误。例如,将例 6.5 中的 ParentClass. java 和 ChildClass. java 改成如下形式:

```
public class ParentClass{
    public static String getMessage(){
```

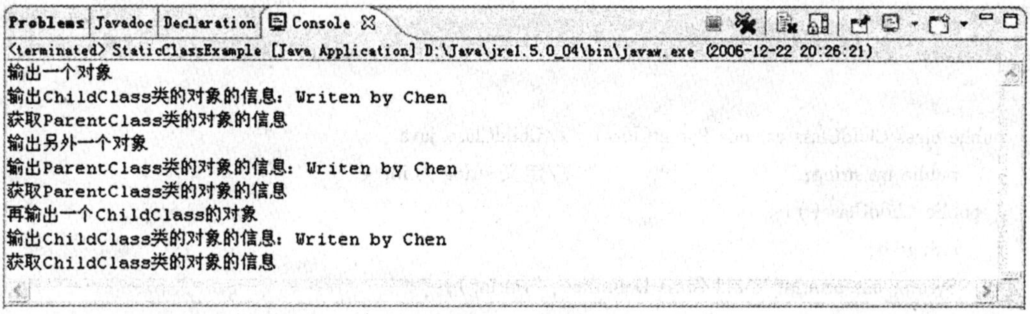

```
Problems | Javadoc | Declaration | 🖳 Console ☒                    🔳 🗙 📇 📰 🖃 🖃 ▾ 🖃 ▾ 🗂 🗖
<terminated> StaticClassExample [Java Application] D:\Java\jre1.5.0_04\bin\javaw.exe (2006-12-22 20:26:21)
输出一个对象
输出ChildClass类的对象的信息: Writen by Chen
获取ParentClass类的对象的信息
输出另外一个对象
输出ParentClass类的对象的信息: Writen by Chen
获取ParentClass类的对象的信息
再输出一个ChildClass的对象
输出ChildClass类的对象的信息: Writen by Chen
获取ChildClass类的对象的信息
```

图 6.8 运行结果

```
        return "Hello, Parent Class";
    }
    protected void showMessage(String message) { //保护类型
        System. out. println("Parent Class Message "+message);
    }
}
public class ChildClass extends ParentClass {
    private static String getMessage() {        //定义私有类型,出现编译错误,要修改成 public 则正确
        return "Hello Child Class";
    }
    public void showMessage(String message) { //正确
        System. out. println("Child Class Message "+message);
    }
}
```

重新编译上述程序,子类覆盖父类方法 protected static String getMessage(),出现编译错误,要修改成 protected 或 public 则正确。

6.2.3 数据成员的隐藏

父类的数据成员可以在子类中隐藏,只要子类中定义了同名的数据成员。即使数据成员的类型不同,也视为父类的数据成员被隐藏了。如果要在子类中引用父类的同名数据成员,只能通过关键字 super 来实现。

【例 6.6】 数据成员隐藏的示例。

```
public class ParentClass {                   //ParentClass. java
    public String string;                    //定义 string 为 String
    public ParentClass() {
        string = "Parent Class";
        System. out. println("Parent Class Definition: "+string);
    }
    protected static String getMessage() {
        return "Hello, Parent Class";
    }
    protected void showMessage(String message) {
        System. out. println("Parent Class Message "+message);
```

```
        }
    }

public class ChildClass extends ParentClass{        //ChildClass. java
    public int string;                              //定义 string 为 int
  public ChildClass( ){
    string=0;
    System. out. println("Child Class Definition: "+string);
  }
  protected static String getMessage( ){
    return "Hello Child Class";
  }
  public void showMessage(String message){
    System. out. println("Child Class Message "+message);
  }
}

public class OverridingTest{                        //OverridingTest. java
  public static void main(String args[ ]){
    ChildClass cc=new ChildClass( );
    cc. showMessage("Writen by Chen");
    System. out. println(cc. getMessage( ));
    System. exit(0);
  }
}
```

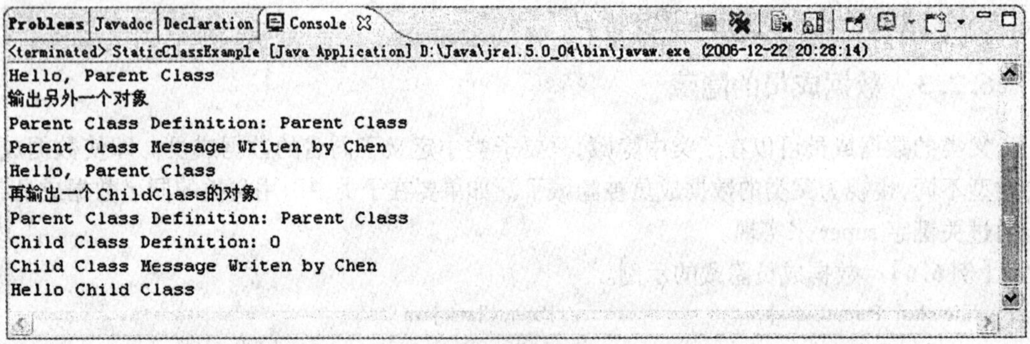

```
Problems  Javadoc  Declaration  ▣ Console ⊠                              ■ ✕ ▙ ▜ ☞ ▣ ▾ ▭ ▾ ▭ □
<terminated> StaticClassExample [Java Application] D:\Java\jre1.5.0_04\bin\javaw.exe (2006-12-22 20:28:14)
Hello, Parent Class
输出另外一个对象
Parent Class Definition: Parent Class
Parent Class Message Writen by Chen
Hello, Parent Class
再输出一个ChildClass的对象
Parent Class Definition: Parent Class
Child Class Definition: 0
Child Class Message Writen by Chen
Hello Child Class
```

图 6.9　运行结果

6.3　关键字 final

关键字 final 可以修饰类、变量和方法。

6.3.1　final 变量

在第 2 章中,我们已经知道,使用 final 关键字修饰的变量,只能被初始化一次,也即变量一旦被初始化便不可改变。这里的不可改变具有两层含义:对基本类型来说是其值不可改变;

对于对象变量来说其引用不可改变。

用 final 修饰的变量,自动成为常量。

格式:

final variableType variableName;

6.3.2 final 方法

方法被声明为 final,格式为:

final returnType methodName(paramList) {…}

表示这个方法不需要进行扩展(继承),也不允许任何子类覆盖这个方法,但是可以继承这个方法。

【例 6.7】 FinalMethodDemo. java

```
class FinalMethod{
    final void aMethod( ){
        System. out. println("a final method") ;
    }
}

public class FinalMethodDemo extends FinalMethod{
    //错误:不能覆盖父类的 final 方法
    void aMethod( ){
        System. out. println("override a final method") ;
    }
}
```

编译该程序,报错如下:

FinalMethodDemo. java:8: aMethod( ) in FinalMethodDemo cannot override aMethod( ) in FinalMethod; overridden method is final

```
    void aMethod( ){
         ^
    1 error
```

6.3.3 final 类

final 修饰类,格式为:

final class finalClassName{…}

表示这个类不能被任何其他类继承。final 类中的方法,自然也就成了 final 型的。你可以显式定义其为 final,也可以不显式定义为 final,效果都一样。

【例 6.8】 FinalClassDemo. java

```
final class FinalClass{
    void method ( ){
    }
}
//错误:不能继承 final 类
public class FinalClassDemo extends FinalClass{
}
```

编译该程序,报错如下:

```
FinalClassDemo. java:6: cannot inherit from final FinalClass
public class FinalClassDemo extends FinalClass{
                                    ^
```

1 error

下面的程序演示了 final 方法和 final 类的用法。

【例 6.9】 FinalDemo. java

```
final class AFinalClass{
    final String strA="This is a final String";
    public String strB="This is not a final String";
    final public void print(){
        System. out. println("a final method named print()");
    }
    public void showString(){
        System. out. println(strA+"\n"+strB);
    }
}
public class FinalDemo{
    public static void main(String[] args){
        AFinalClass f=new AFinalClass();
        f. print();
        f. showString();
    }
}
```

final 类与普通类的使用几乎没有差别,只是它失去了被继承的特性。

6.4 对 象 复 制

假设我们需要对一个对象进行复制,怎么办呢? 很多读者会脱口而出——赋值,例如,obj2=obj1。但是这个方法实际上并没有复制对象,而仅仅是建立一个新的对象引用,在执行这个操作后仍然只有一个对象,新建对象引用 obj2 也指向了对象引用 obj1 所指的对象。

本节介绍一个极其有用的方法 Object. clone(),实现对象的复制。

既然 clone 是类 Object 中的一个方法,那么它能否像 toString()这些方法一样,直接调用呢? 我们来看下面一个例子。

【例 6.10】 CloneDemo. java

```
class AnObject{
    private int x;
        public AnObject(int x){
            this. x =x;
        }
        public int getX(){
            return x;
```

第 6 章　类的继承和多态

```
      }
   }
public class CloneDemo{
   public static void main(String args[ ]){
      AnObject obj1 = new    AnObject(100);
      AnObject obj2 = (AnObject)obj1.clone();
      System.out.println("obj1 locate at "+obj1+" x = "+obj1.getX());
      System.out.println("obj2 locate at "+obj2+" x = "+obj2.getX());
   }
}
```

上面的代码会引发编译错误。查阅 Java API 文档,我们会发现:Object.clone() 是一个 protected 方法,因此不能直接调用 clone( )方法。我们将类 AnObject 修改如下:

```
class AnObject{
   private int x;
   public AnObject(int x) {
      this.x = x;
   }
   public int getX(){
      return x;
   }
   public Object clone(){
      try{
         return super.clone();
      } catch(CloneNotSupportedException e){
         e.printStackTrace();
         return null;
      }
   }
}
```

修改后的类 AnObject 定义了自己的 clone( )方法,它扩展 Object.clone( )方法。虽然 CloneDemo 可以编译,但是当你运行它时会抛出一个 CloneNotSupportedException 异常。通过 阅读 Java API 文档我们发现,还必须让那些包含 clone( )方法的类实现 Cloneable 接口:

```
class AnObject implements Cloneable{
   private int x;
   public AnObject(int x){
      this.x = x;
   }
   public int getX(){
      return x;
   }
   public Object clone(){
      try{
         return super.clone();
```

```
    } catch（CloneNotSupportedException e）{
        e. printStackTrace（）;
        return null;
    }
  }
}
```

再次编译并运行 CloneDemo,得到:

obj1 locate at AnObject@ 182f0db x = 100

obj2 locate at AnObject@ 192d342 x = 100

观察运行结果,显然 obj2 复制了 obj1,因为这两个对象中存储的 x 值均为 100,并位于内存中不同的位置。

由上面的程序可知,要使得一个类的对象具有复制能力,必须显式地定义 clone( )方法,并且该类必须实现 Cloneable 接口。Cloneable 接口中没有定义任何内容,只是起"标记"的作用,说明类的设计者已经为该类设计了复制的功能(这一点与第 4 章将要讲到的接口有所区别)。如果类没有实现 Cloneable 接口,则在运行时会抛出一个 CloneNotSupportedException 异常。

6.5　内部类和匿名类

内部类和匿名类是特殊形式的类,它们不能形成单独的 Java 源文件,在编译后也不会形成单独的类文件。

6.5.1　内部类

所谓内部类(inner class),是指被嵌套定义在另外一个类内甚至是一个方法内的类,因此也把它称之为类中类。嵌套内部类的类称为外部类(outer class),内部类通常被看成是外部类的一个成员。内部类的定义范围要比包小,它定义在另一个类里面,也可以定义在一个方法里面,甚至可以定义在一个表达式中。与内部类相对而言,包含内部类的类称为外部类或顶级类。

内部类本身是一个类,但它同时又是外部类一个成员。作为外部类的成员,它可以毫无限制地访问外部类的变量和方法,包括 private 成员。这和 private 的含义并不矛盾,因为 private 修饰符只是限制从一个类的外部访问该类成员的权限,而内部类在外部类内部,所以它可以访问外部类的所有资源。

内部类又具有多种形式,可细分为:静态内部类、成员内部类、本地内部类和匿名内部类。在一个顶级类中声明一个类,并用 static 修饰符修饰的该类,就是静态内部类。例如,

```
package mypackage;
public class OuterClass {
    //...
    public static class StaticInnerClass {
        //...
    }
}
```

该例中静态内部类的完全限定名称为 mypackage. OuterClass. StaticInnerClass,编译时 Java

产生两个 class 文件:OuterClass. class 和 OuterClass $ StaticInnerClass. class。静态内部类作为外部类的静态成员,和其他静态变量、静态方法一样与对象无关,静态内部类只可以访问外部类的静态变量和静态方法,而不能直接引用定义在外部类中的实例变量或者方法,但可以通过对象的引用来使用它们。

下边举例说明内部类的使用。

【例 6.11】　工厂工人加工正六边形的阴井盖,先将钢板压切为圆型,然后再将其切割为正六边形,求被切割下来的废料面积。

解决这个问题只需要计算出圆的面积和正六边形的面积,然后相减即可。当然我们可以将正六边形化作六个全等三角形求其面积。下面建立一个圆类,并在圆类内定义内部类处理正六边形,这主要是说明内部类的应用。程序参考代码如下:

```
/*该程序主要演示内部类的应用
*程序的名字:Circle. java
*在 Circle 类中嵌套了 Polygon 类
*/
public class Circle extends Shape //继承 Shape 类
{
    double radius;
    public Circle( )
    {
     name="标准圆";
     radius=1. 0;
    }
    public Circle(double radius)
    {
      name="一般圆";
     this. radius=radius;
    }
    public double getArea( )   //覆盖父类方法
    {
      return radius * radius * Math. PI;   //返回圆的面积
    }
    public double remainArea( )
    {
      Polygon p1=new Polygon(radius,radius,radius); //创建内部类对象
      return   getArea( )-p1. getArea( );
    }
    class Polygon    //定义内部类
    {
      Tritangle t1;   //声明三角形类对象
      Polygon(double a,double b,double c) //内部类构造方法
      {
t1=new Tritangle(a,b,c); //创建三角形对象
      }
```

```
double getArea( )    //内部类方法
{
    return t1. getArea( ) * 6；  //返回正六边形面积
}
}
}
```

上边定义的 Circle 类是 Shape 类的派生类,它重写并实现了 getArea( )方法的功能。类中嵌套了 Polygon 内部类,在内部类中使用了前面定义的 Tritangle 类对象,用于计算三角形的面积(正六边形可以由六个全等三角形组成),在内部类中定义了一个返回正六边形面积的方法 getArea( )。在外部类 Circle 类中还定义了 remainArea( )方法,该方法返回被剪切掉的废料面积。方法中创建了内部类对象,用于获取正六边形的面积。

下边我们给出测试程序。

【例 6.12】 创建 Circle 对象,测试内部类的应用,显示废料面积。

```
/ * 这是一个测试程序
 * 程序名称是:TestInnerClassExam5 _ 8. java
 */
public class TestInnerClassExam5 _ 8
{
    public static void main( String [ ] args)
    {
      Circle c1 = new Circle(0.5)；
      System. out. println("圆的半径为 0.5 米,剩余面积="+c1. remainArea( ))；
    }
}
```

编译、运行程序,执行结果如下:

圆的半径为 0.5 米,剩余面积=0.13587911055911928。

内部类作为一个成员,它有如下特点:

(1)若使用 static 修饰,则为静态内部类,否则为非静态内部类。静态和非静态内部类的主要区别在于:

内部静态类对象和外部类对象可以相对独立。它可以直接创建对象,即使用 new 外部类名. 内部类名( ) 格式;也可通过外部类对象创建(如 Circle 类中,在 remainArea( ) 方法中创建)。非静态类对象只能由外部对象创建。

静态类中只能使用外部类的静态成员,不能使用外部类的非静态成员;非静态类中可以使用外部类的所有成员。

在静态类中可以定义静态和非静态成员;在非静态类中只能定义非静态成员。

(2)外部类不能直接存取内部类的成员,只有通过内部类才能访问内部类的成员。

(3)如果将一个内部类定义在一个方法内(本地内部类),它完全可以隐藏在方法中,甚至同一个类的其他方法也无法使用它。

6.5.2 匿名类

所谓匿名类(anonymouse class)是一种没有类名的内部类,通常更多地出现在事件处理的程序中。在某些程序中,往往需要定义一个功能特殊且简单的类,而只想定义该类的一个对象,并把它作为参数传递给一个方法。此种情况下只要该类是一个现有类的派生或实现一个接口,就可以使用匿名类。有关匿名类的定义与使用,我们将在后面章节的实际应用中介绍。

匿名内部类是没有名字的内部类。由于匿名内部类没有名称,在程序中没办法引用它们。在 Java 中创建匿名内部类对象的语法如下:

new 类或接口( ) {类的主体}

这种形式的 new 语句声明一个匿名内部类,它对一个给定的类进行扩展,或者实现一个给定的接口。它还创建匿名内部类的一个对象实例,并把这个对象实例作为 new 语句的返回值。在 Java 程序中,匿名内部类使用十分广泛,它常被用来实现某个接口。例如,实现 Enumeration 接口(它定义在 java. util 包中),Enumeration 接口提供了方法用来遍历集合数据结构的每个成员而不暴露集合对象本身。

下面通过一个例子来说明匿名内部类的用法,该例子实现了一个简单的动态数组。

【例 6.13】 JDynamicArray. java

```java
import java. util. Enumeration;
public class JDynamicArray{
  private Object[ ] array = null;
  private int count = 0;
  public JDynamicArray( int size) {
    if ( size <= 0) {
      throw new IllegalArgumentException("size must > 0");
    }
    array = new Object[ size];
  }
  public int add( Object obj) {
    if ( count == array. length) {
      Object[ ] newArray = new Object[ array. length * 2 + 1];
      for ( int i = 0; i < array. length; i++) {
        newArray[ i] = array[ i];
      }
      array = newArray;
    }
    array[ count++] = obj;
    return count;
  }
  public Enumeration getEnumeration( ) {
    //匿名内部类实现 Enumeration 接口
    return new Enumeration( ) {
      private int index = 0;
      public boolean hasMoreElements( ) {
        return index < count;
      }
      public Object nextElement( ) {
        return array[ index++];
      }
```

```
      }
    }
  public static void main(String[ ] args) {
    JDynamicArray da = new JDynamicArray(10);
    for(int i=0; i<10; i++) {
      da. add(new Integer(i));
    }
    for (Enumeration e=da. getEnumeration(); e.hasMoreElements(); ) {
      System. out. println(e. nextElement());
    }
  }
}
```

程序运行结果：

0

1

…

9

本 章 小 结

Java 是一个面向对象程序设计语言,具有封装性、继承性和多态性。继承是体现了类定义的扩展,有效地支持了代码复用,充分表现了面向对象程序设计的灵活、便利性。本章详细地介绍了用 Java 语言实现继承,并对用于派生子类的抽象类作了一个说明。

Java 语言允许多态方法命名,即用一个名字声明方法,这个名字已在这个类或其超类中使用过,多态性简单地可以理解为"一个接口,多种实现",从而实现方法的覆盖(override)及重载(overload)。所谓覆盖是对继承来的方法提供另一种不同的实现。而重载是指声明一个方法,它与另外一个方法有相同的名字,但参数表不同。

习　题

一、选择题

1.有关多态性的正确说法是(　　)。

A. 在一个类中不能有同名的方法存在

B. 子类中不能有和父类中同名的方法

C. 子类中可以有和父类中同名且参数相同的方法

D. 多态性就是方法的名字可以相同,但返回的类型必须不同

2.关键字 supper 的作用是(　　)。

A. 用来访问父类被隐藏的成员变量

B. 用来调用父类中被重载的方法

C. 用来调用父类的构造函数

D. 以上都是

3.编译以下代码,将出现的情况是(　　)。

```
abstract class Practice _1{
```

```
abstract void draw( );
  }
  class Practice _ 2 extends Practice _ 1{

  }
```

A. Practice _ 1 类和 Practice _ 2 都可以成功编译

B. Practice _ 2 类无法编译,但 Practice _ 1 类可以编译

C. Practice _ 1 类无法编译,但 Practice _ 2 可以编译

D. Practice _ 1 类和 Practice _ 2 类都无法编译

4. 下列关于内部类的说法不正确的是( )。

A. 内部类的类名只能在定义它的类或程序段中或在表达式内部匿名使用

B. 内部类可以使用它所在类的静态成员变量和实例成员变量

C. 内部类不可以用 abstract 修饰符定义为抽象类

D. 内部类可作为其他类的成员,而且可访问它所在类的成员

5. 已知有下列类的说明,则下列哪个语句是正确的?

```
public class Test
{
private float f = 1.0f;
int m = 12;
static int n = 1;
  public static void main( String arg[ ] )
  {
    Test t = new Test( );
  }
}
```

A. t. f;   B. this. n;   C. Test. m   D. Test. f;

二、填空题

1. 如果类 pa 继承自类 fb,则类 pa 被称为_____类,类 fb 被称为_____类。

2. 继承使_____成为可能,它节省了开发时间,鼓励使用先前证明过的高质量的软件构件。

3. 一个超类一般代表的对象数量要_____其子类代表的对象数量。

4. 一个子类一般比其超类封装的功能性要_____。

5. 标记成_____的类的成员只能由该类的方法访问。

6. Java 用_____关键字指明继承关系。

7. this 代表了对_____的引用。

8. super 代表的是当前对象的_____对象。

9. 在一个类的内部嵌套定义的类称为_____。

三、简答题

1. 什么是多态?面向对象程序设计为什么要引入多态的特性?使用多态有什么优点?

2. Overload 和 Override 的区别是什么?

四、程序设计

1. 编写一个程序,实现方法的重载。

2. 编写一个程序,实现数据成员的隐藏。

3. (1)编写一个学校类,其中包括成员变量 scoreLine(录取分数线)和对该变量进行设置和获取的方法。

(2)编写一个学生类,它的成员变量有考生的 name(姓名),id(考号),intgretResult(综合成绩),sports(体育成绩)。它还有获取学生的综合成绩和体育成绩的方法。

(3)编写一个录取类,它的一个方法用于判断学生是否符合录取条件。其中录取条件为:综合成绩在录取分数线上,或体育成绩在 96 分以上并且综合成绩大于 300 分。该类中的 main 方法建立若干个学生对象,对符合录取条件的学生,输出其信息"被录取"。

第 7 章

接口、抽象类与包

构造 Java 语言程序有两大基本构件:类和接口。事实上,程序设计的任务就是构建各种类和接口,并由它们组装出程序。接口由常量和抽象方法构成。一个接口可以扩展多个接口,一个接口也可以被多个接口所继承。

在 Java 中,抽象类可以用来表示那些不能或不需要实例化的抽象概念,抽象需要被继承,在抽象类中包含了一些子类共有的属性和行为。抽象类中可以包含抽象方法,抽象类的非抽象的继承类需要实现抽象方法。

在 Java 语言中可以把一组相关类和接口存放在一个"包"中,构成一个"类库",然后供多个场合重复使用,这种机制称为类复用。类复用体现了面向对象编程的优点之一。每个 Java 包也为类和接口提供了一个不同的命名空间,一个包中的类和接口可以和其他包中的类和接口重名。

7.1 接 口

Java 语言不支持多继承,但是在有的情况下需要使用多继承。例如,大学的人员分成学生和在校的职工。如果某些在校职工正在读本校的在职研究生,这时他们就具有在校职工和学生两种身份。用 UML 简图来表示,如图 7.1 所示,其中,用 Person 表示人,用 Student 表示学生,用 Employee 表示职工,用 EmployedStudent 表示在读的本校职工。在现实生活中类似的多继承的例子随处可见。

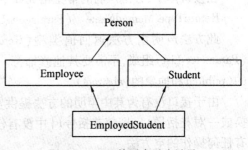

图 7.1 UML 简图表示多继承

可是,多继承的存在有可能导致"二义性问题"。假设 Person 类具有某个公共方法,如 setName(),那么类 Employee 和类 Student 都继承了该公共方法,在这两个类中通过覆盖可以重写该方法 setName(),当在类 EmployedStudent 的对象中调用实例方法 setName()时,将无法判别调用的是从类 Employee 继承而来的方法,还是从类 Student 中继承的方法,具体的调用完全取决于运行状态。这种"二义性问题"会导致用户对程序代码的错误的理解。Java 语言可以通过接口概念,一方面实现多继承,同时避免"二义性问题"的产生,另一方面为 Java 语言在支持单继承机制的前提下实现多态提供了方便。

所谓的接口实质上就是为外界提供运算,而不揭示这些运算的结构或具体的实现内容。从编程的角度看,Java 语言定义的接口实际上是一组抽象方法和常量的集合,为其他类提供运算的外部说明。接口为一个或多个类提供一个行为规范,具体的实现在这些类中完成,这些类之间并不存在层次关系。通过接口可以了解对象的实例方法的原型,而不需要了解这些方法的具体实现。接口的存在有效解决了如何实现多继承,同时避免了由于多继承产生的"二义性问题"。

7.1.1 接口格式定义

Java 接口的定义方式与类基本相同,不过接口定义使用的关键字是 interface,其格式如下:

```
public interface InterfaceName extends I1,…,Ik   //接口声明
{//接口体,其中可以包含方法声明和常量
  …
}
```

接口定义由接口声明和接口体两部分组成。具有 public 访问控制符的接口,允许任何类使用;没有指定为 public 的接口,其访问将局限于所属的包。

在接口定义中,InterfaceName 指定接口名。

在接口定义中,还可以包含关键词 extends,表明接口的继承关系,接口继承没有唯一性限制,一个接口可以继承多个接口。

位于 extends 关键字后面的 I1,…,Ik 就是被继承的接口,接口 InterfaceName 叫 I1,…,Ik 的子接口(subinterface),I1,…,Ik 叫 InterfaceName 的父接口(superinterface)。

由一对花括号{}括起的部分是接口体,其中定义抽象方法(abstract methods,参见 7.2 小节)和常量。在接口内也可以嵌套类和接口的定义,不过这并不多见。

在接口体中,方法声明的常见格式如下:

ReturnType MethodName （Parameter-List）;

此方法声明由方法返回值类型(ReturnType)、方法名(MethodName)和方法参数列表(Parameter-List)组成,不需要其他修饰符。在 Java 接口中声明的方法,将隐式地声明为公有的(public)和抽象的(abstract)。

由于接口没有为其中声明的方法提供实现,在方法声明后会需要一个分号。如果把分号换成一对花括号{},即使花括号{}中没有任何内容,也表示一个方法被实现,只是这是一个没有任何操作的空方法。

在 Java 接口中声明的变量其实都是常量,接口中的变量声明,将隐式地声明为 public,static 和 final,即常量,所以接口中定义的变量必须初始化。

```
interface MyInterface {
  //变量 a 声明不合法,a 为常量,必须初始化
  int a;
  //下面的变量声明,等同于 public static final int b=200;
  int b=200;
  //下面的方法声明,等同于 public abstract void m();
  void m();
}
```

和类不同,一个 Java 接口可以继承多个父接口,子接口也可以对父接口的方法和变量进行覆盖。

【例 7.1】　子类接口覆盖父类接口方法和属性

```
interface A{
    int x = 1;
    void method1();
}
interface B{
    int x = 2;
    void method2();
    interface C extends A,B{
        int x = 3;
        void method1();
        void method2();
    }
}
```

在该例中接口 C 的常量 x 覆盖了父接口 A 和 B 中的常量 x,方法 method1()覆盖了父接口 A 中的方法 method1(),方法 method2()覆盖了父接口 B 中的方法 method2()。

接口和类还有一个重要的区别,即在 Java 接口中不存在构建器。

7.1.2　接口的实现

Java 接口中声明了一组抽象方法,它构成了实现该接口的不同类共同遵守的约定。在类定义中可以用关键字 implements 来指定其实现的接口。一个类实现某个接口,就必须为该接口中的所有方法(包括因继承关系得到的方法)提供实现,它也可以直接引用接口中的常量。

【例 7.2】　Example. java

```
interface A{
    int x = 1;
    void method1();
}
interface B extends A{
    int x = 2;
    void method2();
}
public class Example implements B{
    public void method1(){
        System. out. println("x=" + x);
        System. out. println("A. x=" + A. x);
        System. out. println("B. x=" + B. x);
        System. out. println("Example. x=" + Example. x);
    }
    public void method2(){
    }
    public static void main(String[ ] args){
```

```
    Example d = new Example();
    d. method1();
  }
}
```

程序运行结果：

x = 2

A. x = 1

B. x = 2

Example. x = 2

在上面的例子中，类 Example 实现了接口 B，它为接口 B 中声明的方法 method2()提供了实现，虽然 method2()的方法体为空。在类 Example 中，还要实现接口 B 继承接口 A 得到的方法 method1()。从类 Example 的方法 method1()中，可以引用其实现接口 B 而继承的变量 x，此变量属于类成员，我们也可以通过类名来引用。

Java 类只允许单一继承，即一个类只能继承(extends)一个父类；但一个类可以实现多个接口，Java 支持接口的多重继承。在 Java 类定义中，可以同时包括 extends 子句和 implements 子句，如果存在 extends 子句，则 implements 子句应跟随在 extends 子句后面。

Java 接口常用于不同对象之间进行通信，接口定义对象之间通信的协议，下面通过一个具体的例子来说明。

【例 7.3】 EventProducer. java

```java
import java. util. Vector;
class SimpleEvent {
}
interface EventListener {
    void processEvent(SimpleEvent e);
}
class EventConsumer implements EventListener{
  @Override
  public void processEvent(SimpleEvent e) {
    System. out. println("Receive event:"+e);

  }
}
public class EventProducer {
  Vector listeners = new Vector();
  public synchronized void registeListener(EventListener listener){
    listeners. add(listener);
  }
public void demo() {
  SimpleEvent e = new SimpleEvent();
  for(int i = 0;i<listeners. size();i++){
    EventConsumer consumer = (EventConsumer)listeners. elementAt(i);
    consumer. processEvent(e);
  }
```

```
}
public static void main(String [ ] args) {
    EventProducer productor = new EventProducer( );
    EventConsumer consumer = new EventConsumer( );
    productor. registeListener( consumer);
    productor. demo( );
    }
}
```

程序运行结果：

Receive event：SimpleEvent@ 9cab16

7.1.3 接口类型及特点

和类一样，Java 接口也是一种数据类型，可以在任何使用其他数据类型的地方使用接口名来表示数据类型。我们可以用接口名来声明一个类变量、一个方法的形参或者一个局部变量。

用接口名声明的引用型变量，可以指向实现该接口的任意类的对象。例如，

【例 7.4】 Server. java

```
class Worker implements Runnable {
    public void run( ) {
        System. out. print("Worker run!");
    }
}
public class Server {
    public static void main( String[ ] args) {
        Runnable w = new Worker( );
        ( new Thread( w)). start( );
    }
}
```

程序运行结果：

Worker run!

该例中的 Runnable 是 Java 语言包中的一个非常重要的接口，Worker 是实现了 Runnable接口的类，在程序中我们创建了 Worker 对象，并赋给了声明为 Runnable 类型的变量 w。有关本例中使用的接口 Runnable 和类 Thread。

一个接口声明了方法，但没有实现它们。位于树型结构中任何位置的任何类都可以实现它，实现某个接口的类，要为这个接口中的每个方法提供具体的实现，由此形成某些一致的行为协议。

如果你想修改某个接口，为其添加一个方法，这个简单的修改可能会造成牵一发而动全身的局面：所有实现这个接口的类都将无法工作，因为现在他们已经不再实现这个接口了。你要么放弃对这个接口的修改，要么连同修改所有实现这个接口的所有类。

在设计接口的最初，预测出接口的所有功能，这可能不太现实。如果觉得接口非改不行，可以创建一个新的接口或者扩展这个接口，算是一种折中的解决方法。其他相关的类可以保持不变，或者重新实现这个新的接口。

7.2 抽 象 类

在现实生活中,可以发现这样的现象:许多实物抽象出一个共同的类别,如"交通工具",但是"交通工具"并直接对应着实际存在的类别,如卡车、自行车、三轮车等。又如"动物",并不特指具体的某个实际存在,它只是哺乳动物、两栖动物等以有机物为食物,可运动生物的统称。"交通工具"、"动物"等这些只是作为一个抽象概念存在,对一组固定实现的抽象描述,并不对应具体的概念。因此,在面向对象程序设计中,可以将这些抽象描述定义为抽象类,而这一组任意一个可能的具体实现则表现为所有可能的派生类。由于抽象类对一组具体实现的抽象性描述,所以抽象体是不能修改的。通常抽象类不具备实际功能,只用来派生子类。

7.2.1 抽象方法

在讨论抽象类之前,我们首先来了解什么是抽象方法。抽象方法在形式上就是包含 abstract 修饰符的方法声明,它没有方法体,也就是没有实现方法。抽象方法的声明格式如下:

abstract returnType abstractMethodName([paramlist]);

抽象方法只能出现在抽象类中。如果一个类中含有抽象方法,那么该类也必须声明为抽象的,否则在编译时编译器会报错,例如:

```
class Test{
  abstract int f();
}
```

编译时的错误信息为:

Test. java:1: Test should be declared abstract; it does not define f() in Test class Test{

^

1 error

7.2.2 抽象类实现

在现实世界中存在一些概念,这些的概念通常用来泛指一类事物,比如家具,它用来指桌子、凳子、柜子等一系列具体的实物,就家具本身而言,并没有确定的对应实物。在 Java 中,我们可以定义一个抽象类,来表示这样的概念。

定义一个抽象类需要关键字 abstract,其基本格式如下:

```
abstract class ClassName{
  ...
}
```

作为类的修饰符 abstract 和 final,两者不可同时出现在类的声明中,因为 final 将限制一个类被继承,而抽象类却必须被继承。

抽象类不能被实例化,在程序中如果试图创建一个抽象类的对象,编译时 Java 编译器会提示出错。

抽象类中最常见的成员就是抽象方法。

抽象类中也可以包含供所有子类共享的非抽象的成员变量和成员方法。继承抽象类的非抽象子类只需要实现其中的抽象方法,对于非抽象方法既可以直接继承,也可以重新覆盖。

下面我们通过一个具体的例子来说明抽象类的使用。在一有关各种图形的应用程序中,我们可以将各种图形的共有的、相似的状态和行为提取出来,放在一个抽象类(graphic)中,那些具体的图形,例如点、线、圆等都继承这个类。

在类 Graphic 中我们定义了一个方法 area( ),用来返回一个图形的面积。在 Graphic 中,这个方法只是简单地返回一个值 0,对于点和线这样的对象来说,直接继承这个方法是合适的;而对于一个圆来说,直接继承该方法显然是错误的,所以在类 Circle 中需要重新实现该方法。

在类 Graphic 中还声明了一个抽象方法 draw( ),该方法用来绘制一个图形。每个图形都具有这个行为,但它们具体绘制方式却各不相同,所以在 Graphic 中将 draw( )方法声明为抽象的,被各个继承类去实现,见例 7.5。

【例 7.5】　GraphicDemo. java

```java
abstract class Graphic{
    public static final double PI=3.1415926;
    double area(){
        return 0;
    };
    abstract void draw();
}
class Point extends Graphic{
    protected double x, y;
    public Point(double x, double y) {
        this.x=x;
        this.y=y;
    }
    void draw(){
        //在此实现画一个点
        System.out.println("Draw a point at ("+x+","+y+")");
    }
    public String toString(){
return "("+x+","+y+")";
    }
}
class Line extends Graphic{
    protected Point p1, p2;
    public Line(Point p1, Point p2){
this.p1=p1;
this.p2=p2;
    }
    void draw(){
        //在此实现画一条线
        System.out.println("Draw a line from "
+p1+" to "+p2);
    }
}
```

```
class Circle extends Graphic{
    protected Point   o;
    protected double r;
    public Circle(Point o, double r) {
     this. o=o;
     this. r=r;
    }
    double area( ) {
     return PI * r * r;
    }
    void draw( ) {
       //在此实现画一个圆
       System. out. println("Draw a circle at "
+o+" and r="+r) ;
    }
}
public class GraphicDemo{
    public static void main(String [ ]args){
       Graphic [ ]g=new Graphic[3];
       g[0]=new Point(10,10);
       g[1]=new Line(new Point(10,10),new Point(20,30));
       g[2]=new Circle(new Point(10,10),4);
       for(int i=0;i<g. length;i++){
g[i]. draw( );
System. out. println("Area="+g[i]. area( ));
       }
    }
}
```

  抽象类不能直接实例化,也就是不能用 new 运算符去创建对象。抽象类只能作为父类使用,而由它派生的子类必须实现其所有的抽象方法,才能创建对象。

  下面我们举例说明抽象类的实现。

  【例 7.6】 每个具体的平面几何形状都可以获得名字且都可以计算面积,我们定义一个方法 getArea( )来求面积,但是在具体的形状未确定之前,面积是无法求取的,因为不同形状求取面积的数学公式不同,所以我们不可能写出通用的方法体来,只能声明为抽象方法。定义抽象类 Shape 的程序代码如下:

```
/ *这是抽象的平面形状类的定义
 *程序的名字是:Shape. java
 */
publicabstract class Shape
{
   String name;   //声明属性
   public   abstract   double   getArea( );//抽象方法声明
}
```

在该抽象类中声明了 name 属性和一个抽象方法 getArea( )。

下面通过派生不同形状的子类来实现抽象类 Shape 的功能。派生一个三角形类 Tritangle，计算三角形的面积。计算面积的数学公式是：

$$area = \sqrt{s(s-a)(s-b)(s-c)}$$

其中：

(1) a, b, c 表示三角形的三条边。

(2) $s = \dfrac{1}{2}(a+b+c)$。

参考代码如下：

```
/*这是定义平面几何图形三角形类的程序
*程序的名字是:Tritangle. java
*/
public class Tritangle extends Shape   //这是 Shape 的派生子类
{
  double sideA,sideB,sideC;   //声明实例变量三角形 3 条边
  public Tritangle( ) //构造器
  {
    name="示例全等三角形";
    sideA=1.0;
    sideB=1.0;
    sideC=1.0;
  }
  public Tritangle(double sideA,double sideB,double sideC)//构造器
  {
    name="任意三角形";
    this. sideA=sideA;
    this. sideB=sideB;
    this. sideC=sideC;
  }

  //覆盖抽象方法
  public   double getArea( )
  {
    double s=0.5*(sideA+sideB+sideC);
    return   Math. sqrt(s*(s-sideA)*(s-sideB)*(s-sideC));//使用数学开方方法
  }
}
```

下面编写一个测试 Tritangle 类的程序。给出任意三角形的 3 条边为 5,6,7,计算该三角形的面积。程序代码如下：

```
/*这是一个测试 Tritangle 类的程序
*程序的名字为:Exam5 _ 7. java
*/
public class Exam5 _7
{
```

```
public static void    main(String [ ] args)
{
    Tritangle t1 ,t2;
    t1 = new Tritangle(5.0,6.0,7.0);  //创建对象 t1
    t2 = new Tritangle( );  //创建对象 t2
    System. out. println(t1. name+"的面积="+t1. getArea( ));
    System. out. println(t2. name+"的面积="+t2. getArea( ));
}
}
```

编译、运行程序。程序的执行结果如下：

任意三角形的面积 = 14.696938456699069

示例全等三角形的面积 = 0.4330127018922193

对于圆、矩形及其他形状类的定义与三角形类似，大家动手去完成，不再重述。

7.2.3　抽象类和接口的比较

抽象类在 Java 语言中体现了一种继承关系，要想使得继承关系合理，抽象类和继承类之间必须存在"是一个(is a)"关系，即抽象类和继承类在本质上应该是相同的。而对于接口来说，并不要求接口和接口实现者在本质上是一致的，接口实现者只是实现了接口定义的行为而已。

Java 中一个类只能继承一个父类，对抽象类来说也不能例外。但是，一个类却可以实现多个接口。在 Java 中按照继承关系，所有的类形成了一个树型的层次结构，抽象类位于这个层次中的某个位置。而接口却不曾在这种树型的层次结构，位于树型结构中任何位置的任何类都可以实现一个或者多个不相干的接口。

在抽象类的定义中，我们可以定义方法，并赋予默认行为。而在接口的定义中，只能声明方法，不能为这些方法提供默认行为。抽象类的维护要比接口容易一些，在抽象类中，增加一个方法并赋予的默认行为，并不一定要修改抽象类的继承类。而接口一旦修改，所有实现该接口的类都被破坏，需要重新修改。

下面我们通过一个应用案例来说明抽象类和接口的使用。在一个超市的管理软件中，所有的商品都具有价格，我们可以把商品的价格、设置和获取商品价格的方法，定义成一个抽象类 Goods：

```
abstract class Goods{
    //商品价格
    protected double cost;
    //设置商品价格
    abstract public void setCost( );
    //获取商品价格
    abstract public double getCost( );
    ...
}
```

某些商品，例如食品，具有一定保质期，我们需要为这类商品设置过期日期，并希望在过期时，能够通知过期消息。对于这样的行为，我们是否可以把它们也整合在类 Goods 中呢？显然这并不适合，对于其他商品来说并不存在这样的行为，比如服装，而 Goods 中的方法，应该是所有子类共有的行为。我们可以将过期这样的行为,设计在一个接口 Expiration 中,Goods 的子类可以选择是否要实现 Expiration 接口。

```
interface Expiration{
    //设置过期日期
    void setExpirationDate();
    //通知过期
    void expire();
}
```

对于服装这类商品,我们需要继承抽象类 Goods 中的属性和方法,对其中的抽象方法必须提供具体的实现,至于 Expiration 接口可以全然不管。而食品这样的商品,我们既要继承 Goods 抽象类,又要实现 Expiration 接口。

```
class Clothes extends Goods{
    public void setCost(){
        ...
    }
    public double getCost(){
        ...
    return cost;
    }
    //...
}
class Food extends Goods implements Expiration{
    public void setCost(){
        ...
    }
    public double getCost(){
        ...
    return cost;
    }
    public void setExpirationDate(){
        ...
    }
    public void expire(){
        ...
    }
    ...
}
```

仔细体味一下个中关系,抽象类 Goods(商品)和类 Clothes(服装)及 Food(食品)存在着"is a"的关系;而接口 Expiration 和 Food 具有联系,和 Clothes 就不存在联系。

7.3　包

在 Java 中,包(package)是一种松散的类的集合,它可以将各种类文件组织在一起,就像磁盘的目录(文件夹)一样。无论是 Java 中提供的标准类,还是我们自己编写的类文件都应包含在一个包内。包的管理机制提供了类的多层次命名空间,避免了命名冲突问题,解决了类文件的组织问题,便于我们使用。

7.3.1 包的作用

包的作用和其他编程语言中的函数库类似。它将实现某方面功能的一组类和接口集合为包进行发布。Java 语言本身就是一组包组成,每个包实现了某方面的功能。

SUN 公司在 JDK 中提供了各种实用类,通常被称之为标准的 API(application programming interface),这些类按功能分别被放入了不同的包中,供大家开发程序使用。随着 JDK 版本的不断升级,标准类包的功能也越来越强大,使用也更为方便。

下边简要介绍其中最常用几个包的功能:

Java 提供的标准类都放在标准的包中。常用的一些包说明如下:

1. java. lang

包中存放了 Java 最基础的核心类,诸如 System,Math,String,Integer,Float 类等。在程序中,这些类不需要使用 import 语句导入即可直接使用。例如,前边程序中使用的输出语句 System. out. println ( ),类常数 Math. PI,数学开方方法 Math. sqrt ( ),类型转换语句 Float. parseFloat( )等。

2. java. awt

包中存放了构建图形化用户界面(GUI)的类。例如,Frame,Button,TextField 等,使用它们可以构建出用户所希望的图形操作界面来。

3. javax. swing

包中提供了更加丰富的、精美的、功能强大的 GUI 组件,是 java. awt 功能的扩展,对应提供了如 JFrame,JButton,JTextField 等。在前边的例子中我们就使用过 JoptionPane 类的静态方法进行对话框的操作。它比 java. awt 相关的组件更灵活、更容易使用。

4. java. applet

包中提供了支持编写、运行 applet(小程序)所需要的一些类。

5. java. util

包中提供了一些实用工具类,如定义系统特性、使用与日期日历相关的方法以及分析字符串等。

6. java. io

包中提供了数据流输入/输出操作的类。如建立磁盘文件、读写磁盘文件等。

7. java. sql

包中提供了支持使用标准 SQL 方式访问数据库功能的类。

8. java. net

包中提供与网络通信相关的类,用于编写网络实用程序。

创建一个包的方法十分简单,只要将一个包的声明放在 Java 源程序的头部即可。包声明格式如下:

package packageName;

package 语句的作用范围是整个源文件,而且同一个 package 声明可以放到多个源文件中,所有定义在这些源文件中的类和接口都属于这个包的成员。

如果我们准备开发一个自己的图形工具,就可以定义一个名叫 Graphics 的包,将所有相关的类放在这个包里。如下:

```
package Graphics;
class Square{
    ...
}
class Triangle{
    ...
}
class Circle{
    ...
}
```

在一些小的或临时的应用程序中,我们可以忽略 package 声明,那么我们的类和接口被放在一个默认包(default package)中,默认包没有名称。

在前面的章节我们曾提到 package 访问控制,只有声明为 public 的包成员才可以从一个包的外部进行访问。

7.3.2 包命名

包是实现某方面功能的程序集合,因此一个有意义的包名应该体现包的功能。另一方面,全球所有的 Java 程序员都在积极地开发自己的 Java 程序,命名自己的程序包,因此保证包名的唯一性也就成了一个问题。

各公司组织达成一个约定,在他们的包名称中使用自己的 Internet 域名的反序形式。例如,常见的包名格式都是这样的:

com. company. package

这种方式可以有效地防止各公司组织之间在命名 Java 程序包上的冲突。在一个公司内部冲突可能还会存在,这需要公司内部的软件规范来解决,通常可以在公司名称后面增加项目的名称来解决。例如,

com. company. projectname. package

这种方式可以有效地确保 Java 程序包名的唯一性,但是包中的成员还是可能重名。例如在 javax. swing 包和 java. util 中都有一个类 Timer,如果我们在同一段程序中同时引入了这两个包,那么下面这个语句就存在二义性:

Timer timer = new Timer( );

在这种情况下,我们就需要采用类的完全限定名称来消除二义性。一个类的完全限定名称就是包含包名的类名。例如,

java. util. Timer timer = new java. util. Timer( );

Java 平台采用层次化的文件系统来管理 Java 源文件和类文件。Java 包名称的每个部分对应一层子目录。例如,下面是一个名为 MyMath. java 的 java 源文件:

```
package edu. njust. cs;
public class MyMath{
    ...
}
```

```
class Helper {
    ...
}
```

该文件在文件系统(以 Windows 系统为例)中的存储位置为：

src\edu\njust\cs\MyMath. java

编译后，对应的类文件为：

classes\edu\njust\cs\MyMath. class

classes\edu\njust\cs\Helper. class

其中 src 和 classes 分别对应具体应用程序的源文件和类文件根目录，src 目录和 classes 目录可以在一起，也可以各自独立。

在此顺便指出，在编译 Java 源码时，编译器为一个源文件中定义的每个类和接口都创建了一个单独的输出文件。输出文件的基本名称是类或接口名加上文件扩展名. class。

7.3.3 包的使用

一个包中的 public 类或 public 接口可以被包外代码访问；非 public 的类型则以包作为作用域，在同一包内可以访问，对外是隐藏的，甚至对于嵌套包也是隐藏的。

所谓嵌套包，是指一个包嵌套在另一个包中。例如，javax. swing. event 是一个包，同样 javax. swing 也是一个包，所以可以称 javax. swing. event 包嵌套在 javax. swing 中。

当我们要使用某个包时，要通过关键字 import 实现：

import packagename；

例如，

//表示引入 java. io 包，. * 表示 java. io 包中所有的类和接口

import java. io. * ；

也可以指明只引入包中的某个类或是接口：

//表示只引入 java. io 包中的 File 类

import java. io. File；

在 Java 程序如果我们通过类的完全限定名称来使用一个类，可以省略 import 语句，不过这显然给程序的书写带来诸多不便。

在引入包时，并不会自动引入嵌套包中的类和接口，例如，

import java. swing. event. * ；

只是表示引入包 java. swing. event 中的所有类和接口，但是包 java. swing 中的类和接口并不会被引入。

1. 包使用格式

一般情况下，我们是在开发环境界面中(比如 JCreator)单击编译命令按钮或图标执行编译的。但有时候，我们希望在 DOS 命令提示符下进行 Java 程序的编译、运行等操作。下边简要介绍一下 DOS 环境下编译带有创建包的源程序的操作。其编译命令的一般格式如下：

javac - d ［文件夹名］ ［.］源文件名

其中：

(1)-d 表明带有包的创建。

(2). 表示在当前文件夹下创建包。

（3）文件夹名是已存在的文件夹名，要创建的包将放在该文件夹下。

例如，要把上述的 3 个程序文件创建的包放在当前的文件夹下，则应执行如下编译操作：

javac　−d　. Shape. java

javac　−d　. Triangle. java

javac　−d　. Circle. java

如果想将包创建在 d：\java 文件夹下，执行如下的编译操作：

javac　−d　d：\java　Shape. java

javac　−d　d：\java　Triangle. java

javac　−d　d：\java　Circle. java

在执行上述操作之后，我们可以查看一下所生成的包 shape 文件夹下的字节码类文件。

事实上，常常将包中的类文件压缩在 JAR(Java Archive，用 ZIP 压缩方式，以. jar 为扩展名)文件中，一个 JAR 文件往往会包含多个包，Sun J2SE 所提供的标准类就是压缩在 rt. jar 文件中。

2. 引用类包

在前边的程序中，我们已经多次引用了系统提供的包中的类，比如，使用 java. util 包中的 Date 类，创建其对象处理日期等。

一般来说，我们可以用如下两种方式引用包中的类：

①使用 import 语句导入类，在前边的程序中，我们已经使用过，其应用的一般格式如下：

import 包名. *；　　//可以使用包中所有的类

　　或： import 包名. 类名； //只装入包中类名指定的类

在程序中 import 语句应放在 package 语句之后，如果没有 package 语句，则 import 语句应放在程序开始，一个程序中可以含有多个 import 语句，即在一个类中，可以根据需要引用多个类包中的类。

②在程序中直接引用类包中所需要的类。其引用的一般格式是：

包名. 类名

例如，可以使用如下语句在程序中直接创建一个日期对象：

java. util. Date　date1 = new java. util. Date( )；

（1）使用系统提供的包。我们已经知道，系统提供了大量的类和接口供程序开发人员使用，并且按照功能的不同，存放在不同的包中。例如，如果在程序中需要用到一个接收用户输入的对话框，就可以使用 javax. swing 包中的 JOptionPane 类，如例 7.7 所示：

【例 7.7】 DialogDemo. java

```
//引入包 javax. swing 中的 JOptionPane 类
import javax. swing. JOptionPane；
public class DialogDemo{
    public static void main( String [ ]args) {
        String input = JOptionPane. showInputDialog( "Please input text" )；
        System. out. println( input)；
    }
}
```

程序运行结果如图 7.2 所示。

我们可以发现，需要使用包中的类或是接口时，总是需要先引入。读者可以将

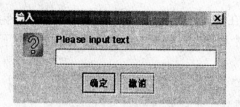

图 7.2　输入对话框

DialogDemo. java 中的 import 语句注释掉,观察编译结果。

(2)使用自定义包。下面,我们来定义一个自己的数学类 MyMath(其中只包含一个方法max),并将该类存放在包 edu. njust. cs 中。可以创建 MyMath 的类文件如下:

【例 7.8】　MyMath. java

```
package edu. njust. cs;
public class MyMath{
  public static int max(int a,int b){
    System. out. println("edu. njust. cs. MyMath's max() is called");
    return a>b? a:b;
  }
}
```

注意,程序的第一行使用了 package 语句,用于指定包名。此外,源文件 MyMath. java 必须存放在和包名一致的目录中,这里为 edu/njust/cs。至于 edu 之上是否还包含目录无关紧要。为了说明问题,先将 MyMath. java 存放在 d:/lib/edu/njust/cs 目录中。

然后,我们在 d:/lib 开发了一个程序 TestMyMath. java:

【例 7.9】　TestMyMath. java

```
import edu. njust. cs. MyMath;
public class TestMyMath{
  public static void main(String [ ]args){
    int a=MyMath. max(100,200);
    System. out. println(a);
  }
}
```

同样,在 TestMyMath. java 中需要引入包。编译并运行例 4.2.3,结果如下:

```
edu. njust. cs. MyMath's max() is called
200
```

可以发现确实使用了我们自定义的包。

下面我们将 TestMyMath. java 存放到另一个目录下,例如,c:/myprogram,MyMath. java 的存放位置不变。进入 c:/myprogram 编译 TestMyMath. java,会出现以下错误:

```
c:\myprogram>javac TestMyMath. java
TestMyMath. java:1: cannot resolve symbol
symbol: class MyMath
location: package cs
import edu. njust. cs. MyMath;
          ^
TestMyMath. java:4: cannot resolve symbol
```

symbol　　: variable MyMath

location：class TestMyMath

$$\qquad\qquad\text{int } a = \text{MyMath. max(100,200);}$$

　　　　　　　　^

　　　　2 errors

编译器提示找不到类 MyMath。

为什么会是这样呢? 当编译器在编译时,会自动在以下位置查找需要用到的类文件:

● 当前目录

● 系统环境变量 CLASSPATH 指定的目录,称之为类路径

● JDK 的运行库 rt. jar,在 JDK 安装目录的 jre/lib 子目录中

由于 TestMyMath. java 中用到了 MyMath 类,因此编译器会在上述的 3 个位置搜索 MyMath 类文件。由于 MyMath 不在这 3 个位置的任何一个地方,所以编译器找不到 MyMath 的类文件,因而报错。可以使用两种方法来解决:

一是在编译时指定类文件的搜索路径:

c：\myprogram>javac –classpath .；d：\lib TestMyMath. java

上面的命令中使用了参数–classpath 来指定类文件的搜索路径。不同的搜索路径之间使用分号隔开。

另一种方法是直接设置系统的环境变量 CLASSPATH,设置方法类似于 PATH,参见第一章中的环境变量设定:在系统变量区域找到变量 CLASSPATH(如果没有,则新建一个 CLASSPATH 变量),双击该行就可以编辑该环境变量的值。在该变量已有的值后追加"；d：\ lib"(不包括引号)即可。

本 章 小 结

接口实质是一组方法和常量的集合。Java 语言利用关键字 interface 来定义,在类中用 implements 来实现接口,对接口说明的抽象方法进行覆盖。接口解决了 Java 语言不能实现多继承的问题。更为理想的是,通过接口有效地克服了其他语言在实现多继承中导致的"二义性问题"。

接口中所有的方法均被默认是抽象的(abstract)。因为接口对其说明的方法不可能给出具体的实现,所以也就没有必要采用 abstract 显式地说明其方法是抽象的。每一个实现接口的类必须实现接口中的所有方法,如果仅实现接口中的部分方法,该类必须被说明为抽象的。因为静态(static)方法是类特有的,而接口中的方法仅可能是抽象的,所以接口中的方法不可能是静态的。

接口内的方法总是公用的(public)。接口中的变量总是 static 和 final 的。

抽象类是不能直接实例化的类,抽象类需要被继承才能实例化。抽象类中可以包含抽象方法,却不一定要包含抽象方法。

包(package)由一组类(class)和接口(interface)组成。它是管理大型名字空间,避免名字冲突的工具。每一个类和接口的名字都包含在某个包中。定义一个编译单元的包由 package 语句定义。

使用 package 语句,编译单元的第一行必须无空格,也无注释。若编译单元无 package 语句,则该单元被置于一个缺省的无名的包中。包的设计应当保证同一包中仅包含功能上相关

的类或接口。

习　题

一、选择题

1. 下列叙述正确的(　　)。

A. finally 类可以有子类

B. abstract 类中只可以有 abstract 方法

C. abstract 类中可以有非 abstract 方法,但该方法不可以用 final 修饰

D. 不可以同时用 final 和 abstract 修饰一个方法

2. 假定 X、Y 和 Z 都是接口,(　　)是不正确的接口声明。

A. public interface A extends X{xoid aMethod( );}

B. interface B extends Y{void aMethod( );}

C. interface C extends X,Y,Z{void aMethod( );}

D. interface D extends X{ void aMethod( );}

3. 下面几个抽象类定义中正确的是(　　)。

A. class alarmclock {abstract void alarm( );}

B. abstract alarmclock {abstract vod alarm( );}

C. class abstract alarmclock {abstract void alarm( );}

D. abstract class alarmclock {abstract void alarm( );}

E. abstract class alarmclock {abstract void alarm( ){System. out. println("alarm!");}}

4. 以下关于接口不正确的说法是(　　)。

A. 一个类可以实现多个接口类似于多重继承

B. 接口没有构造函数和析构函数

C. 接口可以继承

D. 接口包含的方法既可以有实现,也可以没有实现

5. 以下说法正确的是(　　)。

A. 构造函数不可以重载

B. 创建对象时,所有的字段都默认为 null

C. 抽象方法无需实现代码

D. 可以通过复制对象变量来复制一个新的对象

6. 不能在 Java 派生类中被覆盖的方法是(　　)。

A. 构造函数　　　　B. 动态方法　　　　C. final 方法　　　　D. 抽象方法

7. 使用继承的优点是(　　)。

A. 父类的大部分功能可以通过继承关系自动进入子类

B. 继承将父类的实现细节暴露给子类

C. 一旦父类实现出现 bug,就会通过继承的传播影响到子类的实现

D. 可在运行期决定是否选择继承代码,有足够的灵活性

8. 下列说法正确的是(　　)。

A. Java 中包的主要作用是实现跨平台功能

B. package 语句只能放在 import 语句后面

C. 包(package)由一组类(class)和界面(interface)组成

D. 可以用#include 关键词来标明来自其他包中的类

9. 下列声明正确的是(　　　)。

A. abstract class G2 extends superClass1 , superClass2｛……｝

B. abstract public class classmates｛……｝

C. public final class NewClass extends superClass implements Interface1｛……｝

D. public abstract class String｛……｝

二、填空题

1. 如果一个类包含一个或多个 abstract 方法,它就是一个_____类。

2. 抽象类的修饰符是_____。

3. 接口中定义的数据成员是_____。

4. 接口中没有_____方法,所有的成员方法都是_____方法。

三、简答题

1. 抽象类和接口的区别是什么?

2. 为什么不能将类同时声明为 abstract 和 final?

3. 什么是接口? 为什么要定义接口? 接口与类有什么异同?

四、程序设计

1. 编写一个 Java Application 程序,该程序有一个 Pointer 类,它包含横坐标 x 和纵坐标 y 两个属性,再给 Pointer 定义两个构造方法和一个打印点坐标的方法 Show。定义一个圆 Circle 类,它继承 Pointer 类(它是一个点,圆心(Center)),除此之外,还有属性半径 Radius,再给圆定义两个构造方法:一个打印圆的面积的方法 PrintArea 和一个打印圆中心、半径的方法 Show。

2. 编写一个测试类,对其进行编译、运行。结果如何? 如去掉语句"super. show( )；",再看看运行结果。

3. 学校中有老师和学生两类人,而在职研究生既是老师又是学生,对学生的管理和对教师的管理在他们身上都有体现。

第 *8* 章

异常处理

Java 语言作为面向对象的程序设计语言,和其他早期程序设计语言一样,在编写过程中会出现除语法之外的其他错误。在 Java 中引进了异常和异常类来进行错误处理。本章将介绍异常的概念及其异常处理的方法。

8.1 Java 异常概述

早期的编程语言(比如 C 语言)没有异常(exception)处理机制,通常是遇到错误返回一个特殊的值或设定一个标志,并以此判断是不是有错误产生。随着系统规模的不断扩大,这种错误处理已经成为创建大型可维护程序的障碍。于是在一些语言中出现了异常处理机制,比如 Basic 中的异常处理语句"on error goto",而 Java 则在 C++基础上建立了全新的异常处理机制。

Java 运用面向对象的方法进行异常处理,把各种不同的异常进行分类,并提供了良好的接口。这种机制为复杂程序提供了强有力的控制方式。同时这些异常代码与"常规"代码的分离,增强了程序的可读性,编写程序时也显得更为灵活。

Java 程序开发人员在开发 Java 程序的时候要面对很多的问题,从获得可移植的代码一直到处理异常。除了最简单的程序,稍微复杂的程序常会崩溃。原因多种多样,从编程错误、错误的用户输入一直到操作系统的缺陷。无论程序崩溃的原因是什么,程序开发者都有责任使得所设计的程序在错误发生后,要么能够恢复(在错误修复后能够继续执行),要么能合适地关闭(要尽力在系统终止前能够保存用户的数据)。

简而言之,异常是用来应对程序中可能发生的各种错误的一种强大的处理机制。正确地使用异常,可以使程序易于开发、维护、远离 bug、可靠性增强、易于使用。反之,若异常运用不当,则会产生许多令程序开发人员头疼的事情:程序难以理解和开发,产生令人迷茫的结果,维护变得非常困难。

要写出友好、健壮的程序,灵活地运用 Java 程序语言的异常处理机制,须从以下几个角度来认识异常,即抛出异常、捕获异常以及处理异常。

任何一个软件程序在运行初期都会产生错误,Java 程序也不例外。例如,内存空间不足,程序控制试图打开一个不存在的文件,网络连接数据中断,数组下标越界等。这些错误的出现如果没有及时检查出来并解决,就会阻止程序的正常执行。在 Java 中,通常将运行时产生的错误分为两类:一类是致命错误,它指的是一个合理的应用程序不能截获的严重的问题,大多数都是反常的情况。例如,内存溢出,一般的开发人员是无法处理这些错误的。另一类是非致命错误,也称为异常。它指的是一个程序在编译和运行时出现的错误,通过 JVM(Java 虚拟机)通知已经犯了一个错误,需要修改它。例如,数组越界。

异常又称为例外,它是某种异常类的对象。Java 中定义了许多异常类,每个异常类代表一种异常事件。Java 中异常通常是程序执行时出现的不正常的情况,我们可以通过定义异常对象,在出现异常时进行捕获,然后进行处理,来使程序正常地运行。异常捕获是通过一个变量去指向出错的对象,然后对这个变量进行处理。

8.2　Java 编程中的错误

错误是编程中不可避免和必须要处理的问题,编程人员和编程工具处理错误能力在很大的程度上影响着编程工作的效率和质量。一般来说错误分为编译错误和运行错误两种。

1. 编译错误

编译错误是由于编写的程序存在语法问题,未能通过源代码到目标码(在 Java 语言中是由源代码到字节码)的编译过程产生的,它由语言的编译系统负责检测和报告。

每种计算机高级语言都有自己的语言规范,编译系统就根据这个规范来检查编程人员所书写的源代码是否符合规定。有的高级语言的语法规定得比较严格,如 FORTRAN 语言,对程序的格式有严格的要求;有的语言则给编程人员很大的自由度,如 C 语言,程序可以写得很灵活,可使编程者充分发挥他们的技巧和能力。Java 语言,由于是定位于网络计算的安全性要求较高的语言,它的语法规范设计得比较全面,相对于 C 语言增加了不少规定。例如,数组元素下标越界检查,检查对未开辟空间对象的使用等。由于更多的检查工作由系统自动完成,可以减少编程者的设计负担和程序中隐含的错误,提高初学者编程的成功率。大部分编译错误是由于对语法不熟悉或拼写失误引起的,例如,在 Java 语言中规定需在每个句子的末尾使用分号、标识符区分大小写,如果不注意这些细节,就会引发编译错误。由于编译系统会给出每个编译错误的位置和相关的错误信息,所以修改编译错误相对较简单;但同时由于编译系统判定错误比较机械,在参考它所指出的错误地点和信息时应灵活地同时参照上下文其他语句,将程序作为一个整体来检查。

没有编译错误是一个程序能正常运行的基本条件,只有所有的编译错误都改正了,源代码才可以被成功地编译成目标码或字节码。

2. 运行错误

一个没有编译错误的可执行的程序,距离完全正确还有一段距离,这是因为排除了编译错误,程序中可能还存在着运行错误。

运行错误是在程序的运行过程中产生的错误。根据性质不同,运行错误还可以分为系统运行错误和逻辑运行错误。

系统运行错误是指程序在执行过程中引发了操作系统的问题。应用程序是工作在计算机的操作系统平台上的,如果应用程序运行时所发生的运行错误危及操作系统,对操作系统产生损害,就有可能造成整个计算机的瘫痪,例如死机、死循环等。所以不排除系统错误,程序就不能正常地工作。系统运行错误通常比较隐秘,排除时应根据错误的现象,结合源程序仔细判断。例如,出现了死循环,就应该检测源程序中的循环语句和中止条件;出现死机,就应该检测程序中的内存分配处理语句等。

排除了系统运行错误,程序就可以顺利执行了,却仍然不代表它已经毫无问题了,因为程序中还有可能存在着逻辑运行错误。逻辑运行错误是指程序不能实现编程人员的设计意图和设计功能而产生的错误,例如,排序时不能正确处理数组头尾的元素等。有些逻辑运行错误是由于算法考虑不周引起的,也有些来自编码过程中的疏忽。

排序运行错误时,包括系统运行错误和逻辑运行错误,一个非常有效和常用的手段是使用开发环境所提供的单步运行机制和设置断点功能来分析程序运行过程,使之在人为的控制下边调试边运行。在设计过程中,调试者可以随时检查变量中保存的中间量,设置临时运行环境,一步步地检查程序的执行过程,从而挖出隐藏的错误。

8.3 异常与异常类

8.3.1 异常类结构与组成

异常(exception),又称为例外,是特殊的运行错误对象,对应着 Java 语言特定的运行错误处理机制。为了能够及时有效地处理程序中的运行错误,Java 中引入了异常和异常类。作为面向对象的语言,异常与其他语言要素一样,是面向对象规范的一部分,是异常类的对象。

Java 中定义了很多异常类,每个异常类都代表了一种运行错误,类中包含了该运行错误的信息和处理错误的方法等内容。每当 Java 程序运行过程中发生一个可识别的运行错误时,即该错误有一个异常类与之相对应时,系统都会产生一个相应的该异常类的对象,即产生一个异常。一旦一个异常对象产生了,系统中就一定要有相应的机制来处理它,确保不会产生死机、死循环或对操作系统产生损害,从而保证了整个程序运行的安全性。这就是 Java 的异常处理机制。

Java 的异常类是处理运行时错误的特殊类,每一种异常类对应一种特定的运行错误。所有的 Java 异常类都是系统类库中的 Exception 类的子类。其继承的结构图如图 8.1 所示。

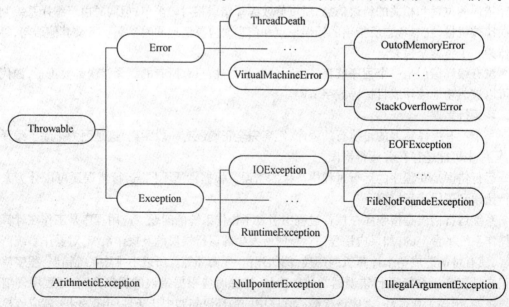

图 8.1 异常类的类层次结构图

异常的继承结构:基类为 Throwable,Error 和 Exception 继承 Throwable。其中,Error 类描述

了 Java 运行系统中的内部错误以及资源耗尽的情形。应用程序不应该抛出这种类型的对象（一般由虚拟机抛出）。如果出现这种错误,除了尽力使程序安全退出外,在其他方面是无能为力的。所以,在进行程序设计时,应该更关注 Exception 类。Exception 类又派生了许多子类,分为两部分:RuntimeException 类和非 RuntimeException 类。RuntimeException 类表示编程时所存在的隐患或在运行期间由 Java 虚拟机所产生的异常,包括错误的类型转换、数组越界访问和试图访问空指针等。处理 RuntimeException 的原则是:如果出现 RuntimeException,那么一定是程序员的错误。例如,可以通过检查数组下标和数组边界来避免数组越界访问异常。其他非 RuntimeException 类异常一般是外部错误,例如,试图从文件尾后读取数据等,这并不是程序本身的错误,而是在应用环境中出现的外部错误。Exception 类供应用程序使用。

同其他的类一样,Exception 类有自己的方法和属性。它的构造函数有两个:

public Exception( );

public Exception(String s);

其中第二个构造函数可以接受字符串参数传入的信息,该信息通常是对异常类所对应的错误的描述。

Exception 类从父亲 Throwable 那里还继承了若干方法,其中常用的有:

(1) public String toString( );

toString( )方法返回描述当前 Exception 类信息的字符串。

(2) public void printStackTrace( );

printStackTrace( )方法没有返回值,它的功能是完成一个打印操作,在当前的标准输出(一般就是屏幕)上打印输出当前异常对象的堆栈使用轨迹,也即程序先后调用执行了哪些对象或类的哪些方法,使得运行过程中产生了这个异常对象。

8.3.2　系统定义的运行异常

Exception 类有若干子类,如表 8.1 所示,每一个子类代表了一种特定的运行时错误。这些子类有些是系统事先定义好并包含在 Java 类库中的,称为系统定义异常。

系统定义异常通常对应着系统运行错误。由于这种错误可能导致操作系统错误甚至是整个系统的瘫痪,所以需要系统定义异常类来表示这类错误。表 8.1 中列出了常用的系统定义的异常。

表 8.1　部分常用系统定义的异常

系统定义的运行异常	异常对应的系统运行错误
ClassNotFoundException	未找到相应的类
ArrayIndexOutOfBoundsException	数组越界
FileNotFoundException	未找到制定的文件或目录
IOException	输入、输出错误
NullPointException	引用空的尚无内存空间的对象
ArithmeticException	算术错误
InterruptedException	一线程被其他线程打断
UnknownHostException	无法确定主机的 IP 地址
SecurityException	安全性的错误
MalformedURLException	URL 格式错误
……	……

由于定义了相应的异常,Java 程序即使产生一些致命的错误,如引用空对象等,系统也会自动产生一个对应的异常对象来处理和控制这个错误,避免其蔓延或产生更大的问题。

在异常类里经常使用的方法有:

(1)异常类的常用构造方法。

Exception():构造详细信息为空的新异常;

Exception(String message):构造带指定详细信息的新异常。

(2)异常类的常用方法。

public String getMessage():该方法返回描述异常对象信息的详细消息字符串;

public void printStackTrace():该方法在屏幕上输出异常对象及其跟踪的堆栈;

【例8.1】 NullPointerException 异常实例。

```java
public class Example8 _ 1{
public static void main(String[ ] args){
   try{
     crunch(null);
     }catch(Exception e)
     {
       System. out. println(e. getMessage());
       e. printStackTrace();
     }
   }
   static void crunch(int[ ] a){
     mash(a);
   }
   static void mash(int[ ] b) {
     System. out. println(b[0]);
   }
}
```

程序运行结果:

```
D:\java\8>javac Example8 _ 1. java
D:\java\8>java Example8 _ 1
null
java. lang. NullPointerException
       at Example8 _ 1. mash(Example8 _ 1. java:14)
       at Example8 _ 1. crunch(Example8 _ 1. java:11)
       at Example8 _ 1. main(Example8 _ 1. java:4)
```

8.3.3 用户自定义的异常

系统定义的异常主要用来处理系统可以预见的较常见的运行错误,对于某个应用程序所特有的运行错误,则需要编程人员根据程序的特殊逻辑在用户程序里自己创建用户自定义的异常类和异常对象。这种用户自定义异常主要用来处理用户程序中特定的逻辑运行错误。

用户定义的异常通常采用 Exception 作为异常类的父类,一般用如下结构:

```
class MyException extends Exception{          //自定义的异常类子类 MyException
```

```
    public MyException( ) {                        //用户异常的构造函数
    }
    public MyException(String s) {
        super( s );                                //调用父类的 Exception 的构造函数
    }
    public String toString( ) {                    //重载父类的方法,给出详细的错误信息
        …
    }
    …
}
```

　　用户自定义异常用来处理程序中可能产生的逻辑错误,使得这种错误能够被系统及时识别并处理,而不致扩散产生更大的影响,从而使用户程序更为强健,有更好的容错性能,并使整个系统更加安全稳定。

　　创建用户自定义异常时,一般需要完成如下的工作:

　　(1)声明一个新的异常类,使之以 Exception 类或其他某个已经存在的系统异常类或用户异常类为父类。

　　(2)为新的异常类定义属性和方法,或重载父类的属性和方法,使这地些属性和方法能够体现该类所对应的错误的信息。

　　只有定义了异常类,系统才能够识别特定的运行错误,才能够及时地控制和处理运行错误,所以定义正确的异常类是创建一个稳定的应用程序的重要基础之一。

8.4　异常的抛出

　　Java 程序在运行时如果引发了一个可以识别的错误,就会产生一个与该错误相对应的异常类的对象,这个过程叫作异常的抛出,实际是相应异常类对象的实例的抛出。根据异常类的不同,抛出异常的方式也有所不同。

8.4.1　系统自动抛出异常

　　由系统定义的异常都是由系统自动的抛出,即一旦出现这些运行错误,系统将会为这些错误产生对应异常类的实例。下面通过例 8.2 的程序来进行解释。

　　【例 8.2】　测试系统定义的运行异常示例程序 SystemExceptionTest. java

```
public class SystemExceptionTest {
static void Proc( int b) {
    int a=10;
    System. out. println( a/b);
}
public static void main( String args[ ]) {
    int i;
    System. out. println("the frist b=10:");
    i=10;
    Proc( i);
    System. out. println("the second b=0:");
```

```
  i=0;
  Proc(i);
}
}
```

上面是一个简单的 Java Application 程序,第一次除数是 10,程序可以正常地运行,并得到结果 1,第二次错误地以 0 为除数,运行过程中将引发 ArithmeticException,这个异常是系统预先定义好的类,对应系统可以自动识别的错误,所以 Java 虚拟机遇到了这样的错误就会自动中止程序的运行,并新建一个 ArithmeticException 类的对象,即抛出了一个算术运行异常,如图 8.2 所示。

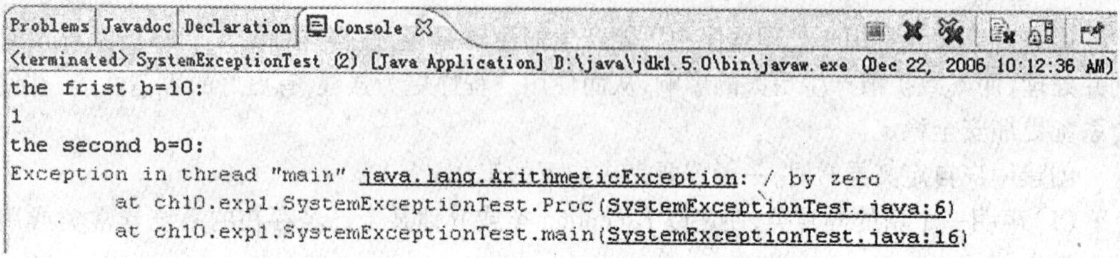

```
Problems Javadoc Declaration  Console ⊠                         ■ ✖ ✖  ▣ ▣ ▭
<terminated> SystemExceptionTest (2) [Java Application] D:\java\jdk1.5.0\bin\javaw.exe (Dec 22, 2006 10:12:36 AM)
the frist b=10:
1
the second b=0:
Exception in thread "main" java.lang.ArithmeticException: / by zero
        at ch10.exp1.SystemExceptionTest.Proc(SystemExceptionTest.java:6)
        at ch10.exp1.SystemExceptionTest.main(SystemExceptionTest.java:16)
```

图 8.2　系统定义的异常在运行中被抛出

8.4.2　语句抛出的异常

一般用户自定义的异常不可能依靠系统自动抛出,而必须用 Java 语句抛出,throw 语句用来明确地抛出一个"异常"。首先,你必须知道什么样的情况算是产生了某种异常对应的错误,并应该为这个异常类创建一个实例,用 throw 语句抛出。下面是 throw 语句的通常格式:
返回类型 方法名(参数列表) throws 要抛出的异常类名列表{
…

throw 异常类实例;
…
}

其中 throw 用来抛出某个异常类对象,throws 用来标明一个成员函数可能抛出的各种异常。使用 throw 抛出异常时应注意以下的问题:

(1)一般这种抛出语句应定义为满足某种条件时执行,例如,往往把 throw 语句放在 if 语句中,当某个 if 条件满足时,才用 throw 语句抛出相应的异常:
if(I>100)
throw (new MyException());

(2)含有 throw 语句的方法,应当在方法头定义中增加如下的部分:
throws 要抛出的异常类名列表

这样做主要是为了通知所有欲调用这个方法的上层方法,准备接受和处理它在运行中可能会抛出的异常。如果方法中的抛出的异常种类不止一个,则应该在方法头 throws 中列出所有可能的异常。如上面的例子应该包含在这样的方法 Mymethod 中:

void MyMethod () throws MyException{　//可能在程序中抛出 MyException 异常
　…
　if(I>100)
　throw (new MyException());

...
}

若某个方法 MyMethod 可能产生 Exception1,Exception2 和 Exception3 三种异常,而它们又都是 Super＿Exception 类的子类,如图 8.3 所示,则应在相应的方法中声明可能抛出的异常类:

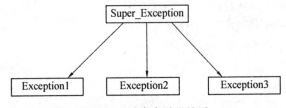

图 8.3　异常类继承关系

```
void MyMethod () throws Exception1,Exception2,Exception3{
    ...                      //可能在程序中抛出这三个异常
}
```

除了以上这种声明抛出 Exception1,Exception2 和 Exception3 三种异常之外,还可以只简单地声明抛出 Super＿Exception。下面这种方式和上面的是等价的。

```
void MyMethod () throws Super＿Exception{
    ...                  //可能在程序中抛出这三个异常的父类
}
```

在 Java 语言中如果调用了一个可能产生异常的方法,则当前的方法也可能会抛出这个异常,所以在当前的方法中也要对这个异常类进行声明,如下面程序,方法 YourMethod()要调用上面定义的 MyMethod():

```
void YourMethod () throws Super＿Exception{
    ...
    MyMethod();              //在程序中调用了可能会抛出异常的方法
    ...
}
```

(3)Java 语言要求所有用 throws 关键字声明的类和用 throw 抛出的对象必须是 Throwable 类或其子类。Java 开发环境提供了大量的错误和异常类,它们都是 Throwable 类或其子类,可以用来表示 Java 程序执行过程中出现的各类错误和异常。

抛出异常只能抛出方法声明中 throws 关键字后的异常列表中的异常。

通常情况下,通过 throw 抛出的异常为用户自己创建的异常类的实例。

注意:throws 与 throw 的区别:

①throws 用于声明方法可能会抛出的异常,所以它常用在方法声明的后面。例如,

public static void main(String[ ] args) throws IOException

②throw 用于抛出代码层次的异常,常用于方法块里面的代码,常和 try...catch...语句块搭配使用。

【例 8.3】　使用 throw 语句抛出异常

```
public class Example8＿3{
public static void main(String[ ] args){
    int a=4,b=0;
    try{
```

```
        if( b = = 0)
        throw new AtithmeticException("一个算术异常");
        else
        System. out. println(a+"/"+b+"="+a/b);
        }catch(ArithmeticException e){
          System. out. println("抛出异常为:"+e);
        }
      }
    }
```

程序运行结果为:

D:\java\8>javac Exampl8＿3. java

D:\java\8>java Example8＿3

抛出异常为:java. lang. ArithmeticException:一个算术异常

程序说明:该程序是要计算 a/b 的值。因 b 是除数,不能为 0。若 b 为 0,则系统会抛出 ArithmeticException 异常,代表除到 0 这个数。

在 try 语句块,判断除数 b 是否为 0,从而用 throw 抛出 ArithmeticException 异常,并由 catch ( )捕捉到异常。

抛出异常时,throw 关键字所抛出的是异常类的实例对象,因此 throw 语句必须使用 new 关键字来产生对象。

如果你试图抛出一个不是可抛出(Throwable)对象,Java 编译器将会报错。

下面一个程序中定义了用户异常并在程序中抛出异常,程序中要用到一个 Employee 雇员类,这个 Employee 类中有两个属性,分别是雇员的姓名 m＿EmpName 和当前工资 m＿EmpSalary,同时在这个雇员类上加了一些限制,固定雇员的工资不得低于工资的最低标准 800 元,雇员每次工资的变化幅度不得高于原工资的 20%。一旦用户在程序中超出了这些规定,程序应该给出足够的错误信息,并保证程序的正确运行。为了方便调试和运行,定义了两个用户异常 IllegalSalaryException 和 IllegalSalryChangeException 类分别处理上述两种情况。

```
class IllegalSalaryException extends Exception{ //用户定义的工资不合法异常
    private Employee m＿ConcernedEmp;//产生异常时的 Employee 类的引用
    private double m＿IllegalSalary;
    IllegalSalaryException(Employee emp,double isal){ //构造函数
    super("工资低于最低工资");
    m＿ConcernedEmp=emp;
    m＿IllegalSalary=isal;
    }
    public String toString(){          //给出具体的错误信息
    String s;
    s="为雇员提供的工资不合法:雇员:"+m＿ConcernedEmp. getEmpName()
+"非法工资:"+m＿IllegalSalary
+"低于最低工资数额 800 元";
    return s;
    }
}
```

```
class IllegalSalaryChangeException extends Exception{//用户定义的工资变动异常
    private Employee m_ConcernedEmp;   //产生异常时的 Employee 类的引用
    private double m_IllegalSalaryChange;
    IllegalSalaryChangeException(Employee emp,double csal){ //构造函数
  super("工资变动太大");
  m_ConcernedEmp=emp;
  m_IllegalSalaryChange=csal;
    }
    public String toString(){               //给出具体的错误信息
  String s;
s="为雇员提供的工资变动不合法雇员"+m_ConcernedEmp.getEmpName()
+"非法变动工资变化:"+m_IllegalSalaryChange
+"高于原工资的20%";
  return s;
    }
}
```

此时,在雇员 Employee 类中,雇员的构造函数 Employee()和修改工资的方法 setEmpSalary()有可能抛出这两种异常,在方法头中就要用 throws 语句——列举出来:

```
class Employee{          //Employee 类
    String m_EmpName;
    double m_EmpSalary;//雇员的姓名和工资
    Employee(String name,double initsal)throws IllegalSalaryException{
        //雇员类的构造函数,抛出异常
        m_EmpName=new String(name);
        if(initsal<800)
        throw(new IllegalSalaryException(this,initsal));
        m_EmpSalary=initsal;
}
public String getEmpName(){
  return m_EmpName;
}
  public double getEmpSalary(){
    return m_EmpSalary;
}
  public boolean setEmpSalary(double newsal)            //雇员工资修改函数
    throws IllegalSalaryException,IllegalSalaryChangeException
{                                                      //抛出两个异常
  if(newsal<800)
    throw(new IllegalSalaryException(this,newsal));
  else if(Math.abs(newsal-getEmpSalary())/getEmpSalary()>=0.2)
    throw(new IllegalSalaryChangeException(this,newsal-getEmpSalary()));
  else{
    m_EmpSalary=newsal;
    return true;
```

```
    }
  }
public String toString( ){                        //给出类实例的信息
    String s;
    s="姓名:"+m_EmpName+" 工资:"+m_EmpSalary;
    return s;
    }
  }
```

对于上面的程序代码,在构造函数中,如果初始化雇员的工资小于定义的最低工资 800 元,则构造函数 Employee( )就会抛出 IllegalSalaryException 异常;在修改工资的函数中,有可能会抛出两种异常:如果新工资 newsal 的值小于最低工资 800 元,则 setEmpSalary( )会抛出 IllegalSalaryException 异常;如果新工资的变动太大,超过原工资的 20% ,则 setEmpSalary( )会抛出 IllegalSalaryChangeException 异常。

8.5　异常的处理

异常的处理主要包括捕捉异常、程序流程的跳转和异常处理语句块的定义。

8.5.1　try…catch…finally 块

Java 语言提供了 try…catch…finally 语句来捕捉一个或多个异常,并进行处理。try…catch…finally 块语句的具体格式如下:

```
try{                           //可能出现异常的程序代码
  语句 1
  …
  语句 n
}
catch(异常类型 1,异常对象 e1){
  …                            //进行异常类型 1 的处理
}
catch(异常类型 2,异常对象 e2){
  …                            //进行异常类型 2 的处理
}
catch(异常类型 3,异常对象 e3){
  …                            //进行异常类型 3 的处理
}
…
  finally{                     //其他处理程序代码
    语句 1
    …
    语句 n
}
```

Java 异常的捕捉和处理过程如下:把程序中可能出现异常的语言包含在 try 引导的程序块

中;在 try{ }之后紧跟一个或多个 catch 块,用于处理各种指定类型的异常;catch 块后,可以跟一个 finally 块,该程序块中一般包含了用于清除程序现场的语句。不论 try 块中是否出现异常,catch 块是否被执行,最后都要执行 finally 块。

下面详细地介绍 Java 捕捉和处理异常的语句。

1. try 语句块

在 try 语句的{ }中包含了可能会抛出一个或多个异常的一段程序代码,这些代码实际上指定了它后面的 catch 块所能捕捉的异常的范围。

Java 程序运行到 try 块中的语句时如果产生了异常,就不再继续执行该 try 块中剩下的语句,而是直接进入第一个 catch 块中寻找与之匹配的异常类型并进行处理。

2. catch 语句

catch 语句的参数类似于方法中的参数,包括一个异常类型和一个异常对象。异常类型必须为 Throwable 类的子类,它指明了 catch 语句所处理的异常类型;异常对象则由 Java 运行时系统在 try 所指定的程序代码块中生成并捕获,大括号中包含异常对象的处理,其中可以调用对象的方法。

catch 语句可以有多个,分别处理不同类型的异常。Java 运行时系统从上到下分别对每个 catch 语句处理的异常类型进行检测,直到找到与之相匹配的 catch 语句为止。这里,类型匹配指 catch 所处理的异常类型与生成的异常对象的类型完全一致或者是它的父类。在 try 语句与 catch 语句之间,以及相邻的 catch 语句之间,不允许出现其他程序代码。

3. finally 语句

finally 语句可以说是为异常处理事件提供的一个清理机制,一般用来关闭文件或释放其他系统资源。在 try...catch...finally 语句中可以没有 finally。

如果没有 finally 部分,则当 try 指定的程序代码抛出一个异常时,其他的程序代码就不会被执行;如果存在 finally 部分,则不论 try 块中是否发生了异常,是否执行过 catch 部分的语句,都要执行 finally 部分的语句。可见,finally 部分的语句为异常处理提供了一个统一的出口。程序例 8.4 是一个异常演示程序。

【例 8.4】 try...catch 捕捉和处理异常:UserException. java(部分)

```java
import java. applet. Applet;
import java. awt. * ;
public class UserException extends Applet{        //定义主类
    Employee Emp;
    Label prompt1 = new Label("请输入雇员姓名和工资初值:");
    Label prompt2 = new Label("请输入欲修改的工资:");
    TextField name, isal, nsal;
    String msg;
    public void init( ){                          //初始化
    name = new TextField(5);
    isal = new TextField(5);
    nsal = new TextField(5);
    add(prompt1);add(name);add(isal);
    add(prompt2);add(nsal);
    }
```

```
    public void paint(Graphics g) {              //显示输出信息
        g. drawString(msg,0,80);
    }
    public void CreateEmp(String en,double sa) {  //创建 Employee 类对象
        try{
            Emp=new Employee(en,sa);              //用构造函数创建对象,可能抛出异常
            msg=new String(Emp. toString());
        }
            catch(IllegalSalaryException ise) {    //用 catch 捕捉非法工资异常
            msg=new String(ise. toString());
        }

    }
    public void ChangSal(double cs) {              //修改员工工资
        try{
            Emp. setEmpSalary(cs);                 //调用修改函数修改工资,可能抛出两种异常
            msg=new String(Emp. toString());
        } catch(IllegalSalaryException ise) {      //捕捉第一种非法工资异常
            msg=new String(ise. toString());
        } catch(IllegalSalaryChangeException isce) { //捕捉第二种非法改动异常
            msg=new String(Emp. toString()+isce. toString());
        }
    }
public boolean action(Event e,Object o) {
        String en;
        double es,cs;

        if(e. target==isal) {//用用户输入的雇员姓名和工资创建对象
            en=new String(name. getText());
            es=Double. valueOf(isal. getText()). doubleValue();
            CreateEmp(en,es);
        }
        else if(e. target==nsal) {//用用户输入的新工资修改员工工资
            if(Emp! =null) {
            cs=Double. valueOf(nsal. getText()). doubleValue();
            ChangSal(cs);
        }
        else
            msg=new String("请先输入雇员姓名工资并创建之");
        }
        repaint();
        return true;
        }
    }
    ...
```

程序的部分代码见前 Employee 类和用户定义的 IllegalSalaryException 和 IllegalSalaryChangeException 类。这个程序的基本思路如下：首先请用户输入新雇员的姓名和工资并试图创建这个对象，如果输入的工资低于最低工资标准，则不会创建对象并抛出 IllegalSalaryException 异常，如图 8.4 所示；如果输入的工资合理，则成功地创建对象。

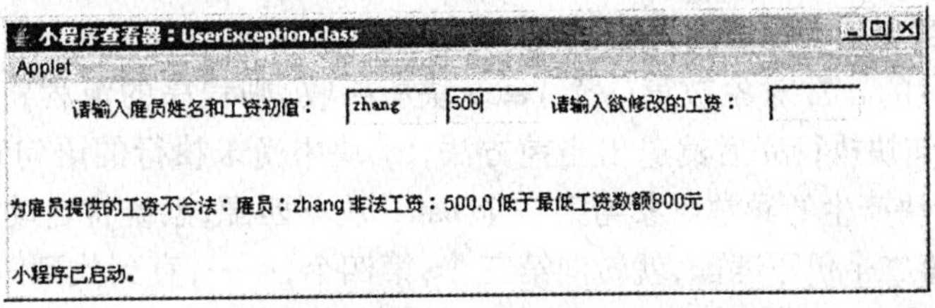

图 8.4　创建雇员对象时抛出异常

请用户输入雇员对象修改后的新工资，如果这个工资低于最低工资标准则会抛出 IllegalSalaryException 异常；如果这个工资变动幅度太大，超过了原工资的 20%，则会抛出 IllegalSalaryChangeException 异常，如图 8.5 所示；如果修改的工资合法，则显示此时的雇员信息如图 8.6 所示。

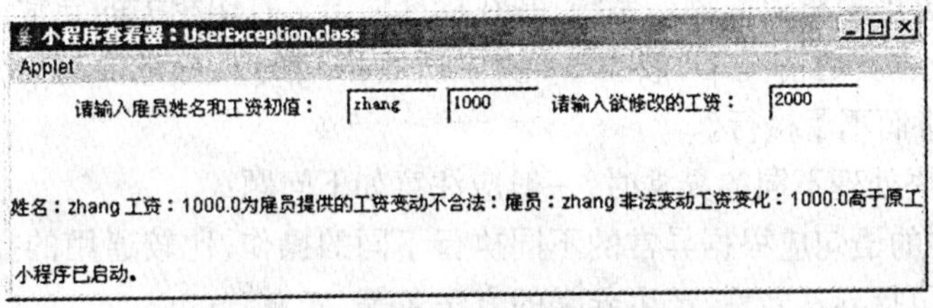

图 8.5　修改雇员工资时抛出异常

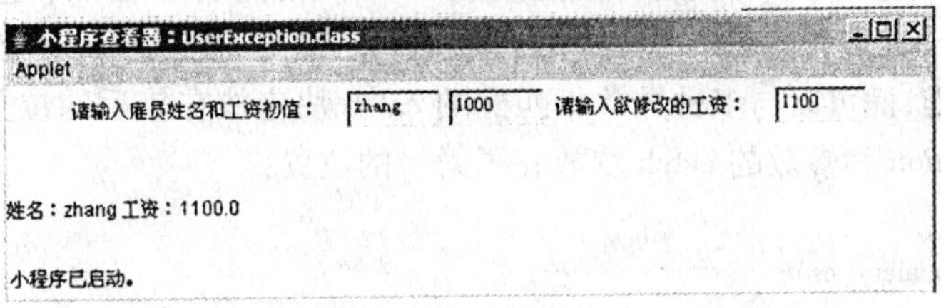

图 8.6　合法的改变

8.5.2　多异常的处理

catch 块紧跟在 try 块的后面，用来接收 try 块可能产生的异常。一个 catch 语句块通常会用同种方式来处理它所接收到的所有异常，但是实际上一个 try 块可能产生多种不同的异常，如果希望能采取不同的方法来处理这些例外，就需要使用多异常处理机制。

多异常处理是通过在一个 try 块后面定义若干个 catch 块来实现的，每个 catch 块用来接收和处理一种特定的异常对象。

要想用不同的 catch 块来分别处理不同的异常对象，首先要求 catch 块能够区分这些不同的异常对象，并能判断一个异常对象是否应为本块接收和处理。这种判断功能是通过 catch 块的参数来实现的。

在上面例 8.4 的 ChangSal( ) 中，一个 try 块后面跟了两个 catch 块，每个 catch 块都有一个异常类名作为参数。当 try 块抛出一个异常时，程序的流程首先转向第一个 catch 块，并审查当前异常对象可否被这个 catch 块所接收。一个异常对象能否被一个 catch 语句块所接收，主要看该异常对象与 catch 块的异常参数的匹配情况：当它们满足下面三个条件的任何一个时，异常对象将被接收：

（1）异常对象与参数属于相同的异常类。

（2）异常对象属于参数异常类的子类。

（3）异常对象实现了参数所定义的接口。

如果 try 块产生的异常对象被第一个 catch 块所接收，则程序的流程将直接跳转到这个 catch 语句块中，语句块执行完后就退出当前方法，try 块中尚未执行的语句和其他的 catch 块将被忽略；如果 try 块产生的异常对象与第一个 catch 块不匹配，系统将自动转到第二个 catch 块进行匹配，如果第二个仍不匹配，就转向第三个，第四个，……，直到找到一个可以接收该异常对象的 catch 块，完成流程的跳转。

如果所有的 catch 块都不能与当前的异常对象匹配，则说明当前方法不能处理这个异常对象，程序流程将返回到调用该方法的上层方法，如果这个上层方法中定义了与所产生的异常对象相匹配的 catch 块，流程就跳转到这个 catch 块中，否则继续回溯更上层的方法；如果所有的方法中都找不到合适的 catch 块，则由 Java 运行系统来处理这个异常对象。此时通常会中止程序的执行，退出虚拟机返回操作系统，并在标准输出上打印相关的异常信息。

在另一种完全相反的情况下，假设 try 块中所有语句的执行都没有引发异常，则所有的 catch 块都会被忽略而不予执行。

在设计 catch 块处理不同的异常时，一般应注意如下问题：

（1）catch 块中的语句应根据异常的不同执行不同的操作，比较通用的操作是打印异常和错误的相关信息，包括异常名称、产生异常的方法名等。

（2）由于异常对象与 catch 块的匹配是按照 catch 块的先后排列顺序进行的，所以在处理多异常时应注意认真设计各 catch 块的排列顺序。一般地，处理较具体和较常见的异常的 catch 块应放在前面，而可以与多种异常相匹配的 catch 块应放在较后的位置。下面的例子中错误地把以 Exception 为参数的 catch 块放在了第一的位置：

```
try{
    Emp. setEmpSalary(cs);
    msg=new String(Emp. toString());
}
catch(Exception e){                    //将捕捉到所有的异常对象
    msg=new String(e. toString());
}
catch(IllegalSalaryException ise){     //下面两种异常块不可能执行
    msg=new String(ise. toString());
}
catch(IllegalSalaryChangeException isce){
    msg=new String(Emp. toString()+isce. toString());
}
```

由于所有的异常都是 Exception 类的子类，这个 catch 块就可以与所有的异常对象匹配，排在它后面的 catch 块永远不被使用。正确的方法是将以 Exception 为参数的 catch 块放在最后的位置，保证任何一个异常对象，即使不被前面处理具体异常的 catch 块所接收，也能够被最后这个 catch 所接收，把 try 块的所有问题都在当前方法内部解决。

8.6 关于使用异常的几点建议

由于异常使用起来是如此地方便,以至于在很多情况下程序员可能会滥用异常。然而没有白捡的便宜,使用异常处理也不例外。使用异常处理会降低程序运行的速度,如果程序中过多地使用异常处理,程序的执行速度会显著地降低。在这里我们给出几点建议,来帮助读者把握好使用异常处理的尺度。

(1)在可以使用简单的测试就可以完成的检查中,不要使用异常来代替它。例如,

```
if( aref! = null)
{
    //使用 aref 引用对象
    ...
}
```

(2)不要过细地使用异常。最好不要到处使用异常,更不要在循环体内使用异常处理,可以将它包裹在循环体外面。

(3)不要捕获了一个异常而又不对它作任何的处理。如下所示:

```
try
{
    //正常执行的代码
    ......
}
catch( Exception e)
{}
```

在 Java 类库中有些方法会产生异常,而在自己方法中又不愿意处理它(比如它的发生概率很小,不必为小概率事件操心),但是也不希望将它放到方法的 throws 子句中(因为那样所有调用这个方法的方法都要处理这个异常),这时可能会采取上面的处理方法,将异常"雪藏"起来。这样做是不负责任的。俗话说,"不怕一万,就怕万一",如果这个异常发生了,而程序又没有处理它,这样一个小小的疏忽就可能给用户带来很大的损失。

(4)将异常保留给方法的调用者并非不好的做法。

有些人可能习惯于在方法内部处理所有的异常,而实际上,对于有些异常,将其交给方法的调用者去处理可能是一种更好的处理办法。

本 章 小 结

异常指的是程序运行时出现的非正常情况,可以是由于程序设计本身的错误,也有可能是由于运行中出现了不可解决的问题造成了异常。异常往往会导致程序运行失败。

在 Java 语言中提供了一系列的异常处理方法,在 Java 程序中出现的异常都是以某个异常类的实例(对象)形式存在。程序中产生了异常,在 Java 程序中就是创建了对应异常类的实例(对象),并把它"抛出"来。

所有的异常类都是 Throwable 的子类,它有 Exception 和 Error 两个直接子类,前者是用户可以捕捉到的异常,也是 Java 异常处理的对象,后者对应一些系统的错误。

try...catch 异常处理机制是指当 try 块中发生了一个异常,try...catch 语句就会自动在

catch 语句中,找出与该异常类相匹配的参数,就执行包含这一参数的 catch 语句中的 Java 代码,执行完 catch 语句后,程序恢复执行,但不会回到异常发生处继续执行,而是执行 finally 后面的代码。

throws 抛出异常和方法说明联系在一起,是针对以下情况:调用的方法抛出了异常,检测到了错误并使用 throw 语句抛出异常,程序代码有错误从而异常。方法中出现的异常由 catch 语句捕获,并进行处理。

异常处理可以提高程序的健壮性,学会如何处理异常、如何在程序中应用异常处理机制来提高所设计程序的健壮性,设计出更完善的程序将是同学们学习 Java 编程中的一个非常重要的知识点。

习　　题

一、选择题

1. 异常类层次结构的根类是(　　)类。

A. Error B. Exception C. Throwable D. RuntimeException

2. 库方法要从某些 catch 子句抛出异常是因为(　　)。

A. 使方法与某些规范一致 B. 标识无效的参数传递给了方法

C. A 和 B D. 以上选项都不是

3. 下列异常类中(　　)是其他异常类的父类。

A. EOFException B. FileNotFoundException

C. InterruptedIOException D. IOException

4. 当从 finally 子句抛出异常时,会发生的情况是(　　)。

A. 最初异常丢失

B. JVM 搜索方法调用堆栈寻找处理程序,找到时就处理异常,然后执行 finally 子句。在遇到新异常时 JVM 将重新处理程序

C. JVM 总会终止程序

D. 以上选项都不是

5. 下列 Throwable 方法(　　)返回了 Throwable 对象或 Throwable 的一个对象的引用。

A. fillInStackTrace B. printStackTrace

C. getMessage D. toString

二、简答题

1. 请列举八种常见的可能产生异常的情况。

2. 请分别简述关键字 throw 和 throws 的用途,并分析他们之间的差别。

3. 若 try 块未发生异常,try 块执行后,控制转向何处?

4. 如果发生了一个异常,但没有找到适当的异常处理程序,则会发生什么情况?

5. 若 try 块中有多个 catch 子句,这些 catch 子句排列次序的不同是否能保证程序执行效果相同?

6. 使用 finally 程序块的关键理由是什么?

7. 若同时有几个异常处理程序都匹配同一类型的引发对象,则会发生什么情况?

8. 在一个 catch 处理程序中不使用异常类的继承,怎样处理具有相同类型的错误?

9. 若一个程序引发一个异常,并执行了相应的异常处理程序。但是,在该异常处理程序中

又引发了一个同样的异常。这会导致无限循环吗？为什么？

三、程序设计

1.编写一个程序,包含一个 try 块和两个 catch 块,两个 catch 子句都有能力捕捉 try 块发生的异常。说明两个 catch 子句排列次序不同时程序产生的输出。

2.编写程序,说明引发一个异常是否一定会导致程序终止。

3.编写一个说明,用 catch(Exception e)可以捕捉各种不同异常的 Java 程序。

第 9 章

集 合 类

我们在前面学习过 Java 数组,Java 数组的程度是固定的,在同一个数组中只能存放相同的类型数据。数组可以存放基本类型的数据,也可以存入对象引用的数据。

在创建数组时,必须明确指定数组的长度,数组一旦创建,大小固定,不能改变。在许多应用的场合,一组数据的数目不是固定的,比如一个单位的员工数目是变化的,有员工跳槽,也有员工进来。

为了使程序方便地存储和操纵数目不固定的一组数据,JDK 中提供了 Java 集合类,所有 Java 集合类都位于 Java. util 包中,与 Java 数组不同,Java 集合不能存放基本数据类型数据,而只能存放对象的引用。本章将主要介绍以下内容:集合的概念、Collection 接口、Iterator 接口、Set 接口、List 接口、Map 接口、Collections 类等。

9.1 集合的概念

9.1.1 Java 中的集合概述

在常见用法中,集合(collection)和数学上直观的集(set)的概念是相同的。集是一个唯一项组,也就是说组中没有重复项。实际上,"集合框架"包含了一个 Set 接口和许多具体的 Set 类。但正式的集概念却比 Java 技术提前了一个世纪,那时英国数学家 George Boole 按逻辑正式地定义了集的概念。大部分人在小学时,通过我们熟悉的维恩图引入的"集的交"和"集的并"学到过一些集的理论。

集的基本属性如下:

(1)集内只包含每项的一个实例。

(2)集可以是有限的,也可以是无限的。

(3)可以定义抽象概念。

集不仅是逻辑学、数学和计算机科学的基础,对于商业和系统的日常应用来说,它也很实用。"连接池"这一概念就是数据库服务器的一个开放连接集。Web 服务器必须管理客户机和连接集。文件描述符提供了操作系统中另一个集的示例。

映射是一种特别的集。它是一种对(pair)集,每个对表示一个元素到另一元素的单向映射。一些映射示例有:

(1)IP 地址到域名(DNS)的映射。

（2）关键字到数据库记录的映射。

（3）字典（词到含义的映射）。

（4）2 进制到 10 进制转换的映射。

就像集一样，映射背后的思想比 Java 编程语言早得多，甚至比计算机科学还早。而 Java 中的 Map 就是映射的一种表现形式。

在具备了一些集的理论下，应该能够更轻松地理解"集合框架"。"集合框架"由一组用来操作对象的接口组成。不同接口描述不同类型的组。在很大程度上，一旦理解了接口，就理解了框架。虽然总要创建接口特定的实现，但访问实际集合的方法应该限制在接口方法的使用上；因此，允许更改基本的数据结构而不必改变其他代码。

集合是存放一组数据的容器，能够实现对数据的存储、检索和操纵。

集合的最大特点就是长度不固定，相对于长度固定的数组来说应用集合就显得游刃有余了。

集合的另一个特性就是：集合中必须存放对象。

9.1.2 Collection 接口

Collection 接口用于表示任何对象或元素组。想要尽可能以常规方式处理一组元素时，就使用这一接口。Collection 是 List 和 Set 的父类，并且它本身也是一个接口。它定义了作为集合所应该拥有的一些方法。集合必须只有对象，集合中的元素不能是基本数据类型。

想要尽可能以常规方式处理一组元素时，就使用这一接口。该接口中定义了以下方法：

1. 单元素添加、删除操作

（1）boolean add(Object o)：将对象添加给集合。

（2）boolean remove(Object o)：如果集合中有与 o 相匹配的对象，则删除对象 o。

2. 查询操作

（1）int size()：返回当前集合中元素的数量。

（2）boolean isEmpty()：判断集合中是否有任何元素。

（3）boolean contains(Object o)：查找集合中是否含有对象 o。

（4）Iterator iterator()：返回一个迭代器，用来访问集合中的各个元素。

3. 组操作：作用于元素组或整个集合

（1）boolean containsAll(Collection c)：查找集合中是否含有集合 c 中所有元素。

（2）boolean addAll(Collection c)：将集合 c 中所有元素添加给该集合。

（3）void clear()：删除集合中所有元素。

（4）void removeAll(Collection c)：从集合中删除集合 c 中的所有元素。

（5）void retainAll(Collection c)：从集合中删除集合 c 中不包含的元素。

4. Collection 转换为 Object 数组

（1）Object[] toArray()：返回一个内含集合所有元素的数组。

（2）Object[] toArray(Object[] a)：返回一个内含集合所有元素的数组。返回的数组和参数 a 的类型相同。

containsAll()方法允许您查找当前集合是否包含了另一个集合的所有元素，即另一个集合是否是当前集合的子集。其余方法是可选的，因为特定的集合可能不支持集合更改。addAll()方法确保另一个集合中的所有元素都被添加到当前的集合中，通常称为并。clear()方法从当前集合中除去所有元素。removeAll( )方法类似于 clear( )，但只除去了元素的一个子集。retainAll( )方法类似于 removeAll( )方法，不过可能感到它所做的与前面正好相反：它从当前集合中除去不属于另一个集合的元素。

此外，还可以把集合转换成其他任何类型的数组。但是，不能直接把集合转换成基本数据类型的数组，因为集合必须持有对象。

【例9.1】 Collection 接口的应用示例

```java
import java.util.ArrayList;
import java.util.Collection;
import java.util.Collections;
public class CollectionToArray {
    /**
     * @param args
     */
    public static void main(String[] args) {
        Collection collection1 = new ArrayList();
        collection1.add("000");
        collection1.add("111");
        collection1.add("222");
        System.out.println("集合 collection1 的大小:"+collection1.size());
        System.out.println("集合 collection1 的内容:"+collection1);
        collection1.remove("000");
        System.out.println("集合 collection1 移除000 后的内容:"+collection1);
        System.out.println("集合 collection1 中是否包含000:"+collection1.contains("000"));
        System.out.println("集合 collection1 中是否包含111:"+collection1.contains("111"));
        Collection collection2 = new ArrayList();
        collection2.addAll(collection1);
        System.out.println("集合 collection2 的内容"+collection2);
        collection2.clear();
        System.out.println("集合 collection2 是否为空:"+collection2.isEmpty());
        Object s[] = collection1.toArray();
        for(int i=0;i<s.length;i++){
            System.out.println(s[i]);
        }
    }
}
```

运行结果为：

集合 collection1 的大小:3
集合 collection1 的内容:[000, 111, 222]
集合 collection1 移除000 后的内容:[111, 222]
集合 collection1 中是否包含000:false
集合 collection1 中是否包含111:true
集合 collection2 的内容[111, 222]
集合 collection2 是否为空:true

111
222

9.2 Iterator 接口及应用

1. Iterator 接口

任何容器类,都必须由某种方式将东西放进去,然后由某种方式将东西取出来。毕竟,存放事物是容器最基本的工作。对于 ArrayList,add( )是插入对象的方法,而 get( )是取出元素的方式之一。ArrayList 很灵活,可以随时选取任意的元素,或使用不同的下标一次选取多个元素。

如果从更高层的角度思考,会发现这里有一个缺点:要使用容器,必须知道其中元素的确切类型。初看起来这没有什么不好的,但是考虑如下情况:如果原本是 ArrayList ,但是后来考虑到容器的特点,你想换用 Set,应该怎么做? 或者你打算写通用的代码,它们只是使用容器,不知道或者说不关心容器的类型,那么如何才能不重写代码就可以应用于不同类型的容器?

迭代器(iterator)是出于一种设计模式而形成的。在 Collection 中不提供 get( )方法。如果要遍历 Collectin 中的元素,就必须用 Iterator。

迭代器本身就是一个对象,它的工作就是遍历并选择集合序列中的对象,而客户端的程序员不必知道或关心该序列底层的结构。此外,迭代器通常被称为"轻量级"对象,创建它的代价小。但是,它也有一些限制,例如,某些迭代器只能单向移动。

Collection 接口的 iterator( )方法返回一个 Iterator 对象。Iterator 接口方法能以迭代方式逐个访问集合中各个元素,并安全地从 Collection 中除去适当的元素。方法如下:

(1) boolean hasNext( ):判断是否存在另一个可访问的元素。

(2) Object next ( ):返回要访问的下一个元素。如果到达集合结尾,则抛出 NoSuchElementException 异常。

(3) void remove( ):删除上次访问返回的对象。本方法必须紧跟在一个元素的访问后执行。如果上次访问后集合已被修改,方法将抛出 IllegalStateException。Iterator 中删除操作对底层 Collection 也有影响。

迭代器是故障快速修复(fail-fast)的。这意味着,当另一个线程修改底层集合的时候,如果正在用 Iterator 遍历集合,那么,Iterator 就会抛出 ConcurrentModificationException(另一种 RuntimeException)异常并立刻失败。

2. Iterator 接口的应用示例

【例 9.2】 应用示例一

```java
import java.util.ArrayList;
import java.util.Collection;
import java.util.Iterator;
public class IteratorTest {
    public static void main(String[] args) {
        Collection c = new ArrayList();
        c.add(new Integer(1));
        c.add(new Integer(2));
        c.add(new Integer(3));
```

```
c. add( new Integer(4) ) ;
Iterator it = c. iterator( ) ;
   while (it. hasNext( ) ) {
Object tem = it. next( ) ;//next( )的返回值为 Object 类型,需要转换为相应类型
   System. out. println ( ( (Integer) tem) . intValue( ) + " ") ;
   }
 }
}
```

【例9.3】 应用示例二

```
import java. util. * ;
public class IteratorTest1 {
public static void main(String[ ] args) {
  Collection c = new ArrayList( ) ;
  c. add("good") ;
  c. add("morning") ;
  c. add("key") ;
  c. add("happy") ;
  for (Iterator it = c. iterator( ) ; it. hasNext( ) ; ) {
    String tem = (String) it. next( ) ;
    if (tem. trim( ). length( ) <= 3) {
       it. remove( ) ;
    }
  }
  System. out. println(c) ;
}
}
```

【例9.4】 应用示例三

```
import java. util. ArrayList;
import java. util. Collection;
import java. util. Iterator;
public class IteratorDemo {
public static void main(String[ ] args) {
  Collection collection = new ArrayList( ) ;
  collection. add("s1") ;
  collection. add("s2") ;
  collection. add("s3") ;
  Iterator iterator = collection. iterator( ) ;//得到一个迭代器
  while (iterator. hasNext( )) {//遍历
    Object element = iterator. next( ) ;
    System. out. println("iterator =" + element) ;
  }
  if( collection. isEmpty( ))
    System. out. println("collection is Empty!") ;
  else
```

```
    System. out. println(″collection is not Empty! size=″+collection. size( ));
  Iterator iterator2=collection. iterator( );
  while (iterator2. hasNext( )) {//移除元素
    Object element=iterator2. next( );
    System. out. println(″remove:″+element);
    iterator2. remove( );
  }
  Iterator iterator3=collection. iterator( );
  if(! iterator3. hasNext( )) {//查看是否还有元素
    System. out. println(″还有元素″);
  }
  if( collection. isEmpty( ))
    System. out. println(″collection is Empty!″);
    //使用 collection. isEmpty( )方法来判断
}
}
```

程序的运行结果为:

iterator=s1

iterator=s2

iterator=s3

collection is not Empty! size=3

remove:s1

remove:s2

remove:s3

还有元素

collection is Empty!

Java 实现的这个迭代器的使用就是如此简单。迭代器虽然功能简单,但仍然可以帮助我们解决许多问题,同时针对 List 还有一个更复杂更高级的 ListIterator,在下面的 List 讲解中进一步介绍。

9.3　Set 接口及各个实现类

Set 接口继承 Collection 接口,而且它不允许集合中存在重复项,也不会按照添加的顺序进行排序。Set 接口没有引入新方法,是最简单的一种集合,集合中的对象不按特定方式排序,并没有重复对象。Set 接口主要有两个实现类:HashSet 类,还有一个子类 LinkedHashSet 类,它不仅实现了哈希算法,而且实现了链表数据结构,链表数据结构能提高插入和输出元素的性能。TreeSet 类实现了 SortedSet 接口,具有排序功能。

HashSet 基于散列表的集,加进散列表的元素要实现 hashCode( )方法以判断是否为同一个对象,无顺序,无重复。

那么,当一个新的对象加入到 Set 集合中,Set 的 add( )方法是如何判断这个对象是否已经存在于集合中的呢?

boolean isExists=false;

```
Iterator it = set. iterator( );
while( it. hasNext( ) )
{
    Object oldObject = it. next( );
        if( newObject. equals( oldObject) )
        {
            isExists = true;
            break;
        }
}
```

可见,Set 采用对象的 equals( )方法比较两个对象是否相等,而不是采用"= ="比较运算符,以下程序代码尽管两次调用了 Set 的 add( )方法。

实际上只加入了一个对象:

```
Set set = new HashSet( );
String s1 = new String("hello");
String s2 = new String("hello");
set. add( s1);
set. add( s2);
```

虽然变量 s1 和 s2 实际上引用的是两个内存地址不同的字符串对象,但是由于 s2. equals(s1)的比较结果为 true,因此 Set 认为他们是相等的对象,当第二次调用 Set 的 add( )方法时,add( )方法不会把 s2 引用的字符串对象加入到集合中。

HashSet 类是按照哈希算法来存取集合中的对象,具有很好的存取性能,当 HashSet 向集合中加入一个对象时,会调用对象的 hashCode( )方法获得哈希码,然后根据这个哈希码进一步计算出对象在集合中的存放位置。

在 Object 类中定义了 hashCode( )和 equals( )方法,Object 类的 euqals( )方法按照内存地址比较对象是否相等,因此如果 object1. equals(object2)为 true,表明 object1 变量和 object2 变量引用同一个对象,那么 object1 和 object2 的哈希码也应该相同。

如果用户定义的类覆盖了 Object 类的 equals( )方法,但是没有覆盖 Object 类的 hashCode( )方法,就会导致当 object1. equals(object2)为 true 时,而 object1 和 object2 的哈希码不一定一样,这样使 HashSet 无法正常工作。

LinkedHashSet 在 HashSet 中加入了链表数据结构,有顺序;TreeSet 可以排序,需要实现 Comparable 接口,并实现其 compareTo( )方法,可以排序。下面以 HashSet 为例。

【例 9.5】 HashSet 的使用——添加、删除、查找元素等基本操作的代码示例

```
Set<String> set = new HashSet<String>( );    //<String>为泛型:约束该集合中只能放 String 型数据,适用于所有集合
set. add("小王");
set. add("小张");
set. add("小张");
set. add("小李");
set. add("小赵");
set. add("小孙");//set. add(1);不能接受整型
System. out. println( set. size( ));
```

```
System. out. println( set. contains("小王"));
System. out. println( set. remove("小王"));
System. out. println( set. isEmpty());
```

【例9.6】 HashSet 的使用——转换成数组的示例

```
Object[ ] array1 = set. toArray();
for( Object i:array1) {    //遍历数组
    System. out. print((String)i);
}
String[ ] array2 = new String[set. size()];
set. toArray( array2);
for( String i:array2) {
    System. out. print(i);
}
```

【例9.7】 HashSet 的使用——添加或查找一个集合的示例

```
import java. util. HashSet;
import java. util. Iterator;
import java. util. Set;
public class LI9_7 {
    public static void main( String[ ] args) {
        Set<String>set1 = new HashSet<String>();
        set1. add("1");
        set1. add("2");
        set1. add("3");
        set1. add("4");
        set1. add("5");
        set1. addAll( set1);
        System. out. println( set1. containsAll( set1));
        Iterator<String>iterator = set1. iterator();
        while( iterator. hasNext()) {
            System. out. print( iterator. next());
        }
        for( String i:set) {//for( String i:set1) {
        System. out. print(i);
        }
    }
}
```

【例9.8】 Set 接口类型的集合的应用示例

```
import java. util. *;
public class SetTest {
public static void main ( String[ ] args) {
    Set s = new HashSet();
    s. add ("hello");
    s. add ("world");
    s. add ( new Integer(4));
```

```
s. add (new Double(1.2));
s. add ("hello"); // 相同的元素不会在 set 中重复存在
System. out. println (s);
}
}
```

【例 9.9】 TreeSet 集合的应用示例

```
import java. util. * ;
public class TreeSetTest {
public static void main (String[ ] args) {
  Set s = new TreeSet();
  s. add (new Integer(5));   s. add (new Integer(1));
  s. add (new Integer(4));   s. add (new Integer(2));
  s. add (new Integer(3));   s. add (new Integer(4));
  Iterator it = s. iterator();
  while (it. hasNext()) {
    Integer tem = (Integer) it. next();
    System. out. println (tem. intValue());
  }
}
}
```

9.4 List 接口及各个实现类

9.4.1 List 接口的特点

List(列表):集合中的对象按照检索位置排序,可以有重复对象,允许按照对象在集合中的索引位置检索对象,List 和数组有些相似。

List 的主要特征是元素已先行方式存储,集合中允许存放重复对象。

(1)List 接口主要的实现类包括:

① ArrayList:代表长度可变的数组。允许对元素进行快速的随机访问,但是向 ArrayList 中插入与删除元素的速度较慢。

② LinkedList:在实现中采用链表数据结构。对顺序访问进行了优化,向 List 中插入和删除元素的速度较快,随机访问速度则相对较慢,随机访问是指检索位于特定索引位置元素。

(2)关于索引方面的操作如下:

① void add(int index, Object element):在指定位置 index 上添加元素 element。

② boolean addAll(int index, Collection c):将集合 c 的所有元素添加到指定位置 index。

③ Object get(int index):返回 List 中指定位置的元素。

④ int indexOf(Object o):返回第一个出现元素 o 的位置,否则返回-1。

⑤ int lastIndexOf(Object o):返回最后一个出现元素 o 的位置,否则返回-1。

⑥ Object remove(int index):删除指定位置上的元素。

⑦ Object set(int index, Object element):用元素 element 取代位置 index 上的元素,并且返回旧的元素。

（3）List 接口不但以位置序列迭代遍历整个列表,还能处理集合的子集:

① ListIterator listIterator( ):返回一个列表迭代器,用来访问列表中的元素。

② ListIterator listIterator(int index):返回一个列表迭代器,用来从指定位置 index 开始访问列表中的元素。

③ List subList(int fromIndex, int toIndex):返回从指定位置 fromIndex(包含)到 toIndex(不包含)范围中各个元素的列表视图,对子列表的更改(如 add( ),remove( ) 和 set( ) 调用)对底层 List 也有影响。

9.4.2　ListIterator 接口

ListIterator 接口继承 Iterator 接口以支持添加或更改底层集合中的元素,还支持双向访问。ListIterator 没有当前位置,光标位于调用 previous 和 next 方法返回的值之间。

一个长度为 n 的列表,有 n+1 个有效索引值。下面介绍 ListIterator 接口中的各个方法的定义和功能。

（1）void add(Object o):将对象 o 添加到当前位置的前面。

（2）void set(Object o):用对象 o 替代 next 或 previous 方法访问的上一个元素。如果上次调用后列表结构被修改了,那么将抛出 IllegalStateException 异常。

（3）boolean hasPrevious( ):判断向后迭代时是否有元素可访问。

（4）Object previous( ):返回上一个对象。

（5）int nextIndex( ):返回下次调用 next 方法时将返回的元素的索引。

（6）int previousIndex( ):返回下次调用 previous 方法时将返回的元素的索引。

正常情况下,不用 ListIterator 改变某次遍历集合元素的方向——向前或者向后。虽然在技术上可以实现,但 previous( ) 后立刻调用 next( ),返回的是同一个元素。把调用 next( ) 和 previous( ) 的顺序颠倒一下,结果相同。

其中的 add( ) 操作在添加一个元素会导致新元素立刻被添加到隐式光标的前面。因此,添加元素后调用 previous( ) 会返回新元素,而调用 next( ) 则不起作用,返回添加操作之前的下一个元素。

9.4.3　LinkedList 类和 ArrayList 类

在 Java 的集合框架中有两种常规的 List 实现:ArrayList 和 LinkedList。使用两种 List 实现的哪一种取决于应用的特定需要。如果要支持随机访问,而不必在除尾部的任何位置插入或除去元素,那么,ArrayList 提供了可选的集合。但如果需要频繁地从列表的中间位置添加和除去元素,而只要顺序地访问列表元素,那么,LinkedList 实现更好。

ArrayList 对象是长度可变的对象引用数组。我们可以将其看作是能够自动增长容量的数组。

1. ArrayList 的使用——添加、更新、删除元素的应用示例

```
ArrayList al = new ArrayList( );
String letter[ ] = {"a","b","c","a"};        //arrayList. addAll( Arrays. asList( letter) );
for( int i = 0; i < letter. length; i++){
     al. add( letter[ i] );
}
```

```
al. set(3,"e");
al. remove(3);
```

2. ArrayList 的使用——获取元素的应用示例

```
for( int i=0;i< al. size( );i++) {
    System. out. println( col. get(i) );
}
```

如果利用 Iterator 接口实现上面的例题中的迭代功能,则应该为下面的代码:

```
Iterator list=al. iterator( );
while(list. hasNext( )) {
    System. out. println(list. next( ));
}
```

3. ArrayList 的使用——转换成数组的应用示例

```
Object[ ] objs =al. toArray( );
    for(int i=0;i<objs. length;i++) {
    System. out. println( objs[i]);
}
```

4. ArrayList 的使用——查找元素的应用示例

```
if ( al. contains("cwing") {
    System. out. println("ewing is contained in list");
}
int index=al. indexOf("ewing");
if(index < 0) {
    System. out. println("ewing is not contained in list");
}
else {
    System. out. println("ewing is contained in list and index is "+index);
}
```

9.4.4 LinkedList 类

LinkedList 类添加了一些处理列表两端元素的方法,下面为其类中的部分方法的定义及功能说明:

① void addFirst(Object o):将对象 o 添加到列表的开头。

② void addLast(Object o):将对象 o 添加到列表的结尾。

③ Object getFirst( ):返回列表开头的元素。

④ Object getLast( ):返回列表结尾的元素。

⑤ Object removeFirst( ):删除并且返回列表开头的元素。

⑥ Object removeLast( ):删除并且返回列表结尾的元素。

1. LinkedList( )构造方法

(1) LinkedList( )构造方法:构建一个空的链接列表。

(2) LinkedList(Collection c):构建一个链接列表,并且添加集合 c 的所有元素。

使用这些构造方法,可以轻松地把 LinkedList 当作一个堆栈、队列或其他面向端点的数据结构。

2. LinkedList 类的使用示例

```
LinkedList link = new LinkedList( );
link. add("a") ;
link. add("b") ;
link. addFirst("c") ;
link. addLast("e") ;
System. out. println("首尾元素值是" + link. getFirst( ) + ":" + link. getLast( )) ;
System. out. print("整个列表中的元素是:") ;
for( int i = 0 ; i < link. size( ) ; i++) {
        System. out. print( link. get( i) + ",") ;
}
```

【例 9.10】　List 类型的集合应用示例

```
import java. util. ArrayList;
import java. util. Arrays;
import java. util. Collection;
import java. util. Iterator;
public class TestList {
public static void main( String[ ] args) {
    Collection collection = new ArrayList( );
    System. out. println("集合为空吗:" + collection. isEmpty( )) ;
    collection. add("北京") ;
    collection. add("上海") ;
    collection. add("天津") ;
    collection. add("沈阳") ;
    collection. add("青岛") ;
    collection. add("香港") ;
    System. out. print("集合 1:") ;
    showCollection( collection) ;
    System. out. println("集合为空吗:" + collection. isEmpty( )) ;
    System. out. println("集合的大小:" + collection. size( )) ;
    Collection collection2 = new ArrayList( );
    collection2. addAll( collection) ;
    System. out. print("集合 2:") ;
    showCollection2( collection2) ;
    System. out. println("集合相等吗:" + collection2. equals( collection)) ;
    System. out. println("集台 1 中包含上海吗:" + collection. contains("上海")) ;
    collection. remove("上海") ;
    System. out. print("集合 1:") ;
    showCollection( collection) ;
    System. out. println("集合 1 中包含上海吗:" + collection. contains("上海")) ;
    System. out. println( collection2. equals( collection)) ;
    collection2. retainAll( collection) ;
    System. out. print("集合 2:") ;
    showCollection2( collection2) ;
```

```
        collection. remove("青岛");
        System. out. print("集合 1:");
        showCollection(collection);
        collection2. removeAll(collection);
        System. out. print("集合 2:");
        showCollection2(collection2);
        collection2. clear();
        System. out. println("集合 2 为空吗"+collection2. isEmpty());
        System. out. println(Arrays. toString(collection. toArray()));
        System. out. println(collection);
    }
    public static void showCollection(Collection collection) {
        for(Iterator iterator=collection. iterator(); iterator. hasNext();) {
            String str=(String)iterator. next();
            System. out. print(str+"\t");
        }
        System. out. println();
    }
    public static void showCollection2(Collection collection) {
        Iterator iterator=collection. iterator();
        while(iterator. hasNext()) {
            String str=(String)iterator. next();
            System. out. print(str+"\t");
        }
        System. out. println();
    }
}
```

9.5 Map 接口

Map 接口不是 Collection 接口的继承。Map 接口映射唯一关键字到值。关键字(key)是以后用于检索值的对象,给定一个关键字和一个值,可以存储这一对映射到一个 Map 对象中,然后就可以根据这个映射中的关键字来检索对应的值。

9.5.1 Map 的基本特性

其关键字不能重复,但值可以重复。基本方法如下:

1. 添加、删除操作

(1) Object put(Object key, Object value):将互相关联的一个关键字与一个值放入该映像。如果该关键字已经存在,那么与此关键字相关的新值将取代旧值。方法返回关键字的旧值,如果关键字原先并不存在,则返回 null。

(2) Object remove(Object key):从映像中删除与 key 相关的映射。

(3) void putAll(Map t):将来自特定映像的所有元素添加给该映像。

（4）void clear(）:从映像中删除所有映射。

其中的键和值都可以为 null。但是,不能把 Map 作为一个键或值添加给自身。

2. 查询操作

Object get(Object key):获得与关键字 key 相关的值,并且返回与关键字 key 相关的对象,如果没有在该映像中找到该关键字,则返回 null。

（1）boolean containsKey(Object key):判断映像中是否存在关键字 key。

（2）boolean containsValue(Object value):判断映像中是否存在值 value。

（3）int size( ):返回当前映像中映射的数量。

（4）boolean isEmpty( ):判断映像中是否有任何映射。

3. 视图操作:处理映像中键/值对组

（1）Set keySet( ):返回映像中所有关键字的视图集。

因为映射中键的集合必须是唯一的,用 Set 支持。还可以从视图中删除元素,同时,关键字和它相关的值将从源映像中被删除,但是不能添加任何元素。

（2）Collection values( ):返回映像中所有值的视图集。

可以从视图中删除元素,同时,值和它的关键字将从源映像中被删除,但是不能添加任何元素。

（3）Set entrySet( ):返回 Map. Entry 对象的视图集,即映像中的关键字/值对。因为映射是唯一的,用 Set 支持。还可以从视图中删除元素,同时,这些元素将从源映像中被删除,但是不能添加任何元素。

9.5.2 Map. Entry 接口

Map 的 entrySet( )方法返回一个实现 Map. Entry 接口的对象集合。集合中每个对象都是底层 Map 中一个特定的键/值对。通过这个集合的迭代器,可以获得每一个条目(唯一获取方式)的键或值并对值进行更改。当条目通过迭代器返回后,除非是迭代器自身的 remove( )方法或者迭代器返回的条目的 setValue( )方法,其余对源 Map 外部的修改都会导致此条目集变得无效,同时产生条目行为未定义。

（1）Object getKey( ):返回条目的关键字。

（2）Object getValue( ):返回条目的值。

（3）Object setValue(Object value):将相关映像中的值改为 value,并且返回旧值。

【例 9.11】　HashMap 的使用——添加、删除、查找、遍历操作的应用示例

```
Map<Integer, String> map = new HashMap<Integer, String>( );
map. put(1, "小王");
map. put(2, "小张");
map. put(3, "小李");
map. put(4, "小赵");
map. put(5, "小孙");
map. remove(2);
map. containsKey(3);
map. containsValue("小张");
System. out. println( map. size( ));
Set<Integer> keyset = map. keySet( );        //遍历 Map,方法一
```

```
Iterator<Integer> iterator = keyset. iterator( );
   while( iterator. hasNext( )) {
      int key = iterator. next( );
      System. out. print( key+"-"+map. get( key));
   } //
/ * 遍历 Map,方法二
   for( Integer key:map. keySet( )) {
      System. out. print( key+"-"+map. get( key));
   }
 * /
```

【例 9.12】 HashMap 的使用——视图的应用示例

```
Set<Entry<Integer, String>> set = map. entrySet( );有问题
Iterator iterator1 = set. iterator( );
while( iterator1. hasNext( )) {
   System. out. println( iterator1. next( ));
}
```

【例 9.13】 Map 类型的集合的应用示例

```
package com. px1987. collection;
import java. util. *;
public class MapTest1 {
public static void main( String args[ ]) {
   Map<String, Integer> m = new HashMap<String, Integer>( );
   for ( int i = 0; i < 5; i++) {
      m. put( String. valueOf( i), 1);
   }
   for ( int i = 0; i < 5; i++) {
      m. put( String. valueOf( i), 1);
   }
   System. out. println( m. size( ) + " distinct words detected:");
   System. out. println( m);
   Set<String> set = m. keySet( );
   Iterator it = set. iterator( );
   while ( it. hasNext( )) {
      System. out. println( m. get( it. next( )));
   }
}
}
```

9.6　Collections 类

1. Collections 类的主要功能

Collections 类完全由在 collection 上进行操作或返回 collection 的静态方法组成。它包含在 Collection 上操作的多态算法,即"包装器",能够实现对各种集合的搜索、排序、线程安全化

等操作。

2. 利用 Collections 类中的有关的方法实现对 ArrayList 的操作的示例

```java
ArrayList <String> list = new ArrayList<String>( );
list. add("b");
list. add("f");
list. add("c");
list. add("g");
list. add("a");
Collections. sort(list);
Collections. swap(list, 1,2);
Collections. reverse(list);
System. out. println( Collections. max(list));
for( String i :list) {
    System. out. print(i);
}
```

【例 9.14】 Collections 类的应用示例

```java
package com. px1987. collection;
import java. util. * ;
public class CollectionsTest {
    public static void main( String[ ] argc) {
    List aList= new ArrayList( );
    for ( int i= 0; i < 5; i++) {
      aList. add("a" + i);
    }
    System. out. println( aList);
    Collections. shuffle( aList);// 随机排列
    System. out. println( aList);
    Collections. reverse( aList);// 逆续
    System. out. println( aList);
    Collections. sort( aList);// 排序
    System. out. println( aList);
    System. out. println( Collections. binarySearch( aList, "a2"));
    Collections. fill( aList, "hello");
    System. out. println( aList);
    }
}
```

9.7 综合案例

1. 创建一个 ArrayList 集合对象,并为这个集合添加学生对象元素,同时采用两种方式获取集合中的对象。

```java
public class Student {
    String name;
```

```java
    int age;
    double height;
    double score;    //学分
    public Student( ) {
    }
    public void study( ) {
        score++;
    }
    public void sayHello( ){
        System. out. println("Hello,my name is "+name);
    }
}
import java. util. ArrayList;
import java. util. Iterator;
public class Arrary{
    public static void main( String[ ] args){
        Student[ ] stu=new Student[10];//int[ ] a=new int[10];
        stu[0]=new Student( );
        stu[0]. name="zhangsan";
        stu[0]. age=23;
        stu[1]=new Student( );
        stu[1]. name="lisi";
        stu[1]. age=24;
        ArrayList list=new ArrayList( );//集合可以装入无数个对象,长度没有限制
        list. add( stu[0]);
        list. add( stu[1]);
        Student stu1=new Student( );
        stu1. name="wangwu";
        stu1. age=23;
        list. add( stu1);
        ArrayList list1=new ArrayList(list);//获取集合对象
        System. out. println("第一种获取方式");
        Iterator iter=list. iterator( );
        while( iter. hasNext( ) ){
            Student s=( Student)iter. next( );
            s. sayHello( );
        }
        System. out. println("第二种获取方式");//第二种获取方式
        for( int i=0;i<list1. size( );i++){
            Student s=( Student)list1. get(i);
            s. sayHello( );
        }
    }
}
```

2. 对 HashMap 集合中的学生对象进行遍历输出。

```
public class Student{
    private String no;
    private String name;
    private int age;
    private double height;
    public Student( ) {
    }
    public Student(String no,String name,int age,double height) {
        this. no=no;
        this. name=name;
        this. age=age;
        this. height=height;
    }
    public String getNo( ) {
        return this. no;
    }
    public String getName( ) {
        return this. name;
    }
    public int getAge( ) {
        return this. age;
    }
    public double getHeight( ) {
        return this. height;
    }
    public void sayHello( ) {
        System. out. println("hello ,my name is "+this. name);
    }
}
import java. util. HashMap;
import java. util. Set;
import java. util. Iterator;
import java. util. TreeMap;
import java. util. Collection;
import java. util. Map;
public class HashMapDemo{
    public void printStudentInfo(Map map,Collection set) {
        Iterator iter=set. iterator( );
        while(iter. hasNext( )) {
            Student s=(Student)(map. get((String)iter. next( )));
            System. out. println("学号是"+s. getNo( )+"的学生的姓名是"+s. getName( )
                +"年龄是"+s. getAge( )+"身高是"+s. getHeight( ));
        }
```

```
    }
    public static void main(String[ ] args) {
        Student s1 = new Student("A123","张三",23,1.76);
        Student s2 = new Student("A124","李四",23,1.73);
        Student s3 = new Student("A125","王五",23,1.77);
        HashMap map = new HashMap();//TreeMap map = new TreeMap();
        map.put(s1.getNo(),s1);
        map.put(s2.getNo(),s2);
        map.put(s3.getNo(),s3);
        Set set = map.keySet();
        HashMapDemo hmd = new HashMapDemo();
        hmd.printStudentInfo(map,set);
    }
}
```

3. 编写一个类实现下面的功能;
(1)将几个字符串反转并显示;
(2)将几个字符串反转、显示并倒序输出每个字符串。

```
import java.util.Vector;
class VectorLine {
    Vector lineObj;
    VectorLine() {
        lineObj = new Vector();
    }
    void add(final String [ ] input) {
        for (int ctr=0; ctr < input.length; ctr++) {
            lineObj.addElement(input[ctr]);
        }
    }
    void reverse() {//反转并显示 Vector 对象的值
        System.out.println("\\n* * * * * * * * * * * * * * * * * * * *");
        System.out.println("倒序显示的内容");
        System.out.println("* * * * * * * * * * * * * * * * * * * *");
        for (int ctr=lineObj.size() - 1; ctr >= 0; ctr--) {
            System.out.println(lineObj.elementAt(ctr));
        }
    }
    void sort() {//倒序存储值
        System.out.println("* * * * * * * * * * * * * * * * * * * * * * * * * * *");
        System.out.println("按降序分类的内容");
        System.out.println("* * * * * * * * * * * * * * * * * * * * * * * * * * * * *");
        while (lineObj.size() ! = 0) {
            String displayLine = (String) (lineObj.elementAt(0));
            int linenumber=0;
            for (int ctr=1; ctr < lineObj.size(); ctr++) {
```

```
                if ( ( ( String) lineObj. elementAt( ctr) ) . compareTo( displayLine) > 0) {
                    displayLine = (String) lineObj. elementAt( ctr) ;
                    linenumber = ctr;
                }
            }
            System. out. println( displayLine) ;
            lineObj. remove( linenumber) ;
        }
    }
}
class VectorLineTest {//这个程序测试 VectorLine 类
    protected VectorLineTest( ) {
    }
    public static void main( String[ ] args) {
        VectorLine vectorLineObj = new VectorLine( ) ;
        vectorLineObj. add( args) ;
        vectorLineObj. reverse( ) ;
        vectorLineObj. sort( ) ;
    }
}
```

4. 定义客户的邮件地址类,其属性包括 name,street,city,state,country 和 pincode。并利用 ArrayList 集合用于存储客户的邮件地址,再编写一个测试类测试正确性。

```
    import java. util. ArrayList;
    class MailAddress {//用户定义的类用于存储客户的邮件地址
        String name;
        String street;
        String city;
        String state;
        String country;
        String pincode;
        MailAddress( final String lastName, final String streetName,
        final String cityName, final String stateName,
        final String countryName, String pin) {
            name = lastName;
            street = streetName;
            city = cityName;
            state = stateName;
            country = countryName;
            pincode = pin;
        }
        public String toString( ) {
            return "\\nName : " + name + "\\nStreet : " + street + "\\nCity : "
            + city + "State : " + state + "\\nCountry : " + country
            + "\\nPinCode : " + pincode + "\\n";
```

```
        }
    }
class MailAddressArrayList {
    ArrayList addressObj;
    MailAddressArrayList( ) {
        addressObj = new ArrayList( );
    }

    void add( ) { // 将值添加到 ArrayList
        addressObj. add( new MailAddress( "David Clarke", "10 Downing Street",
            "London", "London", "United Kingdom", "110022" ) );
        addressObj. add( new MailAddress( "John Lenon", "12 Park Avenue",
            "California", "California", "USA", "210033" ) );
        addressObj. add( new MailAddress( "Stefii Graff", "14 Maple Lane",
            "Mahoma", "Sydney", "Australia", "412033" ) );
    }

    void display( ) { //显示 ArrayList 的值
        System. out. println( "\n * * * * * * * * * * * * * * * * * * * * * * * * * * *" );
        System. out. println( "客户电子邮件地址" );
        System. out. println( " * * * * * * * * * * * * * * * * * * * * * * * * * * * *" );
        System. out. println( addressObj. toString( ) );
    }
}
class MailAddressTest {// 这个程序测试 MailAddressArrayList 类
    protected MailAddressTest( ) {
    }
    public static void main( String[ ] args ) {
        MailAddressArrayList mailAddressObj = new MailAddressArrayList( );
        mailAddressObj. add( );
        mailAddressObj. display( );
    }
}
```

5. 定义职员集合类,存储职员姓名,并利用 LinkedList 集合编程实现下列功能,并编写测试类测试:

(1)添加职员姓名;

(2)显示职员姓名;

(3)搜索姓名中含有某个值的姓名。

```
import java. util. LinkedList;
import java. util. Random;
import java. util. Collections;
class EmployeeList { //这个程序演示 LinkedList 类的使用
    LinkedList employeeListObj;
    EmployeeList( ) {
        employeeListObj = new LinkedList( );
    }
```

```
        void add( ) {// 添加值
            employeeListObj. add("John Alex");
            employeeListObj. add("Miller Scott");
            employeeListObj. add("John Anna");
            employeeListObj. add("Johnson Jack");
            employeeListObj. add("Hunter Jeff");
            employeeListObj. add("Williams Serena");
            employeeListObj. add("Williams Venus");
        }
        void display( ) {//显示值
            System. out. println("\\n * * * * * * * * * * * * * * * * * * * * * * * * *");
            System. out. println("检索 LinkedList 中的对象");
            System. out. println(" * * * * * * * * * * * * * * * * * * * * * * * * * *");
            System. out. println( );
            for ( int ctr=0; ctr < employeeListObj. size( ); ctr++) {
                System. out. print( employeeListObj. get( ctr) + "\\n");
            }
            System. out. println( );
        }
        void search(final String str) {//搜索含有某个值的名称
                System. out. println(" * * * * * * * * * * * * * * * * * * * * * * * *");
                System. out. println("搜索指定对象从 LinkedList 中");
System. out. println(" * * * * * * * * * * * * * * * * * * * * * * * * * *");
                System. out. println( );
for ( int ctr=0; ctr < employeeListObj. size( ); ctr++) {
                Object name=employeeListObj. get( ctr);
                if ( name. toString( ). startsWith("John")) {
                        System. out. println( name);
                    }
                }
        }
        void shuffle( ) {// 打乱值
            System. out. println("\\n * * * * * * * * * * * * * * * * * * * * * *");
            System. out. println("随机打乱元素");
            System. out. println(" * * * * * * * * * * * * * * * * * * * * * * * * * * * * *");
            System. out. println( );
            System. out. println("职员列表（之前）  : " + employeeListObj);
            System. out. println( );
            Collections. shuffle( employeeListObj, new Random( ));
            System. out. println("职员列表（之后）  : " + employeeListObj);
        }
}
class EmployeeListTest {//这个程序测试 EmployeeList 类
    protected EmployeeListTest( ) {
    }
    public static void main(String [ ] args) {
        EmployeeList employeeObj=new EmployeeList( );
```

```
        employeeObj. add( );
        employeeObj. display( );
        employeeObj. search("John");
        employeeObj. shuffle( );
    }
}
```

本 章 小 结

我们介绍了集中常用 Java 集合类的特点和使用方法,为了保证集合正常工作,有些集合类对存放的对象有特殊要求:HashSet 和 HashMap 具有好的性能,是 Set 和 Map 首选的实现类,只有在需要排序的场合,才考虑用 TreeSet 和 TreeMap。LinkedList 和 ArrayList 各有优缺点,如果经常对元素之间插入和删除操作,那么可用 LinkedList,如果经常随机访问元素,那么可用 ArrayList。

习 题

一、选择题

1. 可实现有序对象的操作有哪些?（　　）

A. HashMap　　　　B. HashSet　　　　C. TreeMap　　　　D. LinkedList

2. 迭代器接口(iterator)所定义的方法是(　　)。

A. hasNext( )　　　　　　　　　B. next( )

C. remove( )　　　　　　　　　D. nextElement( )

3. 欲构造 ArrayList 类的一个实例,此类继承了 List 接口,下列哪个方法是正确的?（　　　　）

A. ArrayList myList＝new Object( )；　B. ArrayList myList＝new List( )；

C. List myList＝new ArrayList( )；　　D. List myList＝new List( )；

二、判断题

1. Map 接口是自 Collection 接口继承而来。(　　)

2. 集合 Set 是通过键/值对的方式来存储对象的。(　　)

3. Arrays 类主要对数组进行操作。(　　)

4. 在集合中元素类型必须是相同的。(　　)

5. 集合中可以包含相同的对象。(　　)

6. 枚举接口定义了具有删除功能的方法。(　　)

三、简答题

1. Vector 与 ArrayList 的区别是什么?

2. HashMap 与 TreeMap 的区别是什么?

3. Set 里的元素是不能重复的,那么用什么方法来区分重复与否呢? 是用＝＝还是 equals( )? 它们有何区别?

四、编程题

某中学有若干学生(学生对象放在一个 List 中),每个学生有一个姓名属性(String)、班级名称属性(String)和考试成绩属性(int),某次考试结束后,每个学生都获得了一个考试成绩。请打印出每个班级的总分和平均分。

第*10*章

多 线 程

迄今为止,我们开发的 Java 程序大多是单线程的,即一个程序只有一条从头至尾的执行线索,当程序执行过程中因为等待某个 I/O 操作而受阻时,其他部分的程序同样无法执行。然而现实世界中很多过程都具有多条线索同时工作,例如,生物的进化,就是多方面多种因素共同作用的结果,再如服务器可能需要同时处理多个客户机的请求等,这就需要我们编写的程序也要支持多线程的工作。

多线程是指同时存在几个执行体,按几条不同的执行线索共同工作的情况。Java 语言的一个重要功能特点就是内置对多线程的支持,它使得编程人员可以很方便地开发出具有多线程功能,能同时处理多个任务的功能强大的应用程序。在 Java 语言中,不仅语言本身有多线程的支持,可以方便地生成多线程的程序,而且运行环境也利用多线程的应用程序并提供多种服务。

10.1　Java 中的线程

10.1.1　线程的基本概念

程序是一段静态的代码,它是应用软件执行的蓝本。进程是程序的一次动态执行过程,它对应了从代码加载、执行到执行完毕的一个完整过程,这个过程也是进程从产生、发展到消亡的过程。作为执行蓝本的同一段程序,可以被多次加载到系统的不同内存区域分别执行,形成不同的进程。

线程是比进程更小的执行单位。一个进程在其执行过程中,可以产生多个线程,形成多条执行线索。每条线索,即每个线程也有它自身的产生、存在和消亡的过程,是一个动态的概念。我们知道,每个进程都有一段专用的内存区域,并以 PCB 作为它存在的标志,与此不同的是,线程间可以共享相同的内存单元(包括代码与数据),并利用这些共享单位来实现数据交换、实时通信与必要的同步操作。

多线程的程序能更好地表述和解决现实世界的具体问题,是计算机应用开发和程序设计的一个必然发展趋势。

Java 提供的多线程功能使得在一个程序里可同时执行多个小任务,CPU 在线程间的切换非常迅速,使人们感觉到所有线程好像是同时进行似的。多线程带来的更大的好处是实现了更好的交互性能和实时控制性能,当然,实时控制性能还取决于操作系统本身。

10.1.2　Java 的 Thread 类和 Runnable 接口

Java 中编程实现多线程应用有两种途径:一种是创建用户自己的线程子类,另一种是在用户自己的类中实现 Runnable 接口。

1. Thread 类

Thread 类是一个具体的类,该类封装了线程的属性和行为。

(1)构造函数。Thread 类的构造函数有多个,比较常用的有如下几个:

①public Thread();

这个方法创建了一个默认的线程类的对象。

②public Thread(Runnable target);

这个方法在上一个构造函数的基础上,利用一个实现了 Runnable 接口参数对象 Target 中所定义的 run()方法,以便初始化或覆盖新创建的线程对象的 run()方法。

③public Thread(String name);

这个方法在第一个构造函数创建一个线程的基础上,利用一个 String 类的对象 name 为所创建的线程对象指定了一个字符串名称供以后使用。

④public Thread(ThreadGroup group, Runnable target);

这个方法在第二个构造函数创建一个初始化了 run()方法的线程基础上,利用给出的 ThreadGroup 类的对象为所创建的线程指定了所属的线程组。

⑤public Thread(ThreadGroup group, String name);

这个方法在第三个构造函数创建了一个指定了一个字符串名称的线程对象的基础上,利用给出的 ThreadGroup 类的对象为所创建的线程指定了所属的线程组。

⑥public Thread(ThreadGroup group, Runnable target, String name);

这个方法综合了上面提到的几种情况,创建了一个属于 group 的线程组,用 target 对象中的 run()方法初始化了本线程中的 run()方法,同时还为线程指定了一个字符串名。

利用构造函数创建新线程对象之后,这个对象中的有关数据即被初始化,从而进入线程生命周期的第一个阶段——新建阶段。

(2)线程优先级。Thread 类有三个有关线程优先级的静态常量:

public static final int MAX _ PRIORITY

public static final int NORM _ PRIORITY

public static final int MIN _ PRIORITY

其中 MAX _ PRIORITY 代表最高优先级,通常是 10;NORM _ PRIORITY 代表普通优先级,通常是 5;MIN _ PRIORITY 代表最低优先级,通常是 1。

对应一个新建线程,系统会根据如下的原则为其定义优先级:

①新建线程将继承创建它的父线程的优先级。父线程是指执行创建新线程对象语句的线程,它可能是程序的主线程,也可能是某一个用户自定义的线程。

②一般情况下,主线程具有普通优先级。

另外,用户可以通过调用 Thread 类的方法 setPriority()来修改系统自动设定的线程优先级,使之符合程序的特定需要:

public final void setPriority(int newPriority)

(3)其他主要方法。

①启动线程的 start( )方法：public void start( )。

start( )方法将启动线程对象，使之从新建状态转入到就绪状态并进入就绪队列排队。

②定义线程操作的 run( )方法：public void run( )。

Thread 类的 run( )方法是用来定义线程对象被调用之后所执行的操作，都是系统自动调用而用户程序不得引用的方法。系统的 Thread 类中，run( )方法没有具体内容，所以用户程序需要创建自己的 Thread 类的子类，并定义新的 run( )方法来覆盖原来的 run( )方法。

run( )方法将运行线程，使之从就绪队列状态转入到运行状态。

③使线程暂时休眠的 sleep( )方法：

public static void sleep(long millis) throws InterruptedException

//millis 是以毫秒为单位的休眠时间

线程的调度执行是按照其优先级的高低顺序进行的，当高级线程未完成，即未死亡时，低级线程没有机会获得处理器。有时，优先级高的线程需要优先级低的线程做一些工作来配合它，或者优先级高的线程需要完成一些费时的操作，此时优先级高的线程应该让出处理器，使优先级低的线程有机会执行。为达到这个目的，优先级高的线程可以在它的 run( )方法中调用 sleep( )方法来使自己放弃处理器资源，休眠一段时间。休眠时间的长短由 sleep( )方法的参数决定。进入休眠的线程仍处于活动状态，但不被调度运行，直到休眠期满。它可以被另一个线程用中断唤醒。如果被另一个线程唤醒，则会抛出 InterruptedException 异常。

④中止线程的 stop( )方法：

public final void stop( )

public final void stop(Throwable obj)

程序中需要强制终止某线程的生命周期时可以使用 stop( )方法。stop( )方法可以由线程在自己的 run( )方法中调用，也可以由其他线程在其执行过程中调用。

stop( )方法将会使线程由其他状态进入死亡状态。

⑤向其他线程退让运行权的 yield( )方法：public static native void yield( )。

此方法使当前运行线程将运行权让给其他可运行的线程，这将导致一个可运行线程开始运行。如果未找到其他可以运行的线程，当前线程将继续运行。

有些平台上，进入持续循环的线程会占据处理器，使其他线程长期等待。为了避免这种情况，这样的线程应调用 yield( )方法把处理器交给其他线程。

⑥判断线程是否未消亡的 isAlive( )方法：public final native Boolean isAlive( )。

在调用 stop( )方法终止一个线程之前，最好先用 isAlive( )方法检查一下该线程是否仍然存活，杀死不存在的线程可能会造成系统错误。

2. Runnable 接口

Runnable 接口只有一个方法 run( )，所有实现 Runnable 接口的用户类都必须具体实现这个 run( )方法，为它书写方法体并定义具体操作。Runnable 接口中的这个 run( )方法是一个较特殊的方法，它可以被运行系统自动识别和执行；具体地说，当线程被调度并转入运行状态时，它所执行的就是 run( )方法中规定的操作。所以，一个实现 Runnable 接口的类实际上定义了一个主线程之外新线程的操作，而定义新线程的操作和执行流程，是实现多线程应用的最主要和最基本的工作之一。

10.2 Java 多线程并发程序

如前所述,在程序中实现多线程并发程序有两个途径:一个是创建 Thread 类的子类;另一个是实现 Runnable 接口。无论采用哪种方式,程序员可以控制的关键性操作有两个:

(1)定义用户线程的操作,即定义用户线程中的 run( )方法。

(2)在适当的时候建立用户线程并用 start( )方法启动线程,如果需要,还要在适当的时候休眠或挂起线程。

下面通过具体的例子来解释如何设计 Java 多线程程序。

10.2.1 使用 Thread 类的子类

在这种方式中,创建一个线程,程序员必须创建一个从 Thread 类导出的新类。程序员必须覆盖 Thread 的 run( ) 函数来完成所需的工作。用户并不直接调用此函数,而是必须调用 Thread 的 start( ) 函数,该函数再调用 run( )。

【例 10.1】 用于显示时间的多线程程序 TimePrinter. java

```java
import java.util. * ;
class TimePrinter extends Thread {          //定义了 Thread 类的子类 TimePrinter 类
    int pauseTime;
    String name;

    public TimePrinter( int x, String n) {    //构造函数
        pauseTime=x;
        name=n;
    }
    public void run( ) {                      //用户重载了 run( )方法,定义了线程的任务
        while( true) {
            try {
                System. out. println( name + ":" + new
                    Date( System. currentTimeMillis( )));
                Thread. sleep( pauseTime);
            } catch( Exception e) {           //有可能抛出线程休眠被中断异常
                System. out. println( e);
            }
        }
    }
    public static void main( String args[ ]) {
        TimePrinter tp1=new TimePrinter( 1000, "Fast Guy");      //线程的创建
        tp1. start( );                                          //线程的启动
        TimePrinter tp2=new TimePrinter( 3000, "Slow Guy");
        tp2. start( );
    }
}
```

这个程序是 Java Application，其中定义了一个 Thread 类的子类 TimePrinter 类。在 TimePrinter 类中重载了 Thread 类中的 run() 方法，用来显示当前时间，并休眠一段时间；为了防止在休眠的时候被打断，则用了一个 try...catch 块进行了异常处理。在 TimePrinter 类中的 main() 方法根据不同的参数创建了两个新的线程 Fast Guy 和 Slow Guy 并分别启动它们，则这两个线程将轮流运行，当 Fast Guy 休眠时 Slow Guy 运行，当 Slow Guy 休眠时 Fast Guy 运行。而 Fast Guy 休眠 1 s，Slow Guy 休眠 3 s，因此 Fast Guy 运行 3 次，Slow Guy 才运行一次，程序运行效果如图 10.1 所示。

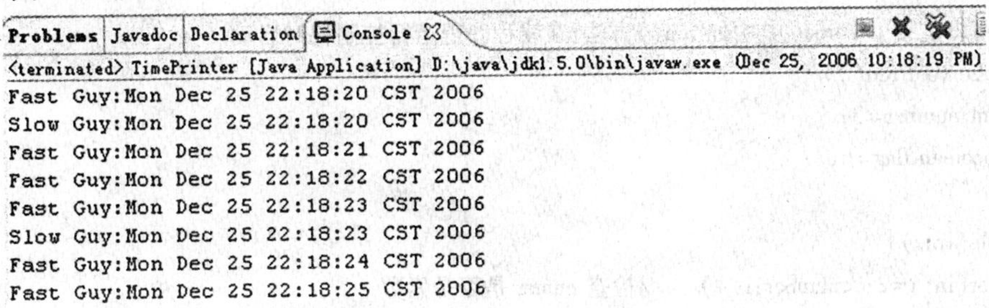

```
Problems  Javadoc  Declaration  🖳 Console ☒                    ▣  ✖ ✖
<terminated> TimePrinter [Java Application] D:\java\jdk1.5.0\bin\javaw.exe (Dec 25, 2006 10:18:19 PM)
Fast Guy:Mon Dec 25 22:18:20 CST 2006
Slow Guy:Mon Dec 25 22:18:20 CST 2006
Fast Guy:Mon Dec 25 22:18:21 CST 2006
Fast Guy:Mon Dec 25 22:18:22 CST 2006
Fast Guy:Mon Dec 25 22:18:23 CST 2006
Slow Guy:Mon Dec 25 22:18:23 CST 2006
Fast Guy:Mon Dec 25 22:18:24 CST 2006
Fast Guy:Mon Dec 25 22:18:25 CST 2006
```

图 10.1　例 10.1 的运行效果

【例 10.2】　利用用户创建的子类实现多线程的示例程序 ThreadTest. java

```java
public class ThreadTest{                              //应用程序主类
  public static void main(String args[]){
    if(args. length<1){
      //要求用户输入一个用户行,否则运行不下去
      System. out. println("请输入一个命令行参数");
      System. exit(0);
    }
    //创建一个用户线程 myprime,使它处于新建状态
    primeThread myprime = new primeThread(Integer. parseInt(args[0]));
    myprime. start();                  //启动用户线程,处于就绪状态
    while(myprime. isAlive()&&myprime. ReadyToGoOn()){
      try{
        //使当前的主线程休眠0.5 s,以便使用户线程可以取得运行控制权
        Thread. sleep(500);
      }
      catch(Exception e){            //sleep()方法可能会抛出的异常
        return;
      }
      System. out. println("Counting the prime number... \\n");
    }
    myprime. stop();
  }
}

class primeThread extends Thread{        //用户定义的子线程类
  boolean m _ continue=true;              //标志本线程是否继续
```

```
        int m _ circlenum;                    //循环的上限

    primeThread( int num) {
        m _ circlenum = num;
    }
    boolean ReadyToGoOn( ) {
        return( m _ continue);
    }
    //用户重载了 Thread 类中的 run( )方法,在线程获得运行控制权时启动
    public void run( ) {
        int number = 3;
        boolean flag = true;

    while( true) {
        for( int i = 2;i < number;i++)    //检查 numer 是否是素数
            if( number% i = = 0)
                flag = false;
        if( flag)
            System. out. println( number+"是素数");
        else
            System. out. println( number+"不是素数");
        number++;
        if( number > m _ circlenum)   //到了循环的上限
            m _ continue = false;            //准备结束本次线程
        flag = true;
        try {
            sleep(600);                     //子线程休眠,把控制权还给主线程
        }
        catch( Exception e) {
            return;
        }
    }
    }
}
}
```

这个程序是一个 Java 应用程序,其中定义了两个类,一个是程序的主类 ThreadTest,另一个是用户自定义的 Thread 类的子类 primeThread。程序的主线程,即 ThreadTest 主类的 main( )方法首先根据用户输入的命令行参数创建一个 primeThread 类的对象,并调用 start( )方法启动这个子线程对象,使之进入就绪状态。主线程首先输出一行信息表示自己在活动,然后调用 sleep( )方法使自己休眠一段时间以便子线程获得处理器(因为由主线程创建的子线程的优先级和主线程本身是一样的,如果主线程不让出处理器,则子线程无法获得运行控制权,只有等到主线程完全运行结束了才能得到处理器),进入运行状态的子线程将检查一个数值是否是素数并显示出来,然后休眠一段时间,以便父线程得到处理器,获得处理器的父线程将显示一行信息表示自己在活动,然后再休眠让子线程活动……每次子线程启动都检查一个新的增大

一个的数值是否为素数并打印,直至该数大于其规定的上限,此时主线程将杀死子线程,然后主线程也结束。程序的运行效果如图 10.2、图 10.3 所示。

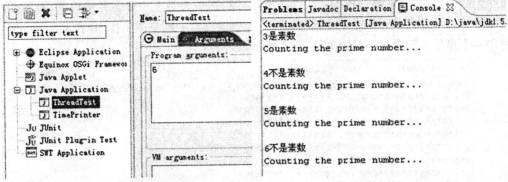

图 10.2 例 10.2 设置的运行参数   图 10.3 例 10.2 的运行效果

【例 10.3】 演示 yield( )方法的效果

```java
import java.io. * ;
public class MainClass {
public static void main(String args[ ]){
  for( int i=0;i<10;i++){
    (new Worker(i)). start( );
  }
}
}

class Worker extends Thread{
  int id;
  static int lastRunningWorker;
  Worker( int id){
    this. id=id;
  }
  public void run( ){
    while( true){
      synchronized( this){
        if( id!  =lastRunningWorker){
          System. out. print( id);
          System. out. print(" * ");

          if(++printcount%20= =0)//错误,没有修改
            System. out. println( );
          lastRunningWorker=id;
          Thread. yield( );
        }
      }
    }
```

```
    }
  }
```

这个程序表明 yield( )方法的运行效果,它创建了若干密集计算的线程。为了表示一个工作者开始运行,工作者不停地检查一个静态域以判断它是否是上一个运行的线程;若不是,它将打印其标志号以表明它现在正在运行。每个工作者都做一定量的工作,并在调用 yield( )之前打印一个星号。程序运行效果如图 10.4 所示。

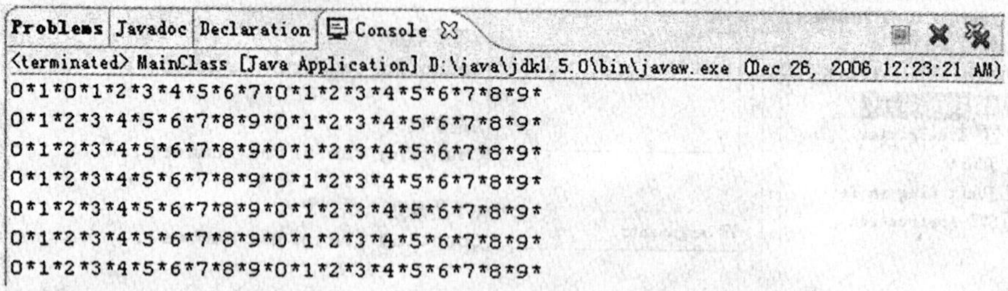

```
Problems  Javadoc  Declaration  Console ✖                    ▣  ✖  ✖✖
<terminated> MainClass [Java Application] D:\java\jdk1.5.0\bin\javaw.exe (Dec 26, 2006 12:23:21 AM)
0*1*0*1*2*3*4*5*6*7*0*1*2*3*4*5*6*7*8*9*
0*1*2*3*4*5*6*7*8*9*0*1*2*3*4*5*6*7*8*9*
0*1*2*3*4*5*6*7*8*9*0*1*2*3*4*5*6*7*8*9*
0*1*2*3*4*5*6*7*8*9*0*1*2*3*4*5*6*7*8*9*
0*1*2*3*4*5*6*7*8*9*0*1*2*3*4*5*6*7*8*9*
0*1*2*3*4*5*6*7*8*9*0*1*2*3*4*5*6*7*8*9*
0*1*2*3*4*5*6*7*8*9*0*1*2*3*4*5*6*7*8*9*
```

图 10.4   例 10.3 的运行效果

创建用户自定义的 Thread 子类的途径虽然简单易用,但是要求必须有一个以 Thread 为父类的用户子类,假设用户子类需要有另一个父类,例如 Applet 类,则根据 Java 单重继承的原则,上述途径就不行了。这时可以考虑用 Runnable 接口这种方法。

10.2.2　实现 Runnable 接口

在这种方式中,可以通过实现 Runnable 接口的方法来定义用户线程的操作。Runnable 接口只有一个方法 run( ),实现这个接口,就必须要定义 run( )方法的具体内容,用户新建线程的操作也由这个方法来决定。定义了 run( )方法后,这个类就可以视为多个线程来工作。

【例 10.4】　采用实现 Runnable 接口的方法,实现显示时间的多线程程序。

```java
import java.util. * ;

class TimePrinter implements Runnable{    //定义了实现了 Runnable 接口的子类 TimePrinter 类
  int pauseTime;
  String name;
  public TimePrinter(int x, String n) {    //构造函数
    pauseTime = x;
    name = n;
  }
  public void run( ) {                      //用户重载了 run( )方法,定义了线程的任务
    while(true) {
      try {
        System. out. println( name + ":" + new
          Date( System. currentTimeMillis( )));
        Thread. sleep(pauseTime);
      } catch(Exception e) {                //有可能抛出线程休眠被中断异常
        System. out. println(e);
      }
    }
  }
```

```
    }
    static public void main(String args[ ]) {
        Thread t1 = new Thread(new TimePrinter(1000, "Fast Guy"));
        t1.start( );
        Thread t2 = new Thread(new TimePrinter(3000, "Slow Guy"));
        t2.start( );
    }
}
```

这个程序实现了例 10.1 程序的相同功能,其他方面都是相同的,唯一不同的地方是例 10.1 中使用了继承 Thread 类的方法,而这个程序中使用了实现 Runnable 接口的方式,它们最后运行后的效果也是完全一样的。可见用这两种方式实现多线程的程序效果是相同的。例 10.4 的运行效果如图 10.5 所示。

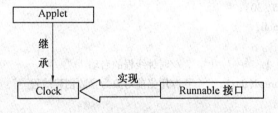

```
Problems  Javadoc  Declaration  ☐ Console  ⌗
<terminated> TimePrinter (1) [Java Application] D:\java\jdk1.5.0\bin\javaw.exe (Dec 26, 2006 12:25:53 AM)
Fast Guy:Tue Dec 26 00:25:54 CST 2006
Slow Guy:Tue Dec 26 00:25:54 CST 2006
Fast Guy:Tue Dec 26 00:25:55 CST 2006
Fast Guy:Tue Dec 26 00:25:56 CST 2006
Slow Guy:Tue Dec 26 00:25:57 CST 2006
Fast Guy:Tue Dec 26 00:25:57 CST 2006
Fast Guy:Tue Dec 26 00:25:58 CST 2006
```

图 10.5　例 10.4 的运行效果

还有一种 Runnable 接口使用得更加广泛的情况是已经有了一个父类的用户类,由于 Java 是单继承的,如果要实现多线程,则只有用 Runnable 接口来实现;然后在实现了 Runnable 接口的用户类中定义用户自己的 run( )方法。单用户程序需要建立新线程,只要以这个实现了 run( )方法的类为参数创建系统类 Thread 的对象,就可以把用户实现的 run( )方法继承过来。

```
        ┌──────────┐
        │  Applet  │
        └──────────┘
           │
         继
         承
           ↓
        ┌──────────┐      实现      ┌──────────────┐
        │  Clock   │ ⇐──────────── │ Runnable 接口 │
        └──────────┘               └──────────────┘
```

图 10.6　例 10.5 类结构图

例 10.5 通过一个比较复杂的例子来说明这种方法在设计 Java Applet 中的应用。在下面的程序中设计一个 Java Applet,用来模拟时钟的走时,同时显示时间的变化;通过定义用户的子类 Clock 来设计这个程序。因为这是一个 Applet,所以 Clock 必须是 Applet 类的子类,而要模拟钟的走时,又要用到用户的线程,所以只有采用实现 Runnable 接口的方法。程序结构如图 10.6 所示,运行效果如图 10.7 所示。

【例 10.5】　模拟时钟的 Java Applet 程序 Clock.java

```
import java.util. * ;
import java.awt. * ;
import java.applet. * ;
import java.text. * ;
```

图 10.7　例 10.5 的运行效果

```java
public class Clock extends Applet implements Runnable {
    private volatile Thread timer;          //用来显示时间的子线程
    private SimpleDateFormat formatter;     //用于格式化显示的时间
    private String lastdate;                //用于显示时间的字符串
    private Date currentDate;               //时间对象

    public void init() {                    //用户 Applet 的初始化
        formatter = new SimpleDateFormat("EEE MMM dd hh:mm:ss yyyy",
                                        Locale.getDefault());
        currentDate = new Date();
        lastdate = formatter.format(currentDate);
        currentDate = null;
        resize(300,50);                     //设置窗体的大小
    }
    public void paint(Graphics g) {         //重绘窗体的 paint 方法
        currentDate = new Date();
        formatter.applyPattern("EEE MMM dd HH:mm:ss yyyy");
        lastdate = formatter.format(currentDate);
g.      drawString(lastdate, 5, 30);
        currentDate = null;
    }
    public void start() {                   //时钟线程的启动
        timer = new Thread(this);           //用当前对象为参数创建线程
        timer.start();
    }
    public void stop() {                    //时钟线程的灭亡
        timer = null;
    }
    public void run() {                     //时钟线程的操作
        Thread me = Thread.currentThread();
        while (timer == me) {
            try {
                Thread.sleep(100);
            } catch (InterruptedException e) {
            }
            repaint();                      //休眠一段时间后重绘窗体
        }
```

```
        }
   }
```

这个程序定义了一个 Applet 的子类 Clock，这个 Clock 类实现了 Runnable 接口用来实现多线程：

public class Clock extends Applet implements Runnable

在程序中定义了用户的子线程 timer，用于模拟时间，这个子线程的创建使用了实现了 Runnable 接口的子类 Clock 的当前对象为参数，这是 Java 多态的一种：

timer = new Thread(this);

程序中设计了子线程的 run()函数，用来完成时间的模拟。在 run()方法中，线程每休眠 0.1 s 就用 repaint()方法重绘 Applet 的窗体：

Thread. currentThread(). sleep(100);

而在 Clock 类中的 paint()方法中用来完成获取当前时间，绘制新时间值，每隔一段时间由用户线程 timer 来重做这些事情，这样就可以看到不断走动的时钟。

10.3　线程的状态与调度

10.3.1　线程的生命周期

线程从创建、运行到结束总是处于下面五个状态之一，即新建状态、就绪状态、运行状态、阻塞状态及死亡状态。线程的状态如图 10.8 所示。

图 10.8　线程的五种状态

下面以前面的 Java 小程序为例说明线程的状态：

1. 新建状态(new thread)

当 Applet 启动时调用 Applet 的 start()方法，此时小应用程序就创建一个 Thread 对象 clockThread。

```
    public void start() {
        if(clockThread = = null) {
            clockThread = new Thread(cp, "Clock");
            clockThread. start();
        }
    }
```

当该语句执行后 clockThread 就处于新建状态。处于该状态的线程仅仅是空的线程对象，并没有为其分配系统资源。当线程处于该状态，仅能启动线程，调用任何其他方法是无意义的且会引发 IllegalThreadStateException 异常(实际上，当调用线程的状态所不允许的任何方法时，运行时系统都会引发 IllegalThreadStateException 异常)。

注意:cp 作为线程构造方法的第一个参数,该参数必须是实现了 Runnable 接口的对象并提供线程运行的 run( )方法,第二个参数是线程名。

2. 就绪状态(runnable)

一个新创建的线程并不自动开始运行,要执行线程,必须调用线程的 start( )方法。当线程对象调用 start( )方法即启动了线程,如 clockThread. start( );语句就是启动 clockThread 线程。start( )方法创建线程运行的系统资源,并调度线程运行 run( )方法。当 start( )方法返回后,线程就处于就绪状态。

处于就绪状态的线程并不一定立即运行 run( )方法,线程还必须同其他线程竞争 CPU 时间,只有获得 CPU 时间才可以运行线程。因为在单 CPU 的计算机系统中,不可能同时运行多个线程,一个时刻仅有一个线程处于运行状态。因此此时可能有多个线程处于就绪状态。对多个处于就绪状态的线程是由 Java 运行时系统的线程调度程序(thread scheduler)来调度的。

3. 运行状态(running)

当线程获得 CPU 时间后,它才进入运行状态,真正开始执行 run( )方法,这里 run( )方法中是一个循环,循环条件是 true。

```
public void run( ) {
    while (true) {
        repaint( );
        try {
            Thread. sleep(1000);
        } catch (InterruptedException e){}
    }
}
```

4. 阻塞状态(blocked)

线程运行过程中,可能由于各种原因进入阻塞状态。所谓阻塞状态是指正在运行的线程没有运行结束,暂时让出 CPU,这时其他处于就绪状态的线程就可以获得 CPU 时间,进入运行状态。有关阻塞状态将在后面详细讨论。

5. 死亡状态(dead)

线程的正常结束,即 run( )方法返回,线程运行就结束了,此时线程就处于死亡状态。本例中,线程运行结束的条件是 clockThread 为 null,而在小应用程序的 stop( )方法中,将 clockThread 赋值为 null。即当用户离开含有该小应用程序的页面时,浏览器调用 stop( )方法,将 clockThread 赋值为 null,这样在 run( )的 while 循环时条件就为 false,这样线程运行就结束了。如果再重新访问该页面,小应用程序的 start( )方法又会重新被调用,重新创建并启动一个新的线程。

```
public void stop( ) {
    clockThread = null;
}
```

程序不能像终止小应用程序那样通过调用一个方法来结束线程(小应用程序通过调用 stop( )方法结束小应用程序的运行)。线程必须通过 run( )方法的自然结束而结束。通常在 run( )方法中是一个循环,要么是循环结束,要么是循环的条件不满足,这两种情况都可以使线程正常结束,进入死亡状态。

例如,下面一段代码是一个循环:

```
public void run( ) {
```

```
    int i = 0;
    while( i<100 ) {
       i++;
       System. out. println("i=" + i );
    }
}
```

当该段代码循环结束后,线程就自然结束了。注意一个处于死亡状态的线程不能再调用该线程的任何方法。

10.3.2 线程的优先级和调度

Java 的每个线程都有一个优先级,当有多个线程处于就绪状态时,线程调度程序根据线程的优先级调度线程运行。

可以用下面方法设置和返回线程的优先级:

● public final void setPriority(int newPriority) :设置线程的优先级。

● public final int getPriority( ) :返回线程的优先级。

newPriority 为线程的优先级,其取值为 1 到 10 之间的整数,也可以使用 Thread 类定义的常量来设置线程的优先级,这些常量分别为: Thread. MIN _ PRIORITY、Thread. NORM _ PRIORITY、Thread. MAX _ PRIORITY,它们分别对应于线程优先级的 1、5 和 10,数值越大优先级越高。当创建 Java 线程时,如果没有指定它的优先级,则它从创建该线程那里继承优先级。

一般来说,只有在当前线程停止或由于某种原因被阻塞,较低优先级的线程才有机会运行。

前面说过多个线程可并发运行,然而实际上并不总是这样。由于很多计算机都是单 CPU 的,所以一个时刻只能有一个线程运行,多个线程的并发运行只是幻觉。在单 CPU 机器上多个线程的执行是按照某种顺序执行的,这称为线程的调度(scheduling)。

大多数计算机仅有一个 CPU,所以线程必须与其他线程共享 CPU。多个线程在单个 CPU 是按照某种顺序执行的。实际的调度策略随系统的不同而不同,通常线程调度可以采用两种策略调度处于就绪状态的线程。

1. 抢占式调度策略

Java 运行时系统的线程调度算法是抢占式的（preemptive）。Java 运行时系统支持一种简单的固定优先级的调度算法。如果一个优先级比其他任何处于可运行状态的线程都高的线程进入就绪状态,那么运行时系统就会选择该线程运行。新的优先级较高的线程抢占（preempt）了其他线程。但是 Java 运行时系统并不抢占同优先级的线程。换句话说,Java 运行时系统不是分时的(time-slice)。然而,基于 Java Thread 类的实现系统可能是支持分时的,因此编写代码时不要依赖分时。当系统中的处于就绪状态的线程都具有相同优先级时,线程调度程序采用一种简单的、非抢占式的轮转的调度顺序。

2. 时间片轮转调度策略

有些系统的线程调度采用时间片轮转(round-robin)调度策略。这种调度策略是从所有处于就绪状态的线程中选择优先级最高的线程分配一定的 CPU 时间运行。该时间过后再选择其他线程运行。只有当线程运行结束、放弃(yield)CPU 或由于某种原因进入阻塞状态,低优先级的线程才有机会执行。如果有两个优先级相同的线程都在等待 CPU,则调度程序以轮转的方式选择运行的线程。

10.3.3 线程状态的改变

一个线程在其生命周期中可以从一种状态改变到另一种状态,线程状态的变迁如图10.9所示。

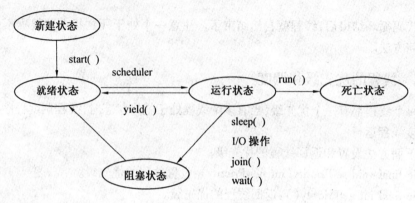

图10.9 线程状态的改变

1. 控制线程的启动和结束

当一个新建的线程调用它的 start( )方法后即进入就绪状态,处于就绪状态的线程被线程调度程序选中就可以获得 CPU 时间,进入运行状态,该线程就开始运行 run( )方法。

控制线程的结束稍微复杂一点。如果线程的 run( )方法是一个确定次数的循环,则循环结束后,线程运行就结束了,线程对象即进入死亡状态。如果 run( )方法是一个不确定循环,早期的方法是调用线程对象的 stop( )方法,然而由于该方法可能导致线程死锁,因此从 1.1 版开始,不推荐使用该方法结束线程。一般是通过设置一个标志变量,在程序中改变标志变量的值实现结束线程。请看下面的例 10.6:

【例 10.6】 线程结束类 ThreadStop. java

```java
import java. util. * ;
class Timer implements Runnable{
    boolean flag=true;
    public void run( ){
        while(flag){
            System. out. print("\r\t"+new Date( )+"...");
            try{
                Thread. sleep(1000);
            }catch(InterruptedException e){}
        }
        System. out. println("\n"+Thread. currentThread( ). getName( )+"Stop");
    }
    public void stopRun( ){
        flag=false ;
    }
```

```
  }
public class ThreadStop{
  public static void main(String args[]){
    Timer timer=new Timer();
    Thread thread=new Thread();
    thread.setName("Timer");
    thread.start();
    for(int i=0;i<100;i++){
      System.out.print("\\r"+i);
      try{
        Thread.sleep(100);
      }catch(InterruptedException e){}
    }
    timer.stopRun();
  }
}
```

该程序在 Timer 类中定义了一个布尔变量 flag,同时定义了一个 stopRun()方法,在其中将该变量设置为 false。在主程序中通过调用该方法,从而改变该变量的值,使得 run()方法的 while 循环条件不满足,从而实现结束线程的运行。

在 Thread 类中除了 stop()方法被标注为不推荐(deprecated)使用外,suspend()方法和 resume()方法也被标明不推荐使用,这两个方法原来用作线程的挂起和恢复。

2. 线程阻塞条件

处于运行状态的线程除了可以进入死亡状态外,还可能进入就绪状态和阻塞状态。下面分别讨论这两种情况:

(1)运行状态到就绪状态。处于运行状态的线程如果调用了 yield()方法,那么它将放弃 CPU 时间,使当前正在运行的线程进入就绪状态。这时有几种可能的情况:如果没有其他的线程处于就绪状态等待运行,该线程会立即继续运行;如果有等待的线程,此时线程回到就绪状态与其他线程竞争 CPU 时间,当有比该线程优先级高的线程时,高优先级的线程进入运行状态,当没有比该线程优先级高的线程时,但有同优先级的线程,则由线程调度程序来决定哪个线程进入运行状态,因此线程调用 yield()方法只能将 CPU 时间让给具有同优先级的或高优先级的线程而不能让给低优先级的线程。

一般来说,在调用线程的 yield()方法可以使耗时的线程暂停执行一段时间,使其他线程有执行的机会。

(2)运行状态到阻塞状态。有多种原因可使当前运行的线程进入阻塞状态,进入阻塞状态的线程当相应的事件结束或条件满足时进入就绪状态。使线程进入阻塞状态可能有多种原因:

①线程调用了 sleep()方法,线程进入睡眠状态,此时该线程停止执行一段时间。当时间到时该线程回到就绪状态,与其他线程竞争 CPU 时间。

Thread 类中定义了一个 interrupt()方法。一个处于睡眠中的线程若调用了 interrupt()方法,该线程立即结束睡眠进入就绪状态。

②如果一个线程的运行需要进行 I/O 操作,比如从键盘接收数据,这时程序可能需要等待用户的输入,这时如果该线程一直占用 CPU,其他线程就得不到运行。这种情况称为 I/O 阻塞。这时该线程就会离开运行状态而进入阻塞状态。Java 语言的所有 I/O 方法都具有这种行为。

③有时要求当前线程的执行在另一个线程执行结束后再继续执行,这时可以调用 join( ) 方法实现,join( )方法有下面三种格式:

● public void join( ) throws InterruptedException:使当前线程暂停执行,等待调用该方法的线程结束后再执行当前线程。

● public void join(long millis) throws InterruptedException:最多等待 millis 毫秒后,当前线程继续执行。

● public void join(long millis, int nanos) throws InterruptedException:可以指定多少毫秒、多少纳秒后继续执行当前线程。

上述方法使当前线程暂停执行,进入阻塞状态,当调用线程结束或指定的时间过后,当前线程进入就绪状态,例如执行下面代码:

t. join( );

将使当前线程进入阻塞状态,当线程 t 执行结束后,当前线程才能继续执行。

④线程调用了 wait( )方法,等待某个条件变量,此时该线程进入阻塞状态。直到被通知(调用了 notify( )或 notifyAll( )方法)结束等待后,线程回到就绪状态。

⑤另外如果线程不能获得对象锁,也进入就绪状态。

后两种情况在下一节讨论。

10.4　线　程　池

在实际的开发中,Java 的应用程序或者应用服务器都往往要处理大量短小的任务,构建服务器应用程序的一个简单的模型就可以是:每当一个请求到达就创建一个新线程,然后在新线程中完成请求的任务。实际上,这个方法有很明显的不足。每个请求对应一个线程方法的不足是:为每个请求创建一个新线程的开销很大,为每个请求创建新线程的服务器在创建和销毁线程上花费的时间和消耗的系统资源要比花在处理实际的用户请求的时间和资源更多;除了创建和销毁线程的开销之外,活动的线程也消耗系统资源,在一个 Java 虚拟机里创建太多的线程可能会导致系统由于过度消耗内存而运行效率降低。

线程池为线程生命周期开销问题和资源不足问题提供了解决方案。通过对多个任务重用线程,线程创建的开销被分摊到了多个任务上。其好处是,因为在请求到达时线程已经存在,所以无意中也消除了线程创建所带来的延迟。这样,就可以立即为请求服务,使应用程序响应更快。而且,通过适当地调整线程池中的线程数目,也就是当请求的数目超过某个阈值时,就强制其他任何新到的请求一直等待,直到获得一个线程来处理为止,从而可以防止资源不足。

通过 Java 5 中新引进的 Java. util. concurrent 包中定义的 Executor 接口可以方便地实现线程池。Executor 接口提供了一个类似于线程池的管理工具。用于只需要往 Executor 中提交实现了 Runnable 接口的对象,剩下的启动线程等工作,都会有对应的实现类来完成。在程序中只要创建一个 Executor 然后调用 Executor 的 execute( )方法就可以启动线程,结束线程调用

Executor 的 shutdown( )方法。常用的创建线程池的方法有如下两个：

（1）Exceutors. newSingleThreadExecutor( )；

这个方法为 Exceutors 类中的静态方法，创建一个支持单个线程的线程池。

（2）Exceutors. newFixedThreadPool(int size)；

这个方法为 Exceutors 类中的静态方法，创建一个具有固定线程个数的线程池，其中参数 size 确定线程的个数。

例 10.7 是一个使用 Executor 接口的子接口 ExecutorSerivice 创建线程池的例子，ExecutorSerivice 接口不仅可以创建线程池，还可以追踪线程池中线程的执行状态，本例中创建了 2 个线程的线程池，测试程序中共启动了 4 个线程，当前两个线程运行的时候，其他线程只能等待，只有线程池中的线程结束运行后，其他的线程才能被线程池启动。

【例 10.7】 线程池测试程序 ETest. java

```java
import java. util. concurrent. * ;
class ETask implements Runnable{
    private int id=0;

    public ETask( int id) {
        this. id=id;
    }
    public void run( ) {    //单个线程的任务
    try{
        System. out. println( id+" Start") ;
        Thread. sleep( 1000) ;
        System. out. println( id+" Do") ;
        Thread. sleep( 1000) ;
        System. out. println( id+" Exit") ;
    } catch( Exception e) {
        e. printStackTrace( ) ;
    }
    }
}

public class ETest{
    public static void main( String[ ] args) {
    ExecutorService executor=Executors. newFixedThreadPool( 2) ;
        //通过定义 Executor 的子接口 ExecutorService 来创建了两个线程的线程池
    for( int i=1;i<=4;i++) {
        Runnable r=new ETask( i) ;
        executor. execute( r) ; //利用线程池启动线程
        try{
            Thread. sleep( 500) ;
        } catch( Exception e) {
            e. printStackTrace( ) ;
        }
    }
```

```
        executor. shutdown( );
    }
}
```

程序的运行效果如图 10.10 所示。

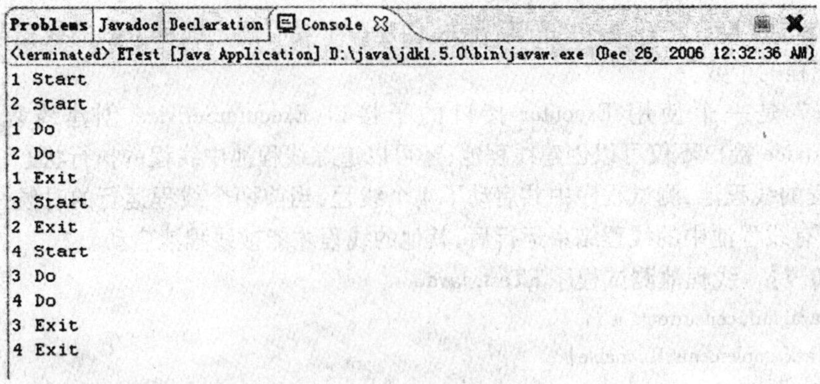

图 10.10 线程池模拟程序运行效果

10.5 线程的同步

10.5.1 多线程的不同步

在多线程的程序中,当多个线程并发执行时,虽然各个线程中的语句(或指令)的执行顺序是确定的,但线程的相对执行顺序是不确定的。如有 A、B 两个线程,A 线程先执行 A1、后执行 A2,B 线程先执行 B1、后执行 B2,当这两个线程并发执行时,可能会出现如下执行顺序之一:

A1–A2–B1–B2,

A1–B1–A2–B2,

A1–B1–B2–A2,

B1–A1–A2–B2,

B1–A1–B2–A2,

B1–B2–A1–A2。

当多个并发线程需要共享程序的代码区域和数据区域时,由于各线程的执行顺序是不确定的,因此执行的结果就带有不确定性。

【例 10.8】 用多用户程序模拟存款过程 DepositTest. java

```
public class DepositTest{
    public static void main( String args[ ]){
    DepositThread first,second;                     //两个存款线程
    Account myAccount=new Account(3000);
    first=new DepositThread("this first thread",myAccount,2000);
    second=new DepositThread("the second thread",myAccount,1500);
    System. out. println("the account now is"+myAccount. get( ));
    first. start( );
```

```
        second. start( ) ;                          //两个存款线程分别启动
        try {
            first. join( ) ;                         //等候此线程中止运行
            second. join( ) ;
        }
        catch( Exception e) {
            System. out. println( e. toString( ) ) ;
        }
            System. out. println( "the account after two thrad is "+myAccount. get( ) ) ;
    }
}


class Account {                                      //用户的账户类
    int currentaccount;

    public Account( int currentaccount) {
        this. currentaccount = currentaccount;
    }

    public int get( ) {
        return this. currentaccount;
    }
    public int get( String threadName) {             //取存款余额等待时间是 5 s
        System. out. println( threadName+"try to get. . . ") ;
        try {
            Thread. sleep( 5000) ;
        }
        catch( Exception e) { }
        System. out. println( threadName+"get the account"+currentaccount) ;
        return currentaccount;
    }
    public void set( String threadName, int newaccount) {  //设置新的存款余额,时间也是 5 s
        System. out. println( threadName+"try to set. . . ") ;
        try {
            Thread. sleep( 5000) ;
        }
        catch( Exception e) { }
        currentaccount = newaccount;
        System. out. println( threadName+"set the account"+currentaccount) ;
    }
    public void deposit( String threadName, int amount) {    //完成一次存款操作
        System. out. println( threadName+"begin to deposit"+amount) ;
        set( threadName, get( threadName) +amount) ;
    }
}
```

```
class DepositThread extends Thread{                    //用户的线程类
    String name;
    Account myAccount;
  int amount;

    public DepositThread(String name,Account myAccount,int amount){
      this. name = name;
      this. myAccount = myAccount;
      this. amount = amount;
    }
  public void run( ){
    myAccount. deposit(name,amount);
  }
}
```

程序的运行结果如图 10.11 所示。

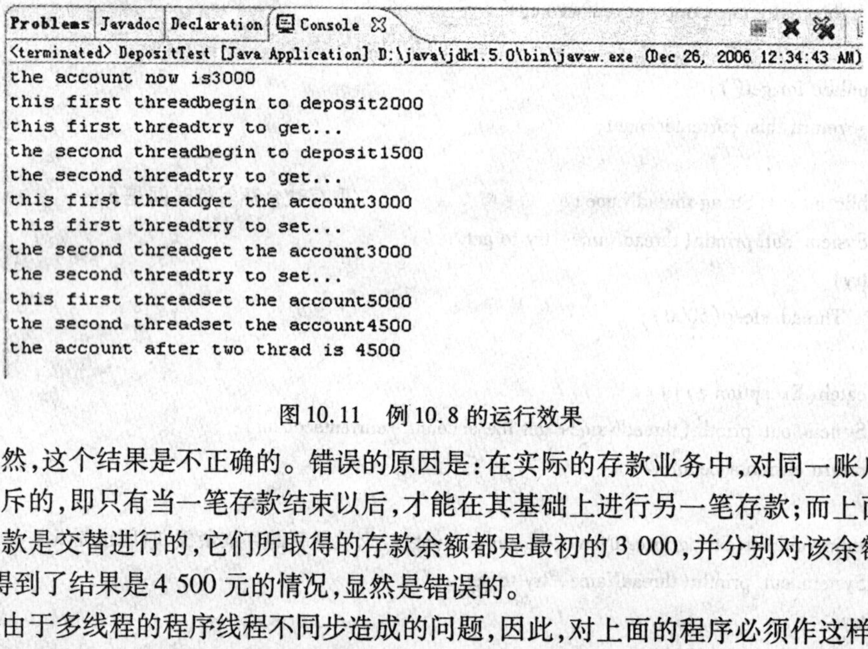

```
Problems  Javadoc  Declaration  Console ☒                        ▦ ✕ ✖
<terminated> DepositTest [Java Application] D:\java\jdk1.5.0\bin\javaw.exe (Dec 26, 2006 12:34:43 AM)
the account now is3000
this first threadbegin to deposit2000
this first threadtry to get...
the second threadbegin to deposit1500
the second threadtry to get...
this first threadget the account3000
this first threadtry to set...
the second threadget the account3000
the second threadtry to set...
this first threadset the account5000
the second threadset the account4500
the account after two thrad is 4500
```

图 10.11　例 10.8 的运行效果

很显然,这个结果是不正确的。错误的原因是:在实际的存款业务中,对同一账户的两笔存款是互斥的,即只有当一笔存款结束以后,才能在其基础上进行另一笔存款;而上面的程序中两笔存款是交替进行的,它们所取得的存款余额都是最初的 3 000,并分别对该余额进行操作,所以得到了结果是 4 500 元的情况,显然是错误的。

这是由于多线程的程序线程不同步造成的问题,因此,对上面的程序必须作这样的处理:当一个线程正在进行存款时,其他线程不能进行取余额和设置新余额的操作;而只有当该线程的存款工作结束后,其他线程才能在其基础上进行操作,这就是临界区和线程的同步问题。

10.5.2　临界区和线程的同步

为了解决这种问题(错误),Java 为用户提供了"锁"的机制来实现线程的同步。锁的机制要求每个线程在进入共享代码之前都要取得锁,否则不能进入;而退出共享代码之前则释放该锁,这样就防止了几个或多个线程竞争共享代码的情况,从而解决了线程的不同步的问题。即在运行共享代码时最多只有一个线程进入,也就是所谓的垄断。在多线程程序设计中,我们将程序中那些不能被多个线程并发执行的代码段称为临界区。当某个线程已处于临界区时,其他的线程就不允许再进入临界区。锁机制的实现方法,则是在共享代码之前加入 synchronized

段,把共享代码包含在 synchronized 段中,格式如下:

synchronized[(objectname)] statement

其中,objectname 用于指出该临界区的监控对象,是可选项;statement 为临界区,它既可以是一个方法,称为同步方法,也可以是一段程序代码,称为同步语句块。

例如,下列语句定义了一个同步方法 method1( )

```
synchronized int method1( ){
    ……
}
```

在一个对象中,可以定义多个同步方法或同步语句块,它们共同组成该对象的临界区。对于每一个对象,系统都为其设定了一个监控器。这个监控器类似一把锁,该锁只有一把钥匙,当有一个线程进入临界区时,系统将给临界区上锁,并将钥匙交给该线程,这样其他线程将不能进入临界区,直至进入临界区的线程退出或以其他方式放弃临界区后,其他线程才有可能被调度进入临界区。

在定义同步语句块时,应该显式地指出监控该同步语句块的对象,例如:

```
int method1( ){
    synchronized(this){
        ……
    }
}
```

可见,在方法 method1( )中定义了一个同步语句块,并设定该语句块的监控对象为当前对象。当然,监控对象也可以设为其他对象,这时就可以实现不同类或对象之间的同步。

由于过多的 synchronized 段将会影响程序的运行效率,因此往往通过引入同步方法来解决线程同步的问题。

关于线程同步,需注意以下两个问题:

(1)无同步问题,即由于两个或多个线程在进入共享代码前,得到了不同的锁而都进入共享代码而造成。

(2)死锁问题,即由于两个或多个线程都无法得到相应的锁而造成的两个线程都等待的现象。这种现象主要是因为相互嵌套的 synchronized 代码段而造成,因此,在程序中尽可能少用嵌套的 synchronized 代码段是防止线程死锁的好方法。

有了临界区和同步的概念,就可以改写上述的银行存款程序。只需将 Account 类的 deposit( )方法说明为同步方法就可以了:

```
public synchronized void deposit(String threadName,int amount){
    …
}
```

其他地方不变,则运行结果如图 10.12 所示。从运行结果中可以看出,引入了同步方法之后,这两个线程是轮流独占临界区资源,它们是轮流工作;当第一个线程在做存款工作时,第二个线程只能等待,直到第一个线程完成工作,第二个线程才开始工作。这样最后得到的结果也不会错误了,从图中也可以看出最后得到了 6 500 元的正确结果。

由此可见线程同步在多线程程序设计中的重要性。

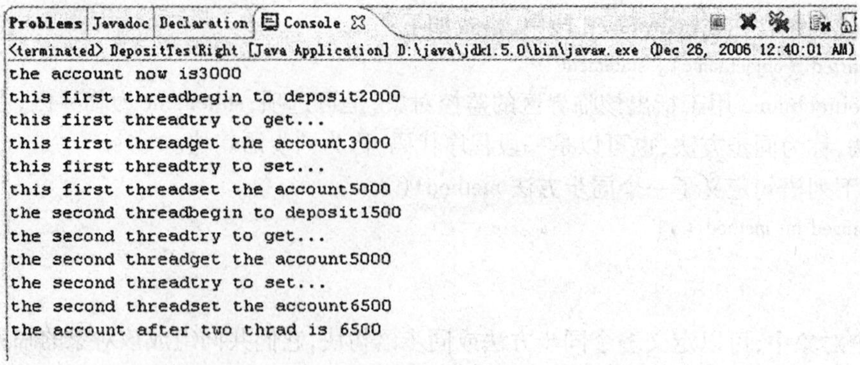

```
Problems | Javadoc | Declaration | 🖳 Console 🔀                    🔳 ✖ 🔏 | 🔖 🔄
<terminated> DepositTestRight [Java Application] D:\java\jdk1.5.0\bin\javaw.exe (Dec 26, 2006 12:40:01 AM)
the account now is3000
this first threadbegin to deposit2000
this first threadtry to get...
this first threadget the account3000
this first threadtry to set...
this first threadset the account5000
the second threadbegin to deposit1500
the second threadtry to get...
the second threadget the account5000
the second threadtry to set...
the second threadset the account6500
the account after two thrad is 6500
```

图 10.12　引入了同步方法的例 10.8 运行结果

10.5.3　wait( )方法和 notify( )方法

有时,当某一个线程进入同步方法后,共享变量并不满足它所需要的状态,该线程需要等待其他线程将共享变量改为它所需要的状态后才能往下执行。由于此时其他线程无法进入临界区,所以就需要该线程放弃监控器,并返回到排队状态等待其他线程交回监控器。下面讲到的"生产者-消费者"问题就是一类典型的问题。为此,Java 语言中引入了 wait( )方法和notify( )方法。

1. wait( )方法

wait( )方法用于使当前线程放弃临界区而处于睡眠状态,直到有另一线程调用 notify( )方法将它唤醒或睡眠时间已到为止,其格式如下:

wait( );

wait(millis);

其中 millis 是睡眠时间。

2. notify( )方法

notify( )方法用于将处于睡眠状态的某个等待当前对象监控器的线程唤醒。如果有多个这样的线程,则按照先进先出的原则唤醒第一个线程。Object 类中还提供了另一个方法notifyAll( ),用于唤醒所有因调用 wait( )方法而睡眠的线程。

10.5.4　生产者-消费者问题

通常,把系统中使用某类资源的线程称为"消费者",产生或释放同类资源的线程称为"生产者",下面举一个线程同步的典型例子:"生产者-消费者"问题。

在"生产者-消费者"问题中,"生产者"不断生产产品并将其放在产品队列中,而"消费者"则不断从产品队列中取出产品。这里用两个线程模拟"生产者"和"消费者",用一个数据对象模拟产品。生产者在一个循环中不断生产了从 A ~ Z 的共享数据,而消费者则不断地消费生产者生产的 A ~ Z 的共享数据。前面已经说过,在这一对关系中,必须先有生产者生产,才能有消费者消费。但如果运行上面这个程序,结果却出现了在生产者没有生产之前,消费者就已经开始消费了或者是生产者生产了却未能被消费者消费这种反常现象。为了解决这一问题,引入了等待通知(wait/notify)机制:

(1)在生产者没有生产之前,通知消费者等待;在生产者生产之后,马上通知消费者消费。

(2)在消费者消费了之后,通知生产者已经消费完,需要生产。

程序如下：

【例 10.9】 加入了 wait/notify 机制的"生产者-消费者"问题 Test. java

```java
public class Test{
  public static void main(String argv[]){
    ShareData s = new ShareData();
    new Consumer(s).start();
    new Producer(s).start();
  }
}
class ShareData{
  private char c;
  private boolean writeable = true;   // 通知变量
  public synchronized void setShareChar(char c){
    if(! writeable){
      try{          // 未消费等待
        wait();
      }catch(InterruptedException e){}}
    }

    this.c = c;   // 标记已经生产
    writeable = false;
    notify();          //通知消费者已经生产,可以消费
  }

  public synchronized char getShareChar(){
    if(writeable){
      try{          // 未生产等待
      wait();
      }catch(InterruptedException e){}}
    }
    writeable = true;   // 标记已经消费
    notify();     // 通知需要生产
    return this.c;
  }
}
class Producer extends Thread{   //生产者线程
  private ShareData s;

  Producer(ShareData s){
    this.s = s;
  }
  public void run(){
  for(char ch = 'A'; ch <= 'Z'; ch++){
    try{
```

```
        Thread. sleep((int) Math. random() * 400);
        } catch(InterruptedException e) { }
        s. setShareChar(ch);
        System. out. println(ch + " producer by producer. ");
    }
}
}


class Consumer extends Thread{    //消费者线程
    private ShareData s;

    Consumer(ShareData s){
        this. s = s;
    }
    public void run(){
        char ch;

        do{
            try{
            Thread. sleep((int) Math. random() * 400);
            } catch(InterruptedException e) { }
            ch = s. getShareChar();
            System. out. println(ch + " consumer by consumer. * *");
        } while (ch ! = 'Z');
    }
}
```

运行结果如图 10.13 所示。

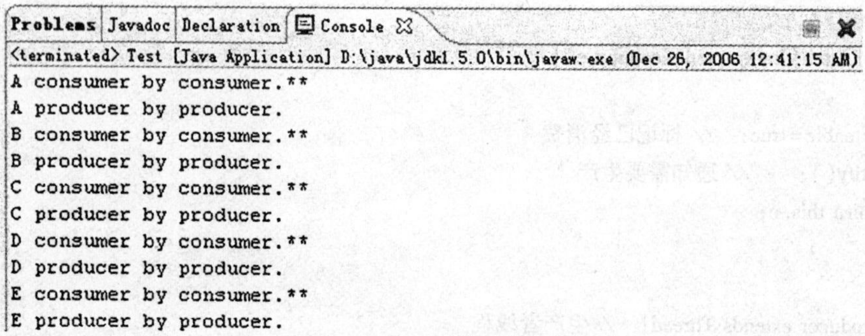

```
Problems  Javadoc  Declaration  ⊟ Console ☒
<terminated> Test [Java Application] D:\java\jdk1.5.0\bin\javaw.exe (Dec 26, 2006 12:41:15 AM)
A consumer by consumer.**
A producer by producer.
B consumer by consumer.**
B producer by producer.
C consumer by consumer.**
C producer by producer.
D consumer by consumer.**
D producer by producer.
E consumer by consumer.**
E producer by producer.
```

图 10.13   例 10.9 的运行结果

在以上程序中,设置了一个通知变量,每次在生产者生产和消费者消费之前,都测试通知变量,检查是否可以生产或消费。最开始设置通知变量为 true,表示还未生产,在这时候,消费者需要消费,于是修改了通知变量,调用 notify() 发出通知。这时由于生产者得到通知,生产出第一个产品,修改通知变量,向消费者发出通知。这时如果生产者想要继续生产,但因为检测到通知变量为 false,得知消费者还没有生产,所以调用 wait() 进入等待状态。因此,最后的结果是生产者每生产一个,就通知消费者消费一个;消费者每消费一个,就通知生产者生产一个,所以不会出现未生产就消费或生产过剩的情况。

10.5.5　死锁

死锁是指两个或多个线程无休止地互相等待对方释放所占据资源的过程。错误的同步往往会引起死锁。为了防止死锁,在进行多线程程序设计时必须遵循如下原则:

(1)在指定的任务真正需要并发时,才采用多线程来进行程序设计。

(2)在对象的同步方法中需要调用其他同步方法时必须小心。

(3)在临界区中的时间应尽可能短,需要长时间运行的任务尽量不要放在临界区中。

10.6　线　程　组

所有 Java 线程都属于某个线程组(thread group)。线程组提供了一个将多个线程组织成一个线程组对象来管理的机制,如可以通过一个方法调用来启动线程组中的所有线程。

10.6.1　创建线程组

线程组是由 java.lang 包中的 ThreadGroup 类实现的。它的构造方法如下:

● public ThreadGroup(String name)

● public ThreadGroup(ThreadGroup parent, String name)

name 为线程组名,parent 为线程组的父线程组,若无该参数则新建线程组的父线程组为当前运行的线程的线程组。

当一个线程被创建时,运行时系统都将其放入一个线程组。创建线程时可以明确指定新建线程属于哪个线程组,若没有明确指定则放入缺省线程组中。一旦线程被指定属于哪个线程组,便不能改变,不能删除。

10.6.2　缺省线程组

如果在创建线程时没有在构造方法中指定所属线程组,运行时系统会自动将该线程放入创建该线程的线程所属的线程组中。那么当我们创建线程时没有指定线程组,它属于哪个线程组呢?

当 Java 应用程序启动时,Java 运行时系统创建一个名为 main 的 ThreadGroup 对象。除非另外指定,否则所有新建线程都属于 main 线程组的成员。

在一个线程组内可以创建多个线程,也可以创建其他的线程组。一个程序中的线程组和线程构成一个树型结构,如图 10.14 所示。

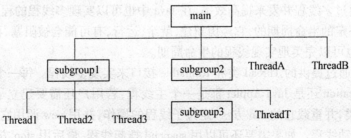

图 10.14　线程组的树型结构

如果在 Applet 中创建线程,新线程组可能不是 main 线程组,它依赖于使用的浏览器或 Applet 查看器。

创建属于某个线程组的线程可以通过下面构造方法实现:

● public Thread(ThreadGroup group, Runnable target)

● public Thread(ThreadGroup group, String name)

● public Thread(ThreadGroup group, Runnable target, String name)

如下面代码创建的 myThread 线程属于 myThreadGroup 线程组。

ThreadGroup myGroup = new ThreadGroup("My Group of Threads");

Thread myThread = new Thread(myGroup, "a thread for my group");

为了得到线程所属的线程组可以调用 Thread 的 getThreadGroup( )方法,该方法返回 ThreadGroup 对象。可以通过下面方法获得线程所属线程组名:

myThread. getThreadGroup( ). getName( )

一旦得到了线程组对象,就可查询线程组的有关信息,如线程组中其他线程,也可仅通过调用一个方法就可实现修改线程组中的线程,如挂起、恢复或停止线程。

10.6.3　线程组操作方法

线程组类提供了有关方法可以对线程组操作:

● public final String getName( ):返回线程组名。

● public final ThreadGroup getParent( ):返回线程组的父线程组对象。

● public final void setMaxPriority(int pri):设置线程组的最大优先级。线程组中的线程不能超过该优先级。

● public final int getMaxPriority( ):返回线程组的最大优先级。

● public boolean isDestroyed( ):测试该线程组对象是否已被销毁。

● public int activeCount( ):返回该线程组中活动线程的估计数。

● public int activeGroupCount( ):返回该线程组中活动线程组的估计数。

● public final void destroy( ):销毁该线程组及其子线程组对象。当前线程组的所有线程必须已经停止。

本 章 小 结

本章主要介绍了计算机中线程的概念,在 Java 程序中线程如何表示,在 Java 程序中如何来实现多线程,以及线程同步的概念。

线程是比进程更小的执行单位,在计算机系统中,一个进程往往可以由若干个线程组成,操作系统往往通过多线程并发来提高效率,在 Java 中也可以实现多线程的程序。

线程是有一定的生命周期的,它经历新建,就绪,运行,有可能会被阻塞,再运行,一直到死亡。在 Java 中也可以完美地实现线程的生命周期。

在 Java 中,通过提供的 Thread 类和 Runnable 接口来实现多线程。每一个 Java 的程序,无论是 Java Application 还是 Java Applet 都是一个主线程,若用户还需要建立子线程,则必须定义 Thread 的子类,并重载它的 run 方法,定义子线程的操作,并用 new 调用它的构造函数创建线程,用 start 启动线程。如果需要还可以用 suspend 挂起线程,最后用 stop 方法停止线程并使线程死亡。如果要在已经继承了某个类的子类中实现线程,则要用到第二种方法,实现

Runnable 接口,并实现里面的 run 方法,这样同样可以实现多线程的程序。

在多线程的程序中,采用线程优先级的调度方式来使线程排队获得处理器资源;同一优先级采用先来先服务的方式。

在多线程程序中往往用 sleep 方法来休眠某个线程,使别的线程得到处理器,实现线程的轮流执行。

在实际应用中,为了提高运行效率,往往采用先建立线程池,然后启动线程的方式。Java 程序中的 Java. util. concurrent. Executor 接口或者子接口来实现线程池,然后用 execute( ) 方法启动线程。

在多线程的程序中还要注意线程的同步问题。由于线程是共享内存资源的,所以可能会产生临界资源的争夺问题,在 Java 中的解决方法就是要保证线程的同步,它提供了两种方法:加入 synchronized 设定临界资源或者定义同步方法,保证临界资源的独享;用 wait( ) 方法和 notify( ) 方法使线程只有满足条件了才开始运行。这样可以保证多线程的程序不会出问题。

最后还要注意在线程同步中出现死锁的问题。

习　题

一、选择题

1. 下述哪个选项为真?(　　　)

A. Error 类是一个 RuntimeException 异常

B. 任何抛出一个 RuntimeException 异常的语句必须包含在 try 块之内

C. 任何抛出一个 Error 对象的语句必须包含在 try 块之内

D. 任何抛出一个 Exception 异常的语句必须包含在 try 块之内

2. 下列关于 Java 线程的说法哪些是正确的?(　　　)

A. 每个 Java 线程可看成由代码、一个真实的 CPU 以及数据三部分组成

B. 创建线程的两种方法,从 Thread 类中继承的创建方式可以防止出现多父类问题

C. Thread 类属于 java. util 程序包

D. 以上说法无一正确

3. 哪个关键字可以对象加互斥锁?(　　　)

A. transient　　　B. synchronized　　　C. serialize　　　D. static

4. 下列哪个方法可用于创建一个可运行的类?(　　　)

A. public class X implements Runable { public void run( ) {……} }

B. public class X implements Thread { public void run( ) {……} }

C. public class X implements Thread { public int run( ) {……} }

D. public class X implements Runable { protected void run( ) {……} }

5. 下面哪个选项不会直接引起线程停止执行?(　　　)

A. 从一个同步语句块中退出来

B. 调用一个对象的 wait 方法

C. 调用一个输入流对象的 read 方法

D. 调用一个线程对象的 setPriority 方法

6. 使当前线程进入阻塞状态,直到被唤醒的方法是(　　　)。

A. resume( )方法　B. wait( )方法　　　C. suspend( )方法　D. notify( )方法

7. 运行下列程序, 会产生的结果是(　　　　)。

```
public class X extends Thread implements Runnable{
public void run( ){
System. out. println( "this is run( )");
}
public static void main( String[ ] args){
    Thread t=new Thread( new X( ));
      t. start( );
  }
}
```

A. 第一行会发生编译错误　　　　　　　B. 第六行会发生编译错误

C. 第六行会发生运行错误　　　　　　　D. 程序会运行和启动

8. java. lang. ThreadGroup 类的作用为(　　　　)。

A. 使任何类都可以为线程提供线程体

B. 定义了线程与交互的方法

C. 提供了线程组或组中的每个线程进行操作的方法

D. 以上都不是

9. 实现线程的创建有(　　　　)种方法。

A. 一　　　　　　　B. 两　　　　　　　C. 三　　　　　　　D. 四

10. 一个进程可以包含(　　　　)个线程。

A. 一　　　　　　　B. 二　　　　　　　C. 三　　　　　　　D. 多个

11. Java 中的线程模型包含(　　　　)。

A. 一个虚拟处理机　　　　　　　　　　B. CPU 执行的代码

C. 代码操作的数据　　　　　　　　　　D. 以上都是

12. 关于线程组以下说法错误的是(　　　　)。

A. 在应用程序中线程可以独立存在, 不一定要属于某个线程

B. 一个线程只能在创建时设置其线程组

C. 线程组由 java. lang 包中的 ThreadGroup 类实现

D. 线程组使一组线程可以作为一个对象进行统一处理或维护

13. 下列定义线程方法正确的是(　　　　)。

A. Public Thread( );

B. Public Thread(Runnable target);

C. Public Thread(ThreadGroup group, Runnable target);

D. 以上都正确

14. 以下不属于 Thread 类提供的线程控制方法是(　　　　)。

A. break( )　　　　　B. sleep( )　　　　　C. yield( )　　　　　D. join( )

15. 下列关于线程的说法正确的是(　　　　)。

A. 线程就是进程

B. 线程在操作系统出现后就产生了

C. Soloris 是支持线程的操作系统

D. 在单处理器和多处理器上多个线程不可以并发执行

16. 下列不属于线程生命周期状态的是(　　)。

A. 新建状态　　　　　　　　　　B. 可运行状态

C. 运行状态　　　　　　　　　　D. 解锁状态

17. 以下不属于 Thread 类的线程优先级静态常量的是(　　)。

A. MIN _ PRIORITY

B. MAX __ PRIORITY

C. NORM __ PRIORITY

D. BEST __ PRIORITY

18. (　　)关键字可以对对象加互斥锁。

A. synchronized　　　B. transient　　　　C. serialize　　　　D. static

19. 下列(　　)方法和 resume( )方法相互搭配,使线程停止执行,然后调用 resume( )方法恢复线程。

A. interrupt( )　　　B. stop( )　　　　C. suspend( )　　　　D. yield( )

20. Thread 类的方法中,getName( )方法的作用是(　　)。

A. 返回线程组的名称　　　　　　B. 设置线程组的名称

C. 返回线程的名称　　　　　　　D. 设置线程的名称

二、填空题

1. 线程模型在 Java 中是由_____类进行定义和描述的。

2. 多线程间采用 Java 程序的_____机制,它能共享同步数据,处理不同事件。

3. Java 的线程调度策略是一种基于优先级的_____。

4. 当线程完成运行并结束后,将不能再运行。除线程正常运行结束外,还可用其他方法控制其停止。可以用_____方法强行终止线程。

5. 如果一个线程处于_____态,那么这个线程是不能运行的。

6. 提供线程体的特定对象是在创建线程时指定的,创建线程对象是通过_____类的构造方法实现的。

7. 在 Java 中,新建的线程调用 start( )方法,将使线程的状态从 New(新建状态)转换为_____。

8. 按照线程的模型,一个具体的线程是由虚拟的 CPU、代码与数据组成,其中代码与数据构成了_____,现成的行为由它决定。

9. Thread 类的方法中,toString( )方法的作用是_____。

10. 线程是一个_____级的实体,线程结构驻留在用户空间中,能够被普通的相应级别方法直接访问。

11. 线程是由表示程序运行状态的_____组成的。

12. 在 Java 线程模型中,一个线程是由_____、_____和_____三部分组成的。

13. Thread 类中表示最高优先级的常量是_____,而表示最低优先级的常量是_____。

14. 若要获得一个线程的优先级,可以使用方法_____,若要修改一个线程的优先级,则可以使用方法_____。

15. 在 Java 语言中临界区使用关键字_____标识。

16. 线程的生命周期包括新建状态、_____、_____和终止状态。

17. Java 语言使用_____技术对共享数据操作进行并发控制。

18. 进程是由_____、数据、内核状态和_____组成的。

19. 在 Java 线程模型中,数据和代码之间的关系是_____的。

20. 线程中_____方法使执行线程放弃 CPU 并释放原来持有的对象锁,进入对象的 wait 等待池中。

三、判断题

1. 一旦一个线程被创建,它就可以立即开始运行。(　　)

2. 调用 start( )方法可使一个线程成为可运行的,但是它并不能立即开始执行。(　　)

3. 主线程不具有默认优先级。(　　)

4. Java 中线程的优先级从低到高以整数 0~9 表示。(　　)

5. 从一个同步语句块中退出来不会直接引起线程停止执行。(　　)

6. 线程的阻塞是指暂停一个线程的执行以等待某个条件发生。(　　)

7. 优先级只能在线程启动前设置。(　　)

8. 当生成守护线程的线程结束时,此守护线程会随之消失。(　　)

9. 线程之间的通信可以通过共享数据使线程互相交流,也可以通过线程控制方法使线程互相等待。(　　)

10. Object 类定义了线程同步与交互的方法。(　　)

11. 线程一旦被创建,则自动运行。(　　)

12. 线程创建后需要调用 start( )方法,将线程置于可运行状态。(　　)

13. Thread 类中没有定义 run( )方法。(　　)

14. 线程开始运行时,是从 start( )方法开始运行的。(　　)

15. 一个进程可以创建多个线程。(　　)

16. 代表优先级的常数值越大优先级越低。(　　)

17. 程序中可能出现一种情况:多个线程相互等待对方持有的锁,而在得到对方的锁之前都不会释放自己的锁,这就是死锁。(　　)

18. 临界区可以是一个语句块,但是不可以是一个方法。(　　)

19. 释放锁的时候,应该按照加锁顺序的逆序进行。(　　)

20. 在对象串行化中,可以用来保护类中敏感信息的关键字是 protected。(　　)

四、简答题

1. 线程的基本概念、线程的基本状态以及状态之间的关系。

2. Java 中有几种方法可以实现一个线程? 用什么关键字修饰同步方法? stop( )和 suspend( )方法为何不推荐使用?

3. sleep( )和 wait( )有什么区别?

4. 请说出你所知道的线程同步的方法。

5. 同步和异步有何异同,在什么情况下分别使用他们? 举例说明。

6. 当一个线程进入一个对象的一个 synchronized 方法后,其他线程是否可进? 为什么?

五、编程题

1. 编写一个多线程类,该类的构造方法调用 Thread 类带字符串参数的构造方法。建立自己的线程名,然后随机生成一段休眠时间,再将自己的线程名和休眠时间显示出来。该线程运行后,休眠一段时间,该时间就是在构造方法中生成的时间。最后编写一个测试类,创建多个不同名字的线程,并测试其运行情况。

2.编写一个程序,测试异常。该类提供一个输入整数的方法,使用这个方法先输入两个整数,再用第一个整数除以第二个整数,当第二个整数为 0 时,抛出异常,此时程序要捕获异常。

3.编写一个用线程实现一个数字时钟的应用程序。该线程类要采用休眠的方式,把绝大部分时间让系统使用。

4.编写一个使用继承 Thread 类的方法实现多线程的程序。该类有两个属性:一个字符串代表线程名,一个整数代表该线程要休眠的时间。线程执行时,显示线程名和休眠时间。

5.应用继承类 Thread 的方法实现多线程类,该线程 3 次休眠若干(随机)毫秒后显示线程名和第几次执行。

第 11 章

图形用户界面设计

图形用户界面(graphical user interface,GUI)是大多数程序不可缺少的部分。通过 GUI 用户和程序之间可以方便地进行交互,Java 抽象窗口工具集(abstract window toolkit,AWT)提供了很多组件类、窗口布局管理器类和事件处理类供 GUI 设计使用。

11.1　awt 组件概述

早期的 JDK 版本中提供了 Java 抽象窗口工具集,其目的是为了程序员创建图形用户界面提供支持,AWT 组件定义在 java. awt 包中,包括组件类、组件布局类等。

11.1.1　容器

容器(container)是一种特殊组件,它能容纳其他组件。它在可视区域内显示其他组件。由于容器是组件,在容器之中可以放置其他容器,所以可以使用多层容器构成富于变化的界面。

11.1.2　组件

组件(component)是构成图形用户界面的基本成分和核心元素。组件类(component)是一个抽象类,是 AWT 组件类层次结构的根类,实际使用的组件都是 Component 类的子类。Component 类提供对组件操作的通用方法,包括设置组件位置、设置组件大小、设置组件字体、响应鼠标或键盘事件、组件重绘等。

11.2　布　局　管　理

当窗口中组件较多时,为了使窗口中的组件布局合理,又方便用户编程,Java 中提供了布局管理器(layout manager),用来对窗口中的组件进行相对定位并根据窗口大小自动改变组件大小,合理布局各组件。

Java 提供了多种风格和特点的布局管理器,每一种布局管理指定一种组件的相对位置和大小布局。布局管理器是容器类所具有的特性,每种容器都有一种默认的布局管理器。

在 java. awt 包中共提供了 5 个布局管理器类,分别是 FlowLayout,BorderLayout,CardLayout,GridLayout 和 GridBagLayout,每一个布局类都对应一种布局策略,这五个类都是

java. lang. Object 类的子类。

11.2.1　BorderLayout 类

围界布局 BorderLayout 提供了 5 个显示组件的区域,用东、南、西、北、中来显示。默认为中。围界布局经常和其他布局管理类嵌套使用,满足对组件显示位置的各种要求。表 11.1 列出了围界布局类的常用构造器、方法以及 5 个代表区域的静态常量。

表 11.1　BorderLayout 的常用构造器、方法和静态常量

构造器/方法名/静态常量名	解　　释
BorderLayout( )	创建一个围界布局对象
BorderLayout(int hGap, int VGap)	创建一个指定周边空隙的围界布局对象
setLayout(LayoutManager layoutName)	容器类 Container 的方法,将指定布局管理对象注册到这个容器
add(Component comp, int regionField)	容器 container 的方法,将指定组件和其区域注册到控制板
NORTH	静态常量。指定组件区域为上
SOUTH	静态常量。指定组件区域为下
WEST	静态常量。指定组件区域为左
EAST	静态常量。指定组件区域为右
CENTER	静态常量。指定组件区域为中心

【例 11.1】　使用 BorderLayout

```
import java. awt. * ;
import javax. swing. * ;
public class BorderJButton extends JFrame {
    public BorderJButton( ) {
        setLayout( new BorderLayout( ) );
        add( new Button( "North") ,BorderLayout. NORTH) ;
        add( new Button( "South") ,BorderLayout. SOUTH) ;
        add( new Button( "East") ,BorderLayout. EAST) ;
        add( new Button( "West") ,BorderLayout. WEST) ;
        add( new Button( "Center") ,BorderLayout. CENTER) ;
    }
    public static void main( String[ ] args) {
        BorderJButton frame = new BorderJButton( ) ;
        frame. setTitle( "测试 BorderLayout") ;
        frame. setDefaultCloseOperation( JFrame. EXIT_ON_CLOSE) ;
        frame. setSize( 300 ,150) ;
        frame. setVisible( true) ;
    }
}
```

例 11.1 的运行结果如图 11.1 所示。

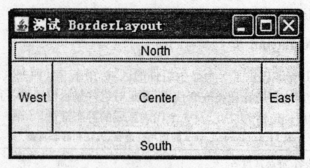

图 11.1 运行结果

11.2.2 FlowLayout 类

流程布局类 FlowLayout,对组件位置提供从左到右的显示。表 11.2 列出了流程布局的常用构造器、方法以及静态常量。

表 11.2 FlowLayout 的常用构造器、方法和静态常量

构造器/方法名/静态常量名	解 释
FlowLayout( )	创建一个设置组件为预设中心位置的流程布局对象
FlowLayout(int alignment)	创建一个用静态常量指定组件位置的流程布局对象
setLayout(LayoutManager layoutName)	容器类的方法,将指定布局管理对象注册到这个容器
LEFT	静态常量,指定组件位置为左
CENTER	静态常量,指定组件位置为中心,该位置为默认
RIGHT	静态常量,指定组件位置为右

【例 11.2】 使用 FlowLayout

```
import java. awt. * ;
import javax. swing. * ;
public class FlowJButton1 extends JFrame{
public FlowJButton1( ){
    //指定布局管理器,其中的参数 FlowLayout. CENTER 可省略
    setLayout( new FlowLayout( FlowLayout. CENTER) ) ;
    for( int index = 1 ;index<9 ;index++){
    add( new JButton("JButton"+index) ) ;
    }
}
public static void main( String [ ] args) {
    FlowJButton1 frame = new FlowJButton1( ) ;
    frame. setTitle("测试 FlowLayout") ;
    frame. setDefaultCloseOperation( JFrame. EXIT _ ON _ CLOSE) ;
    frame. setSize( 300 ,150) ;
    frame. setVisible( true) ;
    }
}
```

例 11.2 的运行结果如图 11.2 所示。

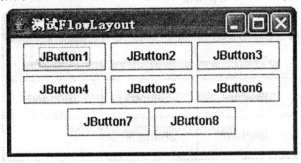

图 11.2　运行结果

11.2.3　GridLayout 类

网格布局 GridLayout 是另外常用简单组件布局管理类。由 java. awt 包提供。组件在方框布局的显示位置都不会随窗口的大小而改变。表 11.3 列出了网格布局 GridLayout 类的常用构造器和方法。

表 11.3　GridLayout 类的常用构造器和方法

构造器/方法名	解　　释
GridLayout( )	创建一个具有一行一列的网格布局对象
GridLayout(int rows, int cols)	创建一个指定行和列网格布局对象
addLayoutComponent(String name, Component comp)	在布局中加入指定名和组件
int getColumns( )	返回列数
int getRows( )	返回行数

【例 11.3】　使用 GridLayout

```
import java.awt. * ;
import javax. swing. * ;
public class GridJButton   extends JFrame{
public GridJButton ( ){
   setLayout( new GridLayout(3,4)) ;    //指定布局管理器
   for( int index=1;index<9;index++){
   add( new JButton("JButton"+index)) ;
}
}
public static void main( String [ ] args){
GridJButton frame=new GridJButton( ) ;
   frame. setTitle("测试 FlowLayout") ;
   frame. setDefaultCloseOperation( JFrame. EXIT _ ON _ CLOSE) ;
   frame. setSize(300,150) ;
   frame. setVisible( true) ;
}
}
```

例 11.3 的运行结果如图 11.3 所示。

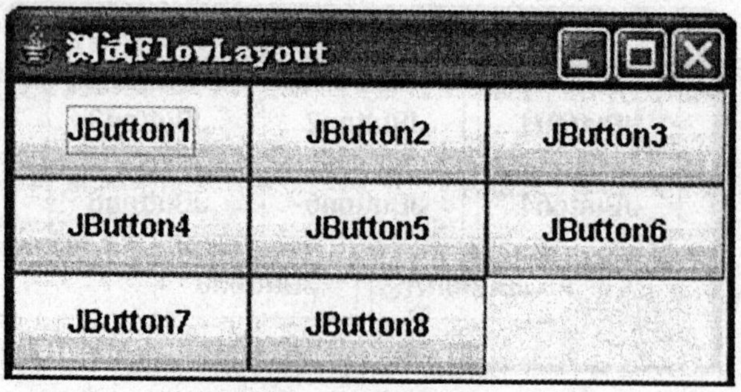

图 11.3　运行结果

11.3　事件处理

11.3.1　ActionEvent 事件

当用户单击按钮(Button)、选择列表框(List)选项、选择菜单项(MenuItem),或是在文本行(TextField)输入文字并按下【Enter】回车键,便触发动作事件(ActionEvent),触发事件的组件将 ActionEvent 类的对象传递给事件监听器,事件监听器负责执行 acitonPerformed()方法进行相应的事件处理。

ActionEvent 类继承了 EventObject 类的一个常用方法 getSource(),其功能是返回事件源(对象)名。ActionEvent 类本身还定义了一些成员,如 getActionCommand(),其功能是返回事件源的字符串信息。

【例 11.4】　处理 ActionEvent 事件

编程实现:窗口中有标题为 button1 和 button2 的两个按钮和一个标签,当单击任一按钮时,标签显示该按钮的标题。程序如下:

```
import java.awt. * ;
import java.awt.event. * ;
class ActEvent extends Frame implements ActionListener
{
    static ActEvent frm=new ActEvent();\\
    static Button btn1,btn2;
    static Label lb1;
}
```

程序解析:因为 ActionEvent 的类对象 frm 作为事件监听器,所以 ActionEvent 必须实现 ActionListener 接口,实现 ActionListener 接口中声明的抽象方法 actionPerformed()。在 actionPerformed()中,通过参数获得 ActionEvent 对象 e,调用 getSource()方法得到触发该事件的事件源;如果事件源是 btm1,在标签上显示"button1 clicked",否则显示"button2 clicked"。由于 frm 要对 btn1 和 btn2 的单击事件进行响应,所以通过 btn1. addActionListener(frm)和 btn2. addActionListener(frm)分别向 btn1 和 btn2 注册 frm。之所以将 frm,btn1 和 btn2 声明为 static,是由于在 main()方法和 actionPerformed()方法中要访问它们(由于 btn2 仅在 main()方法中被访问,也可以在 main()方法中声明它)。

程序运行过程中,当用户单击按钮 btn1 时,执行 actionPerformed( )方法,lbl 显示"button1 clicked",如图 11.4(b)所示;当用户单击按钮 btn2 时,执行 actionPerformed( )方法,lbl 显示 "button2 clicked",如图 11.4(c)所示。

(a)初始界面

(b)单击第一个按钮后的界面

(c)单击第二个按钮后的界面

图 11.4　运行结果

11.3.2　ItemEvent 事件

当窗口的选项组件 Checkbox(选择框)和 List(列表框)等被选择时,发生选项事件 (Item Event)。Java 用 ItemEvent 类处理选项事件。ItemEvent 类事件的监听器必须实现 ItemListener接口,实现其中声明的 itemStateChange( )方法:

　　public void itemStateChanged(ItemEvent e)

程序运行过程中,当用户选择选项组件时,该方法被执行。

【例 11.5】　处理 ItemEvent 事件

编程实现:窗口中有标题为 green 和 yellow 的两个单选按钮和一个文本行,当选择任一单 选按钮时,文本行中显示该单选按钮的标题。

```
import java. awt. Checkbox;
import java. awt. TextField;
import java. awt. event. InputEvent;
import java. awt. event. ItemEvent;
import java. awt. event. ItemListener;
import com. sun. org. apache. bcel. internal. verifier. structurals. Frame;
public class ItemEvent extends Frame implements ItemListener{
    static ItemEvent frm = new ItemEvent( );
    static Checkbox chb1, chb2;
    static TextField txt1;
    public static void main(String args[ ]) {
frm. setTitle("ItemEvent");
frm. setSize(240,160);
frm. setLayout(new FlowLayout( ));
CheckboxGroup grp = new CheckboxGroup( );
chb1 = new Checkbox("green");
chb2 = new Checkbox("yellow");
txt1 = new TextField("None is selected");
chb1. setCheckboxGroup(grp);
```

```
chb2. setCheckboxGroup(grp);
chb1. addItemListener(frm);
chb2. addItemListener(frm);
frm. add(chb1);
frm. add(chb2);
frm. add(txt1);
frm. setVisible(true);
    }
@ override
  public void itemStateChanged(ItemEvent e) {
  if (e. getSource() = =chb1)
    txt1. setText("green is selected");
  else
    if(e. getSource() = =chb2)
      txt1. setText("yellow is selected");
    }
  }
```

程序解析:因为选择 ItemEvent 的类对象 frm 作为事件监听器,所以 TextEvent 必须实现 TextListener 接口,实现 TextListener 接口中声明的抽象方法 textValueChanged()。在 textValueChanged()中,调用 txt1. getText()方法获得文本行 txt1 中的文本,调用 txt2. setText (txt1. getText())方法将 txt1 中的文本显示到 txt2 中。

由于 frm 要对 txt1 的 TextEvent 事件进行响应,所以通过 txt1. addTextListener(frm)向 txt1 注册 frm。通过调用 txt2. setEditable(false)方法,使 txt2 中的文本不可编辑(不能通过键盘输入或修改)。

程序运行过程中,当用户在 txt1 中输入文本时,txt1 中显示同样的文本,如图 11.5(b)所示。

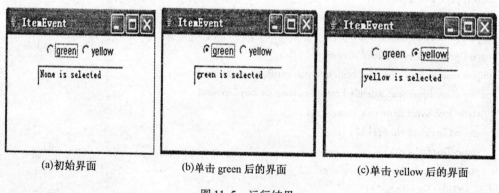

| (a)初始界面 | (b)单击 green 后的界面 | (c)单击 yellow 后的界面 |

图 11.5　运行结果

11.3.3　TextEvent 事件

当 TextField 或 TextArea 组件中的文本被改变时,触发文本事件(TextEvent),Java 用 TextEvent 类处理该事件。TextEvent 类事件的监听器必须实现 TextListener 接口,实现其中声明的 textValueChange()方法:

　　public void textValueChanged(TextEvent e)

程序运行过程中,当 TextField 或 TextArea 组件中文本改变时,该方法被执行。

【例 11.6】 处理 TextEvent 事件

编程实现:窗口中有两个文本行,当向上面的文本行输入文本时,下面文本行中同时显示所输入的文本。

```
import java.awt. * ;
import java.awt.event. * ;

class TextEvent extends Frame implements TextListener {
    static TextEvent frm = new TextEvent();

    static TextField txt1, txt2;

    public static void main(String args[]) {
        frm.setTitle("KeyEvent");
        frm.setSize(240, 160);
        frm.setLayout(new FlowLayout());
        txt1 = new TextField(20);
        txt2 = new TextField(20);
        txt1.addTextListener(frm);
        frm.add(txt1);
        txt2.setEditable(false);
        frm.add(txt1);
        frm.add(txt2);
        frm.setVisible(true);

    }

    public void textValueChanged(TextEvent e) {
        txt2.setText(txt1.getText());
    }
}
```

运行程序,出现如图 11.5(a)所示的界面。

程序解析:因为选择 TextEvent 的类对象 frm 作为事件监听器,所以 TexEvent 必须实现 TextListener 接口,实现 TextListener 接口中声明的抽象方法 textValueChanged()。在 textValueChanged()中,调用 txt1.getText()方法获得文本行 txt1 中的文本,调用 txt2.setText(txt1.getText())方法将 txt1 中的文本显示到 txt2 中。

由于 frm 要对 txt1 的 TextEvent 事件进行响应,所以通过 txt1.addTextListener(frm)向 txt1 注册 frm.。通过调用 txt2.setEditable(false)方法,使 txt2 中的文本不可编辑(不能通过键盘输入或修改)。

程序运行过程中,当用户在 txt1 中输入文本时,txt1 中显示同样的文本,如图 11.5(b)所示。

11.3.4 KeyEvent 事件

当按下键盘中的任意键时,将触发键盘事件(KeyEvent),Java 用 KeyEvent 类处理该事件。KeyEvent 类中常用的成员方法如表 11.4 所示。

表 11.4　KeyEvent 类的成员方法

成员方法	功　能
char getChar( )	返回按下的字符
chargetCharCode( )	返回按下字符的代码
char boolean isActionKey( )	判别按下的键是否是 ActionKey。ActionKey 包括方向键、PgUp、PgDn、F1～F12 等键

TextEvent 类事件的监听器必须实现 KeyListener 接口中声明的三个方法,如表 11.5 所示。

表 11.5　KeyListener 接口的成员方法

KeyListener 接口的成员方法	功　能
void keyPressed( )	对应键被按下事件,键被按下时调用该方法
void keyReleased( )	对应键被释放事件,键被释放时调用该方法
void keyTyped( )	对应输入字符事件,输入字符时调用该方法。按下并释放一个字符键时调用该方法,但输入 Action Key 时,不调用该方法

可见输入一个字符键时,触发三个事件,分别调用三个方法进行相应处理。

实现 KeyListener 接口时,需要实现其中声明的三个方法,即使不需要某一事件,也必须用空方法体实现对应的方法,使用起来不方便,所以 Java 中提供了处理 KeyEvent 事件的适配器类 KeyAdapter。在 KeyAdapter 类中,用空方法体实现了 KeyAdapter 类的类对象,在其中只需要覆盖需要处理的事件所对应的方法。

【例 11.7】　处理 TextEvent 事件

编程实现:窗口中有一个文本行和一个文本区,当按下某字符时,在文本行中显示被按下的字符;当键被按下事件发生时,在文本区显示被按下的字符;当键被释放事件发生时,在文本区显示被释放的字符;当输入字符事件发生时,在文本区显示被输入的字符。程序如下:

```java
import java. awt. * ;
import java. awt. event. * ;
public class KeysEvent extends Frame implements KeyListener{
static KeysEvent frm = new KeysEvent( );
static TextField txf;
static TextArea txa;
public static void main( String args[ ]) {
    frm. setTitle("KeyEvent");
    frm. setSize(240,200);
    frm. setLayout( new FlowLayout( ) );
    txf = new TextField(20);
    txa = new TextArea(6,20);
    txa. setEditable(false);
    txf. addKeyListener(frm);
    frm. add( txf);
    frm. add( txa);
    frm. setVisible(true);
```

```
    }
  public void keyPressed(KeyEvent e) {
    txa. setText("") ;
    txa. append(e. getKeyChar( )+"is pressed! \\n") ;

    }
  public void keyReleased(KeyEvent e) {
    txa. append(e. getKeyChar( )+"is released! \\n") ;
    }
  public void keyTyped(KeyEvent e) {
    txa. append(e. getKeyChar( )+"is typed! \\n") ;
    }
  }
```

程序解析:因为选择 keysEvent 的类对象 frm 作为事件监听器,所以 KeysEvent 必须实现 KeyListener 接口,实现 KeyListener 接口中声明的三个抽象方法。

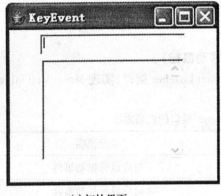
(a)初始界面

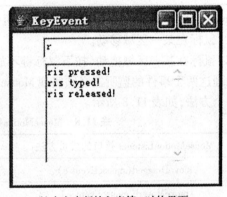
(b)在文本行输入字符 r 时的界面

图 11.6　运行结果

11.3.5　MouseEvent 事件

当按下鼠标键、鼠标指针进入或离开某一区域,或者移动、拖动鼠标时,触发鼠标事件(MouseEvent)。Java 用 MouseEvent 类处理该事件。MouseEvent 类中的常用方法如表 11.6 所示。

表 11.6　MouseEvent 类的成员方法

MouseEvent 类的成员方法	功能说明
int gexX( )	返回鼠标事件发生点的 X 坐标
int getY( )	返回鼠标事件发生点的 Y 坐标
Point getPoint( )	返回鼠标事件发生点的坐标
Point getClickCount( )	返回鼠标的点击次数

Java 提供了 MouseListener 和 MouseMotionListener 接口,用来处理 MouseEvent 事件。MouseListener 接口用来处理以下事件:

(1)鼠标指针进入某一区域。

（2）按下鼠标键。

（3）释放鼠标键。

（4）鼠标单击（按下和释放鼠标键的整个过程）。

（5）鼠标指针离开某一区域。

处理这五个事件的监听器必须实现 MouseListener 接口，实现 MouseListener 声明的一个方法如表 11.7 所示。

表 11.7 MouseListener 接口的成员方法

MouseListener 接口的成员方法	功能说明
void mouseClicked(MouseEvent e)	对应鼠标单击事件
void mouseEntered(MouseEvent e)	对应鼠标进入事件
void mouseExited(MouseEvent e)	对应鼠标离开事件
void mousePressed(MouseEvent e)	对应按下鼠标键事件
void mouseRelease(MouseEvent e)	对应释放鼠标键事件

MouseMotionListener 接口用来处理以下两个事件：

（1）鼠标在某一区域移动。

（2）鼠标在某一区域拖动（按下鼠标键不放移动鼠标）。

处理这两个事件的监听器必须实现 MouseMotionListener 接口，实现 MouseMotionListener 声明的两个方法，如表 11.8 所示。

表 11.8 MouseMotionListener 接口的成员方法

MouseMotionListener 接口的成员方法	功能说明
moveDragged(mouseEvent e)	对应鼠标拖动事件
moveMoved(mouseEvent e)	对应鼠标移动事件

由于 MouseListener 接口中有五个方法，为了方便用户编程，Java 也提供了适配器类 MouseAdapter，用空方法体实现 MouseListener 接口中的五个方法。处理鼠标指针进入和离开某一区域、按下鼠标键、释放鼠标键及鼠标单击事件时，其监听器也可以是继承 MouseAdapter 类的类对象，在其中只需覆盖需要处理的事件所对应的方法。

同样 Java 也提供了适配器类 MouseMotionAdapter，用空方法实现 MouseMotionAdapter 接口中的两个方法。处理鼠标移动和拖动事件时，其监听器也可以是继承 MouseMotion 者 Adapter 类的类对象，在其中只需要覆盖需要处理的事件所对应的方法。

【例 11.8】 利用 MouseListener 接口处理 MouseEvent 事件

编程实现：窗口中有两个文本区，当鼠标指针进入和离开第一个文本区时，在第二个文本区显示相应信息；当在第一个文本区单击鼠标，按下和释放鼠标键时，分别显示其事件及发生的位置。程序如下：

```
import java.awt. * ;
import java.awt.event. * ;
public class MouEvent   extends Frame implements MouseListener{
static MouEvent frm=new MouEvent( );
static TextArea txa1,txa2;
public static void main(String args[ ]){
```

```
    frm. setTitle("MouEvent");
    frm. setSize(240,300);
    frm. setLayout(new FlowLayout());
    txa1 = new TextArea(5,30);
    txa2 = new TextArea(8,30);
    txa2. setEditable(false);
    txa1. addMouseListener(frm);
    frm. add(txa1);
    frm. add(txa2);
    frm. setVisible(true);

}
public void mouseEntered(MouseEvent e)
{
    txa2. setText("Mouse enters txa1 \\n");}
public void mouseClicked(MouseEvent e) {
    txa2. append("Mouse is cliscked at["+e. getX()+","+e. getY()+"] \\n");
}
public void mousePressed(MouseEvent e) {
    txa2. append("Mouse is press at["+e. getX()+","+e. getY()+"] \\n");
}
public void mouseReleased(MouseEvent e)
{
    txa2. append("Mouse is relesed at ["+e. getX()+","+e. getY()+"] \\n");}
public void mouseExited(MouseEvent e) {
    txa2. append("Mouse exits from txa1");
}
}
```

程序解析:因为选择 MouEvent 的类对象 frm 作为事件监听器,所以 MouEvent 必须实现 MouseListener 接口,实现 MouseListener 接口中声明的五个抽象方法。在 mouseEntered()方法中,调用"setText("Mouse enters txal\n")"方法在文本区 txa2 中显示"Mouse enters txa1",其中"\n"表示换行。在 mouseClicked()方法中,分别通过调用 getX()和 getY()方法获得鼠标单击的位置坐标,调用 append()方法在文本区 txa2 中显示鼠标单击及位置信息。在 mousePressed()方法中,分别通过调用 getX(),getY()和 append()方法在文本区 txa2 中显示鼠标键按下及位置信息。在 mouseReleased()方法中,分别通过调用 getX(),getY()和 append()方法在文本区 txa2 中显示鼠标键释放及位置信息。在 mouseExited()方法中,调用"append("Mouse exits from txa1")"方法在文本区 txa2 中显示"Mouse exits from txa1"。

通过"new TextArea(5,30)"将 txa1 初始化为能容纳 5 行 30 列的文本,通过"new TextArea(8,30)"将 txa2 初始化为能容纳 8 行 30 列的文本。由于 frm 权对文本行 txa1 的 MouseEvent 事件进行响应,所以通过"txa1. addMouseListener(frm)"向 txa1 注册 frm。通过调用 txa2. setEditable(false)方法,使 txa2 中的东西不可编辑。

程序运行过程中,移动鼠标进入 txa1,单击鼠标(按下并释放任一鼠标键),最后移动鼠标离开 txa1 时,txa2 中显示的信息如图 11.7(b)所示。

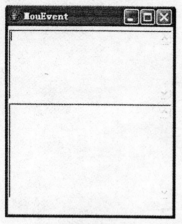

(a)初始界面

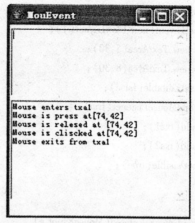

(b)发生 MouseEvent 事件后的界面

图 11.7　运行结果

【例 11.9】　利用 MouseMotionListener 接口处理 MouseEvent 事件

编程实现:窗口中有一个文本区和两个文本行,当鼠标在文本区内移动时,在第一个文本行显示移动信息;当鼠标在文本区内拖动时,在第二个文本行显示拖动信息。程序如下:

```java
import java.awt.*;
import java.awt.event.*;
public class MouEvent2 extends Frame implements MouseMotionListener{
static MouEvent2 frm=new MouEvent2();
static TextArea txa;
static TextField txt1,txt2;
public static void main(String args[]){
    frm.setTitle("MouEvent");
    frm.setSize(240,200);
    frm.setLayout(new FlowLayout());
    txa=new TextArea(5,30);
    txt1=new TextField(30);
    txt2=new TextField(30);
    txa.setEditable(false);
    txa.addMouseMotionListener(frm);
    frm.add(txa);
    frm.add(txt1);
    frm.add(txt2);
    frm.setVisible(true);
}
public void mouseMoved(MouseEvent e)
{
    txt1.setText("Mouse is moved int txa");}
public void mouseDragged(MouseEvent e)
{
```

```
txt2. setText("Mouse is dragged in txa");}
}
```

程序解析：因为选择 MouEvent2 的类对象 frm 作为事件监听器，所以 MouEvent2 必须实现 MouseMotionListener 接口，实现 MouseMotionListener 接口中声明的两个抽象方法。在 mouseMoved()方法中，调用"settext("Mouse is moved in txa")"方法在文本行 txt1 中显示 "Mouse is moved in txa"。在 mouseDragged()方法中，调用"setText("Mouse is dragged in txa")" 方法在文本行 txt2 中显示"Mouse is dragged in txa"。

通过"new TextArea(5,30)"将 txa 初始化为能容纳 5 行 30 列的文本，通过"new TextField (30)"分别将 txt1 和 txt2 初始化为能容纳 30 列的文本。由于 frm 要对文本区 txa 的 MouseEvent 事件进行响应，所以通过"txa. addmouseMotionListener(frm)"向 txa 注册 frm。

程序运行过程中，在文本区 txa 内移动鼠标，txt1 中显示"Mouse is moved in txa"；在文本 区 txa 内拖动鼠标，txt2 中显示"Mouse is dragged in txa"，如图 11.8(b)所示。

(a)初始界面

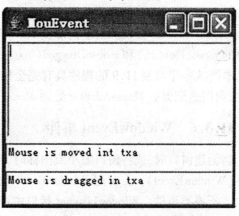
(b)发生 MouseEvent 事件后的界面

图 11.8　运行结果

【例 11.10】　利用 MouseMotionAdapter 类处理 MouseEvent 事件，实现上例功能。

```java
import java.awt. * ;
import java.awt. event. * ;
public class MouEvent3 extends Frame{
static MouEvent3 frm = new MouEvent3();
static TextArea txa;
static TextField txt1, txt2;
public static void main(String args[ ]){
    frm. setTitle("NouEvent");
    frm. setSize(240,200);
    frm. setLayout(new FlowLayout());
    txa = new TextArea(5,30);
    txt1 = new TextField(30);
    txt2 = new TextField(30);
    txa. setEditable(false);
    txa. addMouseMotionListener(new MouMotionAdapter());
    frm. add(txa);
```

```
    frm. add( txt1);
    frm. add( txt2);
    frm. setVisible( true);
    }
static class MouMotionAdapter extends MouseMotionAdapter{
    public void mouseMoved( MouseEvent e){
    txt1. setText("Mouse is moved in txa");
}
    public void mouseDragged( MouseEvent e){
    txt2. setText("Mouse is dragged in txa");
    }
}
}
```

程序解析:MouEvent3 的类对象不作为事件监听器,所以 MouEvent3 不用实现 MouseMotionListener 接口。由于内部类 MouseMotionAdapterr 的类对象要作为 MouseEvent 事件类中的 mouseMoved( )和 mouseDragged( )方法,响应鼠标移动和拖动事件。

本例的程序与例 11.9 的程序具有完全相同的功能。读者也可以对例 11.8 中的程序进行修改,利用适配器类 MouseAdapter 处理 MouseEvent 事件。

11.3.6 WindowEvent 事件

当创建窗口时,或将窗口缩小成图标时,或将图标变成窗口时,或关闭窗口时,都触发窗口事件(WindowEvent)。Java 用 WindowEvent 类处理该类事件,并提供了 WindowListener 接口,用来监听该类事件。WindowListener 接口中声明的七个抽象方法,如表 11.9 所示。

表 11.9 WindowListener 接口的成员方法

WindowListener 接口的成员方法	功能说明
windowActivated(WindowEvent, e)	对应窗口由"非活动"状态转变为"活动"状态事件
windowClosed(WindowEvent, e)	对应窗口已关闭事件
windowClosing(WindowEvent, e)	对应窗口关闭(按下窗口关闭按钮)事件
windowDeactivated(WindowEvent, e)	对应窗口由"活动"状态转变为"非活动"状态事件
windowIconified(WindowEvent, e)	对应窗口由一般状态转变为最小化状态事件
windowDeiconified(WindowEvent, e)	对应窗口由最小化状态转变为一般状态事件
windowOpened(WindowEvent, e)	对应容器打开事件

由于 WindowListener 接口中有七个方法,为了方便用户编程,Java 也提供了适配器类 WindowAdapter,用空方法实现 WindowListener 接口中的七个方法。处理窗口事件时,其监听器也可以是继承 WindowAdapter 的类对象,在其中只需要覆盖需要处理的事件所对应的方法。

【例 11.11】 处理 WindowEvent 事件

编程实现:当窗口打开、关闭、缩小为图标和由图标转换成一般状态时,在屏幕上显示相应信息。

```
import java. awt. * ;
import java. awt. event. * ;
```

```
public class WinEvent extends Frame implements WindowListener {
    static WinEvent frm = new WinEvent();
    public static void main(String args[]) {
        frm. setTitle("MouEvent");
        frm. setSize(240, 200);
        frm. addWindowListener(frm);
        frm. setVisible(true);
    }
    public void windowClosing(WindowEvent e) {
        System. out. println("windowClosing() method");
        System. exit(0);
    }
    public void windowClosed(WindowEvent e) {
    }
    public void windowActivated(WindowEvent e) {
    }
    public void windowDeactivated(WindowEvent e) {
    }
    public void windowIconified(WindowEvent e) {
        System. out. println("windowIconified() method");
    }
    public void windowDeiconified(WindowEvent e) {
        System. out. println("windowDeiconified() method");
    }
    public void windowOpened(WindowEvent e) {
        System. out. println("windowOpened() method");
    }
}
```

　　程序解析:因为选择 WinEvent 的类对象 frm 作为事件监听器,所以 WindowEvent 必须实现 WindowListener 接口,实现 WindowListener 接口中声明的七个抽象方法。

　　windowClosing()方法除在屏幕上显示"windowClosing() method"信息外,还调用 System. exit(0)方法结束程序运行;windowIconified()方法仅在屏幕上显示"windowIconified() method"信息;windowDeiconified()方法仅在屏幕上显示"windowDeiconified() method"信息;其他方法不执行任何功能。

　　程序运行过程中,单击最小化按钮使窗口缩小成图标,再单击缩小成图标的窗口,使其恢复到一般状态,最后再单击关闭按钮将窗口关闭。

11.4　绘　　图

　　Java 提供了绘图类 Graphics,用来在组件上绘图。通过调用 Graphics 的方法可以绘制直线、圆、圆弧、任意曲线等图形。

　　与绘制图形有关的类的层次结构如下:

|－java. awt. Graphics
|－java. awt. Graphics2D
|－java. awt. GraphicsConfigTemplate
|－java. awt. GraphicsConfiguration
|－java. awt. GraphicsDevice
|－java. awt. GraphicsEnvironment

1. Graphics 类

Graphics 类是所有图形类的抽象基类,它允许应用程序可以在组件(已经在各种设备上实现)上进行图形图像的绘制。Graphics 对象封装了 Java 支持的基本绘制操作所需的状态信息,其中包括组件对象、绘制和剪贴坐标的转换原点、当前剪贴区、当前颜色、当前字体、当前的逻辑像素操作方法(XOR 或 Paint)等。

Graphics2D 类是从早期版本(JDK1.0)中定义设备环境的 Graphics 类派生而来的,它提供了对几何形状、坐标转换、颜色管理和文本布局更为复杂的控制。它是用于在 Java(tm)平台上绘制二维图形、文本和图像的基础类。

GraphicsDevice 类定义了屏幕和打印机这类可用于绘制图形的设备。

GraphicsEnvironment 类定义了所有可使用的图形设备和字体设备。

GraphicsConfiguration 类定义了屏幕或打印机这类设备的特征。在图形绘制过程中,每个 Graphics2D 对象都与一个定义了绘制位置的目标相关联。GraphicsConfiguration 对象定义绘制目标的特征(如像素格式和分辨率等)。在 Graphics2D 对象的整个生命周期中都使用相同的绘制标准。

Griphics 和 Graphics2D 类都是抽象类,我们无法直接创建这两个类的对象,表示图形环境的对象完全取决于与之相关的组件,因此获得图形环境总是与特定的组件相关。

创建 Graphics2D 对象时,GraphicsConfiguration 将为 Graphics2D 的目标(Component 或 Image)指定默认转换,所有 Graphics2D 方法都采用用户空间坐标。

一般来说,图形的绘制过程分为四个阶段:确定绘制内容,在指定的区域绘制,确定绘制的颜色、将颜色应用于绘图面。有三种绘制操作:几何图形、文本和图像。

绘制过程中,Graphics2D 对象的六个重要属性如下:

(1)Paint:颜料属性决定线条绘制的颜色。它也定义填充图形的颜色和模式,系统默认的颜料属性是组件的颜色。

(2)Font:字体属性定义了绘制文本时所使用的字体,系统默认的字体是组件的字体设置。

(3)Stroke:画笔属性确定线型,如实线、虚线或点划线等。该属性也决定线段端点的形状。系统默认的画笔是方形画笔,绘制线宽为 1 的实线,线的末端为方形,斜角线段接口为 45°斜面。

(4)Transform:转换属性定义渲染过程中应用的转换方法。可以使绘制的图形平移、旋转和缩放。

(5)Composite:合成属性决定如何在组件上绘制叠放图形。

(6)Clip:剪切属性定义了组件上的一个区域边界。图形绘制只能在该区域内进行。

一般情况下,我们使用 Griphics2D 对象的方法进行图形的绘制工作,Griphics2D 对象的常用方法如下:

（1）abstract void clip(Shape s)：将当前 Clip 与指定 Shape 的内部区域相交，并将 Clip 设置为所得的交集。

（2）abstract void draw(Shape s)：使用当前 Graphics2D 上下文的设置勾画 Shape 的轮廓。

（3）abstract void drawImage(BufferedImage img, BufferedImageOp op, int x, int y)：使用 BufferedImageOp 过滤的 BufferedImage 应用的呈现属性，包括 Clip, Transform 和 Composite 属性。

（4）abstract boolean drawImage(Image img, AffineTransform xform, ImageObserver obs)：呈现一个图像，在绘制前进行从图像空间到用户空间的转换。

（5）abstract void drawString(String s, float x, float y)：使用 Graphics2D 上下文中的当前文本属性状态呈现指定的 String 的文本。

（6）abstract void drawString(String str, int x, int y)，使用 Graphics2D 上下文中的当前文本属性状态呈现指定的 String 的文本。

（7）abstract void fill(Shape s)：使用 Graphics2D 上下文的设置，填充 Shape 的内部区域。

（8）abstract Color getBackground()：返回用于清除区域的背景色。

（9）abstract Composite getComposite()：返回 Graphics2D 上下文中的当前 Composite。

（10）abstract Paint getPaint()：返回 Graphics2D 上下文中的当前 Paint。

（11）abstract Stroke getStroke()：返回 Graphics2D 上下文中的当前 Stroke。

（12）abstract boolean hit(Rectangle rect, Shape s, boolean onStroke)：检查指定的 Shape 是否与设备空间中的指定 Rectangle 相交。

（13）abstract void rotate(double theta)：将当前的 Graphics2D Transform 与旋转转换连接。

（14）abstract void rotate(double theta, double x, double y)：将当前的 Graphics2D Transform 与平移后的旋转转换连接。

（15）abstract void scale(double sx, double sy)：将当前 Graphics2D Transform 与可缩放转换连接。

（16）abstract void setBackground(Color color)：设置 Graphics2D 上下文的背景色。

（17）abstract void setComposite(Composite comp)：为 Graphics2D 上下文设置 Composite Composite 用于所有绘制方法中，如 drawImage, drawString, draw 和 fill，它指定新的像素如何在呈现过程中与图形设备上的现有像素组合。

（18）abstract void setPaint(Paint paint)：为 Graphics2D 上下文设置 Paint 属性。

（19）abstract void setStroke(Stroke s)：为 Graphics2D 上下文设置 Stroke 属性。

（20）abstract void setTransform(AffineTransform Tx)：重写 Graphics2D 上下文中的 Transform。

（21）abstract void shear(double shx, double shy)：将当前的 Graphics2D Transform 与剪裁转换连接。

（22）abstract void translate(double tx, double ty)：将当前的 Graphics2D Transform 与平移转换连接。

（23）abstract void translate(int x, int y)：将 Graphics2D 上下文的原点平移到当前坐标系统中的点(x, y)。

在 java. awt. geom 包中定义了几何图形类，包括点、直线、矩形、圆、椭圆、多边形等。该包中各类的层次结构如下：

```
|– java. lang. Object
  |– java. awt. geom. AffineTransform
  |– java. awt. geom. Area
  |– java. awt. geom. CubicCurve2D
    |– java. awt. geom. CubicCurve2D. Double
    |– java. awt. geom. CubicCurve2D. Float
  |– java. awt. geom. Dimension2D
  |– java. awt. geom. FlatteningPathIterator
  |– java. awt. geom. Line2D
    |– java. awt. geom. Line2D. Double
    |– java. awt. geom. Line2D. Float
  |– java. awt. geom. Path2D
    |– java. awt. geom. Path2D. Double
    |– java. awt. geom. Path2D. Float
      |–java. awt. geom. GeneralPath
  |– java. awt. geom. Point2D
    |– java. awt. geom. Point2D. Double
    |– java. awt. geom. Point2D. Float
  |– java. awt. geom. QuadCurve2D
    |– java. awt. geom. QuadCurve2D. Double
    |– java. awt. geom. QuadCurve2D. Float
  |– java. awt. geom. RectangularShape
    |– java. awt. geom. Arc2D
      |– java. awt. geom. Arc2D. Double
      |– java. awt. geom. Arc2D. Float
    |– java. awt. geom. Ellipse2D
      |– java. awt. geom. Ellipse2D. Double
      |– java. awt. geom. Ellipse2D. Float
    |– java. awt. geom. Rectangle2D
      |– java. awt. geom. Rectangle2D. Double
      |– java. awt. geom. Rectangle2D. Float
    |– java. awt. geom. RoundRectangle2D
      |– java. awt. geom. RoundRectangle2D. Double
|– java. awt. geom. RoundRectangle2D. Float
```

Graphics 类提供了很多绘图方法,绘图所使用的坐标系与屏幕、窗口相同。水平方向是 X 轴,向右为正,垂直方向是 Y 轴,向下为正,坐标原点(0,0)位于屏幕左上角。任一点(x,y)的 x 坐标表示该点距坐标原点在水平方向的像素,y 表示距坐标原点在垂直方向的像素。Graphics 类中常用的成员方法如表 11.10 所示。

表 11.10　Graphics 类的成员方法

Graphics 类的成员方法	功能说明
void drawLine(int x1,int y1,int x2,int y2)	在点(x1,y1)和点(x2,y2)之间绘制一条直线
void drawOval(int x,int y,int w,int h)	在左上角位于点(x1,y1)宽度和长度分别为 w 和 h 的矩形内绘制一个内切椭圆
void drawRect(int x,int y,int w,int h)	绘制左上角位于(x,y)、宽度和长度分别为 w 和 h 的一个矩形
abstract void drawString(String str,int x,int y)	从点(x,y)处开始输出字符串
void fillRect(int x,int y,int w,int h)	绘制左上角位于点(x,y),宽度和长度分别为 w 和 h 的一个矩形,并用前景色填充
abstract Color getColor( )	返回绘图的颜色
abstract Font getFont( )	返回绘图的字体
abstract void setColor(Color c)	设置绘图的颜色为 c
abstract void setFont(Font font)	设置绘图的字体为 font

2. 在组件上绘图

在 java. awt. Component 类中声明了绘图方法 paint( ),其声明如下:

public void paint(Graphics g)

在 paint( )方法中,通过 Graphics 对象 g 调用绘图方法,在组件上绘制图形。paint( )方法的执行方式上与普通方法不同,它不是由用户编写代码调用执行,而是由系统自动执行。程序运行过程中,当创建一个组件时,系统自动执行该组件的 paint( )方法,绘制相应图形。因此,一个类如果需要在组件上绘图,则该类必须声明为继承某个 Java 组件类,并且覆盖 paint( )方法,否则不能自动执行 paint( )方法。

虽然在任何组件上都可以绘制图形,但由于很多组件上都有标题等信息,通常只在窗口或面板上绘制图形。

【例 11.12】　绘图举例

编程实现:在窗口中绘制一条直线和一个矩形,并在矩形内显示字符串"Painting"。

```
import java. awt. * ;
public class Painting extends Frame {
  public Painting( ) {
    super("Painting");
    setSize(200, 150);
    setVisible(true);
  }
  public static void main(String args[ ]) {
    Painting app = new Painting( );
  }
  public void paint(Graphics g) {
    g. setColor(Color. red);
    g. drawLine(50, 50, 150, 50);
    g. drawRect(50, 70, 100, 50);
    Font fnt = new Font("dialog", Font. ITALIC + Font. BOLD, 15);
```

```
    g. setFont(fnt);
    g. drawString("Painting", 70, 100);
  }
}
```

通过"super("Painting")"调用父类的构造方法,使窗口具有标题"Painting"。由于 Painting 类继承了 Frame 类,当在 main( )方法中通过"new Painting( )"实例化 Painting 对象 app 时,系统自动执行 paint( )方法。

在 paint( )方法中,通过"setColor(Color. black)"将前景设置为黑色,将采用黑色绘制图形和输出字符。通过"drawLine(50,50,150,150)"在点(50,50)和点(150,150)之间绘制一条直线(黑色)。通过"drawRect(50,70,100,50)"绘制一个左上角位于(50,70),长度和宽度分别为 100 和 50 的矩形。通过"new Font("dialog",Font. ITALIC+Font. BOLD,15)"实例化 Font 对象 fnt,再通过 setFont(fnt)设置文字显示的字形为 dialog,斜体和粗体修饰,字号为 15 磅。通过"drawstring("Painting",70,100)"从点(70,100)开始,采用刚设置的字体显示字符串"Painting"。

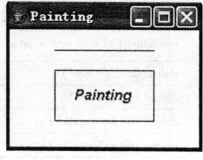

图 11.9 绘图

程序运行时,显示窗口如图 11.9 所示。

11.4.1 路径类

路径类用于构造直线、二次曲线和三次曲线的几何路径。它可以包含多个子路径。如上类层次结构所描述,Path2D 是基类(它是一个抽象类);Path2D. Double 和 Path2D. Float 是其子类,它们分别以不同的精度的坐标定义几何路径;GeneralPath 在 1.5 及其以前的版本中,它是一个独立的最终类。在 1.6 版本中进行了调整与划分,其功能由 Path2D 替代,为了其兼容性,把它划为 Path2D. Float 派生的最终类。下边以 GeneralPath 类为例介绍一下路径类的功能与应用。

1. 构造方法

构造路径对象的方法如下:

(1) GeneralPath(int rule):以 rule 指定缠绕规则构建对象。缠绕规则确定路径内部的方式。有两种方式的缠绕规则:Path2D. WIND _ EVEN _ ODD 用于确定路径内部的奇偶(even-odd)缠绕规则;Path2D. WIND _ NON _ ZERO 用于确定路径内部的非零(non-zero)缠绕规则。

(2) GeneralPath( ):以默认的缠绕规则 Path2D. WIND _ NON _ ZERO 构建对象。

(3) GeneralPath(int rule, int initialCapacity):以 rule 指定缠绕规则和 initialCapacity 指定的容量(以存储路径坐标)构建对象。

(4) GeneralPath(Shape s):以 Shape 对象 s 构建对象。

2. 常用方法

路径对象常用的方法如下:

(1) voidappend(Shape s, boolean connect):将指定 Shape 对象的几何形状追加到路径中,也许使用一条线段将新几何形状连接到现有的路径段。如果 connect 为 true 并且路径非空,则被追加的 Shape 几何形状的初始 moveTo 操作将被转换为 lineTo 操作。

（2）voidclosePath( )：回到初始点使之形成闭合的路径。

（3）boolean contains(double x，double y)：测试指定坐标是否在当前绘制边界内。

（4）voidcurveTo(float x1，float y1，float x2，float y2，float x3，float y3)：将三个新点定义的曲线段添加到路径中。

（5）Rectangle2D getBounds2D( )：获得路径的边界框。

（6）Point2DgetCurrentPoint( )：获得当前添加到路径的坐标。

（7）intgetWindingRule( )：获得缠绕规则。

（8）voidlineTo(float x，float y)：绘制一条从当前坐标到(x,y)指定坐标的直线,将(x,y)坐标添加到路径中。

（9）voidmoveTo(float x，float y)：从当前坐标位置移动到(x,y)指定位置,将(x,y)添加到路径中。

（10）voidquadTo(float x1，float y1，float x2，float y2)：将两个新点定义的曲线段添加到路径中。

（11）voidreset( )：将路径重置为空。

（12）voidsetWindingRule(int rule)：设置缠绕规则。

（13）voidtransform(AffineTransform at)：使用指定的 AffineTransform 变换此路径的几何形状。

以上只是列出了一些常用的方法,若需要了解更多的信息,请参阅 JDK 文档。

3. 应用举例

如前所述,我们不能直接创建 Graphics 和 Graphics2D 绘图对象,要在组件上绘图,需要使用组件的方法先获得绘图环境对象的引用。

一般情况下,我们采用重写 paint( )方法的方式实现绘图,该方法在组件重建的时候被调用。当然我们也可以使用组件的 getGriphics( )方法获得绘图对象。

【例 11.13】　在屏幕上画出如图 11.10 所示的折线图

程序的基本设计思想如下:建立 JFrame 的派生类,重写 paint( )方法,在该方法中实现折线图的绘制。程序参考代码如下:

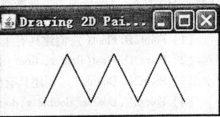

图 11.10　折线图

```
/* 绘制折线程序 DrawLine. java */
import java. awt. * ;
import java. awt. geom. * ;
import javax. swing. * ;
public class DrawLine extends JFrame
{
    public DrawLine( )
    {
        super("Drawing 2D Paint");
        setSize(425,160);
        setVisible(true);
        setDefaultCloseOperation(EXIT _ ON _ CLOSE);
    }
```

```
public void paint(Graphics g)              //重写绘图方法 paint()
{
    super. paint(g);
    Graphics2D g2d=(Graphics2D)g;          //强制转换为 Graphics2D 引用
    int xPoints[]={50,75,100,125,150,175,200};
    int yPoints[]={100,50,100,50,100,50,100};
    GeneralPath line=new GeneralPath();     //构建 GeneralPath 类对象
    line. moveTo(xPoints[0],yPoints[0]);    //将起始点加入路径
    for(int i=1; i<xPoints. length;i++)
    line. lineTo(xPoints[i],yPoints[i]);    //将折线的坐标点加入路径
    g2d. draw(line);                        //绘制折线
} //绘图方法结束
public static void main(String args[])      //主方法 main()
{
    new DrawLine();
} //主方法 main()结束
}
```

我们可以使用路径存储多边形、二次曲线、三次曲线的坐标点,实现对这些几何图形的绘制。

11.4.2 点与线段类

1. 点

在 Java 中有 3 个定义点的类:Point2D. Float,Point2D. Double 和 Point。前两个是 Point2D 的静态内部类,它们使用浮点型数计算点的坐标;最后一个是 Point2D 的子类,它使用整型数计算点的坐标。Point2D 是一个抽象类,虽然不能直接创建对象进行操作,但我们可以使用其内部类或子类对象进行操作。我们可以使用如下的构造方法创建对象:

(1) Point2D. Float(),创建具有坐标(0,0)的点对象。

(2) Point2D. Float(float x, float y),创建具有坐标(x ,y)的点对象。

(3) Point2D. Double(),创建具有坐标(0,0)的点对象。

(4) Point2D. Double(double x,double y),创建具有坐标(x ,y)的点对象。

两种不同类型的构造方法构造不同精度的坐标点。

下边的两个语句分别构造两个不同的坐标点:

```
Point2D. Float   p1=new Point2D. Float();        //构造的坐标点在用户坐标原点(0,0)
Point2D. Float   p2=new Point2D. Float(100,100); //构造的坐标点在用户坐标(100,100)
```

它们也提供一些获得坐标值、计算两点之间的距离、设置新点的位置等方法。需要时可查阅 JDK 相关的文档。

2. 线段

在 Java 中提供了处理线段的类 Line2D. Float,Line2D. Double 和 Line2D。其中 Line2D 类是所有存储 2D 线段对象的唯一抽象超类;Line2D. Float,Line2D. Doubl 是其子类,分别用于 float 型和 double 型用户坐标的定义。我们可以使用如下的构造方法创建对象:

(1) Line2D. Float():创建一个从坐标 (0, 0) 到(0,0)的对象。

(2) Line2D. Float(float X1, float Y1, float X2, float Y2):根据指定坐标(X1,Y1)和

（X2,Y2）构造对象。

（3）Line2D. Float（Point2D p1, Point2D p2）：根据 p1 和 p2 指定的两点构造对象。

（4）Line2D. Double（）：创建一个从坐标:（0,0）到（0,0）的对象。

（5）Line2D. Double（double X1, double Y1, double X2, double Y2）：根据指定坐标（X1, Y1）和（X2,Y2）构造对象。

（6）Line2D. Double（Point2D p1, Point2D p2）：根据 p1 和 p2 指定的两点构造对象。

例如,下列语句:

Point2D. Float p1 = new Point2D. Float（）;

Point2D. Float p2 = new Point2D. Float（100,100）;

Line2D. Float line1 = new Line2D. Float（p1,p2）;

Line2D. Float line2 = new Line2D. Float（0,0,100,100）;

将构建两条（line1 和 line2）相同的从用户坐标（0,0）到（100,100）的线段。

线段类也提供一些获取线段的相关信息（如坐标值）、计算点到直线之间的距离、测试线段（是否在指定的边界内,是否与另一条线段相交等）、设置线段等方法。这些方法不再列出,使用时再作简要介绍。读者需要了解更多的信息时,可参阅 JDK 相关的文档。

3. 应用举例

在前边的示例中,我们已经看到了绘制折线的方法和步骤。有多种绘制线段的方法。当绘制多个连续的线段（如上例的折线）,一般来说,会采用路径的方式,先将各坐标点存入路径中,然后再进行绘制。当绘制单个简单的线段时,会采用 Graphics 对象的 drawLine（）方法,需要指定直线的起点和终点坐标。方法的格式如下:

void drawLine（int X1,int Y1,int X2,int Y2）

当定位坐标要求精度较高时,采用浮点数坐标,使用 Graphics2D 对象绘制图形。

下边我们举例说明其应用。

【例 11.14】　在屏幕上绘制如图 11.11 所示的图形。

程序的基本设计思想如下:建立 JFrame 的派生类,重写 paint（）方法,在该方法中实现线段的绘制。程序参考代码如下:

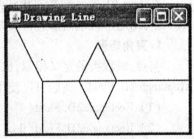

图 11.11　运行结果

```
/* 程序名 DrawLineDemo. java */
import java. awt. * ;
import javax. swing. * ;
import java. awt. geom. * ;
public class DrawLineDemo extends JFrame
{
  public DrawLineDemo( )
  {
    super("Drawing Line");
    setSize(400,300);
    setVisible(true);
    setDefaultCloseOperation(EXIT _ ON _ CLOSE);
  }
  public void paint(Graphics g)
  {
```

```
super. paint(g);
g. drawLine(0, 0, 50, 100);          //绘制单个线段
g. drawLine(50, 100, 50, 200);        //绘制单个线段
g. drawLine(50, 100, 300, 100);       //绘制单个线段
Graphics2D g2d = (Graphics2D)g;       //强制转换为 Graphics2D 引用
Line2D. Float p1 = new Line2D. Float(100f,100f,125f,50f);  //定义线段 1
Line2D. Float p2 = new Line2D. Float(125f,50f,150f,100f);  //定义线段 2
Line2D. Float p3 = new Line2D. Float(150f,100f,125f,150f); //定义线段 3
Line2D. Float p4 = new Line2D. Float(125f,150f,100f,100f); //定义线段 4
g2d. draw(p1);   //绘制线段 1
g2d. draw(p2);   //绘制线段 2
g2d. draw(p3);   //绘制线段 3
g2d. draw(p4);   //绘制线段 4
}
public static void main(String args[])
{
    new DrawLineDemo();
}
}
```

在该程序中,绘制的菱形是由 4 条连续的线段组成的,我们先以浮点类型坐标定义了 4 条线段,然后使用 Graphics2D 对象的 draw()方法进行绘制。当然也可以像上例那样使用路径的方式绘制菱形。这一任务作为作业留给读者,以加深对绘图方式的理解。

11.4.3 矩形和圆角矩形

在 Java 中,矩形包括直角和圆角两种形状,绘制矩形也有多种方法。既可绘制矩形的轮廓,也可对矩形区域内部进行填充。

1. 直角矩形

与点、线段类的定义相似,也有三个类定义直角矩形:Rectangle2D,Rectangle2D. Double 和 Rectangle2D. Float。我们可以使用下面的构造方法创建直角矩形:

(1) Rectangle2D. Float()

(2) Rectangle2D. Float(float x, float y, float w, float h)

(3) Rectangle2D. Double()

(4) Rectangle2D. Double (double x, double y, double w, double h)

其中,没有参数的构造方法将构造一个左上角的坐标为(0,0),高度和宽度为 0 的矩形。参数 x, y 指定矩形的左上角坐标,w 指定矩形的宽度,h 指定矩形的高度。

直角矩形类也提供了相关的方法,不再一一列出,用到时再作介绍,下边举一个例子说明直角矩形的绘制。

【例 11.15】 绘制如图 11.12 所示的 5 个直角矩形。

程序的基本设计思想如下:建立 JFrame 的派生类,重写 paint()方法,在该方法中实现直角矩形的绘制。先定义第一个矩形,然后在此矩形的基础上,使用 setRect()方法改变对象的位置。setRect()方法说明如下:

```
void setRect(float x, float y, float w, float h)
```

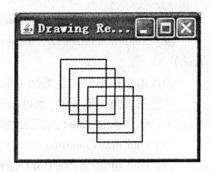

4 个参数与对象构造方法中所说明的相一致。

程序参考代码如下:

```
import java. awt. * ;
import javax. swing. * ;
import java. awt. geom. * ;
import javax. swing. JFrame;
public class DrawRectangleDemo extends JFrame{
public DrawRectangleDemo( ) {
    super("Drawing Rectangle");
    setSize(400,300);
    setVisible( true);
    setDefaultCloseOperation( EXIT_ON_CLOSE);
}
    public void paint( Graphics g) {
        super. paint( g);
        Graphics2D g2d = ( Graphics2D) g;
        float x = 50f,y = 50f;
        Rectangle2D. Float rectangle1 = new Rectangle2D. Float(x,y,50f,50f);
        for( int i = 1;i < = 5;i++) {
            g2d. draw( rectangle1);
            rectangle1. setRect( x+ = 10f,y+ = 10f,50f,50f);

        }
    }
    public static void main( String[ ] args) {
        new DrawRectangleDemo( );
    }
}
```

图 11.12　绘制直角矩形

在程序中,采用了先定义矩形对象,再使用 Graphics2D 对象的 draw( )方法绘制矩形。当然,也可以直接使用图形对象的如下方法绘制直角矩形:

void drawRect(int x, int y, int w, int h)

void fillRect(int x, int y, int w, int h)

void draw3DRect(int x, int y, int w, int h, boolean raised)

void fill3DRect(int x, int y, int w, int h,boolean raised)

其中第二个方法用于填充直角矩形;第三个方法用于画 3 维直角矩形,第四个方法用于填充 3 维直角矩形,raised 确定是否凸起。读者可以修改上边的示例程序,使用上边的方法绘制,看一下图形有何变化。

2. 圆角矩形

定义圆角矩形相关的类是 RoundRectangle2D, geom. RoundRectangle2D. Double 和 RoundRectangle2D. Float。其层次结构与上述介绍的类相似。可用的对象构造方法如下:

(1) RoundRectangle2D. Float( )

(2) RoundRectangle2D. Float(double x, double y, double w, double h, double arcw, double arch)

（3）RoundRectangle2D. Double( )

（4）RoundRectangle2D. Double(double x,double y,double w,double h,double arcw,double arch)

和直角矩形不同的是增加了两个参数 arcw 和 arch,圆角弧的宽度和高度。

与绘制直角矩形相同,也可以用多种方式绘制,除了采用了先定义圆角矩形对象,再使用 Graphics2D 对象的 draw( )方法绘制外,也可以直接使用图形对象的如下方法绘制圆角矩形:

（1）void drawRoundRect(int x,int y,int w, int h,int arcW,int arcH)

（2）void fillRoundRect(int x,int y,int w,int h,int arcW, int arcH)

3. 应用举例

下边举一个例子,说明矩形的几种绘制方法。

【例 11.16】 分别以两种方法绘制直角和圆角矩形

程序代码如下:

```
/*程序名 DrawRectangleSummary. java */
import java. awt. * ;
import javax. swing. * ;
import java. awt. geom. * ;
public class DrawRectangleSummary extends JFrame

{
  public DrawRectangleSummary( )
  {
    super("Drawing Rectangle");
    setSize(400,300);
    setVisible(true);
    setDefaultCloseOperation( EXIT _ ON _ CLOSE);
  }
  public void paint( Graphics g)
  {
    super. paint(g);
    Graphics2D g2d =( Graphics2D)g;
    float x = 10f,y = 50f;
    Rectangle2D. Float r1 = new Rectangle2D. Float(x,y,50f,50f);//定义直角矩形
    RoundRectangle2D. Float rr1 =new RoundRectangle2D. Float(x,y+70,50f,50f, 10f,10f);   //定义圆角
矩形
    g2d. draw(r1);    //绘制直角矩形
    g2d. draw(rr1);   //绘制圆角矩形
    r1. setRect(x+=70f,y,50f,50f);  //重设直角矩形
    rr1. setRoundRect(x,y+70f,50f,50f,10f,10f);//重设圆角矩形
    g2d. fill(r1);   //以填充方式绘制直角矩形
    g2d. fill(rr1);  //以填充方式绘制圆角矩形
    //以下直接使用 Graphics2D 对象的方法以 int 新坐标的形式绘制及填充两种矩形
    g2d. draw3DRect(( int)(x+=70),( int)y,50,50,true);
    g2d. drawRoundRect(( int)x,( int)y+70,50,50,10,10);
```

```
        g2d. fill3DRect((int)(x+=70),(int)y,50,50,true);
        g2d. fillRoundRect((int)x,(int)y+70,50,50,10,10);
    }
    public static void main(String args[])
    {
        new DrawRectangleSummary();
    }
}
```

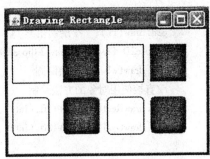

图 11.13　运行结果

编译运行该程序,运行结果如图 11.13 所示。读者可以对照程序分析一下运行结果,以加深对绘图方法的理解。

11.4.4　圆和椭圆

绘制圆和椭圆用的是同一种对象。定义圆和椭圆相关的类是:Ellipse2D, Ellipse2D. Float 和 Ellipse2D. Double。可用于构造对象的构造方法如下:

(1) Ellipse2D. Float()

(2) Ellipse2D. Float(float x, float y, float w, float h)

(3) Ellipse2D. Double()

(4) Ellipse2D. Double(double x, double y, double w, double h)

需要注意的是:圆或椭圆被构建在一个矩形框架内。其中构建器的参数 x,y 指定矩形的左上角,w 和 h 分别指定矩形的宽和高。当 w 和 h 相等时(也就是长轴等于短轴时)即是圆。

下边举一个简单的例子,说明圆和椭圆是被构建在矩形框架中的内接圆。

【例 11.17】　使用相同的参数,绘制矩形、圆和椭圆。

程序清单如下:

```
/* 程序名 DrawEllipseDemo. java */
import java. awt. *;
import javax. swing. *;
import java. awt. geom. *;
public class DrawEllipseDemo extends JFrame

{
    public DrawEllipseDemo()
    {
        super("Drawing Rectangle");
        setSize(400,300);
        setVisible(true);
        setDefaultCloseOperation(EXIT _ ON _ CLOSE);
    }
    public void paint(Graphics g)
    {
        super. paint(g);
        Graphics2D g2d=(Graphics2D)g;
```

```
    float x = 10f,y = 50f;
    Rectangle2D. Float r1 = new Rectangle2D. Float(x,y,100f,100f);//定义矩形
    g2d. draw(r1);   //绘制矩形
    Ellipse2D. Float e1 = new Ellipse2D. Float(x,y,100f,100f);//定义圆
    g2d. draw(e1);   //绘制圆
    //直接使用对象的方法绘制
    g2d. drawRect((int)x+130,(int)y,100,70);   //绘制矩形
    g2d. drawOval((int)x+130,(int)y,100,70);   //绘制椭圆
    }
  public static void main(String args[])
    {
      new DrawEllipseDemo();
    }
}
```

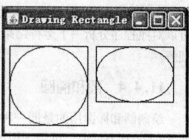

图 11.14　圆和椭圆

编译、运行程序,会看到如图 11.14 所示的结果。请读者认真阅读示例程序,结合输出结果,进一步加深对图形绘制方式、方法的理解。

11.4.5　圆弧和扇形

在 Java 中,圆弧是椭圆的一部分,可以将圆弧看作是整个椭圆的一段。定义圆弧相关的类是:Arc2D,Arc2D. Float 和 Arc2D. Double。常用的对象构造方法如下:

（1） Arc2D. Float()

（2） Arc2D. Float(float x, float y, float w, float h, float start,float extent, int type)

（3） Arc2D. Double()

（4） Arc2D. Double (double x, double y, double w, double h, double start, double extent, int type)

圆弧是基于椭圆构建的,圆弧也在矩形的框架之内。因此,(x,y)代表矩形的左上角坐标,w 和 h 表示矩形的宽和高。其他参数说明如下:

（1） start 为弧线段的起始角,以度为单位,水平向右为 0°。

（2） extent 为弧线段从起始角跨越的角度,即弧的跨度,不能理解为弧终止时的角度。如 start = 90,extent = 180,弧终止的角度是 270°。

（3） type 表明弧的闭合类型。它是常量字段值,取值及意义说明如下:

OPEN 常量值为 0,开弧。不用线连接弧段两个端点的路径段。

CHORD 常量值为 1,弓弧。画一条直线通过弧段的起始点到弧段的结束点来闭合弧。

PIE 常量值为 2,扇形弧。通过绘制从弧段的起始点到椭圆的中心,再从圆心到弧段的结束点的直线来闭合弧。

除了使用弧类定义弧进行绘制外,也可直接使用 Graphics2D 对象的如下方法以 int 型参数绘制弧:

```
    void drawArc(int x, int y, int w, int h, int start, int extent)
    void fillArc(int x, int y, int w, int h, int start, int extent)
```

下边先举一个简单的例子说明弧的绘制。

【**例 11.18**】　绘制如图 11.15 所示的三种类型的弧。

程序的基本设计思想如下：先构建一个圆弧对象（开弧），然后重新设置圆弧的坐标和类型。程序参考代码如下：

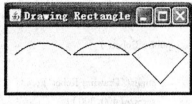

图 11.15　弧形

```java
/*程序名 DrawArcs. java */
import java. awt. *;
import javax. swing. *;
import java. awt. geom. *;
public class DrawArcs extends JFrame
{
    public DrawArcs()
    {
        super("Drawing Rectangle");
        setSize(400,300);
        setVisible(true);
        setDefaultCloseOperation(EXIT _ ON _ CLOSE);
    }
    public void paint(Graphics g)
    {
        super. paint(g);
        Graphics2D g2d=(Graphics2D)g;
        float x=0f,y=50f;
        Arc2D. Float arc1 = new Arc2D. Float(x,y,100f,100f,45f,90f,0);//定义弧
        g2d. draw(arc1);    //绘制弧
        arc1. setArc(x+=80,y,100,100,45f,90f,1);  //定义弓弧
        g2d. draw(arc1);    //绘制弓弧
        arc1. setArc(x+=80,y,100,100,45f,90f,2);  //定义扇形弧
        g2d. draw(arc1);    //绘制扇形弧
    }
    public static void main(String args[ ])
    {
        new DrawArcs();
    }
}
```

【**例 11.19**】　绘制如图 11.16 所示的机器人。

程序的基本设计思想如下：建立 JFrame 的派生类，重写 paint( )方法，在 paint( )方法中完成图形的绘制。采用从上到下、从左至右的顺序，使用矩形、圆、椭圆、弧、线段及路径等多种方式进行绘制。程序的参考代码如下：

```java
/*程序名 Robot. java */
import java. awt. *;
import javax. swing. *;
import java. awt. geom. *;
```

```
public class Robot extends JFrame
{
public Robot( )
{
    super("Drawing Robot");
    setSize(400,300);
    setVisible(true);
    setDefaultCloseOperation(EXIT _ ON _ CLOSE);
}
public void paint(Graphics g)
{
    super. paint(g);
    Graphics2D g2d = (Graphics2D)g;
    float x = 50f, y = 50f;
    RoundRectangle2D. Float    head = new RoundRectangle2D. Float(x,y,50f,
50f, 20f, 20f);
    g2d. draw(head);   //绘制头部轮廓
    Arc2D. Float brow = new Arc2D. Float(x+5,y+5,20f,20f,45f,90f,0);//定义弧
    g2d. draw(brow);   //绘制左眉毛
    brow. setArc(x+25,y+5,20f,20f,45f,90f,0);//定义弓弧
    g2d. draw(brow);   //绘制右眉毛
    Ellipse2D. Float eye1 = new Ellipse2D. Float(x+5,y+10,18f,10f);//定义椭圆
    g2d. draw(eye1);   //绘制左眼轮廓
    Ellipse2D. Float eye2 = new Ellipse2D. Float(x+25,y+10,18f,10f);//定义椭圆
    g2d. draw(eye2);   //绘制右眼轮廓
    Ellipse2D. Float ereball1 = new Ellipse2D. Float(x+11,y+11,8f,8f);//定义圆
    g2d. fill(ereball1);   //绘制左眼球
    Ellipse2D. Float ereball2 = new Ellipse2D. Float(x+30,y+11,8f,8f);//定义圆
    g2d. fill(ereball2);   //绘制右眼球
    brow. setArc(x+14,y-2,20f,40f,225f,90f,2);//定义扇形弧
    g2d. draw(brow);   //绘制鼻子
    Ellipse2D. Float mouth = new Ellipse2D. Float(x+8,y+40,30f,5f);//定义椭圆
    g2d. draw(mouth);   //绘制嘴巴
    g2d. drawLine((int)x+12,(int)y+50,(int)x+10,(int)y+65);//绘制脖颈左线
    g2d. drawLine((int)x+38,(int)y+50,(int)x+40,(int)y+65);//绘制脖颈右线
    g2d. drawRoundRect((int)x-10,(int)y+65,70,60,15,15);//绘制上身轮廓
    int xps[ ] = {40,25,25,35,35,40};   //定义绘制左臂的坐标数据
    int yps[ ] = {120,120,190,190,130,130};
    GeneralPath arm = new GeneralPath( ); //构建 GeneralPath 类对象
    arm. moveTo(xps[0],yps[0]);   //将起始点加入路径
    for(int i=1;i<xps. length;i++) arm. lineTo(xps[i],yps[i]);//将坐标点加入路径
    g2d. draw(arm);   //绘制左臂
    int xps1[ ] = {110,125,125,115,115,110};   //定义绘制右臂的坐标数据
    arm. reset( );   //将路径重置为空,准备接收绘制右臂的坐标数据
```

图 11.16　机器人

```
arm. moveTo(xps1[0],yps[0]);   //将起始点加入路径
for(int i=1;i<xps1. length;i++) arm. lineTo(xps1[i],yps[i]);//将坐标点加入路径
g2d. draw(arm);   //绘制右臂
int xps2[ ] = {50,50,40,40,72,72,64,69};
int yps2[ ] = {175,255,255,265,265,255,255,175};
arm. reset( );   //将路径重置为空,准备接收绘制右臂的坐标数据
arm. moveTo(xps2[0],yps2[0]);   //将起始点加入路径
for(int i=1;i<xps2. length;i++) arm. lineTo(xps2[i],yps2[i]);//将坐标点加入路径
g2d. draw(arm);   //绘制左腿
arm. reset( );   //将路径重置为空,准备接收绘制右臂的坐标数据
int xps3[ ] = {100,100,110,110,78,78,86,81};
arm. moveTo(xps3[0],yps2[0]);   //将起始点加入路径
for(int i=1; i<xps2. length;i++) arm. lineTo(xps3[i],yps2[i]);  //将坐标点加入路径
g2d. draw(arm);   //绘制左腿
g2d. drawRoundRect(50,205,16,14,10,10);  //绘制左膝盖
g2d. drawRoundRect(83,205,16,14,10,10);  //绘制右膝盖
}
public static void main(String args[ ])
{
new Robot( );
}
}
```

上边的程序虽有些长,但结构比较简单。请读者认真阅读并进一步理解各几何图形的绘制方式和方法。

本 章 小 结

本章主要对 JDK 版本中提供的 Java 抽象窗口工具集(Abstract Window Toolkit,AWT)从容器、布局、组件、事件处理与绘图这几个方面进行讲解,详细地说明了其中应用的方法与函数的使用方法,并且通过丰富的例子帮助学生更好地理解使用的方法。

习 题

一、简答题

1. 简述 AWT 提供的基于事件监听模型的事件处理机制。

2. 列出几个你所熟悉的 AWT 事件类,并举例说明什么时候会触发这些事件。

3. AWT 规定的 MouseEvent 类对应哪些监听器接口? 这些接口中都定义了哪些抽象方法?

4. 简述 AWT 为何要给事件提供相应的适配器(即 Adapter 类)?

5. 简述事件处理机制。

二、程序设计

1. 设计程序实现:一个窗口包含文本行和标签,在文本行中输入一段文字并按回车键后,这段文字将显示在标签上。

2.编程实现:有一标题为"计算"的窗口,窗口的布局为 FlowLayout:有四个按钮,分别为"加"、"差"、"积"和"商";另外,窗口中还有三个文本行,单击任一按钮,将两个文本行的数字进行相应的运算,在第三个文本行中显示结果。

3.编写应用程序,有一个标题为"改变颜色"的窗口,窗口布局为 null,在窗口中有三个按钮和一个文本行,三个按钮的颜色分别是"红"、"绿"和"蓝",单击任一按钮,文本行的背景色更改为相应的颜色。

4.编写一个简单的屏幕变色程序。当用户单击"变色"按钮时,窗口颜色就自动地变成一种颜色。

5.编写一个温度转换程序。用户在文本行中输入华氏温度,并按回车键,自动在两个文本中分别显示对应的摄氏温度和 K 氏温度。要求给文本行和标签添加相应的提示信息。

具体的计算公式为

$$摄氏温度=5(华氏温度-32)/9$$
$$K 氏温度=摄氏温度+273$$

6.创建一个有文本框和三个按钮的框架窗口程序,同时要求按下不同按钮时,文本框中能显示不同的文字。

第12章

Swing 组件

早期的 JDK 版本提供了 Java 抽象窗口工具集,其目的是为程序员创建图形用户界面提供支持,但是 AWT 功能有限,因此在后来的 JDK 版本中,又提供了功能更强的 Swing 类库。

12.1 Swing 组件概述

Swing 包含了大部分与 AWT 对应的组件,在 java.awt 包中分别用 Label 和 Button 表示,而在 java.swing 包中,则用 JLabel 和 JButton 表示,多数 Swing 组件以字母"J"开头。Swing 组件的用法与 AWT 组件基本相同,大多数 AWT 组件只要在其类名前加 J 即可转换成 Swing 组件。java.swing 中类的继承关系如图 12.1 所示。

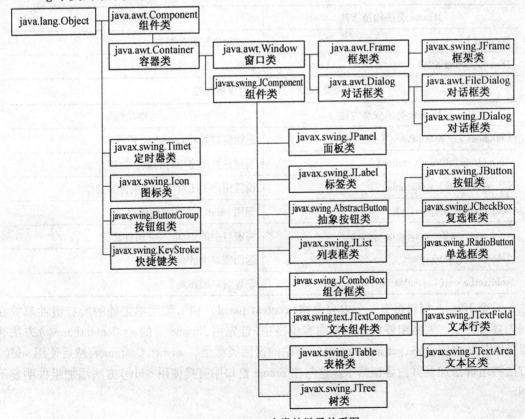

图 12.1　java.swing 中类的继承关系图

Swing 组件与 AWT 组件最大的不同是,Swing 组件在实现时不包含任何本地代码,因此 Swing 组件可以不受硬件平台的限制,而具有更多的功能。不包含本地代码的 Swing 组件被称为"轻量级"组件,而包含本地代码的 AWT 组件被称为"重量级"组件。在 Java 2 平台上推荐使用 Swing 组件。

Swing 组件比 AWT 组件拥有更多的功能,例如,Swing 中的按钮和标签不仅可以显示文本信息,还可以显示图标,或同时显示文本和图标;大多数 Swing 组件都可以添加和修改边框;Swing 组件的形状是任意的,而不仅局限于长方形。

Sun 已经不再扩充 AWT,而致力于发展 Swing 组件。但 AWT 并不会因此消失,因为 Swing 是基于 AWT 而发展的,所有 Swing 组件均是以 AWT 的 Container 类为基础开发的,因此 Swing 的关键技术还是 AWT,要了解 Swing 技术,还需先了解 AWT 技术。在将 AWT 技术搞清楚之后,很容易开发基于 Swing 的图形界面程序。

Swing 库是抽象窗口工具 AWT 库的扩展,提供了比 AWT 更多的特性和工具,用于建立更复杂的图形用户界面。Java 建议用 Swing 组件代替 AWT 组件。

12.2 窗　　口

基于 Swing 组件的图形用户界面,采用 JFrame 框架作为容器。JFrame 类是从 Frame 类派生的,其构造方法及成员方法如表 12.1 和表 12.2 所示。

表 12.1　JFrame 的构造方法

JFrame 类的构造方法	主要功能
JFrame()	创建没有标题的窗口
JFrame(String title)	创建以 title 为标题的窗口

表 12.2　JFrame 的成员方法

JFrame 类的成员方法	主要功能
Container getContentPane()	返回窗口的 ContentPane 组件
int getDefaultCloseOperation()	当用户关闭窗口时的默认处理方法
int setDefaultCloseOperation()	设置用户关闭窗口时所执行的操作
void update(Graphics g)	调用 paint() 方法重给窗口
void remove(Component component)	将窗口中的 component 组件删除
JMenuBar getMenuBar()	返回窗口中的菜单栏组件
void setLayout(LayoutManager manager)	设置窗口的布局

每个 JFrame 窗口都有一个内容窗格(content panel),窗口除菜单之外的所有组件都放在其内容窗格中。要将组件添加到其内容窗格中,首先用 JFrame 类的 getContentPane() 方法获得其默认的内容窗格,getContentpane() 方法的返回类型是 java. awt. Container,然后使用 add() 方法将组件添加到其内容窗格中。这与在 Frame 窗口中直接使用 add() 方法添加组件明显不同。

12.3 标   签

Swing 中的标签组件 JLabel 与 AWT 中的标签组件 Label 相似,可以显示文本。但 JLabel
组件还可以显示图标,当鼠标的指针移动到标签上时,还会显示一段提示信息。JLabel 类的构
造方法和成员方法如表 12.3 和表 12.4 所示。

表 12.3 JLabel 的构造方法

JLabel 类的构造方法	功能说明
JLabel( )	创建一个空标签
JLabel(Icon icon)	创建一个图标为 icon 的标签
JLabel(Icon icon,int alignment)	创建一个图标为 icon 的标签并指定它的水平对齐方式为 alignment
JLabel(String str)	创建一个标题为 str 的标签
JLabel(String str,int alignment)	创建一个标题为 str 的标签并指定标签的水平对齐方式为 alignment
JLabel(String str,Icon icon,int alignment)	创建一个图标为 icon、标题为 str 的标签,并指定它的水平对齐方式

表 12.4 JLabel 的成员方法

JLabel 类的成员方法	返回标签的图标
Icon getIcon( )	返回标签的图标
void setIcon(Icon icon)	设置标签的图标为 icon
String getText( )	返回标签的标题
void setText(String str)	设置标签的标题为 str
void setHorizontalAlignment(int alignment)	设置标签的水平对齐方式为 alignment
void setVerticalAlignment(int alignment)	设置标签的垂直对齐方式为 alignment
void setHorizontalTextPosition(int ps)	设置标签标题的水平位置为 ps
void setVerticalTextPosition(int ps)	设置标签标题的垂直位置为 ps

【例 12.1】 编写一个显示 3 个标签的控制面板

解析:标签一般用来作提示,不涉及事件处理。可以利用 setLayout( ) 和 FlowLayout.
RIGHT 将标签显示在窗口右侧。

程序如下:

```
import javax. swing. * ;
import java. awt. * ;
import java. awt. event. * ;

public class DisplayPanel extends JFrame {
    private JLabel lbl;

    public DisplayPanel( ) {
```

```
            super("JLabel");
            Container c = getContentPane();
            c. setLayout( new FlowLayout());
            setLayout( new FlowLayout( FlowLayout. RIGHT));
            c. add( new JLabel("Enter product name:"));
            c. add( new JLabel("Enter the quantity:"));
            c. add( new JLabel("The total amount:"));
            setSize(200, 150);
            setVisible(true);
        }

        public static void main( String args[]) {
            DisplayPanel app = new DisplayPanel();
            app. addWindowListener( new Handler2());
        }

        static class Handler2 extends WindowAdapter {
            public void windowClosing( WindowEvent e) {
                System. exit(0);
            }
        }
    }
```

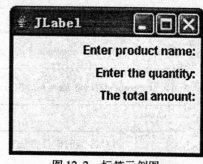

图 12.2　标签示例图

运行结果如图 12.2 所示。

12.4　按　　钮

在 Swing 中,所有按钮都是由 AbstractButton 类派生的。Swing 中按钮的功能较 AWT 中的按钮功能更加强大,包括给按钮添加图像、使用快捷键以及设置按钮的对齐方式,还可以将多个图像分配给一个按钮以处理鼠标在按钮上的停留等。JButton 类的构造方法如表 12.5 所示。

表 12.5　JButton 类的构造方法

JButton 类的构造方法	功能说明
JButton()	创建一个没有标题和图标的按钮
JButton(Icon icon)	创建一个图标为 icon 的按钮
JButton(String str)	创建一个标题为 str 的按钮
JButton(String str, Icon icon)	创建一个标题为 str、图标为 icon 的按钮

12.5　单选按钮和复选框

在 Swing 中,单选按钮 JRadioButton 用来显示一组互斥的选项。在同一组单选按钮中,任何时候最多只能有一个按钮被选中。一旦选中一个单选按钮,以前选中的按钮自动变为未选中状态。

　　要让多个单选按钮位于同一组,必须使用按钮组类 ButtonGroup。ButtonGroup 是 javax. swing包中的类,但不是 JComponent 的子类。调用 ButtonGroup 类的 add( )方法可以将一个按钮添加到一个 ButtonGroup 对象中。

　　JRadioButton 类的构造方法如表 12.6 所示。

表 12.6　JRadioButton 类的构造方法

JRadioButton 类构造方法	功能说明
JRadioButton( )	创建一个单选按钮
JRadioButton(Icon icon)	创建一个图标为 icon 的单选按钮
JRadioButton(Icon icon,boolean sele)	创建一个图标为 icon 的单选按钮,且初始状态为 sele
JRadioButton(String str)	创建一个标题为 str 的单选按钮
JRadioButton(String str,Icon icon)	创建一个标题为 str 的单选按钮,且初始状态为 sele
JRadioButton(String str,Icon icon)	创建一个标题为 str、图标为 icon 的单选按钮
JRadioButton (String str, Icon icon, boolean sele)	创建一个标题为 str、图标为 icon 的单选按钮,且初始状态为 sele

【例 12.2】 Swing 单选按钮举例

　　编程实现:窗口中有标题为 Plain,Bold 和 Italic 的三个单选按钮和一个标签,当选择任意一个单选按钮时,标签中显示该单选按钮被选中的信息。

```java
import java.awt. * ;
import java.awt. event. * ;
import javax. swing. * ;

public class JRadio extends JFrame {
  private JLabel lbl;

  private JRadioButton pla, bol, ita;

  private ButtonGroup buttonG;

  public JRadio( ) {
    super("JRadioButton");
    Container c = getContentPane( );
    c. setLayout( new FlowLayout( ));
    lbl = new JLabel("Plain is selected");
    pla = new JRadioButton("Plain", true);
    bol = new JRadioButton("Bold", false);
    ita = new JRadioButton("Italic", false);
    c. add( pla);
    c. add( bol);
    c. add( ita);
    c. add( lbl);
```

```
        pla. addItemListener( new Handler1( ) );
        bol. addItemListener( new Handler1( ) );
        ita. addItemListener( new Handler1( ) );
        buttonG = new ButtonGroup( );
        buttonG. add( pla) ;
        buttonG. add( bol) ;
        buttonG. add( ita) ;
        setSize(200, 150) ;
        setVisible( true) ;
    }

    public static void main( String args[ ] ) {
        JRadio app = new JRadio( );
        app. addWindowListener( new Handler2( ) );
    }

    class Handler1 implements ItemListener {
        public void itemStateChanged( ItemEvent e) {
            if ( e. getSource( ) = = pla)
                if ( e. getStateChange( ) = = ItemEvent. SELECTED)
                    lbl. setText("Plain is selected") ;
                else
                    lbl. setText("Plain is not selected") ;
            if ( e. getSource( ) = = bol)
                if ( e. getStateChange( ) = = ItemEvent. SELECTED)
                    lbl. setText("Bold is selected") ;
                else
                    lbl. setText("Bold is not selected") ;
        }
    }

    static class Handler2 extends WindowAdapter {
        public void windowClosing( WindowEvent e) {
            System. exit(0) ;
        }
    }
}
```

　　由于要创建 Swing 组件,需要导入 javax. swing 包中的类:要创建 JFrame 窗口,JCheck 类需要继承 JFrame 类。

　　通过 super("JCheckBox")调用父类的构造方法,使窗口具有标题"JCheckBox"。调用 JFrame 类的 getContentPane( )方法获得窗口的内容窗格,将其赋予 Container 类对象 c,通过 c 可以向窗口中添加组件。通过"new JCheckBox("Plain", true)"实例化 pla 复选框,使其具有标题"Plain",并处于选中状态;通过 new JCheckBox("Bold", false)实例化 bol 复选框,使其具有标题"Bold"，并处于未选中状态；通过 new JLabel("Plain is selected")实例化 lblp 标签，使其具有标题"Plain is selected"；通过 new JLabel("Bold is selected")实例化 lblb 标签，使其具有标题"Bold is selected"。调用 add( )方法将 pla,bol,lblp 和 lblb 添加到窗口中。

选择内部类 Handler1 的对象对 pla 和 bol 的 ItemEvent 事件进行监听，所以 Handler1 必须实现 ItemListener 接口，实现 ItemListener 接口中声明的抽象方法 itemStateChanged( )。在 itemStateChanged( )中，通过参数获得 ItemEvent 对象 e,调用 getSource( )方法得到触发该事件的事件源。如果事件源是 pla,再调用 getStateChange( )方法判断 pla 是否被选中，如果被选中，getStateChanged( )的返回值是 ItemEvent,. SELECTED,通过"setText("Plain is selected")"使 lblp 的标题变为"Plain is selected"；否则使 lblp 的标题变为"Plain is not selected"。如果事件源是 bol,再调用 getStateChange( )方法判断 bol 是否被选中，如果被选中，getStateChange( )的返回值是 ItemEvent. SELECTED,通过"setText("Bold is not selected")"使 lblb 的标题变为"Bold is selected"。

在 main( )方法中，通过 new JCheck( )实例化 JCheck 对象 app,使程序运行。由于要选择内部类 Handler2 的对象对 WindowEvent 事件进行监听，所以 Handler2 需要继承 windowAdapter 类，覆盖其中的 windowClosing( )方法，终止程序的运行。

程序运行时，显示窗口如图 12.3(a)所示。如果选中"Bold"单选按钮，itemStateChanged( ) 方法，lblb 显示"Bold is selected"，窗口显示如图 12.3(b)所示。如果再单击，使"Plain"和 "Bold"取消选中，窗口显示如图 12.3 所示。

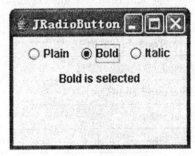

(a)初始界面　　　　　　　　　　　　　　　(b)选中 Bold 后的界面

图 12.3　运行结果

12.6　文本编辑组件

Swing 文本编辑组件有文本行、密码行和文本区。

文本行 JTextField 是一个单行文本编辑框，用于输入一行文字，用法与 TextField 相同。文本行由 javax. swing 包中的 JTextField 类来创建。JTextField 类的构造方法和其他成员方法分别在表 12.7、表 12.8 中列出。

表 12.7　JTextField 类的构造方法

JTextField 类的构造方法	功能说明
JTextField( )	创建一个没有文本的 JTextField 对象
JTextField(int n)	创建一个列宽为 n 的 JTextField 对象
JTextField(String str)	创建一个文本为 str 的 JTextField 对象
JTextField(String str ,int n)	创建一个列宽 n、文本为 str 的 JTextField 对象

表 12.8　JTextField 类的成员方法

JTextField 类的成员方法	功能说明
void addActionListener(ActionListener e)	给 JTextField 对象注册监听器
int getColumns( )	返回 JTextField 对象的列数
void setColumns(int n)	设置 JTextField 对象的列数为 n
void setFont(Font font)	设置 JTextField 对象的字体为 font
void setHorizontalAlignment(int align)	设置 JTextField 对象中文本的水平对齐方式为 align

　　密码行 JPasswordField 是 JTextField 的子类,类用于编辑作为密码的一行文本。在其中输入字符时,不显示原字符,而显示"＊"。

　　文本区 JTextArea 是一个多行文本编辑框,其基本操作与 JTextField 类似,但增加了滚动条功能,JTextArea 类的构造方法和其他成员方法如表 12.9、表 12.10 所示。

表 12.9　JTextArea 类的构造方法

JTextArea 类的构造方法	功能说明
JTextArea( )	创建一个没有文本的 JTextArea 对象
JTextArea(int m,int n)	创建一个有 m 行 n 列的 JTextArea 对象
JTextArea(String str)	创建一个文本为 str 的 JTextArea 对象
JTextArea(String str,int m,int n)	创建一个 m 行 n 列,文本为 str 的 JTextArea 对象

表 12.10　JTextArea 类的成员方法

JTextArea 类的成员方法	功能说明
void setFont(Font font)	设置 JTextArea 对象中文本的字体为 font
void insert(String str,int position)	在 JTextArea 对象中文本的 position 位置插入文本 str
void append(String str)	在 JTextArea 对象文本的末尾添加文本 str
void repklaceRange (String str, int start, int end)	将 JTextArea 对象文本中 start ~ end 之间的文本用 str 替换
int getLineCount( )	返回 JTextArea 对象的文本行数
int getRow( )	返回 JTextArea 对象的行数
void setRows(int rows)	设置 JTextArea 对象的行数为 rows
int getColumns( )	返回 JTextArea 对象的列数
void setColumns(int columns)	设置 JTextArea 对象列数为 columns

当用户修改文本行 JTextField 和文本区 JTextArea 中的文本时,将触发 TextEvent 事件。JTextField 和 JTextArea 对象需要调用 addTextListener( )方法注册 TextEvent 事件监听器。TextEvent 监听器所属类应该实现 TextListener 接口,实现其中声明的抽象方法 textValueChanged( )。

在 JTextField 组件中,由于只允许输入一行文本,当用户按回车键时,将触发 ActionEvent 事件。在 JTextArea 组件中完成输入后,要对其中的文本进行处理,可以添加按钮,通过按钮的 ActionEvent 事件进行相应处理。

12.7 列表框和组合框

当供选择的选项较少时,通常使用单选按钮和复选框。但当选项很多时,可以使用列表框 JList 或组合框 JComboBox。

列表框 JList 能容纳并显示一组选项,从中可以选择一项或多项。JList 类的构造方法和其他成员方法分别如表 12.11、表 12.12 所示。

表 12.11 JList 类的构造方法

JList 类的构造方法	功能说明
JList( )	创建一个没有选项的 JList 对象
JList(Vector vect)	创建一个 JList 对象,其中的选项由向量表 vect 决定
JList(Object items[ ])	创建一个 JList 对象,其中的选项由对象数组 items 决定

表 12.12 JList 类的成员方法

JList 类的成员方法	功能说明
void addListSelectionListener(ListSelectionListener e)	向 JList 对象注册 ListSelectionEvent 事件监听器
int getSelectiedIndex(int i)	返回 JList 对象中第 i 个被选中的选项序号,没有选中项时,返回-1
int getSelectedIndices(int[ ] I)	获得 JList 对象中选取的多个选项的序号
void setVisibleRowCount(int num)	设置 JList 对象中可见的行数为 num
int getVisibleRowCount( )	返回 JList 对象中可见的行数

组合框 JComboBox 由一个文本行和一个列表框组成。组合框通常的显示形式是右边带有下拉箭头的文本行,列表框是隐藏的,单击右边的下拉箭头才可以显示列表框。即可以在组合框的文本行中直接输入数据,也可以从其列表框中选择数据项,被选择的数据项显示在文本行中。

JComboBox 类的构造方法及其他成员方法分别如表 12.13、表 12.14 所示。

表 12.13 JComboBox 类的构造方法

JComboBox 类的成员方法	功能说明
JComboBox( )	创建一个没有选项的 JComboBox 对象
JComboBox(Vector vect)	创建一个 JComboBox 对象,其中的选项由向量表 vedt 决定
JComboBox(Object items[ ])	创建一个 JComboBox 对象,其中的选项由对象数组 items 决定

表 12.14 JComboBox 类的成员方法

JComboBox 类的成员方法	功能说明
void addActionListener(ActionListener e)	向 JComboBox 对象注册 ActionEvent 事件监听器
void addItemListener(ItemListener a)	向 JComboBox 对象注册 ItemEvent 事件监听器
void addItem(Object object)	为 ComboBox 对象添加选项 object
Object getItemAt(int index)	返回 ComboBox 对象中下标为 index 的选项
int getItemCount( )	返回 ComboBox 对象中的选项数
Object getSelectedItem( )	返回 ComboBox 对象中当前选中的选项
int getSelectedIndex( )	返回 ComboBox 对象中当前选中选项的下标

当选择组合框中某个选项时,触发 ItemEvent 事件。响应 ItemEvent 事件的监听器必须实现 ItemListener 接口,实现其中声明的 itemStateChanged( )方法:

```
public void itemStateChanged(ItemEvent e)
```

【例 12.3】 Swing 组合框举例

编程实现:窗口中有一个组合框和一个标签,当选择组合框中某选项时,在标签中显示所选中的选项信息。

```
import java. awt. * ;
import java. awt. event. * ;
import javax. swing. * ;
import javax. swing. event. * ;
public class JCom extends JFrame
{
  private JComboBox lst;
  private JLabel lbl;
  private String cities[ ] = {"北京市","上海市","天津市","重庆市","郑州市","太原市","石家庄市"};
  public JCom( ) {
    super("JComboBox");
    Container c = getContentPane( );
    c. setLayout(new FlowLayout( ));
    lst = new JComboBox(cities);
    lst. setMaximumRowCount(4);
    lbl = new JLabel("请从组合框中选择");
```

```
        c. add( lst) ;
        c. add( lbl) ;
        lst. addItemListener( new Handler1( ) ) ;
        setSize( 300,150) ;
        setVisible( true) ;
    }
    public static void main( String args[ ] )
    {
        JCom app = new JCom( ) ;
        app. addWindowListener( new Handler2( ) ) ;
    }
    class Handler1 implements ItemListener
    {
        public void itemStateChanged( ItemEvent e)
        {
            lbl. setText("您选中了:"+lst. getSelectedItem( ) ) ;
        }}
    static class Handler2 extends WindowAdapter{
        public void windowClosing( WindowEvent e){
        System. exit(0) ;
        }
    }
}
```

通过 super("JComboBox")调用父类的构造方法,使窗口具有标题"JComboBox"。调用 JFrame 类的 getContnetPane( )方法获得窗口的内容窗格,将其赋予 Container 类对象 C,通过 C 可以向窗口中添加组件。通过"new JComboBox(cities)"实例化 JComboxBox 对象 Its,并使其中的数据项取 Object 数组 cities 中的成员。通过"setMaximumRowCount(4)"使 lst 列表框中仅显示 4 个数据项,其他数据项可以通过拖动滚动条来显示。通过"newJLabel("请从组合框中选择")"实例化 lbl 标签,使其具有标题"请从组合框中选择"。

选择内部类 Handler1 的对象对 lst 的 ItemEvent 事件进行监听,所以 Handler1 必须实现 ItemListener 接口,实现 ItemListener 接口中声明的抽象方法 itemStateChanged( )。在 itemStateChanged( )中,调用 getSelectedItem( )方法得到选中的数据项,通过 settext( )在标签上显示选中的数据项信息。

在 main( )方法中,通过 new JCom( )实例化 JCom 对象 app,使程序运行。由于要选择内部 Handler2 的对象对 WindowEvent 事件进行监听,所以 Handler2 需要继承 WindowAdapter 类,覆盖其中的 windowClosing( )方法,终止程序的运行机制。

程序运行时,显示如图 12.4(a)所示的窗口。如果单击文本行中下拉箭头按钮,可显示列表框,如图 12.4(b)所示,如果选中"天津市",窗口显示如图 12.4(c)所示。

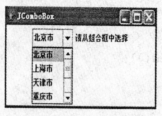

(a)初始界面   (b)选中"北京市"时的界面   (c)选中"天津市"后的界面

图 12.4　运行结果

12.8　菜　　单

菜单中的选项是对窗口的一系列操作命令,几乎所有的大型程序均设有菜单。在 Java 中,一个完整的菜单由三种菜单类创建:菜单栏类 JMenuBar、菜单类 JMenu 和菜单项类型 JMenuItem。

菜单栏(JMenuBar)是窗口中用于容纳菜单(JMenu)的容器。JMenuBar 提供的 add()方法用来添加菜单,一个菜单栏通常可以添加多个菜单。菜单栏不支持事件监听器,在菜单栏区域所产生的所有事件都会被菜单栏自动处理。

JFrame 类提供的 setMenuBar()方法用来将菜单栏旋转于框架窗口上方,其声明如下:

public void setJMenuBar(JMenuBar menubar)

JMenuBar 类的构造方法和常用成员方法表 12.15 所示。

表 12.15　JMenuBar 类的方法

JMenuBar 类的方法	功能说明
JMenuBar()	创建菜单栏对象
JMenu add(Menu c)	将菜单 c 添加到菜单栏中

菜单(JMenu)是一组菜单项(JMenuItem)的容器或另一个菜单的容器,每个菜单有一个标题。JMenu 类提供的 add()方法用来添加菜单项或另一个菜单。如果一个菜单中加入了另一个菜单,则构成二级子菜单。JMenu 类的构造方法和常用成员方法分别如表 12.16、表 12.17 所示。

表 12.16　JMenu 类的构造方法

JMenu 类的构造方法	功能说明
JMenu()	创建没有标题的菜单
JMenu(String str)	创建标题为 str 的菜单

表 12.17　JMenu 类的成员方法

JMenu 类的成员方法	功能说明
JMenuItem add(JMenuItem menuitem)	将菜单项 menuitem 添加到菜单中
void addSeparator()	在菜单中添加一条分隔线

菜单项(JMenuItem)是组成菜单的最小单位,在菜单项上可以注册 ActionEvent 事件监听器。当单击菜单项时,执行 actionPerformed()方法。

JMenuItem 类的构造方法如表 12.18 所示。

表 12.18 JMenuItem 类的构造方法

JMenuItem 类	功能说明
JMenuItem( )	创建一个菜单项
JMenuItem(String str)	创建标题为 str 的菜单项
JMenuItem(Icon icon)	创建图标为 icon 的菜单项
JMenuItem(String str,Icon icon)	创建标题为 str、图标为 icon 的菜单项

【例 12.4】 Swing 菜单举例

编程实现:窗口中有一个菜单栏和一个标签,菜单栏中包含 color 和 exit 两个菜单。在 color 菜单中包含 green,yellow 和 blue 三个菜单项,当选择某一菜单项时,使标签题更改为所选择的颜色。在 exit 菜单中仅包含一个菜单项"close window",当选择该菜单项时,将结束程序运行。

```
import javax. swing. * ;
import java. awt. event. * ;
import java. awt. * ;
public class MyMenu extends JFrame {
    private JLabel lbl;
    private JMenuBar mb;
    private JMenu col, ext;
    private JMenuItem gre, yel, blu, clo;
    public MyMenu( ) {
        super("MyMenu");
        Container c = getContentPane( );
        mb = new JMenuBar( );
        col = new JMenu("color");
        ext = new JMenu("exit");
        gre = new JMenuItem("green");
        yel = new JMenuItem("yellow");
        blu = new JMenuItem("blue");
        clo = new JMenuItem("close window");
        gre. addActionListener( new Handler1( ));
        yel. addActionListener( new Handler1( ));
        blu. addActionListener( new Handler1( ));
        clo. addActionListener( new Handler1( ));
        mb. add(col);
        mb. add(ext);
        col. add(gre);
        col. add(yel);
        col. add(blu);
        ext. add(clo);
        setJMenuBar(mb);
        lbl = new JLabel("Menu Example");
```

```
        add(lbl);
        setSize(200, 150);
        setVisible(true);
    }
    public static void main(String args[]) {
        MyMenu app = new MyMenu();
    }
    class Handler1 implements ActionListener {
        public void actionPerformed(ActionEvent e) {
            JMenuItem mi = (JMenuItem) e.getSource();
            if (mi == gre)
                lbl.setForeground(Color.green);
            if (mi == yel)
                lbl.setForeground(Color.yellow);
            if (mi == blu)
                lbl.setForeground(Color.blue);
            if (mi == clo)
                System.exit(0);
        }
    }
}
```

通过 super("MyMenu")调用父类的构造方法,使窗口具有标题"MyMenu"。调用 JFrame 类的 getContentpane()方法获得窗口的内容窗格,将其赋予 Container 类对象 c,通过 c 可以向窗口中添加组件。

通过"new JMenuBar()"实例化菜单栏 mb。通过 new JMenu("color")实例化菜单 col,使其具有标题"color",通过"nex JMenu("exit")"实例化菜单 ext,使其具有标题"exit"。通过"new JMenuItem("yellow")"实例化菜单项 yel,使其具有标题"yellow",通过"new JMenuItem("green")"实例化菜单项 gre,使其具有标题"green",通过"new JMenuItem("blue")"实例化菜单项 blu,使其具有标题"blue",通过"mew JMenuItem("close window")"实例化菜单项 clo,使其具有标题"close window"。

选择内部类 Handler1 的对象对 4 个菜单项 yel,gre,blu 和 clo 的 ActionEvent 事件进行监听,所以 Handler1 必须实现 ActionListener 接口,实现 ActionListener 接口中声明的抽象方法 actionPerformed()。在 actionPerformed()中,调用 getSource()方法得到触发 ActionEvent 事件的事件源(被选择的菜单项)。根据不同的事件源,通过 setForeground()方法将标签 lab 的前景色(标题文字的颜色)设置成所选择的颜色,或通过 System.exit(0)终止程序的运行。

在 main()方法中,通过"new MyMenu()"实例化 MyMenu 对象 app,使程序运行。程序运行时,显示如图 12.5(a)所示的界面。如果单击菜单 col 的标题"color",显示其菜单,如图 12.5(b)所示;如果再单击菜单项 gre 的标题 green,将调用 actionPerformed()方法,使标签 lbl 的标题"Menu Example"显示为绿色。如果单击菜单 ext 的标题"exit",将显示其菜单;如果再单击其菜单项 clo 的标题"close window",将关闭窗口,结束程序的运行。

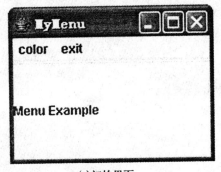
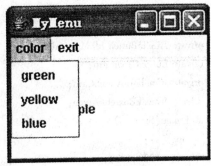

(a)初始界面　　　　　　　　　　　　(b) color 菜单

图 12.5　运行结果

【例 12.5】　编写程序,完成如图 12.6 所示,界面的设计和显示

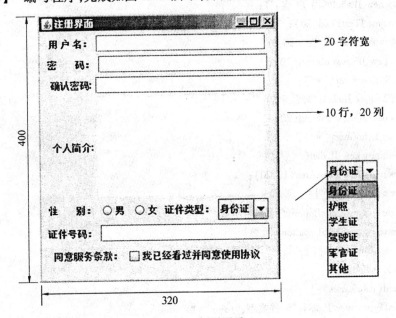

图 12.6　例子图示

```
//GUIDemo. java
public class GUIDemo {

    public static void main(String[ ] args) {
        MyFrame frm=new MyFrame("注册界面");
    }
}
//MyFrame. java
import javax. swing. * ;
import java. awt. * ;
public class MyFrame extends JFrame {
    private JComboBox cmbMonth;
    private JLabel labID,labPW,labPW2,labResume,labSex,labCardType,labCardID,labAgree;
    private JTextField txfID,txfCard;
```

```
private JPasswordField pwf1,pwf2;
private JTextArea txaResume;
private JRadioButton rdbMale,rdbFemale;
private ButtonGroup grp;
private JComboBox cmbCard;
private JCheckBox chkAgree;
MyFrame(String s){
  super(s);
  setSize(320,400);
  setLocationRelativeTo(null);
  JPanel contentPane=new JPanel();
  setContentPane(contentPane);
  labID=new JLabel("用 户 名:");
  txfID=new JTextField(20);
  labPW=new JLabel("密    码:");
  pwf1=new JPasswordField(20);
  pwf1.setEchoChar('*');
  labPW2=new JLabel("确认密码:");
  pwf2=new JPasswordField(20);
  pwf2.setEchoChar('*');
  labResume=new JLabel("个人简介:");
  txaResume=new JTextArea(10,20);
  labSex=new JLabel("性    别:");
  rdbMale=new JRadioButton("男");
  rdbFemale=new JRadioButton("女");
  grp=new ButtonGroup();
  grp.add(rdbMale);
  grp.add(rdbFemale);
  labCardType=new JLabel("证件类型:");
  String cardType[]={"身份证","护照","学生证","驾驶证","军官证","其他"};
  cmbCard=new JComboBox(cardType);
  labCardID=new JLabel("证件号码:");
  txfCard=new JTextField(20);
  labAgree=new JLabel("同意服务条款:");
  chkAgree=new JCheckBox("我已经看过并同意使用协议");
  contentPane.add(labID);
  contentPane.add(txfID);
  contentPane.add(labPW);
  contentPane.add(pwf1);
  contentPane.add(labPW2);
  contentPane.add(pwf2);
  contentPane.add(labResume);
  contentPane.add(txaResume);
  contentPane.add(labSex);
```

```
        contentPane. add( rdbMale) ;
        contentPane. add( rdbFemale) ;
        contentPane. add( labCardType) ;
        contentPane. add( cmbCard) ;
        contentPane. add( labCardID) ;
        contentPane. add( txfCard) ;
        contentPane. add( labAgree) ;
        contentPane. add( chkAgree) ;

        setDefaultCloseOperation( JFrame. EXIT _ ON _ CLOSE) ;
        setVisible( true ) ;
    }
}
```

【例 12.6】　把面板和布局管理配合在一起使用,实现显示如图 12.7 所示界面:运行后试着调整窗体的尺寸,观察窗体内组件的变化。

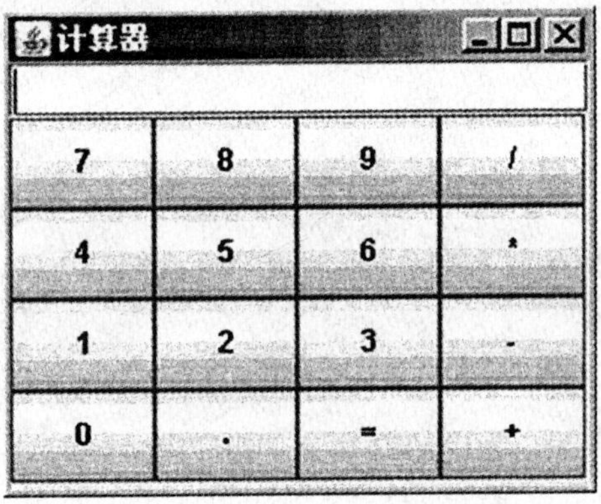

图 12.7　运行结果

```
//GUIDemo. java
public class GUIDemo {
    public static void main( String[ ] args) {
        MyFrame frm = new MyFrame( "计算器") ;
    }
}
// MyFrame. java
import javax. swing. * ;
import java. awt. * ;
public class MyFrame extends JFrame {
    JTextField txfResult = new JTextField( ) ;
    MyFrame( String s) {
        super( s) ;
        setSize( 250 ,200) ;
        setLocationRelativeTo( null) ;
        JPanel contentPane = new JPanel( ) ;
        setContentPane( contentPane) ;
```

```
        contentPane. setLayout( new BorderLayout( ) );
        PanNumber pan = new PanNumber( );
        contentPane. add( txfResult , BorderLayout. NORTH );
        contentPane. add( pan );
        setDefaultCloseOperation( JFrame. EXIT _ ON _ CLOSE );
        setVisible( true );
    }
}
// PanNumber. java
import javax. swing. JPanel;
import javax. swing. JButton;
import java. awt. GridLayout;
public class PanNumber extends JPanel {
    PanNumber( ) {
        setLayout( new GridLayout( 4 ,4 ) );
        addButton( "7" );
        addButton( "8" );
        addButton( "9" );
        addButton( "/" );
        addButton( "4" );
        addButton( "5" );
        addButton( "6" );
        addButton( " * " );
        addButton( "1" );
        addButton( "2" );
        addButton( "3" );
        addButton( "-" );
        addButton( "0" );
        addButton( ". " );
        addButton( "=" );
        addButton( "+" );
    }
    void addButton( String s ) {
        JButton btn = new JButton( s );
        add( btn );
    }
}
```

本 章 小 结

本章主要对 swing 类进行了讲解,从 Swing 类的窗口、标签、按钮、文本、选择按钮、列表和组合框和菜单等多个方面分析了使用的方法并通过例子来具体使用这些类,方便学生学习与使用。

习　题

1. 简述 AWT 组件和 Swing 组件的异同。

2. 编制程序实现：在 JTextField 中输入文本，单击按钮后，将所输文本添加到 JTextArea 中。

3. 编写应用程序实现：窗口取默认布局——BorderLayout 布局，北面添加 JComboBox 组件，该组件有 6 个选项，分别表示 6 种商品名称。在中心添加一个文本区，当选择 JComboBox 组件中的某个选项后，文本区显示该商品的价格和产地信息。

4. 编写"猜数游戏"程序。系统自动生成一个 1～200 之间的随机整数，并在屏幕显示："有一个数，在 1～200 之间。猜猜看，这个数是多少？"

5. 编写一个简单的个人简历程序。可以通过文本行输入姓名，通过单选按钮选择性别，通过组合框选择籍贯，通过列表框选择文化程度，请自行安排版面，使其美观。

6. 创建一个带有多级菜单系统的框架窗口程序，要求每单击一个菜单项，就弹出一个相对应的窗口。

7. 请分别用 AWT 及 Swing 组件来设计实现计算器程序，要求能完成简单四则运算。

第13章

Applet 程序

Applet 是一种在 Web 页中运行的小应用程序,它可以直接嵌入到具有解释 Java 能力的浏览器中。当使用浏览器对一个包含 Applet 的 Web 页面进行浏览时,浏览器将从 Web 服务器下载 Applet,并在本地执行。Applet 广泛用于创建动态的、交互式的 Web 应用程序。

13.1 Applet 简介

简单地说,Applet 就是在 Web 浏览器中执行的 Java 程序。它能像图像文件、声音文件和视频片段那样通过网络动态下载。它与其他文件的重要差别是,Applet 是一个智能的程序,能对用户的输入做出反应,并且能动态变化,而不是一遍又一遍地播放同一动画或声音。

与大多数程序不同的是,Applet 的执行不是从 main( )开始的。Applet 的执行用一种完全不同的机制启动和控制,对于 Applet 窗口的输出并不是由函数 System. out. println( )完成的,而是由各种不同的 AWT 方法来实现的,例如 drawString( ),这个方法可以向窗口的某个由X,Y坐标决定的特定位置输出一个字符串。

随着网络应用的发展,Applet 所能完成的工作会越来越多,但是始终不能忘记安全性的保证。由于 Java 语言的安全机制,用户载入的 Applet 程序会产生安全的多媒体信息。如果小应用程序没有安全性保证,是不可能在网络上有如此广泛的应用的。

归纳起来,Applet 程序能够实现的应用主要包括:

(1)基本的绘画功能。

(2)动态页面效果。

(3)动画和声音的播放。

(4)交互功能的实现。

(5)窗口开发环境。

(6)网络交流能力的实现。

【例13.1】 编写一个简单的 JavaApplet 程序:HelloWorld. java。

源程序代码如下:

```
import java. applet. *;   //引用 Java 的 Applet 类
import java. awt. *;   //引入 awt 包,以便使用其中的 drawString( )
public class HelloWorld extends Applet {
    public void init( ) {
    }
```

```
public void paint(Graphics g) {
    g.drawString("this is a simple applet",50,60);
}
}
```

在程序中,首先 import 语句引入 java.applet 和 java.awt 包,使得该程序可以使用这些包中所定义的类,然后声明一个公共类 HelloWorld,用 extends 关键字指明该类继承于 Applet 类。在类中,重写父类 Applet 的 paint 方法,其中参数 g 为 Graphics 类的对象,Graphics 类的作用是在画布上绘制图形。由于 Applet 程序的执行结果要在浏览器中显示,所以这里使用 Graphics 类的对象的相关方法将程序的执行结果绘制在浏览器的页面中。在 paint 方法中,调用 g 的方法 drawString(),在坐标(50,60)处输入字符串"this is a simple applet",其坐标是用像素点来表示的。

此段程序的功能是在指定位置利用 drawString()方法输出字符串。编译成功后,将生成一个 HelloWorld.class 的文件。接下来就是将这个.class 文件放入到含有<applet>和</applet>这样一对标记的 HTML 文件代码中。当支持 Java 的网络浏览器遇到这对标记时,就将下载相应的小应用程序代码并在本地计算机上执行该 Applet。

下面是带有一个 Applet 的主页的 HTML 文件的一般格式。

```
<html>
<head><title>第一个 Java Applet 程序</title></head>
<body>
<applet code="HelloWorld.class" width = 300 height =
200>
</applet>
</body>
</html>
```

图 13.1　HelloWorld 程序执行结果

Applet 定义了一些参数:code 指明 Applet 字节码的文件名(后缀为".class")、以像素为单位的 Applet 的初始宽度 width 与高度 height。

之后,将生成的 HelloWorld.class 和 HelloWorld.html 文件放在同一个文件夹中。

程序执行结果如图 13.1 所示。

13.1.1　Applet 类

Applet 是一个 Java 类,所有的小应用程序都是 Applet 类的子类,因此所有的小应用程序都必须引用 java.applet 类库,java.applet.Applet 类实际上是 java.awt.Panel 的子类。

需要注意的是,Applet 并不是被基于控制台的 Java 运行环境的解释器所执行的,而是由 Web 浏览器或小应用程序阅读器所执行。Applet 小应用程序可以不重载那些它不想使用的方法,只有比较简单的 Applet 小应用程序才不需要定义全部的方法。

Applet 类是 Applet 包中含有的唯一的类,它提供了 Applet 与其所执行环境间的标准接口,也提供了使 Applet 能在浏览器上执行的程序结构。

这种结构是由 init(),start(),stop(),destroy()这4个方法所构成的。另一个方法 paint()是由 AWT 组件类定义的,这5个方法组成了程序的基本框架。

Applet 和 AWT 类的层次如图 13.2 所示。

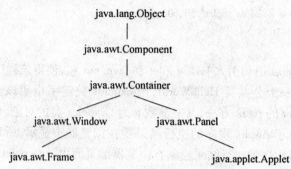

图 13.2 Applet 和 AWT 类的层次继承图

这种层次关系显示,一个 Applet 可直接用作一个 AWT 布局的起始点。因为 Applet 为一 Panel,所以它有一个缺省的流(flow)布局管理器。Component,Container 和 Panel 类的方法被 Applet 类继承了下来。

```
import java. applet. * ;
import java. awt. * ;
  public class HelloWorld extends Applet {
    public void init( ) {

    }
```

在整个 Applet 生命周期中,当第一次浏览含有 Applet 的 Web 页时,浏览器将:

①下载该 Applet。

②创建对象,即产生一个该 Applet 主类的实例。

③调用 init( )对 Applet 自身进行初始化。

在 init( )方法中可设置程序初始状态,诸如配置用户接口组件,载入图形图像或字体,建立新线程,获取 HTML 中<param>设定的参数等。

```
{
  Public void start( )

}
```

启动执行 Applet 的方法,或者当用户打开别的网页后,又回到 Applet 所在的网页时被调用。

在整个 Applet 生命周期中,启动可发生多次,在下列情况下,浏览器会调用 start( )方法:

①Applet 第一次载入时。

②开该 Web 页之后,再次进入时(back,forward)。

③Reload 该页面时。

④在浏览含有 Applet 的 Web 页时用浏览器右上角缩放按钮缩放浏览窗口大小时。

在 start( )方法中可启动一个线程来控制 Applet,给引入类对象发送消息,或以某种方式通知 Java 小应用程序开始运行。

```
{
  public void stop( )

}
```

在整个 Applet 生命周期中,停止可发生多次。在下面 4 种情况下,浏览器会调用 stop( )方法：

①离开 AppIet 所在 Web 页时(用 back,forward)。

②Reload 该页面时。

③在浏览含有 Applet 的 Web 页时用浏览器右上角缩放按钮缩放浏览窗口大小时。

④关闭该 Web 页(彻底结束对该页面的访问)、结束浏览器运行时(从含有该小应用程序的 web 页退出时)。

当挂起小应用程序时,可释放系统处理资源。不然,当浏览者离开一个页面时,小应用程序还将继续运行。

```
{
    public void destroy()
}
```

在整个 Applet 生命周期中,在彻底结束对该 Web 页的访问和结束浏览器运行时(close,exit)只调用一次,在该方法中可编写释放系统资源的代码,但除非你用了特殊的资源如创建的线程,否则不需重写 destroy()方法,因为 Java 运行时系统本身会自动进行"垃圾"处理和内存管理。

```
{
    public void paint(Graphics g)
}
```

在下列情况下,浏览器可多次调用 paint()方法：

①Web 页中含有 Applet 的部分被滚入窗口时。

②Applet 显示区域所在浏览窗口大小发生变化、窗口被移动、缩放或 Reload 等需要重绘窗口时都会调用 paint()方法。

与前几个方法不同的是,paint()中带有一个参数 Graphics g,它表明 paint()需要引用一个 Graphics 类的对象实体。在 Applet 中编程者无需担心,浏览器会自动创建 Graphics 对象并将其传送给 paint()方法,但编写程序时应在小应用程序中引入 Graphics 类。

Applet 类定义了如表 13.1 所示的一些方法。Applet 类为小应用程序的执行,如启动、中止等提供了所有必需的支持。Applet 类还提供了装载和显示图像的方法,以及装载和播放语音片段的方法。

表 13.1　由 Applet 定义的方法

方　　法	描　　述
Void destroy()	在一个小应用程序结束之前被浏览器调用。小应用程序在被删除之前如果需要完成任何清除工作则会重载此方法
AccessibleContext getAccessibleContext()	为调用对象返回可访问的上下文
AppletContext getAppletContext()	返回与此小应用程序相关的上下文关系
String getAppletInfo()	返回一个描述此小应用程序的字符串
AudioClip getAudioClip(URL url)	返回一个 AudioClip 对象,它封装了在由 url 所指定的地方找到的音频片段

续表 13.1

方　　法	描　　述
AudioClip getAudioClip(URL url, String clipName)	返回一个 AudioClip 对象,它封装了在由 url 所指定的地方找到的名为 clipName 的音频片段
URL getCodeBase( )	返回与调用小应用程序相关的 URL
URL getDocumentBase( )	返回调用此小应用程序的 HTML 文档的 URL
Image getImage(URL url)	返回一个 Image 对象,它封装了在由 url 所指定的位置找到的图像
Image getImage(URL url,String imageName) Locale getLocale( ) String getParameter(String paramName)	返回一个 Image 对象,它封装了在由 url 所指定的位置找到的名为 imageName 的图像 返回一个 Locale 对象,它被许多对位置敏感的类和方法使用 返回与 paramName 相关的参数。如果所指定的参数未能找到的话,则返回 null
String[ ][ ] getParameterInfo( )	返回一个描述由此小应用程序所识别的参数的 Srting 表。表中的每一条必须包含 3 个字符串,分别包含了参数名、类型或范围描述以及用途说明
void init( )	在小应用程序开始执行时被调用。它是任何小应用程序调用的第一个方法
boolean isActive( )	如果小应用程序已经启动则返回 true。如果小应用程序被中止则返回 false
static final AudioClip new AudioClip(URL url)	返回一个 AudioClip 对象,它封装了在 url 所指定的位置找到音频片段。此方法类似于getAudioClip( )除了它是静态的且可无需 Applet 对象就可被执行(在 Java 2 中被加入)
void play(URL url)	如果在 url 指定的位置能找到一个音频片段的话,则此片段被播放
void play(URL url, String clipName)	如果在 url 设定的位置能找到一个音频片段且名为 clipName,则此片段被播放
void resize(Dimension dim)	根据 dim 指定的尺寸调整小应用程序的大小。Dimension 是一个存储在 java. awt 中的类。它包含了两个整数域:width 和 height
void resize(int width, int height)	根据 width 和 height 设定的尺寸调整小应用程序的大小
final void setStub(AppletStub stubObj)	使 stubObj 成为小应用程序的存根。此方法由实时运行系统使用并且通常不被小应用程序调用。一个存根是提供小应用程序和浏览器之间的链接的小段代码

续表 13.1

方　　法	描　　述
void showStatus(String str)	在浏览器或小应用程序阅读器的状态窗口显示 str。如果浏览器不支持状态窗口,则无任何动作发生
void start()	当小应用程序开始(或重新)执行时,被浏览器调用。它在小应用程序刚开始时在 init 之后被自动调用
void stop()	被浏览器调用以将小应用程序挂起。一旦被停止,则当浏览器调用 start() 时,小应用程序被启动

13.1.2　Applet 程序的运行过程

在一个 Applet 的生命周期中,共有 4 种状态和 4 个方法:init(), start(), stop() 和 destroy()。

Applet 生命周期与主要方法如图 13.3 所示:

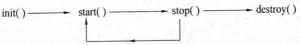

图 13.3　Applet 生命周期与主要方法

当一个小应用程序开始执行时,AWT 就以下列顺序调用以下的方法:

init(), start(), paint()

当一个小应用程序中止时,下面的方法就以下列顺序被调用:

stop(), destroy()

我们仔细看一下这些方法:

1. init()

init() 方法是被调用的第一个方法。这是初始化变量的地方。这个方法在小应用程序运行期间仅被调用一次。init() 方法被需要完成初始化的代码所覆盖。一般地,如果编写的不是 Applet 程序,init() 方法包含的代码应该属于一个构造方法。Applet 没有构造方法是因为直到它的 init() 方法调用之前,不能保证有一个完整的环境。

2. start()

start() 方法是在 init() 之后被调用。它也在小应用程序被中止后重新启动时调用。init() 方法仅在小应用程序第一次被装载时调用一次,而 start() 却在每一次小应用程序的 HTML 文档被显示在屏幕上时被调用。start() 方法也可以被覆盖,每一个在初始化之后还要完成某些任务(除了直接影响用户动作之外)的 Applet 必须覆盖 start() 方法,以便用户在每次访问 Applet 所在的 Web 页面时引发一段程序来完成这些任务,例如启动一个动画。start() 方法也可以启动一个或多个执行任务的线程。

3. paint()

在每一次小应用程序的输出必须重画窗口时,paint() 方法都被调用。这种情况的产生有多个原因。例如,小应用程序正在运行的窗口可以被另一个窗口覆盖,之后再恢复;或小应用程序的窗口可能被缩小再复原。paint() 方法也在小应用程序开始执行时被调用。不管是什么原因,只要是小应用程序就必须重画窗口,paint( )就被调用。paint( )方法有一个 Graphics 类型的参数。这个参数包含了图像上下文,描述了小应用程序所运行的环境。在需要对小应用程序进行输出时,这个上下文将被用到。

4. stop( )

当 Web 浏览器离开包含小应用程序的 HTML 文件时,stop( )方法就被调用。这和 start( ) 方法相对应。stop( )方法也可以被覆盖,使得用户每次离开 Applet 所在的 Web 页面时引发一个动作。大部分覆盖的 start( )方法的 Applet 也将覆盖 stop( )方法。当用户不浏览某个 Applet 页面时,stop( )方法将暂停 Applet 的执行,使它不再占用系统的资源。例如,一个显示动画的 Applet,在用户不观看它时,就应该关闭这个动画。

5. destroy( )

当环境决定了一个小应用程序需要完全从内存中移去时,destroy( )方法就被调用。在这时候,应该释放任何小应用程序可能用到的资源。stop( )方法总是在 destroy( )之前被调用。这对于需要释放附加资源的 Applet 来说,destroy( )方法是非常有用的。

【例 13.2】 一个简单的包含 4 个主要方法的 Applet

```java
import java. applet. Applet;
import java. awt. Graphics;
public class Simple extends Applet {
    StringBuffer buffer;
    public void init( ) {
        buffer = new StringBuffer( );
        addItem("initializing...");
    }
    public void start( ) {
        addItem("starting...");
    }
    public void stop( ) {
        addItem("stopping...");
    }
    public void destroy( ) {
        addItem("preparing for unloading...");
    }
    void addItem(String newWord) {
        System. out. println(newWord);
        buffer. append(newWord);
        repaint( );
    }
    public void paint(Graphics g) {
        g. drawRect(0,0,size( ). width -1,size( ). height-1);
        g. drawString(buffer. toString( ),5,15);
    }
}
```

程序执行结果如图 13.4 所示。

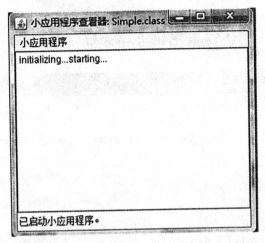

图 13.4　一个简单的 Applet 程序的执行结果

【例 13.3】　用输出相应字符串的方法,指示出 Applet 生命周期中 init( ),start( ),stop( ),destroy( )方法的执行时间。

```
import java. awt. * ;
import java. applet. * ;
public class AppletLifeCycle extends Applet
{String status ="";
public void init( )
{
  status += "Call init( ) ->";
}
public void start( )//启动时调用此方法
{
  status+="Call start( ) ->";
}
public void stop( )//停止时调用此方法
{
  status+="Call stop( ) ->";
}
public void destroy( )//退出时调用此方法
{
  status+="Call destory( ) ->";
}
public void paint(Graphics g)//被 repaint( )调用的方法
{
  g. drawString(status,20 ,40 );//绘制字符串
}
}
```

html 文件设计如下:

```
<html>
<applet code ="AppletLifeCycle. class" width ="300" height ="45">
```

```
</applet>
</html>
```

程序执行结果如图 13.5 所示。

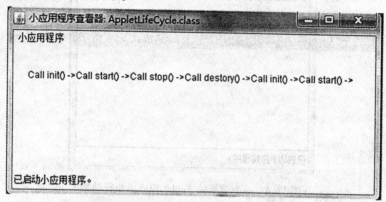

图 13.5　AppletLifeCycle 程序的执行结果

此程序说明了 Applet 程序的运行是按照其生命周期顺序进行的。

13.1.3　Applet 程序的建立和运行

Applet 的运行过程可以用图 13.6 来表示,首先将编译好的字节码文件和编写好的 HTML 文件(其中包含字节码文件名)保存在 Web 服务器的合适路径下;当 WWW 浏览器下载此 HTML 文件并显示时,它会自动下载 HTML 中指定的 Java Applet 字节码,然后调用内置在浏览器中 Java 解释器来解释执行下载到本机的字节码程序。

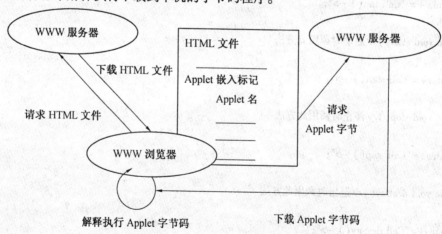

图 13.6　Java Applet 执行过程

简单地说,Applet 是按照下面的过程执行的:

(1)浏览器载入要访问的 HTML 文件的 URL 地址。

(2)浏览器载入 HTML 文件。

(3)浏览器载入 Applet 的类字节代码。

(4)启动 Java 虚拟机执行 Applet。

13.2　Applet 程序举例

【例 13.4】　猜数字游戏,要在 1～100 中猜出数字 32。

```java
import java. applet. Applet;
import java. awt. Button;
import java. awt. Color;
import java. awt. Graphics;
import java. awt. TextField;
import java. awt. event. ActionEvent;
public class Nicki extends Applet{
private static final long serialVersionUID =1L;
private Button ok;
private int num =32;
private int resu =0;
private boolean isRig =false;
private TextField iPut;
public Nicki( ) {
  this. setLayout( null);
  ok =new Button("OK");
  ok. setActionCommand( getName( ));
  ok. setBounds(150, 150, 40, 20);
  iPut =new TextField( );
  this. add( iPut);
  iPut. setBounds(100, 150, 40, 20);
  this. add( ok);
  ok. addActionListener( new ButtonAction( this));
}
public void paint( Graphics g) {
  g. setColor( Color. white);
  g. fillRect(0, 0, this. getWidth( ), this. getHeight( ));
  g. setColor( Color. BLACK);
  g. drawString("Please guess a number ", 10, 20);
  g. drawString("between 1 and 100", 10, 40);
  if( isRig = =false&&resu! =0) {
    if( resu>num) {
      g. drawString(""+resu+" is too big !", 10, 100);
      } else if( resu<num) {
      g. drawString( resu+"is too small !", 10, 100);
    }
  } else if( isRig = =true) {
    g. setColor( Color. GREEN);
    g. drawString("Yes,"+resu+" is the right number", 10, 80);
```

```
        g. drawString("Your are great! ", 10, 100);
        g. setColor(Color. red);
        g. drawString(resu+"!", 70, 120);
    }
    iPut. setText("");
    g. drawString("Input the number:", 0, 150);
}
public void ButtonActionPerformed(ActionEvent e) {
    if(e. getActionCommand(). equals("panel0")) {
    resu=Integer. parseInt(iPut. getText());
    if(num = = resu) {
        isRig=true;
    }else{
        isRig=false;
    }

        repaint();
    }
}
}
class ButtonAction implements java. awt. event. ActionListener{
Nicki su;
public ButtonAction(Nicki bun) {
    this. su=bun;
}
public void actionPerformed(ActionEvent e) {
    su. ButtonActionPerformed(e);
}
}
```

html 文件设计如下：

```
<html>
<applet code="Nicki. class" width="200" height="45">
</applet>
</html>
```

程序执行结果如图 13.7 所示。

【例 13.5】 显示"恭贺新禧"四个字，从右边滚动至左边。背景为深蓝色，字体为深红色。

```
package com. baidu;
import java. awt. * ;
import java. applet. * ;
public class ShadowText extends Applet implements Runnable{
    private Image img;
    private Image offI;
    private Graphics offG;
```

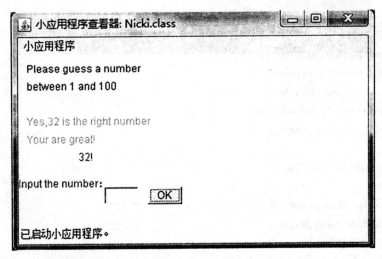

图 13.7　猜数字游戏程序的执行结果

```java
private Thread thread = null;
private MediaTracker imageTracker;
private int height, width;
private String text;
private int FontSize;
private Font font;
private int textcolor, backcolor, shadowcolor;
public void init( ) {
    width = this. size( ). width;
    height = this. size( ). height;
    String s = new String( getParameter( "Text" ) );
    text = new String( "Hello" );
    if( s! = null)
        text = s;
    FontSize = 30;
    s = new String( getParameter( "FontSize" ) );
    if( s! = null)
        FontSize = Integer. parseInt( s );
    s = getParameter( "Fore" );
    textcolor = ( s = = null) ? 0x000000 : Integer. parseInt( s,16);
    s = getParameter( "Back" );
    backcolor = ( s = = null) ? 0x000000 : Integer. parseInt( s,16);
    s = getParameter( "shadow" );
    shadowcolor = ( s = = null) ? 0x000000 : Integer. parseInt( s,16);
    this. setBackground( new Color( backcolor) );
    img = createImage( width, height);
    Graphics temp = img. getGraphics( );
    temp. setColor( new Color( backcolor) );
    temp. fillRect( 0, 0, width, height);
    temp. setColor( new Color( shadowcolor) );
```

```java
font = new Font("TimesRoman", Font. BOLD, FontSize);
temp. setFont(font);
temp. drawString(text, 10, height * 3/4);
temp. setColor(new Color(textcolor));
temp. drawString(text, 10-3, height * 3/4-3);
imageTracker = new MediaTracker(this);
imageTracker. addImage(img, 0);
try{
    imageTracker. waitForID(0);
}
catch(InterruptedException e){}
offI = createImage(width, height);
offG = offI. getGraphics();
}
public void start() {
    if(thread == null) {
        thread = new Thread(this);
        thread. start();
    }
}
public void run()
{
    int x = width;
    while(thread! = null) {
        try{
            offG. drawImage(img, x, 0, this);
            repaint();
            thread. sleep(50);
        }
        catch(InterruptedException e){}
        x-=3;
        if(x<-width) {
            x = width;
        }
    }
}
public void update(Graphics g) {
    paint(g);
}
public void paint(Graphics g) {
    g. drawImage(offI, 0, 0, this);
}
}
```

html 文件设计如下：

```
<applet code=ShadowText. class width=300 height=50 VIEWASTEXT>
<param name="Text" value=恭贺新禧>
<param Name="FontSize" value=40>
<param Name="Back" value="0000ff">
<param Name="Fore" value="ff0000">
<param Name="Shadow" value="660066">
</applet>
```

程序执行结果如图 13.8 所示:

图 13.8 ShadowText 程序的执行结果

本 章 小 结

本章对 Java applet 所涉及的内容作了说明,给出了 applet 程序的生命周期,并对生命周期中所涉及的多个方法作了详细说明,本章对 applet 程序中可能会用到的几个类作了较详细的说明,如 Graphics,Color 和 Font 类,在本章的最后对 applet 的参数及参数传递知识作了详细说明

习 题

一、选择题

1. Applet 类是属于哪个包的? (   )

A. java. awt   B. java. applet   C. java. io   D. java. lang

2. 在 Applet 类的主要方法中,用来实现初始化操作的是(   )

A. init( )   B. stop( )   C. start( )   D. paint( )

3. 下列关于 Applet 程序的描述中,错误的是(   )

A. Applet 程序的主类必须是 Applet 类的子类

B. Applet 程序的主类中应该有一个 main( )方法

C. Applet 不是完整的独立程序

D. Applet 的字节码文件必须嵌套在一个 HTML 文件中

4. paint( )方法使用哪种类型的参数? (   )

A. Graphics   B. Graphics2D   C. String   D. Color

5. 在 HTML 网页中嵌入一个小应用程序,以下代码正确的是(   )

A. <applet class = TestApplet. class width = 100 height = 100></applet>

B. <applet class = TestApplet width = 100 height = 100></applet>

C. <applet code = TestApplet. class width = 100 height = 100></applet>

D. <applet code = TestApplet width = 100 height = 100></applet>

6. 在 Java Applet 程序用户自定义的 Applet 子类中,一般需要重载父类的哪种方法来完成一些画图操作? ( )

A. start( )   B. stop( )   C. init( )   D. paint( )

二、简答题

1. Java 的 Applet 和 Java 应用程序有什么差别?

2. 一个完整的 Applet 包括哪些基本方法? 这些方法的含义分别是什么?

3. 典型的 Applet 程序的结构是什么?

三、程序题

1. 编制程序屏幕显示"Hello JavaApplet"。

2. 编制程序屏幕显示"飞行文字",由远及近,黑色衬底,黄色字体。

第14章

输入输出流

大多数应用程序都需要与外部设备进行数据交换,最常见的外部设备包含磁盘和网络,IO就是指应用程序对这些设备的数据输入与输出,在程序中,键盘被当作输入文件,显示器被当作输出文件使用。Java语言定义了许多类专门负责各种方式的输入输出,这些类都被放在java. io包中。

文件作为Java输入输出的常见形式,也是用户在编程中经常使用的数据源,本章的讲解也都是围绕文件展开的。

14.1 文件处理

14.1.1 文件的概念

文件(file)是最常见的数据源之一,在程序中经常需要将数据存储到文件中,例如图片文件、声音文件等数据文件,也经常需要根据要求从指定的文件中进行数据的读取。当然,在实际使用时,文件都包含一个格式,这个格式需要程序员根据需要进行设计,读取已有的文件时也需要熟悉对应的文件格式,才能把数据从文件中正确地读取出来。

文件的存储介质有很多,例如硬盘、光盘和U盘等,由于IO类设计时,从数据源转换为流对象的操作由API实现了,所以存储介质的不同对于程序员来说是透明的,和实际编写代码无关。

文件是计算机中一种基本的数据存储形式,在实际存储数据时,如果对于数据的读写速度要求不是很高,存储的数据量不是很大时,使用文件作为一种持久数据存储的方式是比较好的选择。

存储在文件内部的数据和内存中的数据不同,存储在文件中的数据是一种"持久存储",也就是当程序退出或计算机关机以后,数据还是存在的,而内存内部的数据在程序退出或计算机关机以后,数据就丢失了。

在不同的存储介质中,文件中的数据都是以一定的顺序依次存储起来,在实际读取时由硬件以及操作系统完成对于数据的控制,保证程序读取到的数据和存储的顺序保持一致。

每个文件以一个文件路径和文件名称进行表示,在需要访问该文件时,只需要知道该文件的路径以及文件的全名即可。在不同的操作系统环境下,文件路径的表示形式是不一样的,例如,在Windows操作系统中一般的表示形式为 c:\windows\system,而Unix上的表示形式为

/user/my。所以如果需要让 Java 程序能够在不同的操作系统下运行,书写文件路径时还需要注意:

(1)绝对路径和相对路径。绝对路径是指书写文件的完整路径,例如,d:\java\Hello.java,该路径中包含文件的完整路径 d:\java 以及文件的全名 Hello.java,使用该路径可以唯一地找到一个文件,不会产生歧义。但是使用绝对路径在表示文件时,受到的限制很大,且不能在不同的操作系统下运行,因为不同操作系统下绝对路径的表达形式存在不同。

相对路径是指书写文件的部分路径,例如,\test\Hello.java,该路径中只包含文件的部分路径\test 和文件的全名 Hello.java,部分路径是指当前路径下的子路径,例如当前程序在 d:\abc 下运行,则该文件的完整路径就是 d:\abc\test,使用这种形式,可以更加通用地代表文件的位置,使得文件路径产生一定的灵活性。

在 Eclipse 项目中运行程序时,当前路径是项目的根目录,例如工作空间存储在 d:\javaproject,当前项目名称是 Test,则当前路径是 d:\javaproject\Test,在控制台下面运行程序时,当前路径是 class 文件所在的目录,如果 class 文件包含包名,则以该 class 文件最顶层的包名作为当前路径。

另外在 Java 语言的代码内部书写文件路径时,需要注意大小写,大小写需要保持一致,路径中的文件夹名称区分大小写。由于'\'是 Java 语言中的特殊字符,所以在代码内部书写文件路径时,例如,代表 c:\test\java\Hello.java 时,需要书写成 c:\test\java\Hello.java 或 c:/test/java/Hello.java,这些都需要在代码中注意。

(2)文件名称。文件名称一般采用"文件名.后缀名"的形式进行命名,其中"文件名"用来表示文件的作用,而使用后缀名来表示文件的类型,这是当前操作系统中常见的一种形式,例如"readme.txt"文件,其中 readme 代表该文件的说明文件,而 txt 后缀名代表文件的文本文件类型,在操作系统中,还会自动将特定格式的后缀名和对应的程序关联,在双击该文件时使用特定的程序打开。

其实文件名称只是一个标识,和实际存储的文件内容没有必然的联系,只是使用这种方式方便文件的使用。在程序中需要存储数据时,如果自己设计了特定的文件格式,则可以自定义文件的后缀名,来标识自己的文件类型。

和文件路径一样,在 Java 代码内部书写文件名称时也区分大小写,文件名称的大小写必须和操作系统中的大小写保持一致。

另外,在书写文件名称时不要忘记书写文件的后缀名。

14.1.2 File 类

为了方便地代表文件的概念,以及存储一些对于文件的基本操作,在 java.io 包中设计了一个专门的类——File 类。

File 类通过简易的方法封装了复杂的、与平台相关的文件及目录,每个 File 类的对象表示一个磁盘文件或目录,其对象属性中包含了文件或目录的相关信息,如文件或目录的名称、文件的长度、目录中所包含的文件个数等。调用 File 类的方法可以完成对文件或目录的常用管理操作,如创建文件或目录、删除文件或目录、查看文件信息等。它也是 java.io 包中唯一可指向磁盘文件和目录本身的类。

下面介绍 File 的主要数据成员及成员方法:

1. File 类的构造方法

File 类的构造方法有 4 个,可根据需要选择其中之一完成 File 对象的创建,详见表 14.1。

表 14.1　File 类构造方法

编号	构造方法	说　　明
1	publicFile（File parent, String child）	根据 parent 抽象路径名和 child 路径名字符串创建一个新 File 实例
2	publicFile（String pathname）	通过将给定路径名字符串转换为抽象路径名来创建一个新 File 实例。如果给定字符串是空字符串,那么结果是空抽象路径名
3	publicFile（String parent, String child）	根据 parent 路径名字符串和 child 路径名字符串创建一个新 File 实例
4	publicFile（URI uri）	通过将给定的 file: URI 转换为一个抽象路径名来创建一个新的 File 实例

上述构造方法中:方法 1 和方法 3 非常相似,都含有两个参数,所不同的是方法 1 中的 parent 参数是 File 类型的,代表一个文件或目录,而方法 3 的 parent 参数是 String 类型的,是目录或路径的字符串表示;方法 2 使用一个完整的目录或文件的名字创建 File 对象;方法 4 以网络 URI 路径的方式创建 File 对象。

需要说明的是,创建一个 File 对象,不会影响真实的相关文件或目录,只是在对象和真实的文件或目录之间建立了关联。

以下是几个创建 File 对象的例子。

File 类的对象可以代表一个具体的文件路径,在实际代表时,可以使用绝对路径,也可以使用相对路径。

下面是创建的文件对象示例:

```
File f1=new File("d:\\test\\1.txt");
File f2=new File("1.txt");
File f3=new File("e:\\abc");
```

这里的 f1 和 f2 对象分别代表一个文件,f1 是绝对路径,而 f2 是相对路径,f3 则代表一个文件夹,文件夹也是文件路径的一种。

也可以使用父路径和子路径结合,实现代表文件路径,例如:

```
File f4=new File(f3,"1.txt");
File f5=new File("e:\\abc","1.txt");
```

f4,f5 所代表的文件路径都是:"e:\abc\1.txt"。

1. File 类数据成员

File 类有 4 个常用的数据成员,详见表 14.2。

表 14.2　File 类常用数据成员

数据成员	说　　明
public static final String pathSeparator	与系统有关的路径分隔符,字符串表示
public static final char pathSeparatorChar	与系统有关的路径分隔符,字符表示
public static final String separator	与系统有关的默认名称分隔符,字符串表示
public static final char separatorChar	与系统有关的默认名称分隔符,字符表示

实际上我们可以认为这只有两个静态数据成员,只不过是字符、字符串两种形式而已。

separatorChar 表示名称分隔符,在 UNIX 系统上,值为'/';在 Microsoft Windows 系统上,它为'\\'。

PathSeparatorChar 表示路径分隔符,在 UNIX 系统上,此字段为':';在 Microsoft Windows 系统上,它为';'。

2. File 类成员方法

File 类的成员方法较多,下面分类讲解。

(1)测试类方法。该类方法主要用于测试 File 对象的一些属性,返回值为 boolean 类型,详见表 14.3。

表 14.3 File 类中测试类型方法

成员方法	说　　明
public boolean canRead( )	测试文件或目录是否可读
public boolean canWrite( )	测试文件或目录是否可写
public boolean exists( )	测试 File 对象所关联的文件或目录是否真实存在
public boolean is Absolute( )	测试文件或目录是否为绝对路径名
public boolean is Directory( )	测试该文件或目录是否为一个目录
public boolean is File( )	测试该文件或目录是否为一个标准文件

通过下面的例 14.1 验证上面的方法。

前提说明:在程序中 File 对象所指向的"d:\1. txt"文件真实存在,不存在目录"d:\\test"。

【例 14.1】 验证 File 类方法

```
import java. io. File;
public class test14 _ 1 {
public static void main(String[ ] args) {
    File f1 = new File("D:\\","1. txt");
    File f2 = new File("D:\\test");
    //f1 基本信息输出
    System. out. println("f1 details:");
    System. out. println("f1 exists: "+f1. exists( ));
    System. out. println("f1 canRead: "+f1. canRead( ));
    System. out. println("f1 canWrite: "+f1. canWrite( ));
    System. out. println("f1 isAbsolute: "+f1. isAbsolute( ));
    System. out. println("f1 isDirectory: "+f1. isDirectory( ));
    System. out. println("f1 isFile: "+f1. isFile( ));
    //f2 基本信息输出
    System. out. println("f2 details: ");
    System. out. println("f2 exists: "+f2. exists( ));
    System. out. println("f2 canRead: "+f2. canRead( ));
    System. out. println("f2 canWrite: "+f2. canWrite( ));
    System. out. println("f2 isAbsolute: "+f2. isAbsolute( ));
    System. out. println("f2 isDirectory: "+f2. isDirectory( ));
```

```
System. out. println("f2 isFile :"+f2. isFile( ));
    }
}
```

运行结果：

f1 details：

f1 exists：true

f1 canRead：true

f1 canWrite：true

f1 isAbsolute：true

f1 isDirectory：false

f1 isFile：true

f2 details：

f2 exists：false

f2 canRead：false

f2 canWrite：false

2 isAbsolute：true

f2 isDirectory：false

f2 isFile：false

从运行结果看到：

对于 f1 这是真实有效的文件，其 isDirectory 为 false，表示其不是目录；

对于 f2 来说，虽然它本身是一个并不存在的目录，但其 isAbsolute 的结果仍为 true，表明该方法只是判断 File 对象所代表的是否为绝对路径，而不去考查 File 对象所指向的路径是否真实有效。

关于 isDirectory 方法，读者可以看到 f2 所代表的确实是一个目录的形式，但其本身所代表的目录并不存在，所以结果为 false，表明该方法在判断时，首先判断该目录是否真实有效，在有效的情况下再判断其是否为一目录，与此相同的是方法 isFile，该方法也是先判断文件是否真实有效再进行是否为文件的判断。

读者可以使用 File 类的构造方法创建不同的 File 类对象以验证各方法的具体结果以加深理解，限于篇幅，这里就不再一一列举。

（2）信息类方法。该类方法主要是为了获得某些信息而设置的，该类方法的形式一般为"get…"形式，字符串的返回值一般为 String 类型，详见表 14.4。

表 14.4　File 类信息类型方法

成员方法	说　明
public String getAbsolutePath( )	返回此抽象路径名的绝对路径名字符串
public String getParent( )	返回此抽象路径名父目录的路径名字符串；如果此路径名没有指定父目录，则返回 null
public String getPath( )	将此抽象路径名转换为一个路径名字符串
public String getName( )	获得文件或目录的名字

通过例 14.2 验证上面的方法。

前提说明：在程序中 File 对象所指向的"d：\test\1. txt"文件真实存在。

【例 14.2】 验证 File 类信息类型方法

```
import java.io.File;
public class Test14 _2 {
public static void main(String[] args) {
    File f=new File("D:\\test\\1.txt");
    System.out.println("Name:"+f.getName());
    System.out.println("Parent:"+f.getParent());
    System.out.println("Path:"+f.getPath());
    System.out.println("AbsolutePath:"+f.getAbsolutePath());
    }
}
```

运行结果：

Name:1.txt

Parent:D:\test

Path:D:\test\1.txt

AbsolutePath:D:\test\1.txt

从结果中可以看出：

getName 指的是文件或目录的名字,对于"d:\\test\\1.txt"为"1.txt",若为"d:\\test",则为 test;

getParent 指的是 File 对象所指向的文件或目录中除 getName 部分的目录;

getPath 指的是 File 对象在创建时构造方法中文件或目录的字符串表示,对于例 14.2 "d:\test\1.txt",则 getPath 为"d:\test\1.txt",若改为"1.txt",则 getPath 为"1.txt";

getAbsolutePath 用于获得文件或目录的绝对路径,不管在创建 File 对象时采用何种形式。如将本程序创建 File 对象的语句改为 File f=new File("1.txt");则 getPath 的值为"d:\eclipse\workspace\MyPros\1.txt"(作者的 eclipse 安装在 d 盘根目录,且 workspace 设置在 eclipse 目录下)。

（3）文件操作类方法。该类方法主要用于操作实际文件或目录,如创建、删除文件或目录,详见表 14.5。

表 14.5 File 类文件操作类型方法

成员方法	说　明
public boolean delete()	删除此抽象路径名表示的文件或目录。如果此路径名表示一个目录,则该目录必须为空才能删除
public boolean mkdir()	创建此抽象路径名指定的目录
public boolean mkdirs()	创建此抽象路径名指定的目录,包括所有必需但不存在的父目录
public boolean renameTo(File dest)	重新命名此抽象路径名表示的文件
public boolean createNewFile() throws IOException	自动创建一个新的空文件(如对象指向的文件不存在)

通过例 14.3 验证上面的方法。

【例 14.3】 验证 File 类文件操作类型方法

```
import java.io.File;
import java.io.IOException;
public class Test14 _3 {
```

```
public static void main(String[] args) throws IOException {
    File path=new File("D:\\java\\test");
    File file=new File(path,"1.txt");
    if(path.isDirectory()= = false){//该目录不存在
        if(path.mkdirs()){//创建目录,包括所有的不存在的各级目录
            System.out.println("创建目录成功");
            file.createNewFile();//在该目录下创建文件
        }
        else{
            System.out.println("目录创建失败");
        }
    }
    else{
        System.out.println("此目录已存在");
    }
}
```

由于 createNewFile 方式是强制异常处理的,即必须处理由其引发的异常,不管是否会发生异常,这里我们将处理异常的工作交给 main 函数,由系统来完成。

程序中未涉及 renameTo 方法,需要说明的是该方法在对文件进行重命名时传递的参数为 File 类型。重命名时以参数的名称及各级目录为准,如有以下语句:

```
File f=new File("d:\\java\\1.txt");
boolean b=f.renameTo(new File("d:\\2.txt"));
```

在 d:\java\1.txt 文件存在、d:\2.txt 文件不存在的情况下,前者会被重命名,且其绝对路径会变更为 d:\2.txt。

14.1.3　RandomAccessFile 类

RandomAccessFile 类是 Java 中功能最丰富的文件访问类,提供了多样的文件访问方法,可以对磁盘文件以"随机存取"的方式进行访问。

RandomAccessFile 类未提供任何数据成员,下面介绍其构造方法和其他成员方法。

1. RandomAccessFile 类构造方法

RandomAccessFile 类有两个构造方法:

public RandomAccessFile(String name,String mode)

public RandomAccessFile(File file,String mode

两个构造方法的第一个参数 File 或 String 对象指定一个磁盘文件,第二个参数 mode 指定文件的访问方式,具体的访问模式参数值见表 14.6,两构造方法都抛出 FileNotFoundException 异常。

表 14.6 访问模式值及含义

Mode 值	说　明
"r"	以只读方式打开
"rw"	打开以便读取和写入。如果该文件尚不存在,则尝试创建该文件
"rws"	同步读写。任何写操作的内容都被直接写入物理文件,包括文件内容和文件属性
"rwd"	同步读写。任何写操作的内容都被直接写入物理文件,不包括文件属性

"rw"模式时,仅当 RandomAccessFile 类对象执行 close 方法时才将更新内容写入文件,而"rws"和"rwd"因为是同步读写,因此可以保证数据实时更新,即使读写过程中出意外情况,如系统突然断电等也不会使数据丢失。

2. RandomAccessFile 类成员方法

(1)文件指针的操作。该类方法主要用于操作读写指针,详见表 14.7。

表 14.7　RandomAccessFile 类有关文件的指针操作的成员方法

方　法	说　明
public long getFilePointer( )	返回当前的文件指针位置
public void seek(long pos)	移动文件指针到 pos 指定位置,在该位置发生下一个读取或写入操作
public int skipBytes(int n)	文件指针向后移动 n 个字节,n 为负数时指针不移动

以上三个方法的调用均有可能引发 IOException 异常。

(2)文件的读写操作。该类方法主要用于文件的读写操作,一般读和写是一一对应的,详见表 14.8。

表 14.8　RandomAccessFile 类有关文件的读写操作的成员方法

方　法	说　明
public int read(byte[ ] b)	将最多 b. length 个字节读入数组 b
public void write(byte[ ] b)	将 b. length 个字节从指定数组 b 写入到此文件
public final byte readByte( )	读取一个字节
public final void writeByte(int v)	将(byte)v 写入文件
public final String readLine( )	读取一行

该类方法较多,这里并未一一列出,RandomAccessFile 类可以针对 Byte,Boolean,Char,Double,Float,Int 等进行读取,该类中有 readLine 方法,但不存在 writeLine 方法,该类方法的调用也有可能引发 IOException 异常。

下面是一个使用 RandomAccessFile 的例子,往文件中写入 3 名员工的信息,然后按照第一名员工,第二名员工,第三名员工的先后顺序读出。RandomAccessFile 可以以只读或读写方式打开文件,具体使用哪种方式取决于我们创建 RandomAccessFile 类对象的构造方式。

我们还需要设计一个类来封装员工信息。一个员工信息就是文件中的一条记录,我们必须保证每条记录在文件中的大小相同,也就是每个员工的姓名字段在文件中的长度是一样的,我们才能够准确定位每条记录在文件中的具体位置。假设 name 中有 8 个字符,少于 8 个则补空格(这里我们用"\u0000"),多于 8 个则去掉后面多余的部分。由于年龄是整型数,不管这个数有多大,只要它不超过整型数的范围,在内存中都是占 4 个字节大小。

【例 14.4】　使用 RandomAccessFile

```
import java.io. * ;
public classTest14 _ 4
{
    public static void main(String [ ] args) throws Exception
    {
    Employee e1 = new Employee("zhangsan",23);
    Employee e2 = new Employee("Lisi",24);
    Employee e3 = new Employee("Wangwu",25);
    RandomAccessFile ra = new RandomAccessFile("c:\\1. txt","rw");
    ra. write( e1. name. getBytes( ) );
    ra. writeInt( e1. age) ;
    ra. write( e2. name. getBytes( ) );
    ra. writeInt( e2. age) ;
    ra. write( e3. name. getBytes( ) );
    ra. writeInt( e3. age) ;
    ra. close( ) ;
    RandomAccessFile raf = new RandomAccessFile("c:\\1. txt","r");
    int len = 8;
    raf. skipBytes(12) ; //跳过第一个员工的信息,其中姓名 8 字节,年龄 4 字节
    System. out. println("第二个员工信息:");
    String str = "";
    for( int i = 0;i<len;i++)
        str = str+( char) raf. readByte( );
    System. out. println("name:"+str);
    System. out. println("age:"+raf. readInt( ));

    System. out. println("第一个员工的信息:");
    raf. seek(0) ; //将文件指针移动到文件开始位置
    str = "";
    for( int i = 0;i<len;i++)
        str = str+( char) raf. readByte( );
    System. out. println("name:"+str);
    System. out. println("age:"+raf. readInt( ));
    System. out. println("第三个员工的信息:");
    raf. skipBytes(12) ;   //跳过第二个员工信息
    str = "";
    for( int i = 0;i<len;i++)
        str = str+( char) raf. readByte( );
    System. out. println("name:"+str. trim( ));
    System. out. println("age:"+raf. readInt( ));
    raf. close( ) ;
    }
}
```

```
class Employee
{
    String name;
    int age;
    final static int LEN = 8;
    public Employee(String name, int age)
    {
        if(name.length()>LEN)
        {
            name = name.substring(0,8);
        }
        else
        {
            while(name.length()<LEN)
                name = name+"\\u0000";
        }
        this.name = name;
        this.age = age;
    }
}
```

运行结果控制台输出如下所示：

第二个员工的信息：

name：Lisi

age：24

第一个员工的信息：

name：zhangsan

age：23

第三个员工的信息：

name：Wangwu

age：25

文件存取内容如图 14.1 所示。

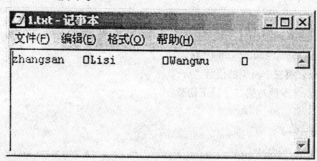

图 14.1 运行结果

上面的这个程序完成了我们想要的功能，演示了 RandomAccessFile 类的作用。String. substring(int beginIndex, int endIndex)方法可以用于取出一个字符串中的部分子字符串，要注意的一个细节是：子字符串中的第一个字符对应的是原字符串中的脚标为 beginIndex 处的字符,但最后的字符对应的是原字符串中的脚标为 endIndex-1 处的字符,而不是 endIndex 处的字符。在实际生活中,我们常用的数据库和数据库管理工具实际上就是这种原理。我们的 1.txt就相当于数据库的数据文件,而我们这个程序提供了往这个数据文件写入和读取数据的功能。

14.2　节　点　流

14.2.1　流概念的理解

数据流是一串连续不断的数据的集合,就像水管里的水流,在水管的一端一点一点地供水,而在水管的另一端看到的是一股连续不断的水流。数据写入程序可以是一段、一段地向数据流管道中写入数据,这些数据段会按先后顺序形成一个长的数据流。对数据读取程序来说,看不到数据流在写入时的分段情况,每次可以读取其中的任意长度的数据,但只能先读取前面的数据后,再读取后面的数据。不管写入时是将数据分多次写入,还是作为一个整体一次写入,读取时的效果都是完全一样的。

Java 中处理输入输出的类一般都在 java.io 包中。Java 在处理输入输出时可针对字节和字符作不同处理:InputStream 和 OutputStrea 用于处理字节相关的输入输出,Reader 和 Writer 用于处理字符相关的输入输出。这 4 个类都是抽象类,它们提供了用于处理输入输出的若干抽象方法,如果想要处理以字节或字符为单位的输入输出问题,那么我们必须使用这 4 个类的非抽象子类完成,因此,在 java.io 包中有两大继承体系:一类是以字节为单位处理数据的 Stream,它们的命名方式都是×××Stream;另一类是以字符为单位处理数据的 Reader 和 Writer,它们的命名方式是×××Reader 或×××Writer。

从处理单位来看,我们将 IO 流分为字节流和字符流;从 IO 流向来看,我们可以将 IO 流分为输入流和输出流。从流的功能来看,我们还可以将 IO 流分为节点流和过滤流(也叫处理流)。程序中用于直接操作目标设备所对应的 IO 流叫节点流,程序也可以通过一个间接 IO 流去调用相应的节点流,以达到更加灵活方便的读写各种类型的数据,这个间接 IO 流就称为过滤流,也叫处理流。

程序可以从中连续读取字节的对象叫输入流,用 InputStream 类完成,程序能向其中连续写入字节的对象叫输出流,用 OutputStream 类完成。InputStream 与 OutputStream 对象是两个抽象类,还不能表明具体对应哪种 IO 设备。

所有字节节点流都是这两个抽象类的直接或间接子类,常用的输入字节节点流和输出字节节点流详见表 14.9。

表 14.9　常用输入输出字节节点流

	输入类	输出类	说明
父类	InputStream	OutputStream	抽象父类
子类	FileInputStream	FileOutputStream	文件处理
	ByteArrayInputStream	ByteArrayOutputStream	数组处理
	PipedInputStream	PipedOutputStream	管道处理

14.2.2 InputStream 和 OutputStream

InputStream 定义了 Java 的输入流模型，因为本身是抽象类，程序中使用到的都是该类的直接或间接子类。

下面对 InputStream 类中的方法进行介绍：

InputStream 类提供了一个构造方法，格式为：public InputStream( )

InputStream 常用成员方法见表 14.10。

表 14.10 InputStream 常用成员方法

成员方法	说　明
int available( )	返回当前输入流中可读的字节数
oid close( )	关闭此输入流并释放与该流关联的所有系统资源
void mark(int readlimit)	在此输入流中标记当前的位置，readlimit 参数告知此输入流在标记位置失效之前允许读取的字节数
boolean markSupported( )	测试此输入流是否支持 mark 和 reset 方法
abstract intread( )	抽象方法，从输入流中读取数据的下一个字节，返回值为-1 表示到达流的末尾，结束
intread(byte[ ] b)	从输入流中读取一定数量的字节，并将其存储在缓冲区数组 b 中
intread(byte[ ] b, int off, int len)	将输入流中最多 len 个字节数据读入 byte 数组，数据存放从数组下标 off 开始
voidreset( )	将此流重新定位到最后一次对此输入流调用 mark 方法时的位置，需与 mark 联合使用
long skip(long n)	跳过输入流中的 n 个字节，返回值为实际跳过的字节数

表 14.10 中所有方法的访问权限均为 public。需要说明的是，并不是 InputStream 类的所有子类都支持在 InputStream 类中定义的某些方法，如 skip，mark，reset 等。

上述方法中 available，close，read，reset，skip 的调用可能会引发 IOException 异常。

OutputStream 定义了 Java 的输出流模型，因为本身是抽象类，程序中使用到的都是该类的直接或间接子类。

下面介绍 OutputStream 类。

OutputStream 类提供了一个构造方法，格式为：public OutputStream( )。

OutputStream 常用成员方法见表 14.11。

表 14.11 OutputStream 常见成员方法

成员方法	说　明
void close( )	关闭此输入流并释放与该流关联的所有系统资源
void flush( )	刷新此输出流并强制写出所有缓冲的输出字节
void write(byte[ ] b)	将 b.length 个字节从指定的 byte 数组写入此输出流
void write(byte[ ] b, int off, int len)	将字节数组 b 中下标从 off 开始的 len 个字节写到输出流
abstract void write(int b)	抽象方法，将一个字节写到输入流
int read(byte[ ] b, int off, int len)	将输入流中最多 len 个字节数据读入 byte 数组，数据存放从数组下标 off 开始
voidreset( )	将此流重新定位到最后一次对此输入流调用 mark 方法时的位置，需与 mark 联合使用
longskip(long n)	跳过输入流中的 n 个字节，返回值为实际跳过的字节数

表 14.11 中所有方法的访问权限均为 public。

介绍完字节节点流的两个抽象父类后,我们重点来看用于文件处理中的两个字节节点流。

14.2.3 FileInputStream 和 FileOutPutStream

这两个流节点用来操作磁盘文件,在创建一个 FileInputStream 对象时通过构造函数指定文件的路径和名字,当然这个文件应当是存在的和可读的。在创建一个 FileOutputStream 对象时指定文件如果存在将要被覆盖。

下面是对同一个磁盘文件创建 FileInputStream 对象的两种方式。其中用到的两个构造函数都可以引发 FileNotFoundException 异常:

```
FileInputStream inOne = new FileInputStream("hello. test");
File f = new File("hello. test");
FileInputStreaminTwo = new FileInputStream(f);
```

尽管第一个构造函数更简单,但第二个构造函数允许在把文件连接到输入流之前对文件作进一步分析。

FileOutputStream 对象也有两个和 FileInputStream 对象具有相同参数的构造函数,创建一个 FileOutputStream 对象时,可以为其指定还不存在的文件名,但不能是存在的目录名,也不能是一个已被其他程序打开了的文件。FileOutputStream 先创建输出对象,然后再准备输出。

其实在以前讲 Properties 类的时候,我们已经使用用过这两个类。在下面的例子中,我们用 FileOutputStream 类向文件中写入一串字符,并用 FileInputStream 读出。

【例 14.5】 使用 FileInputStream 和 FileOutPutStream

```
import java. io. * ;
public class FileStream
{
    public static void main(String[ ] args)
    {
        File f = new File("hello. txt");
        try
        {
            FileOutputStream out = new FileOutputStream(f);
            byte buf[ ] = "www. it315. org". getBytes( );
            out. write(buf);
            out. close( );
        }
        catch(Exception e)
        {
            System. out. println(e. getMessage( ));
        }

        try
        {
            FileInputStream in = new FileInputStream(f);
            byte [ ] buf = new byte[1024];
```

```
        int len = in. read( buf) ;
        System. out. println( new String( buf,0,len) ) ;
    }
    catch( Exception e)
    {
        System. out. println( e. getMessage( ) ) ;
    }
  }
}
```

编译运行上面的程序,我们能够看到当前目录下产生了一个 hello. txt 的文件,用记事本程序打开这个文件,能看到我们写入的内容。随后,程序开始读取文件中的内容,并将读取到的内容打印出来。在这个例子中,我们演示了怎样用 FileOutputStream 往一个文件中写东西和怎样用 FileInputStream 从一个文件中将内容读出来。一点不足是,这两个类都只提供了对字节或字节数组进行读取的方法,对于字符串的读写,我们还需要进行额外的转换。

14. 2. 4　Reader 和 Writer

所有字符节点流都是抽象类 Reader 或者 Writer 的直接或间接子类,输入字符节点流和输出字符节点流的类层次结构见表 14. 12。

表 14. 12　输入输出字节节点流继承层次结构

	输入类	输出类	说明
父类	Reader	Writer	抽象父类
子类	FileReader	FileWriter	文件处理
	CharArrayReader	CharArrayWriter	数组处理
	StringReader	StringWriter	字符串处理
	PipedReader	PipedWriter	管道处理

Java 中的字符是 unicode 编码,是双字节的,而 InputStream 与 OutputStream 是用来处理字节的,在处理字符文本时不太方便,需要编写额外的程序代码。Java 为字符文本的输入输出专门提供了一套单独的类,Reader,Writer 两个抽象类与 InputStream,OutputStream 两个类相对应,同样,Reader,Writer 下面也有许多子类,对具体 IO 设备进行字符输入输出,如 FileReader 就是用来读取文件流中的字符。

对于 Reader 和 Writer,我们就不过多说明了,大体的功能和 InputStream,OutputStream 两个类相同,但并不是它们的代替者,只是在处理字符串时简化了我们的编程。我们上面的程序改为使用 FileWriter 和 FileReader 来实现,修改后的程序代码如下:

【例 14. 6】　使用 FileWriter 和 FileReader

```
import java. io. * ;
public class FileStream
{
    public static void main( String[ ] args)
    {
        File f = new File( "hello. txt") ;
```

```
      try
      {
         FileWriter out = new FileWriter(f);
         out. write("www. it315. org");
         out. close();
      }
   catch(Exception e)
   {
      System. out. println(e. getMessage());
   }

      try
      {
         FileReader in = new FileReader(f);
         char [ ] buf = new char[1024];
         int len = in. read(buf);
         System. out. println(new String(buf,0,len));
      }
   catch(Exception e)
   {
      System. out. println(e. getMessage());
   }
   }
}
```

　　我们发现编译运行后的结果与先前没有什么两样,由于 FileWriter 可以往文件中写入字符串,我们不用将字符串转换为字节数组。相对于 FileOutputStream 来说,使用 FileReader 读取文件中的内容,并没有简化我们的编程工作,FileReader 的优势,要结合我们后面讲到的包装类才能体现出来。

14.2.5　PipedInputStream 与 PipedOutputStream

　　一个 PipedInputStream 对象必须和一个 PipedOutputStream 对象进行连接而产生一个通信管道, PipedOutStream 可以向管道中写入数据, PipedInputStream 可以从管道中读取 PipedOutputStream 写入的数据。这两个类主要用来完成线程之间的通信,一个线程的 PipedInputStream 对象能够从另外一个线程的 PipedOutputStream 对象中读取数据。请看下面的例子:

【例 14.7】　使用 PipedInputStream 与 PipedOutputStream

```
import java. io. * ;
public class PipeStreamTest {
   public static void main(String[ ] args) {
      try {
         Sender t1 = new Sender();
         Receiver t2 = new Receiver();
```

```
      PipedOutputStream out = t1. getOutputStream( ) ;
      PipedInputStream in = t2. getInputStream( ) ;
      out. connect( in) ;
      t1. start( ) ;
      t2. start( ) ;
    } catch ( IOException e) {
      System. out. println( e. getMessage( ) ) ;
    }
  }
}
class Sender extends Thread {
  private PipedOutputStream out = new PipedOutputStream( ) ;
  public PipeOutputStream getOutputStream( ) {
    return out;
  }
  public void run( ) {
    String s = new String( "hello, receiver, how are you") ;
    try {
      out. write( s. getBytes( ) ) ;
      out. close( ) ;
    } catch ( IOException e) {
      System. out. println( e. getMessage( ) ) ;
    }
  }
}
class Receiver extends Thread {
  private PipedInputStream in = new PipedInputStream( ) ;
  public PipedInputStream getInputStream( ) {
    return in;
  }
  public void run( ) {
    String s = null;
    byte[ ] buf = new byte[1024] ;
    try {
      int len = in. read( buf) ;
      s = new String( buf, 0, len) ;
      System. out. println( "the following message comes from sender: \n"+ s) ;
      in. close( ) ;
    } catch ( IOException e) {
      System. out. println( e. getMessage( ) ) ;
```

```
        }
      }
    }
```

运行结果：

the following message comes from sender：

hello，receiver，how are you

JDK 还提供了 PipedWriter 和 PipedReader 这两个类来用于字符文本的管道通信，读者掌握了 PipedOutputStream 和 PipedInputStream 类，自然也就知道如何使用 PipedWriter 和 PipedReader 这两个类了。

14.2.6　ByteArrayInputStream 与 ByteArrayOutputStream

ByteArrayInputStream 是输入流的一种实现，它有两个构造函数，每个构造函数都需要一个字节数组来作为数据源：

ByteArrayInputStream（byte［ ］ buf）

ByteArrayInputStream（byte［ ］ buf, int offset, int length）

第二个构造函数指定仅使用数组 buf 中的从 offset 开始的 length 个元素作为数据源。

ByteArrayOutputStream 是输出流的一种实现，它也有两个构造函数：

ByteArrayOutputStream（ ）

ByteArrayOutputStream（int）

第一种形式的构造函数创建一个 32 字节的缓冲区，第二种形式则是根据参数指定的大小创建缓冲区，缓冲区的大小在数据过多时能够自动增长。

这两个流的作用在于：用 IO 流的方式来完成对字节数组内容的读写。爱思考的读者一定有过这样的疑问：对数组的读写非常简单，为什么不直接读写字节数组呢？ 在什么情况下该使用这两个类呢？

有的读者可能听说过内存虚拟文件或者是内存映像文件，它们是把一块内存虚拟成一个硬盘上的文件，原来该写到硬盘文件上的内容会被写到这个内存中，原来该从一个硬盘文件上读取的内容可以改为从内存中直接读取。如果程序在运行过程中要产生一些临时文件，就可以用虚拟文件的方式来实现，我们不用访问硬盘，而是直接访问内存，会提高应用程序的效率。

假设有一个别人已经写好了的压缩函数，这个函数接收两个参数，一个输入流对象，一个输出流对象，它从输入流对象中读取数据，并将压缩后的结果写入输出流对象中。我们的程序要将一台计算机的屏幕图像通过网络不断地传送到另外的计算机上，为了节省网络带宽，我们需要对一副屏幕图像的像素数据进行压缩后，再通过网络发送出去。如果没有内存虚拟文件，我们就必须先将一副屏幕图像的像素数据写入到硬盘上的一个临时文件，再以这个文件作为输入流对象去调用那个压缩函数，接着又从压缩函数生成的压缩文件中读取压缩后的数据，再通过网络发送出去，最后删除压缩前后所生成的两个临时文件。可见这样的效率是非常低的。我们要在程序中分配一个存储数据的内存块，通常都用定义一个字节数组来实现，JDK 中提供了 ByteArrayInputStream 和 ByteArrayOutputStream 这两个类可实现类似内存虚拟文件的功能，我们将抓取到的计算机屏幕图像的所有像素数据保存在一个数组中，然后根据这个数组创建一个 ByteArrayInputStream 流对象，同时创建一个用于保存压缩结果的 ByteArrayOutputStream 流对象，将这两个对象作为参数传递给压缩函数，最后从 ByteArrayOutputStream 流对象中返回包含有压缩结果的数组。

我们通过下面的例子程序来模拟上面的过程,我们并没有真正压缩输入流中的内容,只是把输入流中的所有英文字母变成对应的大写字母写入输出流中。

【例 14.8】 使用 ByteArrayInputStream 与 ByteArrayOutputStream

```java
import java. io. * ;
public class ByteArrayTest
{
    public static void main(String[ ] args) throws Exception
    {
        String tmp="abcdefghijklmnopqrstuvwxyz";
        byte [ ] src =tmp. getBytes( );//src 为转换前的内存块
        ByteArrayInputStream input = new ByteArrayInputStream( src);
        ByteArrayOutputStream output = new ByteArrayOutputStream( );
        new ByteArrayTest( ). transform( input, output);
        byte [ ] result=output. toByteArray( );//result 为转换后的内存块
        System. out. println( new String( result) );
    }
    public void transform( InputStream in, OutputStream out)
    {
        int c=0;
        try
        {
            while( ( c=in. read( ))! =-1)//read 在读到流的结尾处返回-1
            {
                int C=( int)Character. toUpperCase( ( char)c);
                out. write( C);
            }
        }
        catch( Exception e)
        {
            e. printStackTrace( );
        }
    }
}
```

运行结果为:

ABCDEFGHIJKLMNOPQRSTUVWXYZ

与 ByteArrayInputStream 和 ByteArrayOutputStream 类对应的字符串读写类分别是 StringReader 和 StringWriter。读者可以将上面的程序修改成由这两个类来完成,具体的程序代码就不在这里多说了。

14.3 过 滤 流

14.3.1 理解包装类的概念与作用

在前面的部分,我们接触到了许多节点流类,现以 FileOutputStream 和 FileInputStream 为例,这两个类只提供了读写字节的方法,我们通过它们只能往文件中写入字节或从文件中读取字节。在实际应用中,我们要往文件中写入或读取各种类型的数据,我们就必须先将其他类型的数据转换成字节数组后写入文件或是将从文件中读取到的字节数组转换成其他类型,这给我们的程序带来了一些困难和麻烦。如果有人给我们提供了一个中间类,这个中间类提供了读写各种类型的数据的各种方法,当我们需要写入其他类型的数据时,只要调用中间类中的对应的方法即可,在这个中间类的方法内部,它将其他数据类型转换成字节数组,然后调用底层的节点流类将这个字节数组写入目标设备。我们将这个中间类叫作过滤流类或处理流类,也叫包装类,如 IO 包中有一个叫 DataOutputStream 的包装类,下面是它所提供的部分方法的列表:

```
public final void writeBoolean( boolean v) throws IOException
public final void writeShort( int v) throws IOException
public final void writeChar( int v) throws IOException
public final void writeInt( int v) throws IOException
public final void writeLong( long v) throws IOException
public final void writeFloat( float v) throws IOException
public final void writeDouble( double v) throws IOException
public final void writeBytes( String s) throws IOException
```

大家从上面的方法名和参数类型中,就知道这个包装类能帮我们往 IO 设备中写入各种类型的数据。包装类的调用过程如图 14.2 所示。

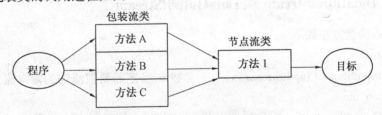

图 14.2 包装类的调用过程图

我们还可以用包装类去包装另外一个包装类,创建包装类对象时,必须指定它要调用的那个底层流对象,也就是这些包装类的构造函数中,都必须接收另外一个流对象作为参数。如 DataOutputStream 包装类的构造函数为:

```
public DataOutputStream( OutputStream out)
```

参数 out 就是 DataOutputStream 要调用的那个底层输出流对象。

与字节节点流一样,字节过滤流的抽象父类也是 InputStream 和 OutputStream。

对于字节过滤流来说,它们都是 FilterInputStream 或者 FilterOutputStream 的子类。我们可以直接从 JDK 文档中查看它们的子类。

常用的字节过滤流见表 14.13(过滤流指的是子类)。

表 14.13　常用字节过滤流（表中子类）

	输入类	输出类	说明
父类	InputStream	OutputStream	抽象父类
子类	BufferedImputStream	BufferedOutputStream	带有缓冲区的过滤流，可以提高读、写速度
	DataInputStream	DataOutputStream	可以按照与平台无关的方式对流中的数据进行读、写操作

14.3.2　BufferedInputStream 和 BufferedOutputStream

对 I/O 进行缓冲处理时一种常见的性能优化，缓冲流为 IO 流增加了内存缓冲区。增加缓冲区有两个基本目的：

（1）允许 Java 的 I/O 一次不只操作一个字节，以此提高系统性能。

（2）由于有了缓冲区，使得在流上执行 skip，mark 和 reset 方法成为可能。

BufferedInputStream 类由于具有缓冲区，从而支持 skip，mark 和 reset 方法，其构造方法如下：

public BufferedInputStream(InputStream in)

public BufferedInputStream(InputStream in,int size)

参数 in 指定需要被修饰的输入流，size 指定缓冲区的大小，以字节为单位。

BufferedOutputStream 类与 BufferedInputStream 对应，也提供了两个构造方法。由于使用了缓冲区技术，该类的 flush 方法可以将缓冲区的所有数据强制输出。

在使用上这两个缓冲区类与我们介绍的节点流 FileInputStream 和 FileOutputStream 形式非常相似，只是在文件内部读写时缓冲区的效率更高，这里不在举例验证。

14.3.3　DataInputStream 和 DataOutputStream

这两个类的构造方法如下：

DataInputStream

publicDataInputStream(InputStream in)——参数 in 指定需要被修饰的输入流。

DataOutputStream

publicDataOutputStream(OutputStream out)——参数 out 指定需要被修饰的输入流。

在 14.2 中介绍的节点流，读写数据时要么按照字节读写，要么按照字符读写。我们可以使用 DataInputStream 或 DataOutputStream 对那些节点流进行装饰，装饰后可实现对数据按照 Java 的基本数据类型进行读写，如一次读写一个 int，double 等类型的数据。对于这两个类的具体的读写方法，这里不再一一列出，我们通过一个例子来体验这两个类较节点流类的区别。

【**例 14.9**】　通过 DataOutPutStream 将不同数据类型的数据写入文件

```
import java. io. * ;
public class Test14 _9 {
    public static void main(String[ ] args) throws FileNotFoundException {
        File outFile = new File("1. data") ;
        FileOutputStream outFileStream = new FileOutputStream( outFile) ;
```

```
        DataOutputStream outDataStream = new DataOutputStream(outFileStream);
        try{
            outDataStream. writeInt(123);
            outDataStream. writeDouble(123.5);
            outDataStream. writeFloat(123.5F);
            outDataStream. writeChar('a');
            outDataStream. writeBoolean(false);
            outDataStream. close();
            outFileStream. close();
            System. out. println("写入数据成功");
        }
        catch(IOException ex){
            System. out. println("写入数据失败");
        }
    }
}
```

在不出错的情况下,其运行结果如下:

写入数据成功

在例 14.9 中,因为本身 FileOutputStream 类不能按类型写入文件中,因此这里使用 DataOutputStream 类修饰 FileOutputStream,这样类对象 outDataStream 就能按不同数据类型写入数据了。

这里演示的是通过 DataOutputStream 将不同数据类型的数据写入文件,同样,我们可以使用 DataInputStream 将文件中的数据按不同数据类型读取出来。

【例 14.10】　DataOutputStream 的使用

```
import java. io. * ;
import java. io. IOException;
public class Test14 _ 10 {
    public static void main(String[ ] args) throws FileNotFoundException {
        File inFile = new File("1. data");
        FileInputStream inFileStream = new FileInputStream(inFile);
        DataInputStream inDataStream = new DataInputStream(inFileStream);
        try{
            System. out. println(inDataStream. readInt());
            System. out. println(inDataStream. readDouble());
            System. out. println(inDataStream. readFloat());
            System. out. println(inDataStream. readChar());
            System. out. println(inDataStream. readBoolean());
            inDataStream. close();
            inFileStream. close();
            System. out. println("读取数据成功");
        }
        catch(IOException ex){
            System. out. println("读取数据失败");
```

```
        }
    }
}
```

在不出错的情况下,其运行结果如下:

123

123.5

123.5

a

false

读取数据成功

与例 14.9 类似,本例中 FileInputStream 类不能按不同数据类型读取,这时候我们用 DataInputStream 类来装饰,这样就可以达到按不同数据类型读取数据的目的。

需要注意的是,我们必须按照数据写入的顺序来读取数据,否则,读取出来的数据一般来说是错误的。

14.3.4 PrintStream

PrintStream 类提供了一系列的 print 和 println 方法,可以实现将基本数据类型的格式化成字符串输出。在前面,我们在程序中大量用到"System.out.println"语句中的 System.out 就是 PrintStream 类的一个实例对象,读者已经多次使用到这个类了。PrintStream 有 3 个构造函数:

PrintStream(OutputStream out)

PrintStream(OutputStream out,boolean auotflush)

PrintStream(OutputStream out,boolean auotflush,String encoding)

其中 autoflush 控制在 Java 中遇到换行符(\\n)时是否自动清空缓冲区,encoding 是指定编码方式,关于编码方式,我们在本章后面部分有详细的讨论。

println 方法与 print 方法的区别是:前者会在打印完的内容后再多打印一个换行符(\n),所以 println( )等于 print("\n")。

Java 的 PrintStream 对象具有多个重载的 print 和 println 方法,它们可输出各种类型(包括 Object)的数据。对于基本数据类型的数据,print 和 println 方法会先将它们转换成字符串的形式后再输出,而不是输出原始的字节内容,例如,整数 123 的打印结果是字符'1'、'2'、'3'所组合成的一个字符串,而不是整数 123 在内存中的原始字节数据。对于一个非基本数据类型的对象,print 和 println 方法会先调用对象的 toString 方法,然后再输出 toString 方法返回的字符串。

IO 包中提供了一个与 PrintStream 对应的 PrintWriter 类,PrintWriter 即使遇到换行符(\\n)也不会自动清空缓冲区,只在设置了 autoflush 模式下使用了 println 方法后才自动清空缓冲区。PrintWriter 相对 PrintStream 最有利的一个地方就是 println 方法的行为,在 Windows 的文本换行是"\r\n",而 Linux 下的文本换行是"\n",如果我们希望程序能够生成平台相关的文本换行,而不是在各种平台下都用"\n"作为文本换行,我们就应该使用 PrintWriter 的 println 方法时,PrintWriter 的 println 方法能根据不同的操作系统而生成相应的换行符。

14.3.5 BufferedReader 和 BufferedWriter

所有字符过滤流都是抽象类 Reader 或者 Writer 的直接或间接子类,常用的输入输出字符过滤流见表 14.14(过滤流指的是子类)。

表 14.14 常用输入输出字符过滤流(表中子类)

	输入类	输出类	说明
父类	Reader	Writer	抽象父类
子类	BufferedReader	BufferedWriter	文件处理
	InputStreamReader	OutputStreamWriter	输入输出

同 BufferedInputStream 和 BufferedOutputStream 一样,Java I/O 也提供了带缓冲区的字符处理类型的过滤流。

为了提高读写速度,我们可以利用 BufferedReader 和 BufferedWriter 分别装饰 FileReader 和 FileWriter。

BufferedReader 提供了一个非常有用的方法:readLine,利用该方法我们可以一次读入一行字符,这些字符以字符串的形式返回。

与此对应,BufferedWriter 也提供了一个方法 newLine,利用该方法可以写入一个行分隔符,这样就可以完成数据的分行输出。

【例 14.11】 利用 BufferedReader 和 BufferedWriter 读取和写入数据

```
import java.io. * ;
public class Test14 _ 11 {
  public static void main( String [ ] args) {
    File ioFile = new File( "1. txt");
    try {
      FileWriter fw = new FileWriter( ioFile);
      BufferedWriter bw = new BufferedWriter( fw);
      bw. write( "第一章:Java 概述");
      bw. newLine( );//换行写入
      bw. write( "第二章:Java 语言基础");
      bw. newLine( );
      bw. write( "第三章:类与对象");
      bw. newLine( );
      bw. flush( );//将缓冲区冲的数据写入文件
      fw. close( );
      System. out. println( "写入成功,开始读取……");

      FileReader fr = new FileReader( ioFile);
      BufferedReader br = new BufferedReader( fr);
      String line = br. readLine( );
      while (line! = null)//文件结束时读取值为 null
      {
      System. out. println( line);
      line = br. readLine( );//读取一行数据
      }
      br. close( );
      fr. close( );
      System. out. println( "读取完毕");
```

```
            }
        catch( IOException e) {
            System. out. println("写入或读取发生异常") ;
        }
    }
}
```

在不出错的情况下,其运行结果如下:

写入成功,开始读取……

第一章:Java 概述

第二章:Java 语言基础

第三章:类与对象

读取完毕

这里的 BufferedReader 和 BufferedWrite 是过滤流,使用它们的主要原因就是节点流 FileReader 和 FileWriter 类无法满足我们按行读取或写入信息。

14.3.6 InputStreamReader 和 OutputStreamWriter

在 I/O 处理中,有时候可能将一个字节流转换成一个字符流处理更为方便。 InputStreamReader 和 OutputStreamWriter 正是字节流通向字符流的桥梁。InputStreamReader 可以将一个字节输入流转换成一个字符输入流,如它可以装饰标准输入设备的字节输入流 System. in,将其转换为 Reader,经过装饰后的 Reader 可以再被装饰,如被 BufferedReader 装饰, 过滤流装饰过滤流我们称之为过滤流的嵌套。

这两个类的构造方法如下:

InputStreamReader(InputStream in)

OutputStreamWriter(OutputStream out)

通过它们的构造函数,我们可以将任何字节流转换为字符流。

编写程序,该程序要求用户从 cmd 命令行输入字符,没输入一行按回车后程序就显示所 输入的内容,直到直接按下回车退出。

【例 14.12】 字节流转换字符流

```
import java. io. * ;
public class Test14 _ 12 {
    public static void main( String[ ] args) {
        InputStreamReader in = new InputStreamReader( System. in) ;
        BufferedReader br = new BufferedReader( in) ;
        String str;
        try {
            while( true) {
                str = br. readLine( ) ;//读取一行
                if( str. equals("")) {//新行为空退出
                    break;
                }
                else {
                    System. out. println( str) ;//输出读取的内容
```

```
            }
        }
        br. close();
        in. close();
    }
    catch( IOException ex){
        System. out. println("读取错误");
    }
  }
}
```

运行结果:

hello world!

hello world!

hello Java

hello Java

其中 1,3 行为自己输入的,2,4 行为程序输出的。

System. in 是一个字节流,在读取时是按字节读取的,如果我们想将其转换为字符流,这时候需要使用 InputStreamReader 类,该类可以将任何输入字节流转换为输入字符流,转换为输入字符流后,这里我们用 BufferedReader 类对其进行装饰,这样的好处是可以按行处理了。

同样,我们可以使用 OutputStreamWriter 将输出字节流转换为输出字符流,如可以将标准输出 System. out 转换为一个字符流等。

14.3.7 字节流与字符流的转换

前面我们讲过,Java 支持字节流和字符流,我们有时需要字节流和字符流之间的转换。

InputStreamReader 和 OutputStreamWriter。这两个类是字节流和字符流之间转换的类,InputStreamReader 可以将一个字节流中的字节解码成字符,OuputStreamWriter 将写入的字符编码成字节后写入一个字节流。其中 InputStreamReader 有两个主要的构造函数:

InputStreamReader(InputStream in) //用默认字符集创建一个 InputStreamReader 对象

InputStreamReader(InputStream in, String CharsetName)

//用指定字符集创建 Input StreamReader 对象

OutputStreamWriter 也有对应的两个主要的构造函数:

OutputStreamWriter(OutputStream in) //用默认字符集创建一个 OutputStreamWriter 对象

OutputStreamWriter(OutputStream in, String CharsetName)

//用指定字符集创建 OutputStreamWriter 对象

为了达到最高的效率,避免频繁的字符与字节间的相互转换,我们最好不要直接使用这两个类来进行读写,应尽量使用 BufferedWriter 类包装 OutputStreamWriter 类,用 BufferedReader 类包装 InputStreamReader。例如:

BufferedWriter out=new BufferedWriter(new OutputStreamWriter(System. out));

BufferedReader in=new BufferedReader(new InputStreamReader(System. in));

接着从一个更实际的应用中来熟悉 InputStreamReader 的作用,怎样用一种简单的方式马上就读取到键盘上输入的一整行字符？只要用下面的两行程序代码就可以解决这个问题：

```
BufferedReader in = new BufferedReader(new InputStreamReader(System. in));
String strLine = in. readLine( );
```

我们不可能什么时候都提前掌握了正好可以解决我们问题的各个小知识点，作者在第一次碰到这种需求时，就不知道可以用这种方式，但作者在以前从没有接触的情况下，也写出了上面的代码。首先，要读取一行，马上想到在 chm 格式的 JDK 文档中去查类似 readLine 这样的英文单词的拼写组合，查询的界面如图 14.3 所示。

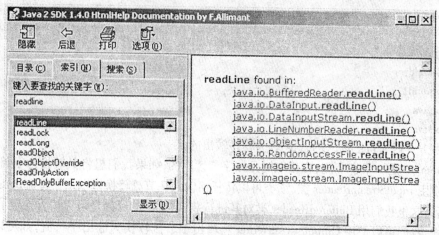

图 14.3　查询的界面

我们找到了 BufferedReader 这个类，查看 BufferedReader 类的构造方法，如图 14.4 所示。

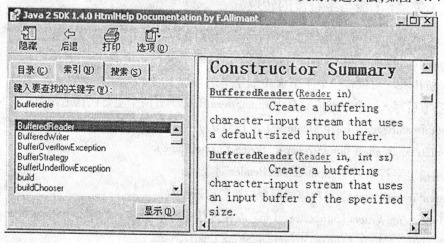

图 14.4　BufferedReader 类的构造方法

可见，构建 BufferedReader 对象时，必须传递一个 Reader 类型的对象作为参数，而键盘对应的 System. in 是一个 InputStream 类型的对象，解决问题的关键是，我们还需要找到将 InputStream 类型的流对象包装成 Reader 类型的包装类。

BufferedReader 类可以读取一行文本，对应的 BufferedWriter 类也提供了一个 newLine 方法来向字符流中写入不同操作系统下的换行符，如果我们要向字符流中写入与平台相关的文本换行，就可以考虑使用 BufferedWriter 这个包装类了。

我们在前面用到的 FileWriter 和 FileReader 实际上都是包装类，FileReader 是 InputStreamReader 的子类，FileWriter 是 OutputStreamWriter 的子类。

14.3.8　IO 包中的类层次关系图

1. 字节输入流类(图 14.5)

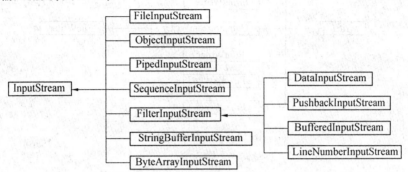

图 14.5　字节输入流类

2. 字节输出流类(图 14.6)

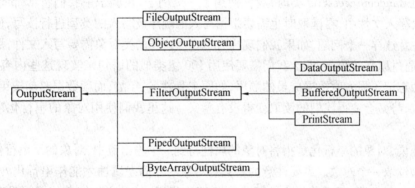

图 14.6　字节输出流类

3. 字符输入流类(图 14.7)

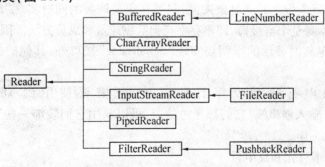

图 14.7　字符输入流类

4. 字符输出流类(图 14.8)

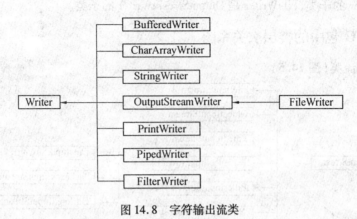

图 14.8　字符输出流类

14.4　串行化和反串行化

在介绍 RandomAccessFile 类时,我们使用了一个例子,在例子中我们将 Employee 的 3 个类对象依次写入文件中,在读取时也需要根据写入的顺序及写入的类型进行读写,但不知道读者有没有注意这样一个问题,如果我们现在有 100 个这样的类对象需要写入文件,那么我们如何完成呢,通过原来的程序,那么我们需要使用 100 组类似的语句来实现这些内容的写入,而且一旦我们忘记了写入时数据成员的顺序,如原来是姓名、年龄,而读数据时却按年龄、姓名的方式去读取,势必会使得我们的读取变得没有意义。这里我们使用对象的串行化来满足我们的这一要求。

简单地说,对象的串行化是指将对象的属性写到一个输出流中,对象的反串行化是指从一个输入流中读取一个对象。需要注意的是只有对象的非静态属性才能作串行化处理,因为属性可以存放一些数据,而对象的方法因为本身即为代码,对于这些信息的读写没有任何的意义。

对于一个要实现串行化的类对象来说,只要在定义该类的同时实现"Serializable"接口就可以了,而该接口本身是个空接口,即不存在任何数据成员和成员方法。因此对于要实现串行化的类而言,除了定义时显示的指明要实现"Serializable"接口外,其他的代码不需作任何改动。

在进行对象串行化和反串行化时,一般需要使用到 ObjectInputStream 和 ObjectOutputStream 输入输出流,它们都是过滤流,可以利用它们装饰一些节点流完成对象的串行化和反串行化工作。

【例 14.13】　串行化和反串行

```
import java.io. * ;
class Employee implements Serializable{//串行化必须要实现的接口
private String name=null;
private int age=0;
public Employee(String name,int age){
    this.name=name;
```

```
    this. age = age;
  }
  public void display( ) {//显示对象的基本信息
    System. out. println("name:"+name);
    System. out. println("age:"+age);
  }
}
public class Test14 _ 13 {
  public static void main(String[ ] args) throws Exception {
    Employee e1 = new Employee("Mark", 23);
    Employee e2 = new Employee("Ada", 24);
    Employee e3 = new Employee("John", 25);
    try {
      FileOutputStream fileOut = new FileOutputStream("D:\\employeeData. txt");
      ObjectOutputStream objOut = new ObjectOutputStream(fileOut);
      objOut. writeObject(e1);
      objOut. writeObject(e2);
      objOut. writeObject(e3);
      objOut. close( );
      fileOut. close( );
      System. out. println("串行化成功");
    }
    catch(IOException ex) {
      System. out. println("串行化失败");
    }


    Employee ee = null;
    try {
      FileInputStream fileIn = new FileInputStream("D:\\employeeData. txt");
      ObjectInputStream objIn = new ObjectInputStream(fileIn);
      for(int i=0;i<3;i++){
        ee = (Employee)objIn. readObject( );//强制类型转换为 Employee 类型
        ee. display( );
      }
      objIn. close( );
      fileIn. close( );
      System. out. println("反串行化成功");
    }
    catch(IOException ex) {
      System. out. println("反串行化失败");
    }
  }
}
```

运行结果如下：

串行化成功

name：Mark

age：23

name：Ada

age：24

name：John

age：25

反串行化成功

利用串行化和反串行化我们不需要关心类对象数据的具体存储字节数，读取数据的时候只需要按顺序将对象一个个读出即可，操作的基本单位为对象，对于对象数据的显示形式，我们可以根据 display 方法按照我们的意图定制。需要说明一点，在对象存储的时候，存储的是二进制数据，用普通的文本文档查看器查看到的会是一些与输入内容看似无关的乱码，可以使用专门的二进制文件查看工具（如 UltraEdit 等）查看数据所对应的二进制数据信息。

通常，只要某个类实现了 Serializable 接口，那么该类的类对象中的所有属性都会被串行化。对于一些敏感的信息（如用户密码），一旦串行化后，就可以通过读取文件或者拦截网络传输数据的方式来非法获取这些信息。因此，出于安全的原因，应该禁止对这些敏感属性进行串行化。解决的办法也很简单，只要在不需串行化的属性上用 transient 修饰即可。

修改例 14.13Employee 中的语句 private int age＝0；为 private transient int age＝0；重新运行程序。程序结果为：

串行化成功

name：Mark

age：0

name：Ada

age：0

name：John

age：0

反串行化成功

可见 age 的值始终为 0，这是因为最初没有把 age 的值写入文件中，读取的时候因为没有数据，就是用了数据类型的默认值。不要认为是因为我们在定义数据成员 age 时使用了 age＝0，所以结果为 0，修改 age 的值为 10，运行程序，我们得到的结果仍为上面的运行结果。

可能有些读者会有这样的疑问，在查看 JDK 文档时并没有发现 Java 中有节点流、过滤流的分类，也没有标明哪些是节点流，哪些是过滤流。是的，在 Java 中并没有给出节点流、过滤流的说法，那只是人们为了更好地理解 Java 的输入输出流的一种方式而已，我们可以通过如下方式判断对于一个不熟知的 IO 类时，如何判断其是节点流还是过滤流。

查看该类的构造方法，因为过滤流是为了装饰节点流的，也就是说，在其构造方法中必定会有以 InputStream，OutputStream，Reader 和 Writer 4 个抽象类的对象声明为参数的构造方法，只要有一个这样的构造方法，我们就说该 IO 流为过滤流，相反，如果在其构造方法中无法找到以 4 个抽象类的对象声明为参数的构造方法，那么该 IO 流为节点流。

本 章 小 结

本章对 Java 的 IO 流作了详细介绍，首先对 IO 流中常用的输入输出对象 File 作了说明，对 RandomAccessFile 这一可任意位置读写的类作了详细说明,在讲解 IO 流时,将 IO 流分为节点流和过滤流讲解,所有讲解主要针对 File 这一输入输出对象来进行,在本章的最后讨论了串行化和反串行化作了讨论。

习　题

一、选择题

1. 在编写 Java Application 程序时,若需要使用到标准输入输出语句,必须在程序的开头写上(　　)语句。

A. import java. awt. ∗ ;　　　　　　B. import java. applet. Apple;

C. import java. io. ∗ ;　　　　　　D. import java. awt. Graphics;

2. 字符流与字节流的区别在于(　　)。

A. 前者带有缓冲,后者没有

B. 前者是块读写,后者是字节读写

C. 二者没有区别,可以互换使用

D. 每次读写的字节数不同

3. 下列流中(　　)不属于字节流。

A. InputStreamReader　　　　　　B. BufferedInputStream

C. FileOutputStream　　　　　　D. FileInputStream

4. 下列流中(　　)不属于字符流。

A. InputStreamReader　　　　　　B. BufferedReader

C. FilterReader　　　　　　D. FileInputStream

5. 实现字符流的写操作类是(　　)。

A. FileReader　　　　　　B. FileWriter

C. FileInputStream　　　　　　D. FileOutputStream

6. 为读取的内容进行处理后再输出,需要使用下列(　　)流。

A. File stream　　　　　　B. Pipe stream

C. Random stream　　　　　　D. Filter stream

7. 构造 BufferedInputStream 的合适参数是(　　)。

A. InputStream　　　　　　B. BufferedOutputStream

C. FileInputStream　　　　　　D. FileOutputStream

8. 下列 InputStream 类中(　　)方法可以用于关闭流。

A. skip( )　　　B. close( )　　　C. mark( )　　　D. reset( )

9. 下面(　　)类可以作为 BufferedReader 类构造方法的参数。

A. OutputStreamReader　　　　　　B. InputReader

C. InputStreamReader　　　　　　D. PrintStream

10. RandomAccessFile 类的(　　)方法可用于从指定流上读取整数。

A. readInt　　　B. readLine　　　C. seek　　　D. close

11. RandomAccessFile 类的(　　)方法可用于向屏幕输出一个 double 数据。

A. writeLine　　　B. writeDouble　　　C. seek　　　D. close

12. 在读字符文件 File. txt 时,使用该文件作为参数的类(　　)。

A. BufferedReader   B. DataInputStream

C. DataOutputStream   D. FileInputStream

13. 要串行化某些类的对象,这些类就必须实现(   )。

A. Serializable 接口   B. java. io. Externalizable 接口

C. java. io. DataInput 接口   D. DataOutput 接口

14. InputStream 类或 Reader 类的子类是所有的(   )。

A. 输入流   B. 输出流   C. 输入/输出流   D. Java 通信类

15. OutputStream 类或 Writer 类的子类是所有的(   )。

A. 输入流   B. 输出流   C. 输入/输出流   D. Java 通信类

16. 当构造一个输入流的对象时,可能产生异常的是(   )。

A. InterruptedException   B. NoSuchFieldException

C. RuntimeException   D. FileNotFoundException

17. 构造一个输入流的对象时,可用一个类的对象作为构造方法的参数,这个类是(   )。

A. FileReader   B. FileWriter   C. Inputstream   D. File

18. 一个输入流的对象用 int read( )方法从流中读数据时,该方法的返回值(   )。

A. 为一个字符   B. 在 0 ~ 255 之间   C. 为一行字符   D. 在 0 ~ 65535 之间

19. 从一个 FileInputStream 流中用 read 方法读数据时,表示流结束,则该方法返回(   )。

A. −1   B. 0   C. 255   D. 65535

20. 当对一个流操作完毕时,可以保证操作系统将缓冲区中的数据写入到目的地,应调用方法(   )。

A. available( )   B. pack( )   C. skip( )   D. close( )

二、判断题

1. 如果顺序文件中的文件指针不是指向文件头,那么必须先关闭文件,然后再打开文件才能从文件头开始读。(   )

2. 在随机存取中查找指定记录时不必检查每一条记录。(   )

3. 随即存取文件的记录必须等长。(   )

4. seek 方法必须以文件头为基准进行查找。(   )

5. 如果要在 Java 中进行文件处理,则必须使用 java. swing 包。(   )

6. 文件缓冲流的作用是提高文件的读/写效率。(   )

7. 通过 File 类可对文件属性进行修改。(   )

8. IOException 必须被捕获或抛出。(   )

9. File 类继承自 Object 类。(   )

10. InputStream 和 OutputStream 类都是抽象类。(   )

11. 随即读写流 RandomAccessFile 的指针所计算的是字符个数。(   )

12. Java 语言对文件没有结构要求,所以需要使用随机存取的程序必须自己建立它们。(   )

13. 当把一个 RandomAccessFile 流与一个文件相连时,读写数据的位置由文件位置指针来指定,并且所有数据均以基本数据类型来读写。(   )

14. Java 系统的标准输入对象是 System. in,标准输出对象有两个,分别是标准输出 System. out 和标准错误输出 System. err。(　　)

15. Reader 和 Writer 都是抽象类。(　　)

三、简答题

1. 字节流与字符流有什么差别?

2. 节点流与处理流有什么差别?

3. 输入流与输出流各有什么方法?

4. 怎样进行文件及目录的管理?

四、编程题

1. 编写一个程序,从命令上行接收两个实数,计算其乘积。

2. 编写一个程序,从命令行上接收两个文件名,比较两个文件的长度及内容。

3. 编写一个程序,能将一个 Java 源程序中的空行及注释去掉。

4. 编程在 D 盘上创建一个名为 test. txt 文件。

5. 编程删除 D 盘中名为 text. txt 的文件。

6. 编程判断 D 盘上名为 test. test 文件是否存在。

第15章

数据库编程

Java 程序对数据库的访问和操作是 Java 程序设计中比较重要的一个部分,本章主要介绍通过 JDBC(java database connection)来实现数据库访问与编程,JDBC 由一组用 Java 语言编写的类组成,它已成为一种供数据库开发者使用的标准 API。通过 JDBC 本身提供的一系列类和接口,Java 编程开发人员能够很方便地编写有关数据库方面的应用程序。

15.1 数据库连接

前边我们介绍了数据流及其文件的应用,使用文件处理了一些简单数据结构类型的数据。在实际应用中,经常会遇到一些比较复杂的数据结构对象,诸如企业的应用系统、学生注册系统、联机考试系统等,都需要处理大量复杂的数据信息,这就需要使用数据库进行处理。数据库文件中可以存放复杂的相关信息的集合,使用数据库管理系统——DBMS(database manage system)就可以方便地对数据库中的数据进行检索、添加和修改。DBMS 有很多种,当前最常用的是关系数据库管理系统(relational dataBase manage system)。MS-SQL Server,MS-Access,Oracle,Informix 等都属于 RDBMS。

本节并不专门介绍 DBMS 的知识,而是重点介绍在 Java 环境中如何使用数据库,对数据库中的数据进行查询(检索)、添加与修改的方法。要进行数据库的编程,首先要做的就是让程序连接数据库。下面就 Java 语言连接数据库的方法进行介绍。

15.1.1 JDBC 简介

JDBC 是一种用 Java 实现的数据库接口技术,是开放数据库 ODBC 的 Java 实现。数据库前端应用要完成对数据库中数据的操作,必须要使用 SQL 语言的有关语句,但是 SQL 是一种非过程语言,除了对数据库基本操作外,它所能完成的功能非常有限,并不能适应整个前端的应用编程。为此,需要其他的语言来实现 SQL 语言的功能以完成对数据库的操作。为了达到这个目的,Java 中专门设置了一个 java.sql 包,这个包里定义了很多用来实现 SQL 功能的类,使用这些类,编程人员就可以很方便地开发出数据库前端的应用。辅助 Java 程序实现数据库功能的配套支持技术统称为 JDBC。用 JDBC 开发数据库应用的原理如图 15.1 所示。

由图 15.1 可知,JDBC 由两层组成。上面一层是 JDBC API,负责与 Java 应用程序通信,向 Java 应用程序提供数据(Java 应用程序通过 JDBC 中提供的相关类来管理 JDBC 的驱动程序)。下面一层是 JDBC Driver API,主要负责和具体数据环境的连接。图 15.1 中列出了利用 JDBC

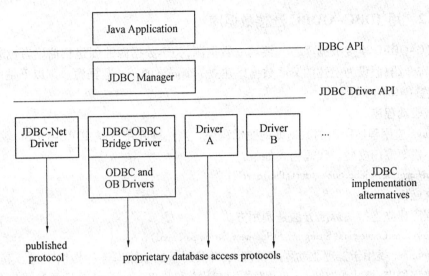

图 15.1　JDBC 工作原理

Driver API 访问数据库的几种不同方式。第一种方法是使用 JDBC-ODBC 桥实现 JDBC 到 ODBC 的转化,转化后就可以使用 ODBC 的数据库专用驱动程序与某个特定的数据库相连。这种方法借用了 ODBC 的部分技术,使用起来比较简单,但同时由于 C 驱动程序的引入而失去了 Java 的跨平台性。第二种方法使 JDBC 与某数据库系统专用的驱动程序相连,然后直接连入数据库。这种方法的优点是程序效率高,但由于要下载和安装专门的驱动程序,限制了前端应用与其他数据库系统的配合使用。第三种方法使用 JDBC 与一种通用的数据库协议驱动程序相连,然后再利用中间件和协议解释器将这个协议驱动程序与某种具体的数据库系统相连。这个方法的优点是程序不但可以跨平台,而且可以连接不同的数据库系统,有很好的通用性,但运行这样的程序需要购买第三方厂商开发的中间件和协议解释器。下面就前两种 Java 连接数据库的方法进行介绍。

在介绍 Java 数据库连接之前,先设计一个本书例子中用到的数据库,选用微软 SQLServer 的数据库环境。假设读者都已经安装了这个数据库环境,并已经进行了初步的配置。

在 SQL Server 数据库中建立一个 xsgl 数据库,并在数据库中加入如下的例子表 student,如表 15.1 所示。当然真正的数据库远比这个复杂多了,表和数据也比这个多得多,这个实例数据库只是用来学习 Java 的数据库编程。

表 15.1　学生信息表 student

firstname	lastname	age	address	city
Li	Ming	45	No. 77Changan Road	Beijing
Wang	Ming	28	No. 88 zhonghua Road	Beijing
Zhang	Xiaogang	40	No. 23Gardon Road	Shanghai
Liu	Li	35	No. 23Gardon Road	Shanghai
Hong	Xiaoxiao	25	No. 777Zhongshan Road	Nanjing
...	...	...	...	...

15.1.2 用 JDBC-ODBC 连接数据库

用 JDBC-ODBC 连接数据库首先要建立数据源,关于数据源的创建相信读者也非常熟悉了,本书不作介绍,假设为上述的 xsgl 数据库建立一个同名的 xsgl 数据源。则以下是用 JDBC-ODBC 连接数据库的步骤:

1. 加载驱动程序

加载 Java 应用程序所用的数据库的驱动程序。当然现在用的是 JDBC-ODBC 驱动,这个驱动程序不需要专门安装。代码格式如下:

Class. forName("sun. jdbc. odbc. JdbcOdbcDriver");

2. 建立连接

与数据库建立连接的标准方法是调用方法:

Drivermanger. getConnection(String url,String user,String password);

Drivermanger 类用于处理驱动程序的调入,并且对新的数据库连接提供支持。其中 url 是数据库连接字符串,格式为"jdbc:odbc:数据源名称",user 和 password 分别是数据库的用户名和密码。

3. 执行 SQL 语句

JDBC 提供了 Statement 类来发送 SQL 语句,Statement 类的对象由 createStatement 方法创建;SQL 语句发送后,返回的结果通常存放在一个 ResultSet 类的对象中,ResultSet 可以看作是一个表,这个表包含由 SQL 返回的列名和相应的值,ResultSet 对象中维持了一个指向当前行的指针,通过一系列的 getXXX 方法,可以检索当前行的各个列,从而显示出来。

【例 15.1】 JDBC-ODBC 连接 xsgl 数据库的示例程序 JDBCTest. java

```java
import java. sql. * ;
public class JDBCTest {
    public static void main(String args[ ]){
        String url ="jdbc:odbc:xsgl";
        String user ="sa";
        String password ="sa";
        String ls _ 1 ="select  *  from student";
        try{
            Class. forName("sun. jdbc. odbc. JdbcOdbcDriver");//加载驱动程序
            //建立连接
            Connection con =DriverManager. getConnection(url,user,password);
            Statement stmt =con. createStatement( );//执行 SQL
            ResultSet rs =stmt. executeQuery(ls _ 1);//得到结果
            System. out. print("fistname    ");
            System. out. print("lastname    ");
            System. out. print("age    ");
            System. out. print("address    ");
            System. out. println("city");
            while(rs. next( )){        //打印数据库中的数据
                System. out. print(rs. getString(1)+"    |    ");
                System. out. print(rs. getString(2)+"    |    ");
```

```
            System. out. print( rs. getInt(3) +"  |  ");
            System. out. print( rs. getString(4) +"  |  ");
            System. out. println( rs. getString(5) );
         }
         rs. close( );
         stmt. close( );
         con. close( );
      }
      catch( SQLException sqle){
         System. out. println(1+sqle. toString( ));
      }
      catch( Exception e){
         System. out. println(2+e. toString( ));
      }
   }
}
```

程序运行结果如图 15.2 所示。

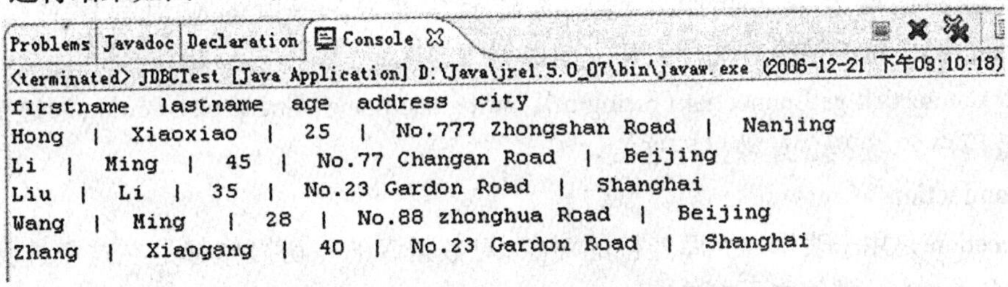

图 15.2　例 15.1 的运行效果图

这个程序的主要作用是将前面建立的 student 表中的所有数据从数据库 xsgl 中查询出来,传送到运行 Java 程序的计算机并在屏幕上显示出来。为了达到这个目标,用到了 JDBC API 中的类 DriverManager,Statement 和 ResultSet。其中 DriverManager 主要负责把数据库驱动装入,Statement 是用来执行 SQL 语句,在程序中是一个查询语句,ResultSet 是用来接收从数据库中返回的数据。在 Java 中对数据库的编程主要就是对这些 JDBC API 的灵活使用,将在下一节中详细介绍这几个类的使用方法。

15.1.3　用 JDBC 专用驱动程序连接数据库

用数据库专用的驱动程序连接首先要安装数据库的 JDBC 驱动程序,有时候这些驱动程序可以从 SUN 公司或有关数据库系统生产商的网站上下载,它们必须首先安装在运行 Java 程序的本地机上并正确设置环境变量。对于本书中的 SQL Server 数据库,要求下载 SQL Server 2000 Driver for JDBC 驱动程序,然后正确安装,并为安装目录下的 msbase. jar,mssqlsever. jar 和 msutil. jar 三个 jar 文件设置正确的类路径或者导入到相应的开发环境中。

1. JDBC

JDBC 由一组用 Java 语言编写的类和接口组成。JDBC 为使用数据库及其工具的开发人员提供了一个标准的 API,使他们能够用 Java API 来编写数据库应用程序。通过使用 JDBC,开发人员可以很方便地将 SQL 语句传送给任何一种数据库。

JDBC 的作用概括起来有如下三个方面：

(1)建立与数据库的连接。

(2)向数据库发起查询请求。

(3)处理数据库返回结果。

这些作用是通过一系列 API 实现的,其中的几个重要类或接口如表 15.2 所示。

表 15.2　与数据库有关的几个重要类或接口

接口	作　用
java. sql. Drivermanager	处理驱动程序的加载和建立新数据库连接
java. sql. Connection	处理与特定数据库的连接
java. sql. Statement	在指定连接中处理 SQL 语句
java. sql. ResultSet	处理数据库操作结果集

2. DriverManager

DriverManager 类是 Java. sql 包中用于数据库驱动程序管理的类,作用于用户和驱动程序之间。它跟踪可用的驱动程序,并在数据库和相应的驱动程序之间建立连接,也处理诸如驱动程序登录时间限制及登录和跟踪消息的显示等事务。一般的应用程序只使用它的 getConnection( )方法。这个方法用来建立与数据库的连接。

static Connection getConnection(String url, String username, String password):通过指定数据的 URL 及用户名、密码创建数据库连接。

3. Connection

Connection 是用来表示数据库连接的对象,对数据库的一切操作都是在这个连接基础上进行的。Connection 类的主要方法有:

void clearWarning( ):清除连接的所有警告信息。

Statement createStatement( ):创建一个 Statement 对象。

Statement CreateStatement(int resultSetType, int resultSetConcurrency):创建一个 Statement 对象,它将生成具有特定类型和并发性的结果集。

void commit( ):提交对数据库的改动并释放当前持有数据库的锁。

void rollback( ):回滚当前事务中的所有改动,并释放当前连接持有数据库的锁。

String getCatalog( ):获取连接对象的当前目录。

boolean isClose( ):判断连接是否已关闭。

boolean isReadOnly( ):判断连接是否为只读模式。

void setReadOnly( ):设置连接的只读模式。

void close( ):立即释放连接对象的数据库和 JDBC 资源。

4. Statement

Java 所有 SQL 语句都是通过陈述(Statement)对象实现的。Statement 用于在已经建立的连接的基础上向数据库发送 SQL 语句的对象。

Statement 对象的建立:

通过 Connection 对象的 createStatement 方法建立 Statement 对象:

Statement stmt = con. createStatement( );

如果要建立可滚动的记录集,需要使用如下格式的方法:

public Statement createStatement(int resultSetType, int resultSetConcurrency) throws SQLException

resultSetType 可取下列常量：

ResultSet. TYPE _ FORWARD _ ONL：只能向前，默认值。

ResultSet. TYPE _ SCROLL _ INSENSITIVE：可操作数据集的游标，但不反映数据的变化。

ResultSet. TYPE _ SCROLL _ SENSITIVE：可操作数据集的游标，反映数据的变化。

resultSetConcurrency 的取值：

ResultSet. CONCUR _ READ _ ONLY：不可进行更新操作。

ResultSet. CONCUR _ UPDATABLE：可以进行更新操作，默认值。

Statement 对象提供了三种执行 SQL 语句的方法：

ResultSet executeQuery(String sql)：执行 SELECT 语句，返回一个结果集。

int executeUpdate(String sql)：执行 update，insert，delete 等不需要返回结果集的 SQL 语句。它返回一个整数，表示执行 SQL 语句影响的数据行数。

boolean execute(String sql)：用于执行多个结果集、多个更新结果(或者两者都有)的 SQL 语句。它返回一个 boolean 值。如果第一个结果是 ResultSet 对象，返回 true；如果是整数，就返回 false。取结果集时可以与 getMoreResultSet，getResultSet 和 getUpdateCount 结合来对结果进行处理。

5. ResultSet

ResultSet 对象实际上是一个由查询结果数据构成的表。在 ResultSet 中隐含着一个指针，利用这个指针移动数据行，可以取得所要的数据，或对数据进行简单的操作。其主要的方法有：

boolean absolute(int row)：将指针移动到结果集对象的某一行。

void afterLast()：将指针移动到结果集对象的末尾。

void beforeFrist()：将指针移动到结果集对象的头部。

boolean first()：将指针移动到结果集对象的第一行。

boolean next()：将指针移动到当前行的下一行。

boolean previous()：将指针移动到当前行的前一行。

boolean last()：将指针移动到当前行的最后一行。

此外还可以使用一组 getXXX() 方法，读取指定列的数据。XXX 是 JDBC 中 Java 语言的数据类型。这些方法的参数有两种格式：一是用 int 指定列的索引，二是用列的字段名(可能是别名)来指定列。如：

String strName = rs. getString(2);

String strName = rs. getString("name");

用 JDBC 驱动和 JDBC-ODBC 驱动连接数据库的步骤完全一样，只是具体的驱动程序和连接字符串不一样，如：

【例 15.2】 使用纯 Java JDBC 驱动程序实现数据库的连接

在相关网站下载驱动程序，通过 Class. forName() 方法加载驱动程序，再通过驱动程序管理器(DriverManager)的方法 getConnection() 建立连接。

import java. sql. * ;

import javax. swing. * ;

class ConnectServer2

```
{
  //连接数据类
  static Connection con=null;//连接对象
  public static boolean conn(String url,String username,String password)
  {
    try
    {
      Class.forName("com.microsoft.jdbc.sqlserver.SQLServerDriver");
    } catch(Exception e)
    {
      e.printStackTrace();
      return false;
    }
    try
    {
      con=DriverManager.getConnection(url,username,password);//连接数据库
    }
    catch(SQLException e)
    {
      e.printStackTrace();
      return false;
    }
    return true;//成功
  }
  public static boolean close()
  {
    try
    {
      con.close();//关闭数据库
      con=null;
    } catch(SQLException e)
    {
      return false;
    }
    return true;
  }
  public static void main(String args[])
  {
    //连接 SQL Server 数据库
    if(conn("jdbc:microsoft:sqlserver://localhost:1433;DatabaseName=xs gl","sa",""))
    {
      JOptionPane.showMessageDialog(null,"数据库连接成功!");
      close();//关闭数据库
    }
```

```
        else
            JOptionPane. showMessageDialog( null,"数据库连接失败!");
    }
}
```

学习利用纯 Java JDBC 驱动程序实现数据库连接。连接其他类型的数据库使用的驱动程序,可参考表 15.3。

表 15.3 常用的数据库驱动程序

数据库	驱动类	URL	下载地址
MySQL	org. git. mm. mysql. Driver	jdbc: mysql://localhost: 3306/xsgl	http://www. mysql. com/downloads/ index. htm
Oracle	oracle. jdbc. driver. OracleDriver	jdbc: oracle: thin: @ 127. 0. 0. 1:1521:xsgl	http://ont. oracle. com/software

6. Java JDBC 驱动程序连接数据库

Java JDBC 驱动程序是独立的连接驱动程序,不需要中间服务器,与数据库实现通信的整个过程均由 Java 语言实现。这种方法目前应用较广泛,缺点是需要下载相应的类包,不同数据库的连接代码可能不同。连接 SQL Server 可以在 www. msdn. com 网站下载。有三个类包:msbase. jar,mssqlserver. jar,msutil. jar。使用时要将这三个包放在 jdk\jre\lib\ext\ 目录下,或者所放的位置设置到 CLASSPATH 中即可。

(1)加载驱动程序。在 JDBC 中,通常有两种加载驱动程序的方式。

一种是将驱动程序添加到 java. lang. System 属性 jdc. drivers 中。这是一个由 DriverManager 类加载驱动程序类名的列表,用冒号分隔。在 JDBC 的 java. sql. DrvierManager 类初始化时,JVM 的系统属性中搜索 jdbc. drivers 字段的内容。如果存在以冒号分隔的驱动程序名称,则 DriverManager 类加载相应的驱动程序。

另一种方式是在程序中利用 Class. forName( )方法加载指定的驱动程序,如:

Class. forName("com. microsoft. jdbc. sqlserver. SQLServerDriver");

需要注意的是,连接不同的数据库,加载的驱动程序也有所不同。

(2)创建指定数据库的 URL。要建立与数据库的连接,首先要创建指定数据库的 URL。数据库的 URL 对象类似网络资源的统一定位器。其构成格式如下:

jdbc:subProtocol:subName://hostname:port;DatabaseName=XXX

其中:

jdbc 表示当前通过 Java 的数据库连接进行数据库访问。

subProtocal 表示通过某种驱动程序支持的数据库连接机制。

subName 表示在当前连接机制下的具体名称。

hostName 表示主机名。

port 表示相应的连接端口。

DatabaseName 是要连接的数据库的名称。

按照上述构造规则,可以构造如下类型的数据库 URL:

jdbc. microsoft:sqlserver://localhost:1433;DatabaseName=xsgl

该数据库 URL 表示利用 Microsoft 提供的机制,选择名称为 sqlserver 的驱动,通过 1433 端口访问本机上的 xsgl 数据库。

15.2　JDBC 编程

在 Java 中,用 JDBC 对数据库编程,主要是对 JDBC API 的应用,在 JDBC API 中对数据库的应用主要是对 DriverManager,Connection,Statement 和 ResultSet 这几个类的应用。图 15.3 是 JDBA API 的主要结构。

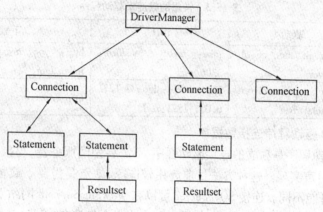

图 15.3　JDBC API 的主要结构

15.2.1　JDBC 专用类介绍

1. DriverManager

DriverManager 类是 JDBC 的管理层,作用于用户和驱动程序之间。它跟踪可用的驱动程序,并在数据库和相应驱动程序之间建立连接。

对于简单的应用程序,一般程序员需要在此类中直接使用的唯一方法是 DriverManager. getConnection。正如名称所示,该方法将建立与数据库的连接。

DriverManager 类包含一列 Driver 类,它们已通过调用方法 DriverManager. registerDriver 对自己进行了注册。通过调用方法 Class. forName,可显示式地加载驱动程序类,然后自动在 DriverManager 类中注册。以下代码加载类 jdbc. odbcJdbcOdbcDriver:

class. forName("sun. jdbc. odbc. JdbcOdbcDriver");

加载 Driver 类并在 DriverManager 类中注册后,它们即可用来与数据库建立连接。当调用 DriverManager. getConnection 方法发出连接请求时,DriverManager 将检查每个驱动程序,查看它是否可以建立连接。

以下代码是通常情况下用驱动程序(例如,JDBC-ODBC 桥驱动程序)建立连接所需步骤的示例:

Class. forName("sun. jdbc. odbc. JdbcOdbcDriver"); //加载驱动程序
String url="jdbc:odbc:xsgl";
Connection con=DriverManager. getConnection(url, "userID", "passwd");

这个示例表示在 DriverManager 中注册一个 sun. jdbc. odbc. JdbcOdbcDriver 驱动(使用 JDBC-ODBC 桥驱动),然后用 DriverManager 的 getConnection 方法创建一个 Connection 对象,然后这个对象就可以连接 url 指定的数据库。在本例中连接的数据库是 ODBC 数据源 xsgl,这个数据源的用户名是 userID,密码是 passwd。

2. Statement

Statement 对象用于将 SQL 语句发送到数据库中。建立到特定数据库的连接之后,就可用该连接发送 SQL 语句。Statement 对象用 Connection 的方法 createStatement 创建,代码如下:

Connection con = DriverManager. getConnection(url,″userID″,″passwd″);

Statement stmt = con. createStatement( );

为了执行 Statement 对象,被发送到数据库的 SQL 语句将被作为参数提供给 Statement 的方法。下面这句代码通过一个查询语句创建了一个结果集,用户就可以从这个 rs 结果集中读出数据供 Java 程序使用:

ResultSet rs = stmt. executeQuery(″SELECT a, b, c FROM Table2″);

Statement 接口提供了三种执行 SQL 语句的方法:executeQuery,executeUpdate 和 execute。使用哪一个方法由 SQL 语句的内容决定。

方法 executeQuery 用于产生单个结果集的语句,如 SELECT 语句。

方法 executeUpdate 用于执行 INSERT,UPDATE 或 DELETE 语句以及 SQL DDL(数据定义语言)语句,如 CREATE TABLE 和 DROP TABLE。INSERT,UPDATE 或 DELETE 语句的效果是修改表中零行或多行中的一列或多列。executeUpdate 的返回值是一个整数,指示受影响的行数(即更新计数)。对于 CREATE TABLE 或 DROP TABLE 等不操作行的语句,executeUpdate 的返回值总为零。

方法 execute 用于执行返回多个结果集、多个更新计数或二者组合的语句。因为多数程序员不会需要使用这些高级功能,所以在此不再细述。

执行语句的所有方法都将关闭所调用的 Statement 对象的当前打开结果集(如果存在),这意味着在重新执行 Statement 对象之前,需要完成对当前 ResultSet 对象的处理。

3. ResultSet

ResultSet 包含符合 SQL 语句中条件的所有行,并且它通过一套 get 方法(这些 get 方法可以访问当前行中的不同列)提供了对这些行中数据的访问。ResultSet. next 方法用于移动到 ResultSet 中的下一行,使下一行成为当前行。

结果集一般是一个表,其中有查询所返回的列标题及相应的值。例如,如果查询为 SELECT * FROM student,则结果集将返回 student 表中的所有记录。

下面的代码段是执行 SQL 语句的示例。该 SQL 语句将返回行集合,其中列 1 为 fristname,列 2 为 lastname,而列 3 为 age,列 4 为 address,列 5 则为 city。

```
java. sql. Statement stmt = conn. createStatement( );
ResultSet rs = stmt. executeQuery(″SELECT * FROM student″);
while( rs. next( ) ) {                    //打印数据库中的数据
    System. out. print( rs. getString( 1 )+″ | ″);
    System. out. print( rs. getString( 2 )+″ | ″);
    System. out. print( rs. getInt( 3 )+″ | ″);
    System. out. print( rs. getString( 4 )+″ | ″);
    System. out. println( rs. getString( 5 ) );
}
```

ResultSet 维护指向其当前数据行的光标。每调用一次 next 方法,光标向下移动一行。最初它位于第一行之前,因此第一次调用 next 将把光标置于第一行上,使它成为当前行。随着每次调用 next 导致光标向下移动一行,按照从上至下的次序获取 ResultSet 行。

在 ResultSet 对象或其父辈 Statement 对象关闭之前,光标一直保持有效。

方法 getXXX 提供了获取当前行中某列值的途径。列名或列号可用于标识要从中获取数据的列。例如,如果 ResultSet 对象 rs 的第二列名为"title",并将值存储为字符串,则下列任一代码将获取存储在该列中的值。

```
String s = rs. getString("title");
String s = rs. getString(2);
```

注意:列是从左至右编号的,并且从列 1 开始。同时,用 getXXX 方法输入的列名不区分大小写。

15.2.2 数据库编程实例

下面是一个 JDBC 数据库编程的例子,在这个例子中,设计了一个 GUI 数据库查询的软件,在程序的用户窗体中设计了一个下拉项,通过用户选择的下拉选择查询数据库,并将用户需要的数据显示在文本框中。

【例 15.4】 设计用户界面查询数据库数据的示例程序

```java
import java. awt. * ;
import java. awt. event. * ;
import javax. swing. * ;
import java. sql. * ;

class MainFrame extends JFrame implements ActionListener{
    JPanel contentPane;
    BorderLayout borderLayout1 = new BorderLayout(5, 10);
    Label prompt;
    Choice firstname;
    Button querybutton;
    TextArea result;

    public MainFrame() {
        contentPane = (JPanel) this. getContentPane();
        contentPane. setLayout(borderLayout1);
        this. setTitle("DBQuery");
        addWindowListener(new WindowAdapter() {
        public void windowClosing(WindowEvent e) {
            System. exit(0);
            }
        });
        prompt = new Label("firstname");
        firstname = new Choice();
        querybutton = new Button("Query");
        result = new TextArea();
        try{
            Class. forName("com. microsoft. jdbc. sqlserver. SQLServerDriver");
            //加载驱动程序
```

```
        String url=" jdbc:microsoft:sqlserver://127.0.0.1:1433;
        DatabaseName=xsgl ";
        String user="sa";
        String password="sa";
        String ls_1="select firstname from student";
        Connection con=DriverManager.getConnection(url,user,password);
        Statement Stmt=con.createStatement();  //执行SQL
        ResultSet rs=stmt.executeQuery(ls_1);
        while(rs.next()){
            firstname.add(rs.getString(1));
        }
        rs.close();
        stmt.close();
        con.close();
    }
    catch(SQLException sqle){}
    catch(Exception e){}
    contentPane.add(prompt,BorderLayout.WEST);
    contentPane.add(firstname,BorderLayout.CENTER);
    contentPane.add(querybutton,BorderLayout.EAST);
    contentPane.add(result,BorderLayout.SOUTH);
    querybutton.addActionListener(this);
}


public void actionPerformed(ActionEvent e){
    if(e.getSource()==querybutton){
    try{
        Class.forName("sun.jdbc.odbc.JdbcOdbcDriver");  //加载驱动程序
        String url="jdbc:odbc:xsgl";
        String user="sa";
        String password="sa";
        String queryfirstname=firstname.getSelectedItem();
        String ls_1="select * from student"+
            " where firstname='"+queryfirstname+"'";
            Connection con = DriverManager.getConnection(url,user,password); Statement stmt = con.
createStatement();  //执行SQL
        ResultSet rs=stmt.executeQuery(ls_1);
        result.setText("");
        while(rs.next()){
            String msg=rs.getString(1)+"|"+
                rs.getString(2)+"|"+
                rs.getInt(3)+"|"+
                rs.getString(4)+"|"+
                rs.getString(5)";
        result.append(msg);
```

```
        }
      rs. close( );
      stmt. close( );
      con. close( );
      }
    catch( SQLException sqle) { }
    catch( Exception exce) { }
      }
    }

public static void main( String args[ ] ) {
  MainFrame frame = new MainFrame( );
  frame. resize(400 ,300) ;
  frame. show( );
  }
}
```

在这个程序中用到了图形界面的设计,使用了下拉选择框、按钮和文本框,如图 15.4 所示。一旦用户选择了 firstname 后,按下 Query 按钮,则在文本框中显示对应的数据,如图 15.5 所示。

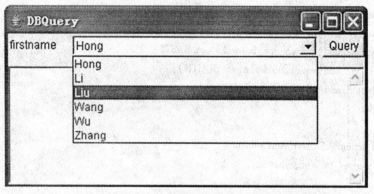

图 15.4　用户选择要查询的数据

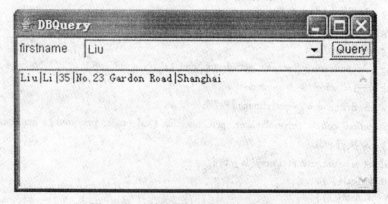

图 15.5　查询出了 firstname 为 Liu 的数据

利用 Connection 对象的 createStatement 方法建立 Statement 对象,再利用 Statement 对象的 executeUpdate( )方法执行 update 语句,实现数据修改;执行 insert 语句,实现数据添加。

1. 数据表记录增加操作

(1)数据表记录增加的 SQL 语法 insert into 表名(字段名 1,字段名 2,…) values(字段值

1,字段值 2,…),例如：insert into student(firstname, lastname, age, address, city) values('li','ming',21,' No. 77 Changan Road ','beijing')。

(2)使用 Statement 对象增加数据表记录首先创建一个 SQL 语句,然后调用 Statement 对象的 executeUpdate( )方法。

stmt. executeUpdate(sql); 上述方法可以返回一个整数,表明成功插入的记录数。

(3)使用 moveToInsertRow 和 insertRow 方法增加数据表记录 String sql ="select ∗ from student ";

```
ResultSet rs = stmt. executeQuery(sql);              //获取数据表的全部结果集
rs. moveToInsertRow( );                              //将数据表指针移到插入记录位置
rs. updateString(1, 'li');                           //向 firstname 字段输入数据
rs. updateString(2, 'ming');                         //向 lastname 字段输入数据
rs. updateInt(3, 21);                                //向 age 字段输入数据
rs. updateString(4, ' No. 77 Changan Road ');        //向 address 字段输入数据
rs. updateString(5, ' beijing');                     //向 city 字段输入数据
try
{
rs. insertRow( );
}catch(Exception e){}
```

(4)使用 PrepareStatement 对象增加数据表记录,与使用 Statement 类似,只是创建 SQL 语句时,可以带参数(以"?"表示)。插入时通过更改参数实现记录的更新。

```
String sql = " insert into student(firstname, lastname, age, address, city) values(?,?,?,?,?)";
PrepareStatment pstmt = ConnectServer. con. prepareStatement(sql);
rs. updateString(1, 'li');
rs. updateString(2, 'ming');
rs. updateInt(3, 21);
rs. updateString(4, 'No. 77 Changan Road ');
rs. updateString(5, ' beijing');
int rowCount = pstmt. executeUpdate( );
if(rowCount>0)System. out. println("成功插入记录");
```

2. 数据表记录修改操作

(1)数据表记录修改的 SQL 语法。update 表名 set 字段 1 =字段值 1,字段 2 =字段值 2,…where 特定条件,例如：update student   lastname ='wuming' where lastname ='ming';

(2)使用 Statement 对象修改数据表记录。首先创建一个 SQL 语句,然后调用 Statement 对象的 executeUpdate( )方法。

stmt. executeUpdate(sql); 上述方法可以返回一个整数,表明成功修改的记录数。

(3)使用 ResultSet 对象修改数据表记录。

```
String sql ="select ∗ fromstudent where lastname ='ming'";
ResultSet rs = stmt. executeQuery(sql);          //获取数据表的结果集
if(rs. next( )){ rs. updateString(2, 'wuming'); //修改 lastname 字段的数据
try{
rs. updateRow( );
}catch(Exception e){ } }
```

（4）使用 PrepareStatement 对象修改数据表记录。与使用 Statement 类似,只是创建 SQL 语句时,可以带参数(以"?"表示)。修改时通过更改参数实现记录的更新。

```
String sql = "updatestudent set lastname = ? where lastname ='ming'";
PrepareStatment pstmt = ConnectServer. con. prepareStatement( sql );
pstmt. setString(1, 'wuming');
int rowCount = pstmt. executeUpdate( );
if( rowCount>0) System. out. println("成功修改记录");
```

3. 数据表记录删除操作

（1）数据表记录删除的 SQL 语法。delete form 表名 where 特定条件,例如,delete from student where lastname ='wuming'。

（2）使用 Statement 对象删除数据表记录。首先创建一个 SQL 语句,然后调用 Statement 对象的 executeUpdate( )方法。

stmt. executeUpdate(sql);上述方法可以返回一个整数,表明成功删除的记录数。

（3）使用 ResultSet 对象删除数据表记录。

```
String sql = "select * fromstudent where lastname ='ming'";
ResultSet rs = stmt. executeQuery( sql );//获取数据表的结果集
if( rs. next( ) ) { rs. deleteRow( );        //删除该行
```

本 章 小 结

本章主要介绍了在 Java 中如何对数据库编程;Java 中连接数据库的技术 JDBC 以及如何用 JDBC 对数据库进行连接和编程等内容。

关系模型是现在广泛使用的数据库模型。在数据库中一般用 SQL 语言来操作数据库。SQL 语言可以管理数据库,也可以管理数据库的数据。经常用 select,update,insert,delete 命令来查询、修改、添加、删除数据库中的数据记录。

在 Java 中系统提供了 JDBC 接口技术实现对数据库的连接和操作。用户可调用 JDBC API 中的 DriverManager, Connection, Statement, ResultSet 类连接和操纵数据库。其中,DriverManager 是用来管理数据库驱动的(文中主要用到了 JDBC-ODBC 驱动和数据库的 JDBC 专用驱动);Connection 用来建立数据的连接;Statement 是执行 SQL 语言的返回数据到 ResultSet 结果集中,用户就可以在 ResultSet 中使用数据库中的数据;Statement 也可以执行 SQL 语句的修改、添加和删除。

习   题

一、选择题

1. Java 中,JDBC 是指(   )

A. Java 程序与数据库连接的一种机制

B. Java 程序与浏览器交互的一种机制

C. Java 类库名称

D. Java 类编译程序

2. 在利用 JDBC 连接数据库时,为建立实际的网络连接,不必传递的参数是(   )

A. URL   B. 数据库用户名   C. 密码   D. 端口号

3. J2ME 是为嵌入式和移动设备提供的 Java 平台,它的体系结构由(   )组成的。

A. Profiles　　　B. Configuration　　　　C. OptionalPackages　　　D. 以上都是

4. J2EE 包括的服务功能有(　　)

A. 命名服务 JNDI(LDAP)和事务服务 JTA

B. 安全服务和部署服务

C. 消息服务 JMS 和邮件服务 JavaMail

D. 以上都是

5. JDBC 的模型对开放数据库连接(ODBC)进行了改进,它包含(　　)

A. 一套发出 SQL 语句的类和方法

B. 更新表的类和方法

C. 调用存储过程的类和方法

D. 以上全部都是

6. JDBC 中要显式地关闭连接的命令是(　　)

A. Connection. close( )　　　　　　　　B. RecordSet. close( )

C. Connection. stop( )　　　　　　　　D. Connection. release( )

二、填空题

1. JDBC API 的含义是 Java 应用程序连接_____的编程接口。

2. Java 编程语言前台应用程序使用_____来和 JDBC 驱动管理器进行交互。

3. JDBC 驱动管理器使用_____来装载合适的 JDBC 驱动。

4. Java 应用程序通过 JDBC. APl 向 JDBCDriverManager 发出请求,指定要装载的 JDBC 驱动程序代码,指定要连接的数据库的具体类型(品牌和版本号)和实例。JDBC. API 主要是定义在_____中的类和方法。

5. JDBC 的类都被汇集在_____包中,在安装 JavaJDKl. 1 或更高版本时会自动安装。

6. 查询数据库的 7 个标准步骤是:载入 JDBC 驱动器,定义连接的网址 URL,建立连接,建立声明对象,执行查询或更新,处理结果,_____。

三、简答题

1. 试述 JDBC 提供了哪几种连接数据库的方法。

2. SQL 语言包括哪几种基本语句来完成数据库的基本操作?

3. Statement 接口的作用是什么?

4. ExecuteQuery( )的作用是什么?

5. 试述 DriverManager 对象建立数据库连接所用的几种不同的方法。

四、编程题

1. 有 3 个表:Employee 职工（工号,姓名,性别,年龄,部门）(num, name, sex, age, departmentno),Wage 工资（编号,工资金额）(No, amount),Attend 出勤（工号,工资编号,出勤率）(num, No, attendance)。请根据要求,编写相应的 SQL 语句:

(1)写一个 SQL 语句,查询工资金额为 8 000 的职工工号和姓名。

(2)写一个 SQL 语句,查询职工张三的出勤率。

(3)写一个 SQL 语句,查询 3 次出勤率为 0 的职工姓名和工号。

(4)写一个 SQL 语句,查询出勤率为 10 并且工资金额小于 2 500 的职工信息。

2. 请编写访问 MySQL 数据库的 JDBC 连接代码,查询数据库中 user 表的全部内容,并打印出来。

第16章

网络程序设计

用 Java 开发网络软件非常方便且功能强大,Java 的这种力量来源于他独有的一套强大的用于网络的 API,这些 API 是一系列的类和接口,均位于包 java. net 和 javax. net 中。在本章中我们将首先介绍 Java 网络编程中扮演重要角色的 InetAddress 类,再介绍套接字(socket)的概念,同时以实例说明如何使用 Network API 操纵套接字。最后简单介绍在非连接的 UDP 协议下如何进行网络通信。完成本章的学习后,你就可以编写网络低端通信软件了。

16.1 概　　述

计算机网络形式多样,内容繁杂,在没有专门的网络编程语言之前,程序开发人员必须掌握与网络有关的大量细节,如硬件的相关认识、联网协议的知识等,因此网络编程是专职网络设计人员的工作,一般人对其望而却步。自 Java 问世以来,一切都变得简单了。一般的程序设计人员只要了解一些简单的网络知识,使用 Java 语言这个编程工具就可以得心应手地编写出所期望的网络应用程序来。

网络编程的目的是使连接在网络中的计算机通过网络协议相互进行通信。下面先了解一些网络编程中的相关知识。

1. IP 地址

IP 地址就是标识计算机或网络设备的网络地址。在计算机内部它由 4 个字节的 32 位的二进制数组成,为了使用方便,在外部使用时采用以小数点".”分隔的 4 组十进制数表示,比如 202. 196. 176. 16 等,所以 IP 地址的每一组数字都不能超过 255。每一台计算机的 IP 地址是唯一的。

由于 IP 地址含义不明确且不太方便记忆,在实际应用中大多使用主机名(有的也称域名),如 http://www.cctv.com 就比较明确,一看该网址就知道它是中央电视台的网址。主机名是和 IP 地址一一对应的,通过 DNS(域名服务器)解析可以由主机名获得计算机或网络设备的 IP 地址,因为对计算机或网络设备而言只有 IP 地址才是有效的标识符。

2. 网络的应用形式

一般网络编程模型有两种结构:客户机/服务器(Client /Server,简写 C/S)和浏览器/服务器(Browser/Server,简写 B/S)结构。

所谓客户机/服务器是网络的一种形式,即通信双方作为服务器的一方等待客户提出请求并予以响应,客户方则在需要服务时向服务器提出申请。服务器一般作为守护进程始终运行监听网络端口,一旦收到客户请求便会启动一个服务进程来响应客户,一个服务器可以为多个客户机提供服务。

事实上客户机/服务器模型只是一个应用程序框架模型,它是为了将数据的表示与其内部的处理和存储分离出来而设计。一般来说,服务器和客户机并非一定是真正的计算机,而可以是被安装在一台计算机或不同计算机上的应用程序。

客户机/服务器结构的特点是数据保存在服务器上,处于不同的地方的各客户机都可以访问同一数据源,服务器对所有接收的数据采用同样的检验规则。客户端有专门的客户处理程序,根据应用的需要,客户端也可以存储自己的处理数据。

浏览器/服务器结构的特点是所有程序和数据都在服务器端,客户端没有专门的客户应用程序,客户通过浏览器从服务器上下载运行服务程序。

本章我们主要介绍客户机/服务器结构的应用。

3. 协议

协议是计算机之间进行通信时所应遵循的规则。在 Internet 中主要使用 TCP/IP 协议。TCP/IP 协议中也包含 UDP 协议。其中:

TCP(tranfer control protocol)是一种面向连接的保证可靠的传输协议。在 Java 中,TCP 协议下的数据交换是通过 socket(套接字)方式实现的,发送方和接收方都必须使用 socket 建立连接,一旦这两个 socket 连接起来,就可以进行双向的数据传输。通过 TCP 协议传输数据,得到的是一个顺序的无差错的数据流。

UDP(user datagram protocol)是一种无连接的协议。UDP 以数据报的形式传输数据,每个数据报都是一个独立的信息,其中包括完整的源地址和目的地址,它可以任何可能的网络路径被传往目的地,但安全正确性不能保证,同时数据报的大小有一定的限制,不能超过 64 KB。它是一个不可靠的协议。尽管如此,由于它相对简单、效率高,对于一些不需要严格保证传输可靠性的应用常常使用它。

4. 端口(port)

在网络技术中,有两种意义的端口:一是物理意义上的端口,诸如用于和 ADSL Modem、集线器、交换机、路由器和其他网络设备连接的 RJ-45 端口、SC 端口等;二是逻辑意义上的端口,端口号的范围从 0 到 65 535,它用于网络通信时在同一机器上标识不同的进程。我们通常所说的端口一般是指逻辑意义上的端口,表 16.1 列出了一些网络服务的系统默认的端口。

表 16.1　部分常用端口号

端口号	服务	端口号	服务
21	FTP	80	BOOTP67
23	Telnet	67	HTTP
25	SMTP	109	POP

一般情况下,一台物理的计算机中往往可以运行着多个服务器(程序),使用 IP 地址可以找到提供服务的计算机,但需要哪个服务必须由端口号来标识。

16.2　URL 对象和 InetAddress 对象

统一资源定位器 URL(uniform resource locator)表示 Internet 上某一资源的地址。通过

URL 可以访问 Internet 上的各种网络资源,URL 是最为直观的一种网络定位方法。使用 URL 进行网络编程,不需要对协议本身有太多的了解,尽管它功能较弱,但使用比较简单,下边简要介绍在 Java 中 URL 和 InetAddress 对象的应用。

1. URL 对象

使用 java.net 包中的 URL 类创建 URL 对象。下边我们简要介绍 URL 类的功能及其应用。

(1) URL 类常用的构造器。

URL(String spec):以 spec 指定的地址创建对象。

URL(String protocol, String host, int port, String file):以 protocol. host. port 和 file 指定的协议、主机、端口号和文件名创建对象。

URL(String protocol, String host, String file):以 protocol .host 和 file 指定的协议、主机名和文件名创建对象。

URL(URL context, String spec):用 URL 对象所提供的基本地址和由 spec 提供的一个相关路径来创建一个 URL 对象。

(2) URL 对象的常用方法。

String getPath():获得 URL 的路径。

String getFile():读取 URL 的文件名。

String getHost():获得主机名。

int getPort():获得 URL 的端口号。

String getProtocol():获得协议名。

final InputStream openStream():打开 URL 对象的连接并返回一个 InputStream 对象以便读取该连接的数据(网络文件的数据流)。

URLConnectionopenConnection():打开 URL 对象的连接并返回一个 URLConnection 对象。

String getUserInfo(),获得用户信息。

final Object getContent():获得 URL 的内容。

以上我们只列出了部分常用的方法,还有一些方法限于篇幅没有列出,需要时请查阅相关的 JDK 文档。

(3)URL 对象的简单应用。下面举例说明 URL 对象的应用。

【例 16.1】 设计如图 16.1 所示的用户界面,读取指定网址上的文件并显示其内容。

程序的基本处理思想是在用户屏幕上放置两个窗格容器,第一个窗格容器中放置输入 URL 字符串的文本框和操作按钮;第二个窗格中放置一个多行文本框显示所读取的文件内容。程序代码如下:

```
/*读取网络文件程序 ReadNetFile.java*/
import java.awt.*;
import javax.swing.*;
import java.awt.event.*;
import java.net.*;
import java.io.*;
public class ReadNetFile extends JFrame implements ActionListener
{
JTextField strURL=new JTextField(11);  //输入网络文件名
```

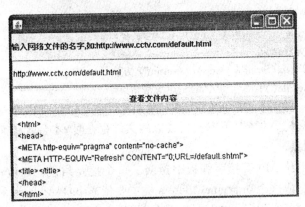

图 16.1　读取网络文件操作界面

```
JTextArea fileContent = new JTextArea(10,40);
JPanel panel1 = new JPanel();
JPanel panel2 = new JPanel();
JButton seeButton = new JButton("查看文件内容");
public ReadNetFile() //构造器
{
    Container content = this. getContentPane();
    content. setLayout(new GridLayout(2,1));
    panel1. setLayout(new GridLayout(3,1));
    panel1. add(new JLabel("输入网络文件的名字,如:http://www. cctv. com/ default. html"));  panel1.
add(strURL);
    panel1. add(seeButton);
    panel2. add(fileContent);
    content. add(panel1);
    content. add(panel2);
    seeButton. addActionListener(this);
    this. pack();
    this. setVisible(true);
    this. setDefaultCloseOperation(this. EXIT _ ON _ CLOSE);
} //构造器结束
public void actionPerformed(ActionEvent evt) //单击按钮事件处理方法
{ Object obj = evt. getSource();
    try
    {if(obj = = seeButton)
        {URL url = new URL(strURL. getText()); //创建 URL 对象
        BufferedReader in = new BufferedReader(new InputStreamReader(url. openStream()));  //创建输入
流对象读取网络文件内容
        String str;
        while ((str = in. readLine())! = null)
    { fileContent. append(str. trim()+'\n'); } //将读取的文件内容放入文本框显示
        in. close();
    }
```

```
                }
        catch(Exception e) { System. out. println("Error:"+e); }
        }//事件处理方法结束
    public static void main(String [ ] args)    //main( ) 方法
    {     new ReadNetFile( );     }   //main( ) 方法结束
}
```

注意:必须在网络连通的情况下以及所读取的文件存在时,才会看到文件的内容。

2. InetAddress 对象

InetAddress 类在网络 API 套接字编程中扮演了一个重要角色。InetAddress 描述了 32 位或 128 位 IP 地址,要完成这个功能,InetAddress 类主要依靠 Inet4Address 和 Inet6Address 两个支持类。这三个类是继承关系,InetAddrress 是父类,Inet4Address 和 Inet6Address 是子类。

由于 InetAddress 类只有一个构造函数,而且不能传递参数,所以不能直接创建 InetAddress 对象,比如下面的语句就是错误的:

InetAddress ia=new InetAddress( );

但我们可以通过下面的 5 个静态方法来创建一个 InetAddress 对象或 InetAddress 数组:

(1)getAllByName(String host)方法:返回一个 InetAddress 对象数组的引用,每个对象包含一个表示相应主机名的单独的 IP 地址,这个 IP 地址是通过 host 参数传递的,对于指定的主机,如果没有 IP 地址存在,那么这个方法将抛出一个 UnknownHostException 异常对象。

(2)getByAddress(byte [ ] addr)方法:返回一个 InetAddress 对象的引用,这个对象包含了一个 IPv4 地址或 IPv6 地址,IPv4 地址是一个 4 字节地址数组,IPv6 地址是一个 16 字节地址数组,如果返回的数组既不是 4 字节的也不是 16 字节的,那么方法将会抛出一个 UnknownHostException 异常对象。

(3)getByAddress(String host, byte [ ] addr)方法:返回一个 InetAddress 对象的引用,这个 InetAddress 对象包含了一个由 host 和 4 字节的 addr 数组指定的 IP 地址,或者是 host 和 16 字节的 addr 数组指定的 IP 地址,如果这个数组既不是 4 字节的也不是 16 字节的,那么该方法将抛出一个 UnknownHostException 异常对象。

(4)getByName(String host)方法:返回一个 InetAddress 对象,该对象包含了一个与 host 参数指定的主机相对应的 IP 地址,对于指定的主机,如果没有 IP 地址存在,那么方法将抛出一个 UnknownHostException 异常对象。

(5)getLocalHost( )方法:返回一个 InetAddress 对象,这个对象包含了本地主机的 IP 地址,考虑到本地主机既是客户程序主机又是服务器程序主机,为避免混乱,我们将客户程序主机称为客户主机,将服务器程序主机称为服务器主机。

上面讲到的方法均提到返回一个或多个 InetAddress 对象的引用,实际上每一个方法都要返回一个或多个 Inet4Address/Inet6Address 对象的引用,调用者不需要知道引用的子类型,相反调用者可以使用返回的引用调用 InetAddress 对象的非静态方法,包括子类型的多态以确保重载方法被调用。

InetAddress 和它的子类型对象处理主机名到主机 IPv4 或 IPv6 地址的转换,要完成这个转换需要使用域名系统,下面的代码示范了如何通过调用 getByName(String host)方法获得 InetAddress 子类对象的方法,这个对象包含了与 host 参数相对应的 IP 地址:

InetAddress ia=InetAddress. getByName("www. sun. com");

一旦获得了 InetAddress 子类对象的引用就可以调用 InetAddress 的各种方法来获得

InetAddress 子类对象中的 IP 地址信息。例如,可以通过调用 getCanonicalHostName( ) 从域名服务中获得标准的主机名,getHostAddress ( ) 获得 IP 地址,getHostName ( ) 获得主机名,isLoopbackAddress( ) 判断 IP 地址是否是一个 loopback 地址。

【例 16.2】　InetAddress 示例程序 InetAddressDemo. java

```
import java. net. * ;
class InetAddressDemo{
    public static void main (String [ ] args) throws UnknownHostException{
        String host="localhost";
        if ( args. length = = 1)
            host=args [0];
        InetAddress ia=InetAddress. getByName (host);
        System. out. println ("Canonical Host Name=" +
            ia. getCanonicalHostName ());
        System. out. println ("Host Address=" +
            ia. getHostAddress ());
        System. out. println ("Host Name=" +
            ia. getHostName ());
        System. out. println ("Is Loopback Address=" +
        ia. isLoopbackAddress ());
    }
}
```

在 Eclipse 中进行调试时,控制台窗口输出的结果如图 16.2 所示。

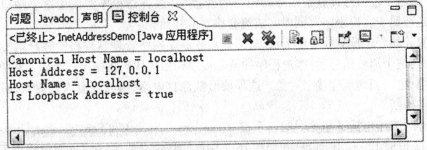

图 16.2　InetAddressDemo. java 程序的运行结果

InetAddressDemo 给了用户一个指定主机名作为命令行参数的选择,如果没有主机名被指定,那么将使用 localhost(客户机的),InetAddressDemo 通过调用 getByName(String host)方法获得一个 InetAddress 子类对象的引用,通过这个引用获得了标准主机名、主机地址、主机名以及IP 地址是否是 loopback 地址的输出。

16.3　TCP 协议的服务器/客户端编程

如前所述,网络上的两个程序通过一个双向的连接实现数据的交换,这个双向链路的一端称为一个 Socket,Socket 通常用来实现客户端和服务器端的连接。在 Java 中 Socket 是基于TCP 协议下低层次网络编程接口,它不如 URL 那样简单方便,但却提供了强大的功能和灵活性。

　　Socket 连接是一个点对点的连接,在建立连接前,必须有一方在监听,另一方在请求。一旦建立 Socket 连接,就可以实现数据之间的双向传输。下面我们简要介绍 Socket 和 ServerSocket 类的功能及应用。

16.3.1　什么是套接字

　　Network API 主要用于基于 TCP/IP 网络的 Java 程序与其他程序通信中,它依靠 Socket 进行通信。Socket 可以看成在两个程序进行通信连接中的一个端点,一个程序将一段信息写入 Socket 中,该 Socket 将这段信息发送给另外一个 Socket 中,使这段信息能传送到其他程序中。

　　无论何时,在两个网络应用程序之间发送和接收信息时都需要建立一个可靠的连接,流套接字依靠 TCP 协议来保证信息正确到达目的地。实际上,IP 包有可能在网络中丢失或者在传送过程中发生错误,任何一种情况发生,作为接收方的 TCP 将联系发送方 TCP 重新发送这个 IP 包。这就是所谓的在两个流套接字之间建立可靠的连接。

　　流套接字在 C/S 程序中扮演一个必需的角色,客户机程序(需要访问某些服务的网络应用程序)创建一个扮演服务器程序的主机的 IP 地址和服务器程序(为客户端应用程序提供服务的网络应用程序)的端口号的流套接字对象。

　　客户端流套接字的初始化代码将 IP 地址和端口号传递给客户端主机的网络管理软件,管理软件将 IP 地址和端口号通过 NIC 传递给服务器端主机;服务器端主机读到经过 NIC 传递来的数据,然后查看服务器程序是否处于监听状态,这种监听依然是通过套接字和端口来进行的;如果服务器程序处于监听状态,那么服务器端网络管理软件就向客户机网络管理软件发出一个积极的响应信号,接收到响应信号后,客户端流套接字初始化代码就给客户程序建立一个端口号,并将这个端口号传递给服务器程序的套接字(服务器程序将使用这个端口号识别传来的信息是否属于客户程序),同时完成流套接字的初始化。

　　如果服务器程序没有处于监听状态,那么服务器端网络管理软件将给客户端传递一个消极信号,收到这个消极信号后,客户程序的流套接字初始化代码将抛出一个异常对象并且不建立通信连接,也不创建流套接字对象。这种情形就像打电话一样,当有人的时候通信建立,否则电话将被挂断。

　　这部分的工作包括了相关联的三个类:InetAddress,Socket 和 ServerSocket。InetAddress 对象描绘了 32 位或 128 位 IP 地址,我们在 16.1 中已经详细介绍过;Socket 对象代表了客户程序流套接字;ServerSocket 代表了服务程序流套接字,这三个类均位于 java. net 包中。

16.3.2　Socket 类

　　Socket 类是网络编程中最重要的一个类,下边我们简要介绍 Socket 类的功能及应用。

1. Socket 类常用的构造器

　　Socket(String host, int port)以字符串 host 表示的主机地址(如 202.52.56.42)和 prot 指定的端口创建对象。例如,new Soket("202.52.56.42",8865)。

　　Socket(InetAddress address, int port)以 address 指定的 IP 地址和 port 指定的端口创建对象。

　　Socket(String host, int port, InetAddress localAddr, int localPort)以字符串 host 表示的主机地址和 prot 指定的端口创建对象。该对象也被绑定到 localAddr 指定的本地地址和 localPort 指定的本地端口上。

Socket(InetAddress address, int port, InetAddress localAddr)以 address 指定的 IP 地址和 port 指定的端口创建对象。该对象也被绑定到 localAddr 指定的本地地址上。

2. Socket 对象常用的方法

(1)InetAddressgetInetAddress():返回与该 Socket 连接的 InetAddress 对象。

(2)InetAddressgetLocalAddress():返回与该 Socket 绑定的本地的 InetAddress 对象。

(3)intgetPort():返回与该 Socket 连接的端口。

(4)intgetLocalPort():返回与该 Socket 绑定的本地端口。

(5)InputStreamgetInputStream():获得该 Socket 的输入流对象。

(6)OutputStream getOutputStream():获得该 Socket 的输出流对象。

(7)close():关闭 Socket,断开连接。

(8)setSoTimeout(int timeout):以毫秒设置超时。

(9)getSoTimeout():获得允许的超时时间。

3. 应用举例

在上一章我们介绍了数据库的基本知识、基本操作及其应用,编写了学生注册的应用程序。在此基础上,我们将建立一个客户机/服务器的学生注册应用程序。

下边先看一下学生注册的客户端程序的例子。

【例 16.3】 建立学生注册客户端程序。

一般来说,使用 Socket 进行通信处理,需要以下基本的步骤:创建 Socket;打开连接到 Socket 的输入/输出流;读/写流数据操作;完成后关闭 Socket 连接。我们程序设计的基本思想也遵循这样一个步骤进行,由于是客户端应用程序,我们需要输入学生注册信息的用户界面,在输入信息之后,将它提交给服务器处理即可。

应该注意的是,Socket 类本身并没有提供关于发送数据和接收数据的方法,它仅仅提供返回输入和输出流对象的方法,在得到 Socket 的输入和输出对象后,就可使用 java.io 包中输入输出流类中的方法实现数据之间的传输。

在上一章我们介绍了学生注册登记界面程序,将它修改一下就可作为客户端注册程序,修改后的程序代码如下:

```
import java. awt. * ;
import javax. swing. * ;
import java. awt. event. * ;
import java. net. * ;
import java. io. * ;
public class LoginClient extends JFrame implements ActionListener
{JTextField tNo,tName,tBirthday,tSex,tScore,tRemarks;
JLabel lNo,lName,lBirthday,lSex,lScore,lRemarks;
JButton okButton,exitButton;
public LoginClient()     //构造器
    {  Container content=this. getContentPane();
      content. setLayout(new GridLayout(4,4));
      lNo=new JLabel("学号");
      tNo=new JTextField(11);
      lName=new JLabel("姓名");
```

```
        tName = new JTextField(10);
        lBirthday = new JLabel("出生年月");
        tBirthday = new JTextField(10);
        lSex = new JLabel("性别");
        tSex = new JTextField(2);
        lScore = new JLabel("入学成绩");
        tScore = new JTextField(5);
        lRemarks = new JLabel("备注");
        tRemarks = new JTextField(16);
        okButton = new JButton("注册");
        exitButton = new JButton("退出");
        content.add(lNo);
        content.add(tNo);
        content.add(lName);
        content.add(tName);
        content.add(lBirthday);
        content.add(tBirthday);
        content.add(lSex);
        content.add(tSex);
        content.add(lScore);
        content.add(tScore);
        content.add(lRemarks);
        content.add(tRemarks);
        content.add(new JLabel());
        content.add(okButton);
        content.add(exitButton);
        content.add(new JLabel());
        okButton.addActionListener(this);
        exitButton.addActionListener(this);
        this.pack();
        this.setVisible(true);
        this.setDefaultCloseOperation(this.EXIT_ON_CLOSE);
    } //构造器结束
public void actionPerformed(ActionEvent evt)    //事件方法
{ Object obj = evt.getSource();
    if(obj == okButton)
    {
        Student stu = new Student();
        stu.学号 = tNo.getText();
        stu.姓名 = tName.getText();
        stu.出生年月 = tBirthday.getText();
        stu.性别 = tSex.getText();
        stu.入学成绩 = Integer.parseInt(tScore.getText());
        stu.备注 = tRemarks.getText();
```

```
        try
        {
            Socket toServer = new Socket("127.0.0.1",8765);  //创建 Socket 对象
    ObjectOutputStream out = new ObjectOutputStream(toServer. getOutputStream());
            //创建对象输出流对象
            out. writeObject((Student)stu);   //将学生对象 stu 提交给服务器
            DataInputStream in = new DataInputStream(toServer. getInputStream());
            String str = in. readUTF();  //从数据输入流中获取服务器传来的操作信息
            JOptionPane. showMessageDialog(null,str,"提示信息",JOptionPane. PLAIN _ MESSAGE);
            toServer. close();   //关闭 Socket
        }

        catch(Exception e)
        { JOptionPane. showMessageDialog(null,e,"提示信息",JOptionPane. PLAIN _ MESSAGE); }
        tNo. setText("");
        tName. setText("");
        tScore. setText("0");
        }
        else
        {    System. exit(0); }
    }//事件方法结束
    public static void main(String [ ] args)   // main()方法
    {   new LoginClient();       }  // main()方法结束
}
class Student extends Object implements java. io. Serializable //Student 类
{ String 学号;
    String 姓名;
    String 出生年月;
    String 性别;
    int 入学成绩;
    String 备注;
} //Student 类结束
```

　　由于要操作数据库,为了操作的方便,在程序中添加了 Student 类,它在服务器端也是需要的。Student 类实现了 Serializable 接口,该接口无方法,只是对类进行串行化处理。对象的数据成员可以是多种类型的,由于以流的方式处理传输数据,所以必须对类进行串行化处理,才能正确地传输对象数据,否则将引发异常。

　　在程序中由 Socket toServer = new Socket("127.0.0.1",8765);语句创建 Socket 对象,这里 IP 地址使用了本机地址 127.0.0.1,主要是为了调试的方便,在实际应用中,当然要使用服务器主机真正的 IP 地址。在创建 Socket 对象后,使用对象的方法(toServer. getOutputStream())获得输出流对象,用此对象创建对象输出流(ObjectOutputStream)对象 out,使用 out 对象的 writeObject()方法向服务器提交学生对象 stu。同样要接收服务器返回的信息,要看返回的信息是对象还是一般数据信息,由于服务器要返回的是学生注册是否成功的信息,所以采用了数据输入流(DataInputStream)的接收方式。

16.3.3 ServerSocket 类

ServerSocket 类是服务器端 Socket。创建服务器的过程就是创建在特定端口监听客户机请求的 ServerSocket 对象的过程。ServerSocket 只是监听进入的连接，为每个新的连接创建一个 Socket，它并不执行服务，数据之间的通信由创建的 Socket 来完成。因此创建一个 ServerSocket 对象就是创建一个监听服务，创建一个 Socket 对象就是建立一个客户机与服务器的连接。下边我们简要介绍 ServerSocket 类的功能及其应用。

1. ServerSocket 类的构造器

（1）ServerSocket( )：创建一个无绑定的 ServerSocket 对象。

（2）ServerSocket(int port)：创建一个被绑定到 port 指定端口的 ServerSocket 对象。系统默认最大可连接的个数为 50，若超出该数，请求将被拒绝。

（3）ServerSocket(int port, int backlog)：创建一个被绑定到 port 指定端口的 ServerSocket 对象。backlog 指定可接收连接的个数，即最大的连接数。

（4）ServerSocket(int port, int backlog, InetAddress bindAddr)：创建一个被绑定到指定 IP 地址和端口的对象。backlog 指定可接收连接的个数。

例如，ServerSocket MyServer = new ServerSocket(8876)；将创建一个被绑定到 8876 端口的 ServerSocket 对象。

2. ServerSocket 对象的常用方法

（1）Socketaccept( )：该方法监听来自客户端的请求，直到捕获到客户的请求后便获得一个 Socket 对象，此后服务器程序使用该 Socket 对象读写数据，实现与客户的通信。

（2）void bind(SocketAddress endpoint) 与 endpoint 指定的 SocketAddress(IP 地址和端口号)绑定。

（3）voidbind(SocketAddress endpoint, int backlog) 与 endpoint 指定的 SocketAddress (IP 地址和端口号)绑定，并以 backlog 设定连接数。

（4）voidclose( )：关闭该 socket。

（5）InetAddressgetInetAddress( )：获得 IP 地址。

（6）intgetLocalPort( )：获得监听的端口号。

（7）intgetSoTimeout( )：获得连接超时设置。

（8）booleanisBound( )：获得对象的绑定状态。

（9）booleanisClosed( )：获得对象截止的状态。

void setSoTimeout(int timeout)：设置连接超时时间为 timeout 毫秒。

3. 应用举例

下边再看一下服务器程序的例子。

【例 16.4】 建立学生注册服务器

我们程序设计的基本思想是，由于这是服务器应用程序，它应该同时能为任何多个客户提供服务，因此应支持多线程，服务器类实现 Runnable 接口，run( )方法以无限循环的方式监听来自客户的请求。一旦接到客户请求，便创建一个 Connect 类对象，该对象读取客户提交的学生注册信息，并将其写入数据库，然后将操作是否成功的信息返回给客户。程序代码如下：

```
/*学生注册登记服务程序 LoginServer.java */
import java.net.*;
```

```java
import java. io. * ;
import java. sql. * ;
import javax. swing. * ;
import java. awt. event. * ;
class LoginServer implements Runnable   //LoginServer 类开始
{
    ServerSocket server;    //
    Socket client;
    Thread serverThread;
    public LoginServer( )  //构造器
    {
        try
        {
            server = new ServerSocket(8765);   //创建 ServerSocket 对象
            serverThread = new Thread(this);   //创建线程对象
            serverThread. start( );      //执行线程
        }
        catch(Exception e)     { System. out. println(e. toString( )); }
    } //构造器结束
    public void run( )  //run( )方法开始
    {
        try
        {
            while(true)
            { client = server. accept( ); //监听来自客户端的请求
            Connect con = new Connect(client); //创建 Connect 对象
            }
        }
        catch(Exception e)     { System. out. println(e. toString( )); }
    } //run( )方法结束
    public static void main(String[ ] args)  //main( )方法开始
    {
        new LoginServer( );
    } //main( )方法结束
} //LoginServer 类结束
class Connect  //Connect 类开始
{
    Student   data;
    ObjectInputStream readClient;
    DataOutputStream   writeClient;
    OperateDatabase op1 = new OperateDatabase("StudentData","sa","");
    public Connect(Socket ioClient)  //构造器
    {
        try
```

```
          {
     readClient = new ObjectInputStream(ioClient. getInputStream( ) );
     writeClient = new DataOutputStream(ioClient. getOutputStream( ) );
     data = (Student) readClient. readObject( ) ;  //读取客户数据
     String str = insertRec( ) ;  //调用插入方法将客户数据写入数据库并返回操作信息
     writeClient. writeUTF( str) ;   //将操作信息返回给客户
          }
     catch( Exception e)    { System. out. println(″连接客户机读取错误:″+e) ;   }
  } //构造器结束
  public String  insertRec( )   // insertRec( )插入记录方法开始
  {
     String sqlStr = ″insert into student _ login values( ?, ?, ?, ?, ?, ?)″;
     String[ ] values = new   String[ 6] ;
     values[ 0] = data. 学号;
     values[ 1] = data. 姓名;
     values[ 2] = data. 出生年月;
     values[ 3] = data. 性别;
     values[ 4] = Integer. toString( data. 入学成绩) ;
     values[ 5] = data. 备注;
     int n = op1. insert( sqlStr, values) ; //执行操作结果
     if( n = = 1)   return ″插入记录成功!!!″;
     else return ″插入记录失败,请检查字段值及学号是否重复!!!″;
  }  //insertRec( )插入记录方法结束
} //Connect 类结束
```

在程序中由 client = server. accept( ) 语句监听、等待来自客户机的请求,一旦接收到客户机请求,便获得该请求客户的 Socket 对象 client,然后,这个 Socket 对象 client 就代表服务器和它的客户机进行通信。

由于要操作数据库,为了操作和结构上的考虑,在程序中使用了上述的 Student 类并添加了 Connect 类。

在 Connect 类中,根据实际需要定义了 ObjectInputStream,DataOutputStream 和 Student 成员,为了操作数据库,我们使用了上一章介绍的 OperareDatabase 类对象。在具体处理中,使用 Socket 对象方法(ioClient. getInputStream ( )) 获取输入流创建 ObjectInputStream 对象 readClient,使用 readClient 对象的 readObject( )方法来读取客户提交的学生注册信息并把它赋给 Student 对象 data,然后执行 insertRec 方法把学生注册信息写入数据库并返回操作是否成功的信息。最后使用由 Socket 对象方法(ioClient. getOutputStream ( )) 获取输出流创建 DataOutputStream 对象 writeClient,由 writeClient 对象的 writeUTF( )方法将操作信息返回给客户。

以上给出的是一套简单、完整的客户机/服务器应用程序,读者可以在单机上调试运行该程序,如果有条件,最好能在真正的网络环境下运行该程序,这样容易分辨输出的内容,理解客户机和服务器的对应关系。

通过以上的介绍,读者应该对 Java 的面向流的网络编程有了较为全面的认识,只要掌握了网络编程的基本思想和方法,就可以编写出功能强大、满足用户要求的 C/S 应用程序来。

16.4　远程方法调用 RMI

上一节介绍了客户/服务器应用形式是一种两层构架的分布式应用,在实际应用中存在着一些问题,诸如修改维护不易、受连接数目的限制应用难以扩大等。下边我们介绍 Java 所特有的分布式技术:RMI 远程方法调用。

16.4.1　RMI 简介

RMI(remote method invocation)是 Java 所特有的分布式计算技术,它允许运行在一个 Java 虚拟机上的对象调用运行在另一个 Java 虚拟机上的对象的方法。与上述的 Socket 编程不同,程序设计人员既不需要关注 Socket,也不需要了解多线程,只需要专注于应用的业务逻辑功能开发即可。因此,使用 RMI 使得服务器的编程更加容易。

RMI 应用也是由 RMI 服务器和 RMI 客户组成。RMI 服务器实现一组远程接口并创建其远程对象,这些对象以唯一的名字在 RMI 注册表中注册,所谓注册实际上是在 RMI 服务器上提供的一种服务。客户通过对象名查找注册表而获得一个或多个远程对象的引用,一旦获得对远程对象的引用,调用远程对象中的方法就像调用本地方法一样方便。RMI 的应用功能如图 16.3 所示。

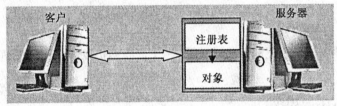

图 16.3　RMI 应用功能示意图

RMI 是一种三层构架的 C/S 应用形式,如图 16.4 所示。下边我们简要介绍各层的作用。

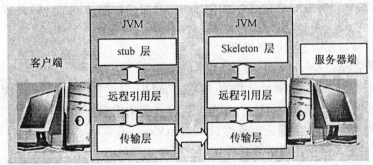

图 16.4　RMI 三层构架示意图

1. Stub/Skeleton 层

Stub 代表远程对象的客户方代理,它定义远程对象支持的所有接口,客户请求从 Stub 开始。Skeleton 监听客户产生的远程方法调用请求,并把这些调用变为服务器上远程的 RMI 服务,Skeleton 是与 Stub 通信的服务器端代理。

2. 远程引用层 RRL(remote reference layer)

RRL 层负责解释与管理客户对服务器上远程对象的引用。在客户端的 RRL 接收来自

Stub 的方法调用请求,并将请求打包封装(是指将客户需要传递的参数的格式转换为能通过网络传输的形式)成数据流经传输层传输到服务器端的 RRL。服务器端的 RRL 拆包转换为 Skeleton 能够理解的形式并通过 Skeleton 把它发送给远程方法。同理,当远程方法调用执行后有值返回到 Skeleton 时,服务器端的 RRL 接收来自 Skeleton 的数据并打包成数据流经传输层传输到客户端的 RRL,客户端的 RRL 拆包把数据发送到 Stub。

3. 传输层(transport layer)

如上所述,传输层主要处理两端 RRL 之间的连接,它负责建立新的连接,管理现有的连接。

一般来说,要开发一个 RMI 应用,需要以下几个步骤:

(1)根据应用的需要编写远程接口。

(2)编写服务器、客户端类应用程序。在服务器应用程序中要实现远程接口中声明的远程方法。

在完成上述类文件的编写,编译源文件生成相应的类文件之后,还需要做如下工作:

(3)生成 Stub 和 Skeleton。

(4)创建安全策略。如果是简单应用,不需要和数据库及文件交互时,可以不创建安全策略。

(5)启动 RMI 远程注册表。

(6)启动服务器。

(7)启动客户,开始使用。

前面给出了学生注册登记的 C/S 应用程序,下面我们仍以学生注册管理的 C/S 模式介绍 RMI 的应用。

16.4.2　RMI 远程接口

在 RMI 的远程接口中,根据应用需要声明能够被客户远程调用各个方法。根据学生注册管理这一应用,需要对学生的信息进行插入、查询、修改和删除等操作。因此应该在接口中声明这些方法。

RMI 的远程接口需要遵循如下规则:

(1)它必须是 java.rmi.Remote 接口的派生接口。

(2)接口中声明的方法必须是公共的,即使用 public 限定符限定;并且必须使用 throws 子句抛出 java.rmi.RemoteException 异常,以捕获网络连接中出现的任何问题。

按照上述两点,下边我们定义远程接口 StudentManager。

【例 16.5】　定义学生注册管理远程接口。程序代码如下:

```
/*学生注册管理远程接口 studentManager.java*/
import java.rmi.*;
import java.util.*;
public interfaceStudentManager extends Remote
{//定义查询 query().修改 modify().插入 insert().删除 delete()学生信息方法
    publicVector query(String sqlStr) throws java.rmi.RemoteException;
    publicint modify(String sqlStr ,String [] values) throws java.rmi. Remote Exception;
    publicint insert(String sqlStr,String [] values) throws java.rmi. RemoteEx ception;
    public int delete(String condition) throws java.rmi. RemoteException;
```

　　}

　　方法参数说明：

sqlStr 符合 SQL 语法标准的语句字符串；

condition 表示操作条件的字符串。例如，学号 ='20050332205'；

values 表示字符串数组，存放和数据表中字段对应的学生信息值。

　　在查询方法 query( )中，定义返回 Vector 对象值。也许有人会说返回 ResultSet 结果集既简单又符合习惯，为什么要使用 Vector 向量呢？ 由于这些方法是远程方法，方法的返回值是通过网络传输的，正如前边所述，网络是以流式传输数据的，ResultSet 结果集是一种表式结构的数据集，不能够直接在网上传输，因此要处理成适合于网上传输的形式。此外返回结果的数量是不确定的，因此采用 Vector 向量而没有采用对象数组。

　　完成接口的定义之后，下面我们着手定义服务器和客户类。

16.4.3　RMI 服务器

　　Java 提供了 java. rmi. server 包支持与实现 RMI 服务器和客户的接口和类。在编写服务器和客户程序之前，我们先简要介绍一些相关的类。

1. RemoteObject 类

　　所有实现远程对象的类都是 RemoteObject 类的派生类，该类实现 Remote 和 Serializable 接口，它是一个抽象类。它提供了如下主要的方法：

　　(1) RemoteRef getRef( )：返回对象的远程引用。

　　(2) static Remote toStub(Remote obj)：返回远程对象 obj 到 Stub。

2. RemoteServer 类

　　RemoteServer 类是 RemoteObject 的派生类，它提供了特定类型的远程对象的实现，它也是一个抽象类。它提供了如下的类方法：

　　(1) static StringgetClientHost( )：返回当前正在执行远程方法调用的客户的主机。

　　(2) static PrintStreamgetLog( )：返回 RMI 调用日志流。

　　(3) static void setLog(OutputStream out)：把 RMI 调用记入输出流 out。

3. UniCastRemoteObject 类

　　UniCastRemoteObject 类是 RemoteServer 的派生类，它提供了默认 RemoteObject 的实现，使用它创建的远程对象能够使用 RMI 默认的基于 Socket 的通信传输并且能够一直运行。下边列出它的两个类方法：

　　(1) static RemoteStubexportObject(Remote obj)：输出远程对象使它可以接收使用匿名端口进入的调用。

　　(2) static RemoteexportObject(Remote obj, int port)：输出远程对象使它可以接收使用特殊提供的端口进入的调用。

4. Naming 类

　　Naming 类提供了从远程对象注册表存取远程对象的方法：

　　(1) static void bind(String name, Remote obj)：把指定的 name 绑定到远程对象 obj。

　　(2) static String[ ]list(String name)：把绑定在注册表中的名字放到字符串数组中。

　　(3) static Remotelookup(String name)：返回由指定 name 关联的远程对象的引用. stub。

　　(4) static void rebind(String name, Remote obj)：把指定的 name 再绑定到新的远程对象

obj。

(5)static void unbind(String name):解除由 name 指定的与远程对象的绑定。

5. RMISecurityManager 类

RMISecurityManager 类是 SecurityManager 类的派生类。在远程应用中下载代码需要进行安全检查,如果没有设置 RMI 安全管理程序,RMI 的类装入器将不会从远程位置下载任何类代码。一般我们使用如下语句设置 RMI 安全管理程序:

```
System. setSecurityManager( new SecurityManager( ));
```

6. RMI 服务器类

创建 RMI 服务器类须遵循以下规则:

(1)它必须是 UniCastRemoteObject 类的派生类。

(2)它必须实现远程接口。

(3)定义远程对象构造符。远程对象需要被输出,以便能接收在特定端口监听到的远程方法调用。

(4)创建安装安全管理程序,以保证系统安全。

(5)创建远程对象的实例。一旦创建,服务器就准备接收来自客户的请求。

(6)在注册表中注册远程对象,以便客户获得此远程对象的引用。

根据上述规则,我们建立学生注册的服务器类应用程序。

【例 16.6】 建立学生注册的服务器类。程序代码如下:

```java
//服务器程序 StudentManagerImpl. java
import java. rmi. * ;
import java. rmi. server. UnicastRemoteObject;
import java. sql. * ;
import java. util. * ;
public class StudentManagerImpl extends UnicastRemoteObject implements StudentManager
{ //使用前面建立的数据库操作类对象操作数据库
    OperateDatabase op1 = new OperateDatabase("StudentData", "sa","");
    //实现接口方法,获得查询结果方法
    public Vector query(String sqlstr) throws java. rmi. RemoteException
    {
    Vector vec = new Vector( );
    try
    {
        ResultSet rs = op1. query(sqlstr); //调用数据库操作对象的方法
        while(rs. next( )) //将结果集中的数据放入向量中,以便远程传输
        {    for(int i = 1; i <= 6; i++) vec. add(rs. getString(i));    }
    }
    catch(Exception e) { System. out. println("查询数据库错误:"+e);}
    return vec;   //返回查询结果
    }
    public int modify(String sqlstr,String [ ] values) throws java. rmi. RemoteException      //修改成绩方法
    {
    int n = op1. modify(sqlstr,values);   //调用数据库操作对象的方法
```

```
    return n;  //返回操作成功标志,非 0 成功;0 失败
  }
  public int insert(String sqlstr,String [ ] values) throws java. rmi. RemoteException  //插入学生成绩记录
  {
   int n=op1. insert(sqlstr,values);//调用数据库操作对象的方法
   return n;  //返回操作成功标志,非 0 成功;0 失败
  }
  //删除学生成绩记录
  public int   delete(String condition) throws java. rmi. RemoteException
  {
   int n=op1. delete("student _ login",condition);//调用数据库操作对象的方法
   return n;  //返回操作成功标志,非 0 成功;0 失败
  }
  //定义远程对象构造符
  public StudentManagerImpl( )   throws   RemoteException
  {
    super( );  //调用父类的构造器,输出此远程对象
  }
  public static void main(String [ ] args) //main( )方法
  {
  System. setSecurityManager(new RMISecurityManager( ));//安装安全管理程序
  try
   {
    StudentManagerImpl serverObject=new StudentManagerImpl( );//创建实例对象
    Naming. rebind("StudentManager",serverObject); //注册远程对象
    System. out. println("服务开始...");
   }
   catch(Exception e)  { System. out. println(e. toString( ));  }
  }
}
```

上面我们完成了一个较为简单的学生注册服务器。在本服务器程序中,应该注意以下两点:

(1)本例中实现了一个远程接口,因此创建了一个远程接口的实例对象并注册。当然也可以在服务器类中实现多个远程接口,那就需要为每个远程接口分别创建自己的实例对象并分别注册。

(2)本例中在使用 Naming 类方法 rebind( )实现对远程对象的注册时,没有指定端口号,采用了默认的端口号 1099。如果需要指定端口号,一般使用下列形式:

rmi:∥ipaddress:port/接口名

假如本例要使用 8860 端口号,注册语句应改为:

Naming. rebind("rmi:∥ipaddress:8860/StudentManager",serverObject);

在完成服务器类之后,下面我们再建立客户类。

16.4.4　RMI 客户类

RMI 客户类的主要任务是获得对远程对象的引用,调用远程方法完成客户的任务。对客

户应用程序来说,除了程序的功能之外,用户的操作界面也是很重要的一个方面。下面我们以上一章操作数据库的图形界面为基础,建立学生注册的客户类应用程序。

【例 16.7】 建立学生注册登记的客户类应用程序,界面如图 16.5 所示。使用标签窗格控件,实现查看、插入、删除和修改的操作。

程序的基本设计思想如下:基于上一章的查看、插入、删除和修改四个程序的图形界面,适当修改形成四个单独的类(没有 main()方法的类),在客户程序中引用即可。

如前所述,在面向对象的程序中,一切都是对象,借助于一些现成的类,可以加快程序的开发进度,因此在我们开发程序的过程中应该遵循面向对象的程序开发方法,尽可能地按照可重用的标准编写自己的类,让它们在程序中得到充分合理的应用。

图 16.5 客户用户界面

学生注册登记的客户类应用程序的代码如下:

```java
//学生注册登记客户端程序 Client. java
import java. awt. * ;
import javax. swing. * ;
import java. rmi. * ;
import java. awt. event. * ;
public class Client extends JFrame
{
JPanel query,insert,delete,modify; //定义查询、插入、删除、修改四个界面容器
StudentManager server; //定义接口变量
public Client() //构造器构造用户界面
{
  super("学生注册及注册信息维护");
  try
  {
  server = (StudentManager) Naming. lookup("rmi://localhost/StudentManager");
  }
  catch( Exception e)
  {
  System. out. println("RMI ERROR:"+e. toString());
  }
  getContentPane(). setLayout( new GridLayout());
  JTabbedPane tabbedPane = new JTabbedPane();
  getContentPane(). add( tabbedPane,new FlowLayout());
  query = new JPanel();
  insert = new JPanel();
```

```
        delete = new JPanel( );
        modify = new JPanel( );
        tabbedPane. addTab("查看",null,query,"Details");//添加对象 query 的标签
        tabbedPane. addTab("插入",null,insert,"Details");//添加对象 insert 的标签
        tabbedPane. addTab("删除",null,delete,"Details");//添加对象 delete 的标签
        tabbedPane. addTab("修改",null,modify,"Details");//添加对象 modify 的标签
        new Query(server,query); //创建查询界面
        new Insert(server,insert); //创建注册界面
        new Delete(server,delete); //创建删除界面
        new Modify(server,modify); //创建修改界面
        setDefaultCloseOperation(3);
        setSize(300,300);
        setVisible(true);
    }
    public static void main(String [ ] args)
    {
        new Client( );
    }
}
```

上边的客户端程序在结构上是比较简单的,在用户的窗体界面上使用了一个标签窗格对象,在窗格中加入了查看、注册、删除和修改学生信息界面对象的标签,单击这些标签就可以进行操作界面之间的切换。由 Naming 类的 lookup( )方法获得对远程对象实现的引用。获得远程对象的引用之后,就可以执行远程对象的方法对远程数据表进行处理。有一点需要说明,为了程序调试的方便,服务器和客户机应用程序安装在一台计算机上,因此在程序中使用了下边的语句:

```
        server = (StudentManager)Naming. lookup("rmi://localhost/StudentManager");
```

一般情况下,服务器和客户机应用程序是安装在网络环境中不同的计算机上,因此localhost 应改为服务器主机的 IP 地址。

此外程序中使用了四个操作界面类:Query,Insert,Delete 和 Modify,它们是由上一章的相关例程修改而成,限于篇幅及避免过多的重复,下面我们只列出 Query 查询界面类的代码,要了解其他类的代码请查阅随教材配发的光盘。Query 类的代码如下:

```
    /*查询学生信息程序 Query. java */
    import java. awt. * ;
    import javax. swing. * ;
    import java. awt. event. * ;
    import java. util. * ;
    public class Query implements ActionListener
    { JTextField [ ] value = new JTextField[6];
        JTextField condition = new JTextField(10);
        JButton queryButton,exitButton;
        JPanel panel1,panel2;
        StudentManager server;
        public Query(StudentManager server,JPanel content) //构造器
```

```
    {
        this. server=server;
        content. setLayout( new GridLayout(2,1) ) ;
        for( int i=0;i<value. length; i++) value[i]=new JTextField(30) ;
        queryButton=new JButton("查询") ;
        exitButton=new JButton("退出") ;
        panel1=new JPanel( new GridLayout(4,1) ) ;
        panel2=new JPanel( new GridLayout(7,1) ) ;
        panel1. add( new JLabel("输入条件如:学号='20060132102'或入学成绩>600 等") ) ;
        panel1. add( condition) ;
        panel1. add( queryButton) ;
        panel1. add( exitButton) ;
        panel2. add( new JLabel("--学号--姓名--出生年月--性别--入学成绩-备注") ) ;
        for( int i=0;i<value. length; i++) panel2. add( value[i] ) ;
        content. add( panel1) ;
        content. add( panel2) ;
        queryButton. addActionListener( this) ;
        exitButton. addActionListener( this) ;
    }    //构造器结束
    public void actionPerformed( ActionEvent evt) //事件方法
    {
        Object obj=evt. getSource( ) ;
        if( obj = = queryButton)
        {
panel1. setVisible( false) ; //禁止查询条件输入和查询按钮功能,保证本查询完成
    try
    {
        String cond=condition. getText( ). trim( ) ;
        if( cond. length( )>1) cond=" where "+cond;
        String sqlstr="select * from student _ login "+cond;
        Vector vec=server. query( sqlstr) ; //调用远程方法
        int count=0;
        int elementCount=0;
        while( elementCount<vec. size( ) )
        { String str="";
            for( int i=1; i<=6; i++)
            { String temp=( String) vec. get( elementCount++) ;
                if( temp= =null) temp=" ";
                str=str+temp. trim( )+"        ";
            }
            value[ count]. setText( str) ;
            count++;
            if( count>=value. length)
            { count=0;
```

```
        JOptionPane. showMessageDialog ( null," 下 一 屏!"," 提 示 信 息", JOptionPane. PLAIN _
MESSAGE);
            }
        }
        for( ;count<value. length;count++) value[ count]. setText("") ;
    }
    catch( Exception e) { System. out. println("Error:"+e) ; }
    panel1. setVisible( true) ;
    }
  }
}
```

在建立服务器类和客户类之后,下一步使用 RMI 实现分布式处理。

16.4.5　RMI 的分布执行

我们已经完成远程接口类、服务器类和客户类端的编程,要执行分布式应用,须按照如下步骤进行:

1. 编译源程序文件

第一步先编译接口类、服务器类和客户端类源程序,生成相应的类文件。

2. 生成 Stub 和 Skeleton

如前所述,Stub 和 Skeleton 分别是客户和服务器端远程通信的代理。使用 JDK 提供的 rmic 命令生成 Stub 和 Skeleton。命令格式如下:

rmic 　[选项] 　 服务器类名

其中常用的选项有:

(1)-classpath path:将以 path 指定的路径重新设置 CLASSPATH 环境变量。

(2)-d directory:将生成的 Stub 和 Skeleton 类文件放在 directory 指定的目录中,系统默认是在当前目录中。

在需要时我们可以使用上述的选项,下边我们在当前的目录下生成 Stub 和 Skeketon:

rmicStudentManagerImpl

该命令将在当前目录下生成了服务器端的 Skeleton:StudentManagerImpl _ Skel. class 和客户端的 Stub:StudentManagerImpl _ Stub. class。

3. 创建用户安全策略

一般来说网络应用系统都涉及数据库和文件,安全是第一位的。RMI 是网络的分布式应用,程序代码的下载和执行需要在安全管理程序的监督下实施,能够访问系统的哪些资源,不能够访问哪些资源,都需要在安全策略文件中说明。

JDK 提供了建立安全策略文件的命令 policyTool,需要说明的是,JDK 的版本不同,policyTool 所提供的应用界面也略微不同。下面我们就使用该工具建立安全策略文件。

(1)启动应用程序。在命令提示符处键入命令:policytool,将出现如图 16.6 所示的窗口,可以开始创建文件。

(2)点击图 16.6 窗口上的"添加规划项目"按钮,出现如图 16.7 所示的对话框窗口。其中:

CodeBase 项用来指明代码的来源地。例如,要说明代码来自本地/javaapp/studentapp/目

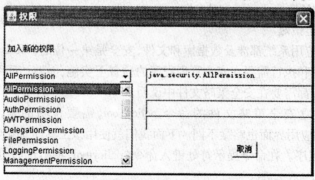

图 16.6 "规划工具"窗口

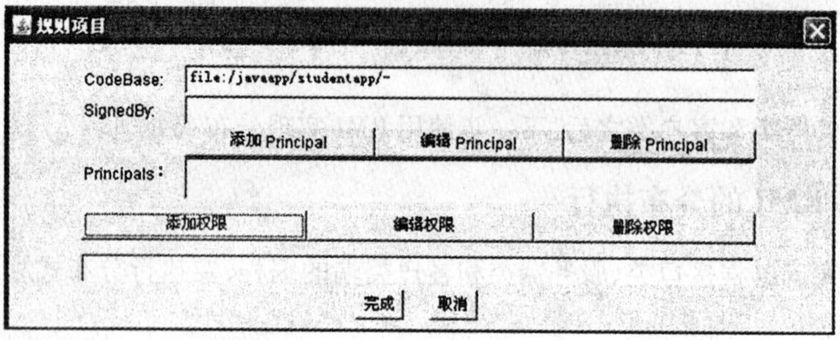

图 16.7 "规划项目"窗口

录,应该在框内输入:

file:/javaapp/studentapp/

注意:结尾处的字符"/"表示指定了目录中的所有类文件;若以"/＊"结尾则表示目录中的所有文件;若要表示目录中的所有文件及所含子目录中的所有文件,应以"/-"结尾。

SignedBy 项指明来自密钥仓库的别名,作用是引用其私钥用于对代码进行签名的签名人。它被映射到(使用密钥仓库)与签名人相关联的公钥集。这些密钥的作用是校验来自指定代码源的类是否确实由这些签名人签名。

CodeBase 和 SignedBy 都是可选项,如果没有输入 CodeBase 项,表示代码来自何处无关紧要。同样若没有指明 SignedBy,则对代码是否进行签名无关紧要。

(3)点击窗口上的"添加权限"按钮,出现如图 16.8 所示的权限对话框。在下拉列表框中选择所需要的权限,比如选择 AllPermission,选择后,按"OK"按钮,关闭权限对话框,返回规划项目对话框(图 16.7)。单击"完成"按钮,回到规划工具窗口(图 16.6)。

图 16.8 "权限"窗口

(4)使用规划工具窗口上文件菜单中的"保存"或"另存为"菜单项,选择存放策略文件的目录,在文件名栏中输入. java. policy。然后单击保存按钮,系统将出现一消息框提示文件已成功写入,单击"OK"按钮关闭该框。出现类似图 16.9 所示的屏幕。使用文件菜单中的"退出"菜单项,退出应用工具,这就完成了用户策略文件的建立。

图 16.9　策略文件显示屏幕

以上我们简单介绍了策略文件的建立过程,有关详细内容请参阅 JDK 的相关文档。

4. 启动远程对象注册表

完成上面的准备之后,启动服务器上的 RMI 注册表,在命令提示符下键入:

start rmiregistry

注册表在默认的 1099 端口运行。如果在指定的端口运行则后边应加上端口号,一般格式为:

start rmiregistry　端口号

5. 启动服务器

在上述准备工作完成之后,启动服务器:

java studentServerImpl

以上是在服务器端所做的工作,下面进行客户端的工作。

6. 运行客户

RMI 是分布式应用,我们需要把客户类、接口类和 Stub 类文件复制到客户计算机上。启动客户程序:

java Client

按照用户界面的提示操作即可。

16.5　数　据　报　文

如前所述,在 TCP/IP 协议的传输层还有一个 UDP 协议,虽然它的应用目前不如 TCP 广泛,但随着计算机网络的发展,在需要实时交互性很强的应用中,如网络游戏、视频会议等,UDP 协议却显示出极强的威力,它和 TCP 是完全互补的两个协议。

16.5.1　数据报通信

在 java. net 包中提供了两个类 DatagramPacke 和 DatagramSocket 用来支持数据报的通信,DatagramPacke 用来表示一个数据报,DatagramSocket 用于在程序之间建立传送数据报的通信连接。下面我们简要介绍一下这两个类的功能以及如何使用它们实现 UDP 网络通信的简单示例。

1. DatagramPacke 类

（1）类构造器：

DatagramPacket(byte[ ] buf, int length)

DatagramPacket(byte[ ] buf, int length, InetAddress address, int port)

DatagramPacket(byte[ ] buf, int offset, int length)

DatagramPacket(byte[ ] buf, int offset, int length, InetAddress address, int port)

DatagramPacket(byte[ ] buf, int offset, int length, SocketAddress address)

DatagramPacket(byte[ ] buf, int length, SocketAddress address)

其中：buf 存放数据报的数据；length 表示数据报的长度；offset 表示数据报的位移量。

（2）常用方法

InetAddress getAddress( )：获得接收或发送数据报的机器的 IP 地址。

byte[ ]getData( )：获得数据报的数据。

intgetLength( )：获得数据报的长度。

intgetOffset( )：获得数据报的位移量。

intgetPort( )：获得接收或发送数据报的端口。

SocketAddress getSocketAddress( )：获得接收或发送数据报机器的 Socket 地址（通常是 IP 地址+端口）。

除了上述获得对象相关信息的方法外，还提供了如下设置相关信息的方法：

vid setAddress(InetAddress iaddr)：设置接收或发送数据报主机的 IP 地址。

void setData(byte[ ] buf)：设置数据报的数据缓冲区。

void setData(byte[ ] buf, int offset, int length)：以指定的长度、位移量设置数据报的数据缓冲区。

voidsetLength(int length)：设置数据报长度。

void setPort(int iport)：设置要发送数据报的远程主机的端口。

void setSocketAddress(SocketAddress address)：设置要发送数据报的远程主机的 Socket 地址（通常是 IP 地址+端口）。

2. DatagramSocket 类

（1）类构造器：

DatagramSocket( )

DatagramSocket(int prot)

DatagramSocket(int port, InetAddress address)

DatagramSocket(SocketAddress bindaddress)

（2）常用方法：

void receive(DatagramPacket p)：接收来自该 socket 的数据报。

void send(DatagramPacket p)：从该 socket 发送数据报。

void bind(SocketAddress addr)：将此 DatagramSocket 绑定到指定地址和端口。

void close( )：关闭对象。

void connect(InetAddress address, int port)：将 socket 连接到远程 socket 的 IP 地址和端口。

void connect(SocketAddress addr)：将 socket 连接到远程 socket 地址（IP 地址+端口）。

void disconnect( )：断开连接。

InetAddressgetInetAddress( ):获得与该 socket 连接的 IP 地址。

InetAddressgetLocalAddress( ):获得绑定该 socket 的本地地址。

intgetPort( ):Returns the port for this socket.

还有一些方法没有列出,需要时请参阅 JDK 的相关文档。

3. 应用示例

下边我们看一下发送、接收数据报两个简单示例。

【**例 16.8**】　编写实现如图 16.10 界面的接收数据报的程序。

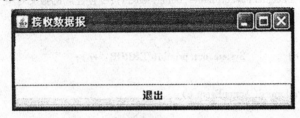

图 16.10　接收数据报窗口界面

　程序的基本设计思想是:在用户界面容器上放置一个多行文本框,用于将接收到的报文显示;再放置一个按钮用于退出应用程序。程序代码如下:

```
/*接收数据报程序 GetUDP. prg */
import java. net. * ;
import java. awt. * ;
import java. awt. event. * ;
import javax. swing. * ;
public class GetUDP extends JFrame implements ActionListener
{
    JTextArea textArea = new JTextArea("");
    JButton button = new JButton("退出");
    public GetUDP( )
    {
        this. setTitle("接收数据报"); //设置用户界面标题
        Container content = this. getContentPane( );
        content. add( textArea, BorderLayout. CENTER); //将多行文本框加到界面容器中
        content. add( button, BorderLayout. SOUTH); //将按钮加到界面容器中
        button. addActionListener( this);
        this. pack( );
        this. setVisible( true);
        this. setDefaultCloseOperation( this. EXIT _ ON _ CLOSE);
        waitReceiveData( );    //等待接收报文
    }
    void waitReceiveData( )    //接收报文方法
    {
        try
        {
            byte[ ] buffer = new byte[1024];
            //创建 DatagramPacket 和 DatagramSocket 对象
```

```
        DatagramPacket packet = new DatagramPacket(buffer, buffer. length);
        DatagramSocket socket = new DatagramSocket(8888);
        while(true)
        {
            socket. receive(packet);    //接收数据报
            String s = new String(buffer,0,packet. getLength());//将报文转换为字符串
            textArea. append(s+"\\n");    //在文本框内输出
            packet = new DatagramPacket(buffer, buffer. length);//创建新的报文对象
        }
    }
    catch(Exception e)        {    System. out. println("ERROR:"+e);    }
    }
    public void actionPerformed(ActionEvent e)
    {
        Object obj = e. getSource();
        if(obj == button)    System. exit(0);
    }
    public static void main(String[ ] args)
    {
        GetUDP get = new GetUDP();
    }
}
```

　　用数据报方式编写通信程序时,无论是接收方还是发送方,都需要先建立一个 DatagramSocket 对象,用来接收或发送数据报,然后使用 DatagramPacket 类对象作为传输数据的载体。

　　在接收数据前,应该给出接收数据的缓冲区及其长度,以此创建 DatagramPacket 类对象。然后调用 DatagramSocket 对象的 receive( )方法等待数据报的到来,直到收到一个数据报为止。

　　【例16.9】　编写实现如图 16.11 所示界面的发送数据报的程序。

图 16.11　发送数据报窗口界面

　　程序的基本设计思想是,在用户界面容器上放置一个文本框,用于输入报文;再放置两个按钮,一个用于将输入的报文发送出去,另一个用于退出应用程序。程序代码如下:

```
/* 发送数据报文程序 SendUDP. java */
import java. net. * ;
import java. awt. * ;
import java. awt. event. * ;
import javax. swing. * ;
public class SendUDP extends JFrame implements ActionListener
```

```
{
    JTextField textField1 = new JTextField( );
    JButton button1 = new JButton("发送");
    JButton button2 = new JButton("退出");
    JPanel panel = new JPanel( new GridLayout(1,2) );
    public SendUDP( )
    {
        this. setTitle("发送数据报");
        panel. add( button1 );
        panel. add( button2 );
        Container content = this. getContentPane( );
        content. add( textField1, BorderLayout. CENTER );
        content. add( panel, BorderLayout. SOUTH );
        button1. addActionListener( this );
        button2. addActionListener( this );
        this. setLocation( 100,100 );
        this. setSize( 200,120 );
        this. setVisible( true );
        this. setDefaultCloseOperation( this. EXIT _ ON _ CLOSE );
    }
    public void actionPerformed( ActionEvent e )  //单击按钮事件方法
    {
        Object com = e. getSource( );
        if( com == button2 )  System. exit(0);
        try
        {
            String msg = textField1. getText( );
            textField1. setText("");
            InetAddress address = InetAddress. getByName("192.168.3.210");
            byte[ ] message = msg. getBytes( );
            int len = message. length;
            DatagramPacket packet = new DatagramPacket( message,len,address,8888 );
            DatagramSocket socket = new DatagramSocket( );
            socket. send( packet );   //发送报文
        }
        catch( Exception err )   { System. out. println("ERROR:"+err); }
    }  //单击按钮事件方法结束}
    public static void main( String[ ] args )  //main( )方法
    {
        new SendUDP( );
    }  ////main( )方法结束
}
```

在构造数据报时,用到了 InetAddress 对象和端口参数。可以通过 InetAddress 类提供的类方法 getByName( )从一个表示主机名的字符串获取该主机的 IP 地址,然后再获取相应的地址信息。

以上是一个简单的发送和接收数据报的单向的通信程序,当然我们将它们分别修改充实一下,使其都具备接收和发送的界面及其相应的功能,就变成了一个双向通信的二人聊天程序了。

同样我们也可以使用 UDP 编写 C/S 结构的应用程序,和使用 TCP 不同,UDP 的 Socket 没有提供监听功能,通信双方是平等的,面对的接口也是完全一样的。所以需要使用 DatagramSocket. receive( )方法来实现类似于监听的功能,receive( )是一个阻塞的函数,当它返回时,缓冲区里已经填满了接收到的一个数据报,我们可以从该数据报获得发送方的各种信息,并根据它们来确定下一步的动作,这就达到了类似于网络监听效果。限于篇幅不再给出 UDP 的 C/S 应用程序的示例,读者可以根据上述思想并参考前面 TCP 的 C/S 应用示例编写出 UDP 的 C/S 应用程序来。

16.5.2　广播通信应用

DatagramSocket 只允许数据报发送一个目的地址,在实际应用中,常常需要把信息发往多个地方,诸如学校计算机教室的广播教学、聊天信息的群发等。在 Java 中提供了类 MulticastSocket,它是 DatagramSocket 的派生类,它能够实现在指定组内对其成员进行的广播通信,组中的某个成员发出的信息,组中的其他所有成员都能收到。这被称之为 IP 多点传输,IP 地址的范围被限定在 224.0.0.0 和 239.255.255.255 之间。

下边我们简要介绍一下 MulticastSocket 类的功能及应用。

1. MulticastSocket 类构造器

(1) MulticastSocket( ):创建一个 IP 多点传输的套接字对象。

(2) MulticastSocket(int port):创建一个绑定在指定端口的 IP 多点传输的套接字对象。

(3) MulticastSocket(SocketAddress bindaddr):创建一个绑定在指定 IP 地址和端口的 IP 多点传输的套接字对象。

2. 常用方法

(1) voidjoinGroup(InetAddress mcastaddr):连接多点传输组。

(2) voidjoinGroup(SocketAddress mcastaddr, NetworkInterface netIf):以指定的接口连接多点传输组。

(3) voidleaveGroup(InetAddress mcastaddr):离开多点传输组。

(3) voidleaveGroup(SocketAddress mcastaddr, NetworkInterface netIf):离开指定的本地接口上的多点传输组。

3. 应用举例

MulticastSocket 用在客户端,用于监听服务器广播传输来的数据。发送信息的服务器程序与上面介绍的发送数据报程序类似,不再重述,下边我们看一下客户端应用程序。

【例 16.10】　编写实现如图 16.12 所示,界面的多点传输客户端应用程序。

我们在上述程序的基础上作一些修改,利用 MulticastSocket 实现广播通信。使同时运行的多个客户程序能够接收到服务器发送来的相同的信息,显示在各自的屏幕上,同时也可使客户发送信息。程序代码如下:

```
import javax. swing. * ;
import java. net. * ;
```

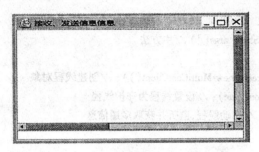

图 16.12　接收、发送数据报窗口界面

```java
import java. awt. * ;
import java. awt. event. * ;
import java. io. * ;
public class MultiCastClient extends JFrame implements ActionListener,Runnable
{
    JTextArea textArea=new JTextArea(20,80);   //定义界面元素显示多播信息
    JTextField text=new JTextField();        //定义文本框输入要发送的信息
    JScrollPane panel=new JScrollPane(textArea);  //可以滚动显示多播信息
    MultiCast mul=new MultiCast();    //定义多播信息发送和接收类对象
    static Thread receiveThread;        //声明静态线程成员
    public MultiCastClient()
    {
        this. setTitle("接收. 发送信息信息");  //设置用户界面标题
        Container pane=this. getContentPane();  //获得界面容器
        pane. add(panel, BorderLayout. CENTER);  //布局界面元素
        pane. add(text, BorderLayout. SOUTH);
        text. addActionListener(this);      //委派监听对象监听按键事件
        textArea. setEditable(false);        //设置文本域的内容是不可编辑的
        this. setLocation(100,100);
        this. setSize(400,300);
        this. setVisible(true);
        this. setDefaultCloseOperation(this. EXIT _ ON _ CLOSE);
    }
    /* * * * * * * * * * * * * * * * * * * * * * * * * * * * * * * * * * * */
    public void actionPerformed(ActionEvent e) //事件方法
    {
        if(text. getText(). length()! =0) { mul. sendMsg(text. getText()); text. setText(""); }
    }   //事件方法结束
    public void   run()    //线程接口方法
    {
        while(true)
        {
            String msg=mul. getMsg();   //获取多播信息
            if(msg! =null) textArea. append(msg+'\\n'); //在文本域中显示
        }
```

```
    } //线程接口方法结束
    public static void main(String args[]) //主方法
    {
    receiveThread=new Thread(new MultiCastClient()); //创建线程对象
    receiveThread.setDaemon(true); //设置线程为守护线程
    receiveThread.start(); //启动线程,监听并获取多播信息
    } //主方法结束
}
/* * * * * * * * *定义多播类,用于发送和接收多播信息* * * * * * * * */
class MultiCast
{
private DatagramPacket send; //声明发送包
    private DatagramPacket receive; //声明接收包
    private byte[] sendBuf=new byte[1024]; //定义发送缓冲区
    private byte[] receiveBuf=new byte[1024]; //定义接收缓冲区
    private DatagramSocket socket; //声明 Socket
    MulticastSocket multiCast; //多播类
    public MultiCast() //构造函数
    {
    try
    {


        socket=new DatagramSocket(); //Socket 初始化
        multiCast=new MulticastSocket(5555); //多播初始化
        multiCast.joinGroup(InetAddress.getByName("230.1.0.8")); //确定多播地址
    }
    catch(IOException e) { System.out.println(e.toString()); }
    }
    public void sendMsg(String msg) //发送信息方法
    {
    try
    {

        sendBuf=msg.getBytes(); //发送信息包初始化
        int length=msg.getBytes().length;
        send=new DatagramPacket(sendBuf,length, InetAddress.getByName("230.1.0.8"),5555);
        socket.send(send); //信息发送
    }
    catch(IOException e1) { System.out.println(e1.toString()); }
    } //发送信息方法结束
    public String getMsg() //接收信息方法
    {
    String msg=" ";
    try
    {
```

```
        receive=new DatagramPacket(receiveBuf,1024);//接收信息送接收缓冲区
        multiCast.receive(receive);  //取得信息
        msg=new String(receive.getData(),0,receive.getLength());
        msg+="信息来自"+receive.getAddress().getHostName();
    }
    catch(IOException e2) {  System.out.println(e2.toString());  }
    return msg;  //返回信息
}  //接收信息方法结束
}
```

16.6　Java Servlet 简介

Java Servlet 是一个专门用于编写网络服务器应用程序的 Java 组件。所有基于 Java 的服务器端编程都是构建在 Servlet 之上的。Servlet 是一个与协议无关、跨平台的服务方构件。

一般来说,Servlet 就是使用 Java Servlet 应用程序设计接口(API)及相关类和方法的 Java 程序。Servlet 程序被部署在 Java 的 Web 服务器上,以增强和扩展 WEB 服务器的功能。在前边我们建立了学生注册登记的客户端/服务器应用程序,我们也可以编写 Servlet 程序构建浏览器/服务器形式的学生注册应用系统。下面简要介绍一下 Servlet 的特点及其应用。

16.6.1　Servlet 的特点

Servlet 可用于开发各种基于 Web 的应用。Servlet 运行在服务器端,它处理来自客户端的请求,并将处理结果返回给客户端。在三层服务结构(用户服务、业务服务和数据服务)体系中,它处于中间层,是用户服务和数据服务之间的桥梁。Servlet 具有如下特点:

1. 有效性

Servlet 的初始化代码仅在第一次执行时装入,其后所接收到的调用请求由它的 service() 方法处理。这就避免了重复创建不必要的进程。只有在修改了 Servlet 之后,才会重新加载。

2. 健壮性

由于它是基于 Java 编写的小程序,所以它可以拥有 Java 提供的所有强大的功能,诸如异常处理、内存自动回收等。

3. 可移植性

可以跨 Web 服务器移植,做到了"一次编译,到处运行"。

4. 标准性

Servlet 有一套标准的 API(Servlet API),保证了程序开发的一致性。它的最大特点是与协议的无关性。

5. 其他

由于 Servlet 是基于 Java 语言开发的,所以它具有 Java 的所有优点:简单易用、安全可靠、可扩展性好等。

16.6.2　构建 Servlet

在构建 Servlet 之前,我们先看一下 Servlet 类层次结构(图 16.13),再介绍构建 Servlet 所需要的类、Servlet 的生命周期以及构建 Servlet 的方法步骤。

接口   类

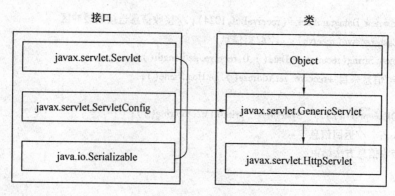

图 16.13 Servlet 类层次结构

1. Servlet 所需要的接口及类

（1）Servlet 接口。Servlet 接口提供了如下方法：

voiddestroy()：将 servlet 从服务器移出。

ServletConfiggetServletConfig()：返回一个 ServletConfig 对象，该对象包含 Servlet 的初始化及配置参数信息。

String getServletInfo()：返回有关该 servlet 的作者、版本及版权信息。

voidinit(ServletConfig config)：它包含 servlet 的所有初始化代码，在第一次装入 servlet 时被调用。

voidservice(ServletRequest req, ServletResponse res)：接收所有客户的请求，识别请求类型并把它分派给 doGet()或 doPost()方法去进行处理。

（2）ServletConfig 接口。ServletConfig 接口提供了如下方法：

StringgetInitParameter(String name)：返回由 name 指定的初始化参数的值，如果该参数不存在，则返回 null。

EnumerationgetInitParameterNames()：用 servlet 的初始化参数的名字生成一个列举串对象，如果无初始化参数，则生成空对象。

ServletContext getServletContext()：获得 Servlet 的上下文引用。

String getServletName()：获得 Servlet 实例的名字。

（3）GenericServlet 类。GenericServlet 类是一个抽象类，它实现了 Servlet. ServletConfig 和 Serializable 接口。它除了实现接口的方法之外，自身还定义了一些方法：

voidinit()：初始化。

voidlog(String msg)：将指定的信息写入 Servlet 的日志文件。

abstract void service(ServletRequest req, ServletResponse res)：由 Servlet 容器调用，允许 Servlet 去应答请求。这是一个抽象方法，要在派生类中实现。

（4）HttpServlet 类。HttpServlet 类是 GenericServlet 类的派生类，它除了继承和实现父类的方法外，自身还定义了一些方法，下边列出常用的两个方法：

protected void doGet(HttpServletRequest req, HttpServletResponse resp)：由服务器通过服务方法调用，允许 Servlet 去处理 GET 请求。

protected void doPost(HttpServletRequest req, HttpServletResponse resp)：由服务器通过服务方法调用，允许 Servlet 去处理 POST 请求。

2. Servlet 的生命周期

Servlet 的生命周期始于将它装入 Web 服务器的内存时,并在终止 Servlet 时结束。如图 16.14 所示。

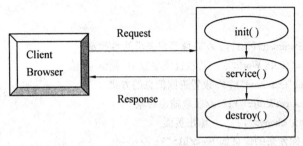

图 16.14　Servlet 的生命周期

一般情况下,当客户首次向 Servlet 发出请求时,服务器创建一个 Servlet 实例并且调用 Servlet 的 init()方法,按照初始化参数配置 Servlet 对象。Servlet 在内存中仅被装入一次,除非被修改后,才会重新装入。

根据客户请求执行 service()方法,该方法用于传递 HttpServletRequest(请求)和 HttpServletResponse(响应)对象,从 HttpServletRequest 对象获得客户的请求信息,根据请求信息进行处理,并使用 HttpServletResponse 对象的方法将响应(结果)传回给客户。service()方法可以调用其他方法,诸如 doGet(),doPost()等来处理请求。

当服务器不再需要 Servlet,或停止服务器工作时会调用 Servlet 的 destroy()方法。

3. 创建 Servlet

有了上面的基础知识之后,我们可以开始构建 Servlet,构建一个 Servlet 通常需要以下几个步骤:

(1)定义一个 HttpServlet 类的派生类。

(2)重写合适的方法。诸如 doGet(),doPost()方法等。

(3)若有客户请求信息,使用 HttpServletRequest 对象的如下方法来获取客户机提供的信息。

EnumerationgetParameterNames():获得所有参数的名字。

StringgetParameter(String name):获得由 name 指定的参数值。

String [ ]getParameterValues(String name):获得由 name 指定的所有参数值。

(4)若要将信息返回给客户,可以使用 HttpServletResponse 对象的如下方法。

PrintWriter getWriter():获得能够向客户发送字符文本的 PrintWriter 对象。

ServletOutputStream getOutputStream():获得 Servlet 输出流对象,它适合于以二进制形式的数据应答。

下边我们编写一个简单 Servlet 程序:

【例 16.11】 从客户发送一个字符串到服务器,再从服务器返回该字符串并提示登录信息。

按照上述介绍,程序代码如下:

```
import java.io. * ;
import javax. servlet. * ;
import javax. servlet. http. * ;
```

public class ServletExam extends HttpServlet   //扩展 HttpServlet 抽象类
{
   public void doGet（HttpServletRequest req，HttpServletResponse res）throws ServletException，IOException //
重写 doGet( )方法
   {
      String str = req. getParameter("s1") ; //获取客户提供的参数 s1
      if(str = = null) str ="Hello World"; //若没提供参数 s1,则给 str 值
      res. setContentType("text/html") ; //设置返回信息的方式
      PrintWriter out = res. getWriter( ) ; //获取输出对象
      out. println("<html> <body>") ; //输出页面
      out. println("<h1>你发来的信息如下:</h1>") ; //---
      out. println ("<p>" + str) ; //---
      out. println ("<p>欢迎你登录我们的应用服务器!!!") ; //---
      out. println("</body></html>") ; //---
      out. flush( ) ;
   }
}

16.6.3   Servlet 应用

上边我们完成了一个简单的 Servlet 程序,下面的任务是将它部署在服务器上供用户调用。

目前支持 Servlet 的 Web 服务器有很多种,Servlet 在各服务器上的部署方式也各不相同,下边介绍一个很适合初学者,且简单易用的 Servlet 运行器(Servlet Runner) Resin。

Resin 自带一个 Servlet Runner 和 HTTP Server,如果只是构建一个简单的 Web 环境,Resin 已经足够了。它不需要额外的支持软件,所以开销很小。我们可以到网上下载 Resin 压缩包软件,它不需要专门安装,解压到硬盘的目录之后即可使用。Resin 的目录结构如图 16.15 所示。

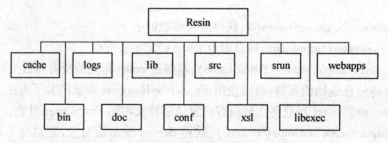

图 16.15   基本目录结构

下边我们将上边编写的 Servlet 程序部署在 Resin 服务器上供客户调用,步骤如下:

(1)编译 ServletExam. java 形成 ServletExam. class 类文件。

(2)将 ServletExam. class 类文件复制到 Resin 的 doc\\WEB _ INF\\classes 子目录下,这是 Resin 默认的 classpath 路径。

(3)修改 Resin 的 conf 目录下的 resin. conf 文件来配置 Servlet。读者可以使用自己所熟悉的文本编辑器打开配置文件 resin. conf,找到<web-app id = '/'>标识行,在它和 </web-app>标识之间,一般是紧靠在</web-app>行的上方添加以下语句:

```
<servlet-mapping url-pattern='Exam' servlet-name='Exam' />
<servlet servlet-name='Exam'
servlet-class='ServletExam' >
</servlet>
```

这样当客户端产生/Exam 请求的时候,Resin 就能把这个请求定向到 ServletExam 上来。

完成上述准备工作之后,就可以启动服务器,供客户调用 Servlet 了。

(4)启动 Resin 服务器。点击 bin 目录下 httpd.exe 可执行文件,即可启动 Resin 服务器。

(5)现在我们就可以通过浏览器访问这个 Servlet 了。我们可以下边的形式访问 Servlet,在地址栏键入:

　　http://localhost:8080/Exam

　　http://localhost:8080/Exam？s1=我要访问 Servlet 服务器

第一个访问不带参数,第二个访问带参数 s1,s1 被传输给 Servlet。第二访问的结果界面如图 16.16 所示。

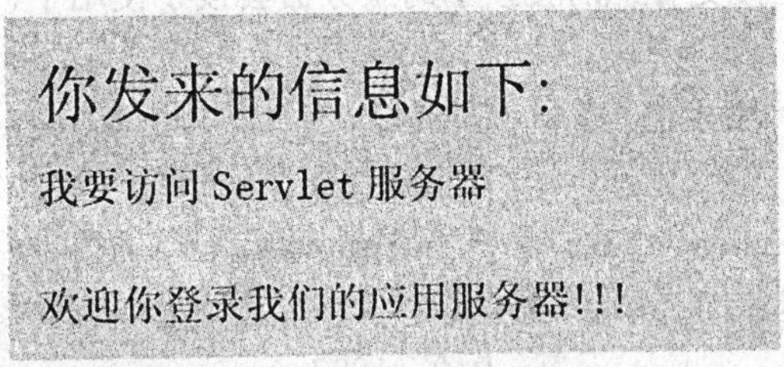

你发来的信息如下:

我要访问 Servlet 服务器

欢迎你登录我们的应用服务器!!!

图 16.16

以上只是对 Servle 的简要介绍,若想了解有关 Servlet 更多的内容,请参阅有关的书籍和资料。

本 章 小 结

Java 的网络功能是非常强大的,它提供了一整套完善的 API 支持在网络环境下的通信。本章中,我们从两方面介绍了 Java 的网络编程方法:面向连接的流式套接字和面向非连接的数据报。Java 提供的 API 提供了比较高层的网络抽象,使得程序员不需要了解连接如何建立以及数据如何传输,而只关注如何进行应用就可以了。文中提供的例子功能虽然简单,但都比较有代表性,并且从服务器和客户端两方面进行说明,相信大家能举一反三,写出适合自己业务流程的网络通信程序。Java 程序的平台无关性使得在异构平台之间通信显得更加容易,如果好好利用网络 API 的强大功能,将会使得网络开发变得非常容易。本章的介绍要求大家了解 Java 网络通信对象的构成,掌握 URL.InetAddress 对象的定义并应用这些对象编写网络程序,掌握 Socket,ServerSocket 对象的定义及编程,熟悉 RMI 编程机制。

习 题

一、选择题

1.可得出一个网络套接字的组合是(　　)

A.端口号与 IP 地址　　　　　　　　B.URL 与端口

C.IP 地址与 URL　　　　　　　　　D.协议和计算机域名

2.用套接字方法建立两个程序的通信时,端口号应在的范围是(　　)

A. 0 ~ 65535   B. 0 ~ 1023   C. 1024 ~ 65535   D. >65535

3. 客户端与服务器用套接字进行连接时,可能会产生的例外是( )

A. IOException   B. IndexOutOfBoundsException

C. InterruptedException   D. MalformedURLException

4. 用套接字 Socket 建立了通信连接后,要获得对方发送的信息,获得输入流须调用的方法是( )

A. InputStream( )   B. OutputStream( )

C. getInputStream( )   D. getOutputStream( )

5. 用套接字 Socket 建立了通信连接后,要向对方发送信息,获得输出流须调用的方法是( )

A. InputStream( )   B. OutputStream( )

C. getInputStream( )   D. getOutputStream( )

6. 服务端的程序建立接受客户的套接字的服务器套接字使用了( )

A. Socket   B. ServerSocket   C. Slot   D. ServerSlot

7. 建立服务器套接字时可能产生的例外是( )

A. IOException   B. ArithmeticException

C. MalformedURLException   D. InterruptedException

8. 建立服务端的套接字时,其端口号为( )

A. 0 ~ 65535   B. 0 ~ 1023

C. 1024 ~ 65535   D. 与客户端呼叫的端口号相同

9. 当服务器的套接字连接建立后,接收客户的套接字应调用的方法是( )

A. connect( )   B. accept( )   C. link( )   D. receive( )

10. 服务端接收客户套接字的过程可能发生异常的是( )

A. Error   B. IOException

C. RuntimeException   D. InterruptedException

11. 用套接字方法建立两个程序的通信后,如果双方通信完毕,应( )

A. 发送"再见"信息

B. 直接退出程序

C. 调用方法 close( )关闭套接字连接

D. 重新启动计算机以断开通信连接

12. 一个 InetAddress 的对象含有( )

A. 主机的域名   B. 主机的 IP 地址

C. 访问主机的通信协议   D. 主机的域名和 IP 地址

13. 如果想获得一个 InetAddress 对象的主机域名,可调用方法( )

A. getName( )   B. getHostName( )

C. getAddress( )   D. getHostAddress( )

14. 如果想获得一个 InetAddress 对象的主机地址,可调用方法( )

A. getName( )   B. getHostName( )

C. getAddress( )   D. getHostAddress( )

15. 如果想获得本地机的地址,可调用类 InetAddress 中的静态方法得到一个 InetAddress

对象,该对象含有本地机的地址,此静态方法为(　　　)

A. getHost( )　　　　　　　　　B. getName( )

C. getLocalHost( )　　　　　　　D. getLocalName( )

16. 基于 UDP 的通信方式,其特点是(　　　)

A. 传递信息快速,并且准确　　　B. 传递信息快速,但不可靠

C. 传递信息慢,但信息可靠　　　D. 传递信息慢,而且不准确

17. 基于 UDP 通信的模式(　　　)

A. 数据打包,并发往目的地;接收别人发来的数据包并查看

B. 直接将数据发往目的地,并直接接收别人发来的数据

C. 数据打包后发往目的地,不接受

D. 不发送,只接收别人发来的数据包

18. 基于 UDP 通信,可用类创建一个对象表示一个发送数据包,这个类是(　　　)

A. DataSocket　　　　　　　　　B. DatagramSocket

C. DataPacket　　　　　　　　　D. DatagramPacket

19. 基于 UDP 通信,在创建了发送数据包的对象后,如果想获得数据包的目标端口号,可调用方法(　　　)

A. getTargetPort( )　　　　　　　B. getPort( )

C. getTargetName( )　　　　　　D. getName( )

20. 基于 UDP 通信,在创建了发送数据包的对象后,如果想获得数据包的目标地址,可调用方法(　　　)

A. getIP( )　　　　　　　　　　　B. getPort( )

C. getAddress( )　　　　　　　　D. getName( )

二、填空题

1. _____是用于封装 IP 地址和 DNS 的一个类。

2. TCP/IP 套接字是最可靠的双向流协议。等待客户端的服务器使用_____,而要连接到服务器的客户端则使用_____。

3. java.net 包中提供了一个类_____,允许数据报以广播方式发送到该端口的所有客户。

4. 在 TCP/IP 协议的传输层除了 TCP 协议之外还有一个_____。几个标准的应用层协议 HTTP,FTP,SMTP,…使用的都是_____。_____主要用于需要很强的实时交互性的场合,如网络游戏、视频会议等。

5. 当我们得到一个 URL 对象后,就可以通过它读取指定的 WWW 资源。这时我们将使用 URL 的方法_____,其定义为_____。

6. URL 的构造方法都声明抛弃非运行时异常_____,因此生成 URL 对象时,我们必须要对这一例外进行处理,通常是用_____进行捕获。

三、判断题

1. 已建立的 URL 对象不能被改变。

2. UDP 是面向连接的协议。

3. 进程利用流 socket 建立与其他进程的连接。

4. 服务器在一个端口等待客户的连接。

5. 数据报传输是可靠的,包按顺序先后到达。

6. 出于安全考虑,许多 Web 浏览器,只允许 Java applet 在它允许的计算机上进行文件操作。

7. Web 浏览器往往限制 Applet,使下载 Applet 只能与它原来所处的计算机进行通信。

8. Java 的大部分网络类都包含在 java. applet 包中。

9. 构成 World Wide Web 基础的关键协议是 TCP/IP。

10. URL 是统一资源定位器的缩写。

四、简答题

1. 简答使用 java Socket 创建客户端 Socket 过程的主要程序语句。

2. 简答使用 java ServerSocket 创建服务器端 ServerSocket 过程的主要程序语句。

3. 写出一种使用 Java 流式套接式编程时,创建双方通信通道的语句。

4. 简述建立功能齐全的 Socket 基本的步骤。

5. 简述基于 TCP 及 UDP 套接字通信的主要区别。

五、编程题

1. 使用 URL 类的四种构造方法创建一个 URL 对象,URL 地址为 www. baidu. com。

2. 请编写 Java 程序,访问 http:// www. baidu. com 所在的主页文件。

3. 编程类似 ping 的程序,并测试连接效果。

4. 创建一个服务器,用它请求用户输入密码,然后打开一个文件,并将文件通过网络连接传送出去。创建一个同该服务器连接的客户,为其分配适当的密码,然后捕获和保存文件。在自己的机器上用 localhost(通过调用 InetAddress. getByName(null)生成本地 IP 地址 127. 0. 0. 1)测试这两个程序。

参考文献

[1] 梁勇著. Java 语言程序设计基础篇[M]. 李娜,译. 北京:机械工业出版社,2011.

[2] DANIEL Y LIANG. Java 语言程序设计:进阶篇[M]. 李娜,译. 北京:机械工业出版社, 2011.

[3] 郎波. Java 语言程序设计[M]. 2 版. 北京:清华大学出版社,2010.

[4] 郑莉. Java 语言程序设计[M]. 2 版. 北京:清华大学出版社,2011.

[5] 朱庆生,古平. Java 程序设计[M]. 北京:清华大学出版社,2011.

[6] 丁振凡. Java 语言程序设计[M]. 北京:清华大学出版社,2010.

[7] 唐振明. Java 程序设计[M]. 北京:电子工业出版社,2011.

[8] 叶核亚. Java 程序设计实用教程[M]. 3 版. 北京:电子工业出版社,2010.

[9] 李兆锋,庞永庆. Java 程序设计与项目实践[M]. 北京:电子工业出版社,2011.

[10] 杨晓燕. Java 面向对象程序设计[M]. 北京:电子工业出版社,2012.

[11] 张晓龙. Java 程序设计与开发[M]. 北京:电子工业出版社,2010.

[12] 陆迟. Java 语言程序设计[M]. 3 版. 北京:电子工业出版社,2010.

[13] 孟光胜,许颖. Java 程序设计教程[M]. 北京:电子工业出版社,2011.

[14] 常建功. 零基础学 Java[M]. 3 版. 北京:电子工业出版社,2012.

[15] ROGERS CADENHEAD. Java 入门经典[M]. 6 版. 梅兴文,郝记生,译. 北京:人民邮电出版社,2012.

[16] ROGERS CADENHEAD. Java 编程入门经典[M]. 4 版. 梅兴文,译. 北京:人民邮电出版社,2007.

[17] BRUCE ECKEL. Thinking In Java[M]. 4 版. 北京:机械工业出版社,2007.

[18] 飞思科技产品研发中心. JAVA 应用开发详解[M]. 北京:电子工业出版社,2003.

[19] 赵毅主. 跨平台程序设计语言——Java[M]. 西安:西安电子科技大学出版社,2006.

[20] 王路群. Java 高级程序设计[M]. 北京:中国水利水电出版社,2006.

[21] 耿祥义,张跃平. JAVA 实用教程[M]. 北京:清华大学出版社,2003.

[22] 清宏计算机工作室. JAVA 编程技巧[M]. 北京:机械工业出版社,2004.

[23] 吴其庆. Java 程序设计实例教程[M]. 北京:冶金工业出版社,2006.

[24] 柳西玲,许斌. Java 语言应用开发基础[M]. 北京:清华大学出版社,2006.

[25] 施霞萍,等. Java 程序设计教程[M]. 2 版. 北京:机械工业出版社,2006.

[26] HERBERT SCHIDT. Java 参考大全[M]. 鄢爱兰,鹿江春,译. 北京:清华大学出版社,2006.

[27] 宛延闿,等. 实用 Java 程序设计教程[M]. 北京:机械工业出版社,2006.

[28] 陈国君,等. Java2 程序设计基础[M]. 北京:清华大学出版社,2006.

[29] 郑莉,王行言,马素霞. Java 语言程序设计[M]. 北京:清华大学出版社,2006.

[30] 丁振凡. Java 语言实用教程[M]. 北京:北京邮电大学出版社,2005.

[31] 朱喜福,等. Java 程序设计[M]. 北京:人民邮电出版社,2005.

读者反馈表

尊敬的读者：

您好！感谢您多年来对哈尔滨工业大学出版社的支持与厚爱！为了更好地满足您的需要，提供更好的服务，希望您对本书提出宝贵意见，将下表填好后，寄回我社或登录我社网站（http://hitpress.hit.edu.cn）进行填写。谢谢！您可享有的权益：

☆ 免费获得我社的最新图书书目　　　　☆ 可参加不定期的促销活动
☆ 解答阅读中遇到的问题　　　　　　　☆ 购买此系列图书可优惠

读者信息

姓名_____　□先生　□女士　　年龄_____　学历_____

工作单位_____　职务_____

E-mail _____　邮编_____

通讯地址_____

购书名称_____　购书地点_____

---

1. 您对本书的评价

内容质量　□很好　　　□较好　　　□一般　　　□较差

封面设计　□很好　　　□一般　　　□较差

编排　　　□利于阅读　□一般　　　□较差

本书定价　□偏高　　　□合适　　　□偏低

2. 在您获取专业知识和专业信息的主要渠道中，排在前三位的是：

①_____　②_____　③_____

A. 网络 B. 期刊 C. 图书 D. 报纸 E. 电视 F. 会议 G. 内部交流 H. 其他：_____

3. 您认为编写最好的专业图书（国内外）

书名	著作者	出版社	出版日期	定价

4. 您是否愿意与我们合作，参与编写、编译、翻译图书？

_____

5. 您还需要阅读哪些图书？

_____

网址：http://hitpress.hit.edu.cn

技术支持与课件下载：网站课件下载区

服务邮箱 wenbinzh@hit.edu.cn　duyanwell@163.com

邮购电话 0451－86281013　0451－86418760

组稿编辑及联系方式　赵文斌(0451－86281226)　杜燕(0451－86281408)

回寄地址：黑龙江省哈尔滨市南岗区复华四道街 10 号　哈尔滨工业大学出版社

邮编：150006　传真 0451－86414049